黄河流域水文特征及其变化研究

张 冬 孙 婕 刘 沁 张伟昊 刘梦琳 著

东北林业大学出版社
Northeast Forestry University Press
·哈尔滨·

版权专有　侵权必究

举报电话：0451-82113295

图书在版编目（CIP）数据

黄河流域水文特征及其变化研究/张冬等著.
哈尔滨:东北林业大学出版社,2025.3.--ISBN 978
-7-5674-3796-8

Ⅰ.P344.2

中国国家版本馆CIP数据核字第2025J2M974号

责任编辑：姚大彬
封面设计：郭　婷
出版发行：东北林业大学出版社
　　　　　（哈尔滨市香坊区哈平六道街6号　邮编：150040）
印　　装：北京四海锦诚印刷技术有限公司
开　　本：787 mm×1092 mm　1/16
印　　张：19.75
字　　数：475千字
版　　次：2025年3月第1版
印　　次：2025年3月第1次印刷
书　　号：ISBN 978-7-5674-3796-8
定　　价：75.00元

如发现印装质量问题，请与出版社联系调换。（电话：0451-82113296　82191620）

前　　言

　　黄河，作为中国的母亲河，是世界上含沙量最高的河流之一，其流域的水文特征具有显著的区域性和季节性。黄河流域涵盖了多种气候类型，从温带干旱、半干旱到湿润气候，这使得黄河的水文特征表现出复杂的多样性。首先，黄河流域的降水量分布不均，降水集中在夏季，尤其是6月至9月的雨季。然而，流域大部分地区属于干旱或半干旱地区，年降水量相对较少，降水与蒸发的差异使得水资源紧张，尤其是流域上游的黄土高原地区，年降水量不足以满足农业和生活用水的需求。由于受降水和融雪的双重影响，黄河上游的水流量在春夏季节达到高峰，而在冬季则出现较为枯水期。此外，黄河流域的径流量也受到气候变化、土地利用、植被覆盖度等因素的影响。黄河流域的水文过程不仅与降水量密切相关，还与气温变化、土壤水分状况和上游冰雪融化等因素有着密切联系。因此，黄河水量的变化呈现出较强的年度和季节波动性，尤其是上游的水量变动对下游的供水和水土保持影响极大。

　　本书以黄河流域为研究对象，全面梳理其水文特征及变化规律，旨在为科学管理水资源、应对气候变化和人类活动的挑战提供理论支持和技术指导。本书涵盖了黄河流域的降水、径流、蒸发、地下水、洪水、干旱、泥沙、水资源承载力等多方面的水文特征，同时结合生态水文特征、气候变化、人类活动的影响以及水文模型与模拟研究，为读者系统展现黄河流域水文变化的复杂性和多样性。各章节逻辑清晰、层层递进，不仅总结了研究成果，还结合前沿技术提出了水资源管理与调配的新思路。本书适用于从事水文、水资源、环境科学及相关领域研究的科研人员、高校师生及管理者，同时为政策制定者提供科学依据。

　　笔者在写作本书的过程中，借鉴了许多前辈的研究成果，在此表示衷心的感谢。由于本书需要探究的层面比较深，对一些相关问题的研究可能不透彻，加之写作时间仓促，书中难免存在一定的疏漏之处，恳请前辈、同行以及广大读者斧正。

目　　录

第一章　黄河流域的概况与研究背景 ……………………………………………（ 1 ）
　　第一节　黄河流域的地理与气候概述 ………………………………………（ 1 ）
　　第二节　水文特征研究的意义与重要性 ……………………………………（ 8 ）
　　第三节　黄河流域水文研究的历史回顾 ……………………………………（ 11 ）
　　第四节　研究方法与技术手段的发展 ………………………………………（ 15 ）

第二章　黄河流域的降水分布与变化规律 ……………………………………（ 20 ）
　　第一节　流域降水的时空分布特征 …………………………………………（ 20 ）
　　第二节　年际降水变化规律分析 ……………………………………………（ 25 ）
　　第三节　极端降水事件的分布与成因 ………………………………………（ 28 ）
　　第四节　气候变化对降水的影响 ……………………………………………（ 33 ）

第三章　黄河流域径流特征及变化 ……………………………………………（ 39 ）
　　第一节　径流的形成与主要影响因素 ………………………………………（ 39 ）
　　第二节　径流量的时空分布特征 ……………………………………………（ 44 ）
　　第三节　年际径流变化趋势分析 ……………………………………………（ 47 ）
　　第四节　人类活动对径流的影响 ……………………………………………（ 51 ）

第四章　黄河流域蒸发与蒸散特征 ……………………………………………（ 56 ）
　　第一节　蒸发与蒸散的基本概念及测算方法 ………………………………（ 56 ）
　　第二节　流域蒸发量的时空分布特征 ………………………………………（ 61 ）
　　第三节　气候变化对蒸发与蒸散的影响 ……………………………………（ 65 ）
　　第四节　蒸发与水资源平衡的关系 …………………………………………（ 69 ）

第五章　黄河流域的地下水资源特征 …………………………………………（ 73 ）
　　第一节　地下水的分布及储量特征 …………………………………………（ 73 ）
　　第二节　地下水补给与径流的关系 …………………………………………（ 77 ）
　　第三节　地下水开采的现状与问题 …………………………………………（ 80 ）
　　第四节　地下水资源管理与可持续利用 ……………………………………（ 85 ）

第六章　黄河流域的水资源承载力 ……………………………………………（ 92 ）
　　第一节　水资源承载力的理论框架 …………………………………………（ 92 ）

第二节　流域水资源供需平衡分析……………………………………（99）
　　第三节　水资源承载力的时空变化特征…………………………………（105）
　　第四节　水资源承载力的调控与优化……………………………………（109）
第七章　黄河流域洪水特征与风险评估……………………………………（114）
　　第一节　洪水的形成机制与主要类型……………………………………（114）
　　第二节　洪水发生的时空分布规律………………………………………（118）
　　第三节　极端气候对洪水的影响…………………………………………（120）
　　第四节　洪水风险评估与防控策略………………………………………（124）
第八章　黄河流域干旱特征与风险评估……………………………………（131）
　　第一节　干旱的定义与分类………………………………………………（131）
　　第二节　干旱事件的时空分布与变化趋势………………………………（140）
　　第三节　干旱对水资源与生态的影响……………………………………（146）
　　第四节　干旱风险评估与应对措施………………………………………（149）
第九章　黄河流域泥沙特性与水沙关系……………………………………（164）
　　第一节　泥沙的来源与输移过程…………………………………………（164）
　　第二节　流域泥沙分布特征与变化规律…………………………………（169）
　　第三节　水沙关系对河道形态的影响……………………………………（174）
　　第四节　水沙调控的实践与展望…………………………………………（176）
第十章　黄河流域的生态水文特征…………………………………………（186）
　　第一节　生态水文的基本理论与研究方法………………………………（186）
　　第二节　流域生态需水的时空特征………………………………………（196）
　　第三节　水文变化对生态系统的影响……………………………………（200）
　　第四节　生态水文恢复的措施与实践……………………………………（202）
第十一章　气候变化对黄河流域水文的影响………………………………（210）
　　第一节　气候变化对降水的直接影响……………………………………（210）
　　第二节　温度升高对径流与蒸散的影响…………………………………（214）
　　第三节　气候变化与极端水文事件的关联………………………………（220）
　　第四节　适应气候变化的水文管理策略…………………………………（223）
第十二章　人类活动对黄河流域水文的影响………………………………（232）
　　第一节　土地利用变化对水文的影响……………………………………（232）
　　第二节　水利工程对水文过程的干扰……………………………………（235）
　　第三节　城市化对流域水资源的压力……………………………………（239）
　　第四节　人类活动与水文变化的调控实践………………………………（243）
第十三章　黄河流域的水资源管理与调配…………………………………（250）
　　第一节　水资源管理的原则与方法………………………………………（250）

  第二节 流域水资源的综合调配方案 …………………………………………（260）
  第三节 水资源分配的公平性与效率分析 ………………………………………（274）
  第四节 跨区域水资源协调机制 ……………………………………………………（284）

第十四章 黄河流域的水文模型与模拟研究 ……………………………………………（289）
  第一节 水文模型的构建与应用现状 ………………………………………………（289）
  第二节 流域水文过程的数值模拟 …………………………………………………（294）
  第三节 模型验证与优化方法 ………………………………………………………（297）
  第四节 水文模拟在管理中的应用 …………………………………………………（302）

参考文献 ……………………………………………………………………………………（306）

第一章 黄河流域的概况与研究背景

第一节 黄河流域的地理与气候概述

一、黄河流域的地理概述

（一）地理位置

黄河，作为中华民族的母亲河，其地理位置独特且意义非凡。它发源于青海巴颜喀拉山，那是一片充满神秘与壮丽的源头之地。从这里起始，黄河干流如同一条巨龙蜿蜒穿梭，贯穿了青海、四川、甘肃、宁夏、内蒙古、陕西、山西、河南、山东这九个省、自治区，最终奔腾不息地注入渤海。其年径流量达 574 亿立方米，平均径流深度 79 米，尽管水量不及珠江那般充沛，但它沿途收纳了 35 条主要支流，共同汇聚成这股伟大的水流力量。

在上游地区，较大的支流如湟水、洮河等为黄河增添了丰富的水量。河源至贵德一带，多为山岭及草地高原，这里属于青藏高原范畴，海拔均在 3 000 米以上，高耸的山峰更是超过 4 000 米，源头河谷地海拔 4 200 米，一片广袤无垠的高原景象，地势起伏，天地辽阔[①]。

贵德至孟津江段则是典型的黄土高原风貌，黄土高原东为吕梁西坡，南接渭河谷地，北与鄂尔多斯高原相连，西至兰州谷地。这里海拔一般处于 1 000 至 1 300 米之间，地形犹如被大自然之手肆意雕琢，起伏不平，坡陡沟深。沟壑地面坡度达 15 至 20 度，沟谷面积竟占到 40% 至 50%，沟道密度 3 至 5 千米/平方千米，切割深度 100 米以上，这样的地貌特征深刻地反映出岁月与水流的侵蚀力量。而孟津以下，黄河进入地势低平的华北平原，海拔骤降至不超过 50 米。进入下游后，河道变得平坦舒缓，平均比降只有 0.12‰，水流速度明显变缓。也正因如此，大量泥沙开始淤积，日积月累，河床逐渐高出地面 4 至 5 米，形成了独特的地上河景观。由于黄河历史上多次改道，地面被冲积出扇状的古河床和古自然堤，进而造就了缓岗与洼地相间分布的倾斜平原，洼地开阔平展，仿佛是黄河在大地上留下的独特印记。

[①] 姜思羽，周帅，吴辉明.气候变化下多重不确定性对流域水文模拟的影响[J].长江科学院院报，2024，41（11）：7-14.

黄河从贵德至民和境内，海拔在1 600至3 000米之间，从民和下川口进入甘肃。这一段流域气候温和湿润，宛如一颗明珠镶嵌在高原之上，享有"高原小江南"的美誉。这里的水流清澈见底，"天下黄河贵德清"的说法也广为流传，与人们印象中黄河泥沙滚滚的形象截然不同，展现出其温柔而清澈的一面。而宁夏的宁夏平原和内蒙古的河套平原，因处于黄河上游的河谷地带，得天独厚地拥有丰沛的水源。依靠黄河水的灌溉滋养，这片土地农业发达，水草丰美，牛羊成群，田园如画，自古以来便被称为"塞上江南"，成为人们安居乐业的富饶之地，也见证了黄河对人类文明发展的巨大馈赠与支撑。黄河以其独特的地理位置和流经区域的多样风貌，不仅是一条自然的大河，更是中华民族历史文化与地理环境紧密相连的重要纽带，承载着无尽的故事与传奇，在岁月长河中奔腾不息，泽被四方。

（二）地形特征

中国大陆自西向东的地势高差极为悬殊，这在世界范围内都属罕见，其独特之处在于在两条边界上呈现出陡然跌落的态势，从而形成了三个巨大的阶梯，而黄河流经的地域将这一地形特点展现得淋漓尽致。

第一道边界自祁连山蜿蜒转折向南，一直延伸至滇西的横断山脉一线，这里便是青藏高原的前沿。青藏高原的平均海拔高达4 000至5 000米，分布其上的山脉峰峦更是超出这一高度。一旦越过这道边界，地势便急剧下降，降至海拔3 000米以下，甚至可低至1 000米上下，部分区域更低。继续向东，沿着大兴安岭、太行山、巫山、雪峰山直至滇东高原东侧，又构成了另一条地势陡然跌落的边界。此边界以东，多为广袤的平原和低矮的丘陵，即便有山岭存在，那些看似高大的山岳实际高度也不过1 000多米，极少有超过2 000米的。例如，享有"五岳之首"美誉的泰山，其最高峰高度仅1 524米，若放置于西部高原山地之中，就如同山中的小矮人一般微不足道。

青藏高原作为三大阶梯中最高的一级，在地理形势上占据着居高临下的优势。在公元七八世纪时，吐蕃王朝以此为根基向外扩张，进展颇为顺利，这在一定程度上得益于其地势优势，即便处于鼎盛时期的唐王朝也对其不敢轻视。然而，这片高原空气稀薄，气候寒冷多变，大部分地区土地贫瘠，能够承载的人口数量有限，吐蕃的强盛宛如夜空中划过的流星，转瞬即逝，最终与在另外两个阶梯上蓬勃发展的黄河文化融为一体。

考古发现表明，中国大陆已有的新石器时代文化遗址大多分布在两个较低的阶梯上，其中又以处于第二个阶梯的黄土地带最为密集。最初，人们大多居住在山间河谷两侧的平台之上，创造出了早期的文明。当他们能够走出山谷，踏入辽阔的平原，开展治水排涝并"平土而居之"时，文明便迈向了昌盛阶段。当时，人们对黄河在这些地段的流淌情况已有相当程度的了解，但对于黄河的源头，对于那处于最高位置的第一个阶梯，却仅有模糊笼统的印象，只知道那是一个极高极大的地方，被称为昆仑，并且认为黄河是从其东北角流出。

从昆仑到蓬莱，从高山到大海，在中国大陆这片广袤的土地上，除了长江，唯有黄河自西向东贯穿了这地形上的三大阶梯。水往低处流，这是地球表面不可违背的规律，地球的重力在冥冥之中发挥着主导作用。地势的高低决定了水的流向，正因如此，位于中国大陆三大阶梯之上的黄河必然向东奔腾。但这三大阶梯并非均匀地降低高度，地表更是起伏不平，东部平原中矗立着泰山这样的山丘，西部高原山地里也有不少较低的盆地和谷地。所以黄河并非直线地一泻千里，而是历经了无数曲折。从黄河发源地到入海口的直线距离约为 2 160 千米，而其实际长度却长达 5 464 千米。

水在地面流动时始终遵循着特定的规律，地势高低变化越大，水流速度越快。而水流速度和水量的多少，又决定了它对地面的侵蚀能力和搬运泥沙的能力。在地势陡峭之处，河水的侵蚀能力强劲，主要表现为向下侵蚀，使得河谷不断加深，两岸陡峭，呈 V 字形；在地势低平之地，河水流速减缓，向下侵蚀作用变弱，对两岸的侧面侵蚀作用却得以加强。尤其是当河流水面高度接近所注入水体表面高度时，向下侵蚀作用几乎消失，主要对两岸造成破坏。此时的河水不仅有破坏，也存在沉积现象。

河水在流速较快时能够裹挟大量泥沙，一旦流速减慢，搬运能力降低，泥沙便会沉淀在水下堆积。比如在河岸凸出部位，或者水下有障碍物阻挡水流，那里流速较缓，泥沙便会淤积，直至高出水面，形成沙洲、沙坝；河岸凹入部分则遭受侵蚀，愈发凹陷，平原地区的河流往往格外弯曲，这便是河流自身作用的结果。在河流入海口处，地势最低，加上海水中溶解的氯化钠（食盐）使悬浮在河水中的细微沙粒所形成的胶体状态遭到破坏，产生沉淀，大量泥沙在河口附近堆积，造就陆地。中国大陆东部的平原，主要便是由河流携带泥沙充填而成，古代流传的"沧海桑田"神话，正是这一自然变化的生动写照。直至今日，这种填海造陆的作用仍在持续，黄河河口的三角洲依旧在向大海稳步推进。

黄河的奔腾流淌一方面由地形所决定，另一方面，通过其自身的活动，也在一定程度上改变着地面的形态。总体趋势是，这些在地面流动的水力求将陆地上高出海平面的部分削平，同时将破坏后的产物带入海中，垫高海底，将"精卫填海"的神话变为现实。这些侵蚀和堆积作用，最终受到河水流经地海拔高度的控制。海拔越高，受到剥蚀的程度越强烈，因为众多河流终将汇入大海，所以河流的作用与海平面息息相关；当然，也有部分河流注入内陆湖泊，那就与湖面高度相关联了。不过，影响地面形态变迁的主要因素，归根结底还是来自地球内部的力量。这些力量促使地壳的某些部分隆起成山，同时造成一些地区下缩成低谷、盆地，而且这些作用至今仍在持续，在中国陆地表现得尤为显著。例如泰山、太行山仍在不断升高，而华北平原则处于相对下降状态，所以泰山虽历经长期剥蚀，却依然保有相当的高度，华北平原及其附近海域，则长期成为泥沙积聚的场所。

在黄河流经的区域，不少地段在地球历史发展的近期经历过上升或下降活动，这便是黄河曲折蜿蜒流向大海的根本原因。那些峡谷便是地壳上升与河流侵蚀作用相互结合的产物。因为倘若此地地壳处于稳定状态，随着河流的侵蚀，当河床高度削减到一定程度时，向下侵蚀作用减弱，转而以向两岸侵蚀为主，这时河谷便会逐渐开阔，不会出现狭窄高峻的峡谷；但如果此地地壳持续上升，因河流侵蚀而损失的高度会即刻得到补偿，便能始终保持以向下侵蚀为主，河谷不断加深却难以拓宽，于是便形成了如"自非亭午夜分不见曦月"那般陡峭的峡谷。

当我们审视黄河时可以发现，三大阶梯的地形变化直接影响着黄河的活动，而黄河在不同地段所呈现出的面貌特征，又反映出这些地方从地表到地下地质情况的变迁。当黄河在第一、第二两个阶梯上流淌时，由于这些区域海拔较高，总体而言是遭受流水侵蚀的地区，成为黄河泥沙的主要供给地。并且这里地势高低变化剧烈，如从河源到内蒙古托克托,流程3 472千米,落差3 840多米;从托克托到禹门口(传说中"鲤鱼跳龙门"的龙门),流程718千米,落差611米,蕴藏的水力资源极为丰富。当黄河流至河南省孟津,出宁咀峡,进入最低的一个阶梯时,河道骤然开阔,宽度从300米急剧扩展至3 000米,自此以下直至入海口,不再受峡谷的束缚,水流速度减缓,携带的泥沙一路上大量沉积,但每年仍有众多泥沙被带到河口,在那里持续填海造陆。

在西部的山地、高原中,局部地区地壳下沉,使得黄河在那里淤积出肥沃的土地。"千里黄河富一套",河套平原及其南边宁夏平原的形成,便是这种地质变动的成果;黄河支流汾河、渭河能在一些地段造就平原,也有这一因素的作用。另一方面,在东部这个最低的阶梯上,依旧有包括泰山在内的群山屹立,呈现出"齐鲁青未了"的壮丽景象。这片位于山东的丘陵山地,宛如中流砥柱矗立在黄河面前,黄河河口在其两侧摆动,将原本烟波浩渺的大海填成陆地,而它这块最早从海洋中隆起的地壳凸起部分,也从海中孤岛逐渐演变成挺立在平原之上的群山。

黄河及其支流都有着漫长的发育历史,经历了复杂的变迁,如今我们所见到的"黄河西来决昆仑,咆哮万里触龙门"(李白)的壮观景象,只不过是中国大地上沧海桑田般沧桑巨变的一个小小片段。黄河与地形相互交织、相互影响,在岁月的长河中共同谱写着一曲波澜壮阔的自然乐章,见证着大地的兴衰变迁与生命的不息轮回。

二、黄河流域的气候特征

(一)光照充足,太阳辐射较强

黄河流域的日照条件在整个中国版图内堪称优渥,当我们把目光投向这片广袤的流域,会发现这里全年日照时数能够达到2000至3000小时。这意味着在漫长的一年时光里,大部分日子都被阳光慷慨地眷顾着。从数据上来看,全年日照百分率大多处于50%至75%之间,这样的比例是相当可观的。与其他地区相比,其优势更为明显。仅次于日照最为充足的柴达木盆地,而相较于黄河以南的长江流域广大地区,黄河流域的日照时数普遍多出一倍左右。想象一下,在长江流域的城市,可能还在阴云的笼罩下时,黄河流域早已是阳光满溢。无论是广袤的平原,还是起伏的丘陵,亦或是高原之上,阳光如同忠实的伙伴,始终陪伴着这片土地。充足的日照,为万物生长提供了源源不断的能量源泉。农作物在阳光的照耀下,进行着光合作用,努力地生长、成熟,孕育出饱满的果实与丰硕的粮食。各种植物也凭借着阳光的滋养,枝繁叶茂,为这片土地增添了无尽的生机与绿意。

再看黄河流域的太阳总辐射量,在全国范围处于中间水平,但也有着自身独特的分布格局。在北纬37°以北地区以及东经103°以西的高原地带,太阳总辐射量为130至160千卡/平方厘米/年(需注意1千卡=4.18千焦)。这片区域较高的辐射量,让其在地理能量分布上占据着特殊的地位。而其余大部分地区的辐射量为110至130千卡/平方厘米/年。虽然它不及国内西南部,尤其是青藏高原地区那般强烈,但相较于东北地区和黄河以南地区,却有着明显的优势,是我国东部地区当之无愧的辐射强区。这样的太阳辐射强度,对黄河流域的生态系统、气候调节以及人类活动都产生了深远的影响。在辐射较强的地区,气温的日较差相对较大,白天在太阳辐射的加热下,气温升高,有利于农作物的光合作用和物质积累;而夜晚,随着热量的散失,气温降低,又能减少农作物的呼吸消耗,从而有利于提高农作物的产量和品质。对于人类而言，充足的阳光和较强的辐射，也为太阳能资源的开发利用提供了良好的基础。在一些地区，可以大规模地铺设太阳能电池板，将太阳能转化为电能，为当地的生产生活提供清洁、可持续的能源支持。黄河流域的光照与辐射特征，宛如大自然赋予这片土地的独特标识，深刻地影响着这里的一切，从自然生态的平衡到人类文明的发展进程，都与之紧密相连，成为黄河流域气候画卷中浓墨重彩的一笔。

(二) 季节差别大、温差悬殊

黄河流域的季节变化仿佛是大自然精心编排的一场戏剧，不同区域有着截然不同的"剧情"。在上游青海省久治县以上的河源地区，寒冷似乎是永恒的主题，这里"全年皆冬"，凛冽的寒风呼啸而过，大地被厚厚的积雪终年覆盖，仿佛时间都在这里被冻结，生命在严酷的寒冷中顽强坚守。久治至兰州区间以及渭河中上游地区则呈现出"长冬短夏，春秋相连"的景象，漫长的冬季里，万物蛰伏，河流冰封，而短暂的夏季如同昙花一现，春秋季节在冷暖交替间匆匆而过，让人难以分清界限。兰州至龙门区间的冬季长达六七个月，寒冷的气息长时间笼罩着这片土地，夏季却仅有一两个月，短暂得稍纵即逝，人们还未来得及尽情享受夏日的热烈，便又要匆匆迎接漫长寒冬的到来。而流域其余地区则是"冬冷夏热，四季分明"，冬季的寒冷让大地沉睡，河流也放缓了奔腾的脚步；夏季的炎热则使万物蓬勃生长，黄河水也在骄阳下闪耀着炽热的光芒，春秋季节的过渡又像是大自然在冷热之间的温柔调和，带来了色彩斑斓的美景和宜人的气候。

沿着地形的三级阶梯自西向东前行，仿佛经历了一场从寒冷极地到温暖家园的穿越之旅，气温由冷逐渐变暖，东西向的气温梯度如同陡峭的山坡，明显大于南北向梯度。在河源的巴颜喀拉山北麓，年平均气温宛如深陷寒冬的谷底，低至-4℃左右，这里是寒冷的中心，每一寸空气都弥漫着刺骨的寒意。而流域极端最低气温更是在河源区的黄河沿站创下了惊人的-53.0℃的记录（1978年1月2日），那是一种足以让生命瞬间凝固的寒冷，仿佛将整个世界都冰封在无尽的严寒之中。与之形成鲜明对比的是，在黄河下游山东省境内，年平均气温如同沐浴在温暖的阳光里，达到12℃-14℃的高值区，这里充满了生机与活力，人们在温暖的气候中辛勤劳作，享受着大自然的馈赠。流域极端最高气温的纪录则出现在河南省洛阳地区的伊川站，高达44.2℃（1996年6月20日），那炽热的高温如同火炉一般炙烤着大地，让人感受到黄河流域气候的极端与多变。

在北纬37°以北地区，年较差犹如一位情绪波动较大的巨人，在31℃-37℃之间剧烈起伏，冬季的严寒与夏季的炎热形成强烈的反差，季节的更替在这里表现得格外明显。北纬37°以南地区相对较为温和，但年较差大多也在21℃-31℃之间，四季的变化依然清晰可感。此外，黄河流域气温的日较差也不容小觑，尤其是在上中游的高纬度地区，这里仿佛是日较差的"舞台"，全年各季气温的日较差在13℃-16.5℃之间，均处于国内的高值区或次高值区。清晨时分，寒冷的空气还弥漫在大地，随着太阳的升起，气温迅速攀升，中午时分可能已经变得温暖甚至炎热，而到了夜晚，又迅速冷却下来，这种较大的日较差，既考验着生活在这片土地上的生物的适应能力，也为这里的农业生产、生态环境等带来了独特的影响，比如有利于农作物在白天积累养分，夜晚减少消耗，促进其生长和品质提升。黄河流域季节差别与温差悬殊的气候特征，宛如大自然赋予这片土地的独特密码，深刻地影响着这里的生态、农业、文化以及人们的生活方式，成为黄河流域独特魅力的重要组成部分。

（三）降水集中，分布不均、年际变化大

黄河流域大部分地区的年降水量处于 200 至 650 毫米之间，然而不同区域之间的降水量差异极为明显。在中上游南部以及下游地区，降水相对较为丰沛，年降水量多于 650 毫米。尤其是南界秦岭山脉北坡，因其特殊的地形因素，仿佛成为了降水的富集地，降水量一般可达 700 至 1000 毫米。这里的山峦在水汽的滋润下郁郁葱葱，河流也因充足的水源而奔腾不息，滋养出一片生机盎然的景象。与之形成鲜明对比的是深居内陆的西北宁夏、内蒙古部分地区，它们远离海洋水汽的润泽，降水量严重不足，甚至不足 150 毫米。在这些干旱的区域，大地多是广袤的荒漠与稀疏的草原，水资源的匮乏成为制约当地发展的关键因素。整个黄河流域降水量分布的不均，从南北对比来看，其降雨量之比大于 5，这种悬殊的差异在我国其他河流流域中都是极为罕见的，它造就了黄河流域丰富多样的自然景观与生态环境。

黄河流域的降水在时间上也呈现出鲜明的季节性特点，冬干春旱，夏秋多雨。漫长的冬季与春季，大地仿佛被干旱的阴影笼罩，河流流量减少，土地干裂，植被在干旱中艰难求生。而一旦进入夏秋季节，尤其是 6 至 9 月，降水便如同被唤醒的巨龙，汹涌而来，这几个月的降水量能够占到全年的 70% 左右。其中，盛夏 7 至 8 月更是降水的集中爆发期，降水量可占全年降水总量的四成以上。此时，黄河及其支流的水位迅速上涨，河水奔腾澎湃，为流域带来了丰富的水资源，同时也考验着河流的行洪能力与周边地区的防洪设施。这种降水集中的特点，对于农业生产而言，既是机遇也是挑战。在夏秋多雨的季节，充足的雨水为农作物生长提供了良好的水分条件，利于农作物苗壮成长、丰收在望；但降水过于集中也容易引发洪涝灾害，淹没农田、冲毁房屋，给人们的生命财产造成巨大损失。

年降水量的最大值与最小值之比约为 1.7：7.5，变差系数 C 变化在 0.15 至 0.4 之间。在降水量丰富的年份，河流可能会出现洪水泛滥的情况，淹没大片的低洼地区；而在降水量稀少的年份，干旱又会肆虐大地，导致农作物歉收，人畜饮水困难。这种年际变化的不确定性，使得黄河流域的水资源管理、农业规划以及防洪抗旱等工作面临着极大的复杂性与艰巨性。人们需要不断地探索和适应这种变化，通过修建水利工程、发展节水农业等方式，来应对降水的不确定性，力求在大自然的气候变幻中谋求生存与发展的平衡，保障黄河流域的生态稳定与经济繁荣。

（四）湿度小、蒸发大

黄河中上游堪称国内湿度偏小的典型区域。就拿吴堡以上地区来说，那里的平均水汽压显得颇为不足，尚不足 800 帕，而相对湿度也在 60% 以下。这样的湿度状况，使得空气略显干燥，人们在呼吸时能明显感觉到那份清爽中带着的一丝干涩。特别是上游的宁夏、内蒙古境内以及龙羊峡以上地区，气候更是干燥，年平均水汽压甚至不足 600 帕，在这里，水汽仿佛成为一种稀缺资源，难以在空气中大量聚集。再看兰州至石嘴山区间，相对湿度更是小于 50%，在这片区域里，干燥的气候长时间持续，无论是广袤的草原还是起伏的山地，都被这种干燥所笼罩。由于湿度较小，植被的生长面临着一定挑战，它们需要更加发达的根系去深入地下汲取水分，以维持自身的生存与繁衍。对于生活在这些地区的人们而言，干燥的气候也要求他们在日常生活中更加注重保湿和水分的补充，例如，传统的

民居建筑往往会注重防风沙和保湿功能的设计，人们的饮食习惯也会倾向于多摄入一些水分含量较高的食物。

而黄河流域的年蒸发量能够达到1 100毫米，这一数据充分显示出了太阳热量对流域水分的强大抽取能力。在上游的甘肃、宁夏和内蒙古中西部地区，更是属于国内年蒸发量最大的地区范畴。在这些区域，最大年蒸发量甚至可超过2 500毫米，这是一个极为惊人的数字。强烈的蒸发作用使得大量的水分从河流、湖泊以及土壤中散失到空气中。对于河流来说，蒸发量大会导致河流水量的减少速度加快，在枯水期，这种影响更为明显，河流的水位可能会出现明显的下降，一些较小的支流甚至可能会干涸断流。湖泊也面临着同样的困境，在持续的蒸发作用下，湖水面积逐渐缩小，湖水深度变浅，原本生机勃勃的湖泊生态系统可能会逐渐退化。而对于农业生产而言，蒸发量大意味着土壤中的水分散失迅速，农民们需要更加精心地灌溉和管理农田，采用节水灌溉技术，以减少水分的无效蒸发，确保农作物能够获得足够的水分供应。同时，蒸发大也在一定程度上影响着当地的气候调节，大量水分蒸发到空气中，会在一定程度上改变局部的气温和湿度条件，使得昼夜温差进一步加大，白天在强烈阳光照射下气温升高迅速，而夜晚由于水汽含量较少，热量散失快，气温又会急剧下降。总之，黄河流域湿度小、蒸发大的气候特征，如同一只无形的手，时刻拨弄着这片土地的生态与发展之弦，需要人们深入研究并积极应对，以实现黄河流域的可持续发展。

（五）冰雹多，沙暴、扬沙多

在黄河上游兰州以上地区以及内蒙古境内，冰雹的出现较为频繁，全年冰雹日数多超过2天。而在东经100以西的广大区域，情况更为严重，多于5天。其中，玛曲以上和大通河上游地区堪称黄河流域冰雹的"重灾区"，这里全年的冰雹日数多达15至25天，不仅在黄河流域独占鳌头，在全国范围内也是冰雹集中区。当冰雹来袭时，天空瞬间乌云密布，电闪雷鸣，大小不一的冰雹如炮弹般砸向大地。这些冰雹对农作物的危害极大，在生长季节，娇嫩的庄稼幼苗可能会被冰雹砸得遍体鳞伤，叶片破碎、茎秆折断，严重影响农作物的生长发育和产量。对于畜牧业来说，牲畜也可能会在冰雹袭击中受伤，牧民们需要及时采取措施保护牲畜的安全。而且，冰雹还会对建筑物、车辆等造成损害，屋顶被砸出窟窿，车窗玻璃破碎等情况屡见不鲜。

沙暴和扬沙天气在黄河流域也频繁出现，它们主要由大风引发，并且与当地或附近的地质条件及植被状况紧密相连。在流域的宁夏、内蒙古境内以及陕北地区，由于多年平均大风日数均在30天以上，加之区域内分布着腾格里沙漠、乌兰布和沙漠和毛乌素沙漠等大面积的沙漠，为沙暴和扬沙提供了丰富的沙源。这里全年沙暴日数大多在10天以上，扬沙日数超过20天。在一些特殊年份，恶劣的气候条件加上强风的作用，沙暴最多可达到30至50天，扬沙日数超过50天。每当沙暴来袭，狂风裹挟着大量沙尘，天空瞬间昏黄一片，能见度急剧降低，交通陷入瘫痪，人们出行困难重重。沙尘弥漫在空气中，对人们的呼吸系统造成严重危害，引发咳嗽、呼吸困难等健康问题。对于农业而言，沙尘会覆盖在农作物表面，影响光合作用，导致农作物生长受阻，产量下降。而且，长期的沙暴和扬沙还会侵蚀土壤，破坏土地肥力，使得原本肥沃的土地逐渐变得贫瘠。

在汾河上游和小浪底以下沿黄的河南省境内，还各有一个年沙暴或扬沙日数超过20

天的区域。汾河上游区域可能受到周边地形和植被覆盖情况的影响，而河南省境内的区域则主要与黄河较大范围沙滩地的存在有关。这些沙滩地在大风天气下，容易成为扬沙的源头，沙尘被风吹起，扩散到周边地区。面对冰雹、沙暴和扬沙等恶劣天气，黄河流域的人们在长期的生产生活实践中逐渐摸索出了一些应对措施，如加强气象监测预报，提前做好防范准备；植树造林，改善植被状况，减少沙尘源；建设防风固沙工程，保护农田和村庄等。但要从根本上减轻这些灾害性天气的影响，还需要全社会持续不断地努力，加强生态环境保护，合理规划土地利用，提高人们的环保意识，共同守护黄河流域的生态家园，让这片土地在与恶劣气候的抗争中焕发出新的生机与活力。

第二节 水文特征研究的意义与重要性

一、黄河水文特征研究的意义

（一）有利于防洪减灾

黄河的洪水灾害在历史上给流域人民带来了沉重的灾难，研究黄河水文特征对于防洪减灾具有根本性的重要意义。黄河的径流量季节变化极大，汛期时水量猛增，非汛期则水量锐减。通过对其水文特征的深入探究，能够精准地预测洪水的发生时间、规模以及演进路径。例如，对黄河上游的积雪融水情况、降水分布和强度的研究，可以提前预估在特定气象条件下，不同河段可能出现的洪峰流量和水位变化。当掌握了这些关键信息后，就可以有针对性地制定防洪预案，合理安排水库的蓄洪、泄洪策略，加固堤坝的关键部位，疏散可能受灾区域的居民和财产。这不仅能有效减少洪水直接造成的人员伤亡和财产损失，还能保障黄河流域重要基础设施如桥梁、铁路、公路、水电站等的安全运行。而且，对水文特征的长期监测和研究，有助于评估黄河流域防洪工程设施的有效性，以便及时进行改进和完善，从整体上提升黄河流域抵御洪水灾害的能力，为流域的稳定发展和人民的安居乐业奠定坚实的基础。

（二）有利于促进水资源合理利用

黄河是流域内众多城市和地区的重要水源，但水资源相对匮乏且分布不均。研究其水文特征对水资源的合理开发利用至关重要。了解黄河的径流量年际变化、不同季节的水量差异以及水质状况，能够为水资源的科学调配提供依据。例如，在丰水年，可以适当增加水库的蓄水量，以备枯水年之需；在枯水季节，则可以通过合理调控水利枢纽，优先保障居民生活用水、农业灌溉用水以及重要工业用水的需求。同时，对黄河泥沙含量等水文要素的研究，可以帮助设计有效的引水工程和水处理设施，减少泥沙对渠道和设备的淤积与磨损，提高水资源的利用效率。此外，研究水文特征还能为跨流域调水工程提供关键数据支持，如南水北调西线工程与黄河的衔接，通过对黄河受水区的水文变化分析，确定合理的调水规模和时间安排，使外来水资源能够与黄河自身水资源有机结合，最大限度地发挥水资源的综合效益，促进黄河流域及相关地区的经济可持续发展和生态平衡维护。

（三）有利于生态环境保护

黄河流域的生态系统丰富多样，包括湿地、草原、森林等多种生态类型，而这些生态系统的健康稳定与黄河的水文特征息息相关。黄河的水流速度、水位变化、含沙量等因素直接影响着流域内生物的栖息地、繁殖地和迁徙通道。研究黄河水文特征能够为生态保护提供精准指导。比如，黄河下游的湿地生态系统依赖于黄河的定期泛滥来维持土壤肥力和水域面积，通过对水文节律的研究，可以模拟自然的洪水过程，在合适的时间和地点进行人工补水，以保障湿地植被的生长和珍稀鸟类等动物的栖息环境。对黄河水质的监测和分析，有助于发现污染源并及时治理，防止污染物对水生生物造成毒害，保护鱼类等水生生物的多样性。而且，了解黄河泥沙的输移规律，对于黄河三角洲等地区的生态演变研究具有重要意义，能够为保护和修复沿海湿地生态、促进海岸线的稳定和生物资源的繁衍创造有利条件，从而实现黄河流域从源头到入海口整个生态链的完整保护和可持续发展。

二、黄河水文特征研究的重要性

（一）水资源问题是我国可持续发展的主要瓶颈

黄河水文特征研究在我国可持续发展进程中占据着举足轻重的地位，尤其是黄河源区的水资源变化情况，犹如牵一发而动全身，深刻影响着黄河上游乃至整个流域的水资源开发利用格局以及生态环境的稳定。水资源问题已然成为我国可持续发展的主要瓶颈，而黄河源区作为黄河水系的发源地，其水资源的任何细微变动都具有广泛的连锁反应。黄河源区的水资源量及变化态势，直接关乎黄河上游地区水资源的可获取量与利用方式，进而对整个流域的水资源调配与管理策略产生深远的导向作用。例如，源区水资源的丰沛程度决定了上游地区水电站的发电能力与供水规模，以及在向下游输水过程中各个环节的水量分配计划。

黄河源区的湿地生态系统堪称整个流域生态稳定的基石，这片湿地犹如巨大的天然海绵，具有卓越的涵养水源功能，能够在降水丰富时储存大量水分，在枯水期则缓慢释放，从而调节黄河的径流量，减少洪峰与枯水期的水量波动。同时，湿地植被的繁茂根系如同细密的网络，紧紧锁住土壤颗粒，有效防止水土流失，成为守护源区生态平衡的忠诚卫士。其积极影响不仅局限于源区，更如涟漪般扩散至中下游地区，为中下游的生态平衡保驾护航。健康的源区湿地生态系统能够保障黄河水在流淌过程中的水质稳定，减少泥沙含量，降低洪涝灾害风险，为中下游地区的农业灌溉、城市供水以及工业用水提供可靠的水源支持，有力地促进了流域的可持续发展。

然而，令人担忧的是，近年来黄河源区径流呈现出减少的趋势，这一变化犹如一场生态危机的前奏，引发了一系列严峻的环境恶化问题。水土流失现象日益加剧，大量肥沃的土壤被水流无情冲走，导致土地肥力下降，土地荒漠化如恶魔般蔓延，广袤的草地逐渐失去生机，草场退化严重，原本郁郁葱葱的植被变得稀疏，难以承载畜牧业的发展需求。冰川消融速度加快，这不仅是全球气候变化的直观体现，更对黄河源区的水资源补给产生了不确定性影响。此外，鼠虫害肆虐，进一步破坏了植被和土壤结构，使得生态系统陷入恶性循环。这些问题相互交织，如同重重枷锁，严重破坏了黄河的河流健康生命。

在全球气候变暖和人类活动的双重夹击下，黄河源区生态系统遭受了前所未有的干扰。人类过度放牧、不合理的水资源开发利用以及工业污染等活动，与气候变化的不利影响相互叠加，使得源区生态功能大幅减退。曾经强大的自我恢复能力如今已变得脆弱不堪，难以应对接踵而至的生态挑战。这种局面犹如一颗定时炸弹，时刻威胁着黄河中下游流域的生态安全。中下游地区依赖黄河水的城市面临着供水紧张、水质恶化的风险，农业生产因水量不稳定和水质变差而遭受损失，生物多样性也因生态环境的恶化而面临减少的危机。因此，深入研究黄河水文特征，尤其是黄河源区的水资源变化规律，成为当务之急，唯有如此，才能为制定科学合理的流域水资源管理策略和生态保护措施提供坚实的依据，从而实现黄河流域的可持续发展，让母亲河永葆生机与活力。

（二）支撑水资源的科学调配与高效利用

黄河流域水资源分布呈现出显著的时空不均衡性，从时间维度来看，其径流量的年际与季节波动剧烈。在丰水年，大量水资源若未能妥善存储与合理引导，可能引发洪涝灾害，致使沿岸居民生命财产遭受巨大损失；而枯水年时，有限的水量又难以满足流域内农业灌溉、工业生产以及居民生活等多元用水需求。通过对黄河水文特征的长期、系统监测与深入研究，能够精准地剖析其径流量的变化规律，包括年际变化幅度、年内各季节的分配比例等。例如，借助对降水数据、冰雪融水数据以及流域内蒸发量等多方面数据的综合分析，建立起科学的水文预测模型，从而提前预估不同时段黄河的水量情况。这为水资源的科学调配提供了关键依据，可在丰水期有计划地蓄水，如合理调控水库水位，将多余水资源储存起来，以便在枯水期进行补充性供水。同时，依据各地区的用水需求特点与优先级，制定精细化的配水方案，优先保障居民生活用水的稳定供应，合理分配农业灌溉用水以确保粮食生产安全，以及满足工业生产用水以维持经济发展的基本动力，进而实现水资源利用效率的最大化，缓解流域水资源供需矛盾，为黄河流域的可持续发展奠定坚实的水资源基础。

（三）保障流域生态系统的稳定与平衡

黄河水文特征与流域生态系统之间存在着错综复杂的相互依存关系。黄河的水流速度、水位变化、含沙量以及水质状况等要素，均对流域内的生态环境产生着深远且决定性的影响。黄河水流的季节性涨落是塑造湿地生态系统的关键力量。在汛期，河水泛滥能够为湿地带来丰富的泥沙与营养物质，促进湿地植被的繁茂生长，为众多珍稀鸟类、鱼类以及其他水生生物提供理想的栖息、繁殖与觅食场所。然而，非汛期水位的下降以及流量的减少，可能导致湿地面积萎缩，生物栖息地遭到破坏，进而引发生物多样性的下降。此外，黄河的含沙量对河口三角洲生态系统的演变起着至关重要的作用。泥沙的淤积塑造了三角洲独特的地貌形态，为沿海滩涂生物提供了独特的生存环境，同时也影响着海水与淡水的交换过程，进而影响到河口地区的渔业资源与海洋生态平衡。再者，黄河水质的优劣直接决定了水生生物的生存繁衍状况。一旦水质受到污染，水中的有害物质将在生物体内富集，威胁到生物的健康与生存，甚至可能导致某些物种的灭绝。通过模拟与预测黄河水文变化对生态系统的影响，提前制定针对性的生态修复与保护策略，如在湿地生态面临威胁时，通过人工补水等措施维持湿地水位与面积，保障生物栖息地的完整性；在河口三角洲地区，合理调控水沙关系，促进三角洲生态系统的健康稳定发展；加强对黄河水质的监测与治理，严格控制污染源，确保水生生物拥有良好的生存环境，从而实现黄河流域生态系统的长期稳定与平衡，守护这片土地上丰富多样的生物资源与独特的生态景观。

第三节 黄河流域水文研究的历史回顾

一、早期探索与认知阶段

在人类文明的漫长历史进程中，黄河流域作为中华民族的发祥地，对其水文的探索与认知亦源远流长。这一早期阶段，虽受限于当时的科技水平与认知手段，但仍在诸多方面取得了具有开创性意义的成果，为后世对黄河流域水文的深入研究奠定了基础。先秦时期，人们对黄河水文现象的认识尚处于萌芽状态，多为直观观察与质朴的记载。《尚书·禹贡》堪称这一时期的重要文献代表，其中虽未对黄河水文进行专门的、系统性阐述，但在描述黄河流域的山川地理分布、物产贡赋情况时，不可避免地涉及部分与水文相关的信息。例如，其对黄河发源地的界定为积石山，尽管此说法与现代科学认知存在偏差，但在当时却是基于有限的地理探索与口口相传的经验总结，反映出古人对黄河源头追溯的初步尝试。此外，文中提及黄河流域不同地区的土壤特性与物产差异，这些信息间接暗示了黄河水流经区域的水文环境差异对周边生态及人类生产生活的影响。彼时，人们已开始意识到黄河水与周边土地的肥沃程度、农业生产的丰歉之间存在着某种关联，这种朦胧的认知为后续进一步探究黄河水文与地理环境、人类社会的相互关系拉开了序幕。

至秦汉时期，大一统王朝的建立为黄河流域水文研究提供了更为有利的社会环境与资源支持。《汉书·地理志》的出现，标志着对黄河流域水文状况的记载迈向了更为详细与精准的阶段[1]。该著作不仅对黄河的主要支流，如渭河、汾河等进行了明确的标注与描述，详细记录了它们的大致流经区域，还对部分地区黄河及其支流的水位涨落、水量多寡等水文特征进行了具体观测与记载。例如，书中记载了某些年份黄河在特定河段的水位异常升高或降低情况，以及与之相伴的周边地区的水患或旱灾现象，为研究当时黄河流域的水文变化规律提供了珍贵的一手资料。同时，秦汉时期大规模的水利工程建设与农业开发活动，如郑国渠、白渠等大型灌溉工程的兴修，使得人们在实践过程中对黄河水资源的利用与调配有了更深入的思考与探索。为了确保这些水利工程的有效运行，人们开始主动观测黄河的水流速度、含沙量等水文要素，试图掌握其变化规律，以便更好地调控水流，实现灌溉、防洪等多重目标。这一时期，人们对黄河洪水问题的关注度显著提升，并初步采取了一些较为系统的防洪措施，如在黄河下游地区修筑堤防。这些堤防的修筑并非盲目进行，而是在长期观察黄河洪水泛滥路径与规律的基础上，选择合适的地段进行加固与增高，以抵御洪水的侵袭。尽管这些早期的防洪措施在技术水平与工程规模上相对有限，但它们体现了古人在应对黄河水文灾害方面的积极探索与实践智慧，为后世黄河防洪工程体系的逐步完善积累了宝贵经验。

二、逐渐深入研究阶段

随着历史的演进，黄河流域水文研究在魏晋南北朝至唐宋时期以及元明清时期逐步走

---

[1] 王帅，张秋芬，吕锡芝，等. 黄河流域水沙变化的文献计量分析[J]. 中国水土保持，2024（05）：29-34.

向深入，研究范围不断拓展，研究方法日益多样，对黄河水文规律认识也愈发深刻，为近现代黄河流域的综合管理与开发利用奠定了坚实基础。

魏晋南北朝至唐宋时期，在学术文化领域呈现出繁荣景象，黄河流域水文研究也取得了显著进展。郦道元的《水经注》犹如一座水文研究的宝库，在黄河流域水文研究史上具有极为重要的地位。这部著作对黄河及其支流进行了详尽的描述，其内容广泛涉及水文地理的各个方面。在河源探究方面，《水经注》对黄河源头的记载相较于以往更为丰富和细致，它不仅综合了当时已有的各种河源说法，还对河源地区的山川形势、水流走向进行了深入描绘，尽管受限于当时的测量技术，其结论与现代精确测定存在差异，但无疑极大地拓展了人们对黄河上游区域的认知范围。对于黄河干支流的流经区域，《水经注》以极高的精度进行了记录，详细描述了河道的弯曲变化、两岸的地形地貌特征以及与周边水系的相互关系。例如，在描述黄河流经的峡谷地带时，书中生动地记载了峡谷的陡峭险峻、水流的湍急汹涌以及岩石的质地纹理等，为研究黄河河道演变提供了珍贵的历史地理资料。在水文要素的观测与记录上，《水经注》更是涵盖全面，对黄河不同河段的水位变化进行了长期追踪和记录，详细描述了洪水期水位的急剧上升、枯水期水位的显著下降以及水位变化与季节、气候之间的关联。同时，对黄河的流量大小、含沙量多寡、水质清浊等水文特征也进行了细致入微的观察与记载，并尝试分析这些要素之间的相互关系以及它们对周边生态环境和人类活动的影响。例如，书中记载了黄河某些河段因含沙量过高而导致河道淤积、河床抬升的现象，以及这种变化对周边农田灌溉、水运交通的不利影响，体现了当时对黄河水文与生态、经济之间复杂关系的初步认识。

元明清时期，黄河流域的水文研究在继承前人成果的基础上继续深入发展，尤其在黄河下游水患治理的实践过程中，对黄河水文规律地认识实现了新的突破。元代开展了具有重要意义的河源勘察活动，这是中国历史上首次由官方组织的大规模、系统性的河源考察。考察队伍深入黄河上游地区，运用当时较为先进的测量工具和方法，对河源区域的地理环境、河流走向进行了详细勘查与记录。此次考察虽然未能完全确定现代意义上的黄河正源，但相较于以往的认知，对河源地区的了解更为准确和深入，纠正了一些长期以来的错误观念，为后续进一步探索黄河源头提供了重要的参考依据。在黄河下游地区，由于水患频繁，元明清三代均将黄河治理作为国家的重要事务，投入了大量的人力、物力和财力。这一时期，人们通过长期的实地观测和实践经验总结，对黄河的洪水规律有了更为深入的认识。例如，发现黄河洪水的发生与降水的时空分布密切相关，在夏季降水集中的时期，黄河上游地区的暴雨往往会引发下游地区的洪水泛滥，且洪水的规模与降水强度、持续时间以及流域内的地形地貌、植被覆盖等因素存在复杂的函数关系。同时，对黄河泥沙淤积问题的研究也取得了重要进展。人们认识到黄河泥沙主要来源于中游的黄土高原地区，由于该地区土质疏松、植被稀少，在雨水冲刷下大量泥沙流入黄河。随着泥沙在下游河道的不断淤积，河床逐渐抬高，形成了地上悬河的独特地貌景观，这不仅严重威胁着黄河下游地区的防洪安全，还对周边地区的生态环境和社会经济发展产生了深远影响。为了解决黄河下游的水患问题，这一时期涌现出了许多著名的治黄理论和实践方案。潘季驯提出的"束水攻沙"理论堪称其中的代表，他深刻认识到黄河水沙关系的本质，主张通过修筑坚固的堤防，约束黄河水流，使其流速加快，从而增强水流的挟沙能力，将泥沙输送到大海，以达到治理黄河的目的。这一理论在实践中取得了一定的成效，在一定程度上缓解了黄河下游的水患问题，同时也为后世黄河治理提供了重要的理论借鉴，推动了黄河流域水文研究从单纯的现象观察向深入的理论分析与实践应用相结合的方向发展。

三、现代科学考察与研究阶段

步入20世纪，随着西方现代科学知识与技术的广泛传播和引入，黄河流域水文研究迎来了全新的发展契机，开启了以现代科学方法和技术为支撑的全面深入探索历程，在多个方面取得了前所未有的突破与成就，使黄河流域水文研究逐步走向精细化、系统化与科学化。20世纪初至中叶，中国社会处于剧烈变革与转型期，尽管面临诸多困难与挑战，但在黄河流域水文研究领域仍积极借鉴西方先进经验，努力探索适合本国国情的研究路径。1952年，中央有关部门精心组织了黄河河源查勘队，此次查勘规模宏大、意义深远。查勘队行程长达5000公里，足迹遍布黄河源区的山川沟壑、河流湖泊。队员们运用现代测量仪器，如经纬仪、水准仪等，对黄河源头的地理坐标、海拔高度进行了精确测定；采用流速仪、水位计等设备，对黄河源区各主要支流的流速、水位变化进行了系统观测与记录；同时，采集了大量的水样和泥沙样本，利用化学分析方法测定了其成分与含量。尽管此次查勘由于当时技术条件的限制以及源区复杂的地理环境等因素，最终未能得出关于黄河正源的明确科学结论，但所搜集的丰富资料犹如一座宝藏，为后续更为深入、精准的研究提供了海量的数据支撑与研究线索，极大地推动了黄河流域水文研究向现代科学研究范式的转型。在同一时期，针对黄河下游岸边河南段的水文地质勘察和研究工作也逐步展开。科研人员运用钻探技术，深入地下了解地层结构与含水层分布情况；通过建立水文地质监测网络，长期监测地下水位变化、水质动态以及地下水与地表水的相互转换关系。这些研究成果对于黄河岸边集中水源地水资源评价、合理开发利用以及地下水污染防治等方面具有极为重要的指导意义，为保障黄河下游地区的水资源安全提供了科学依据。

20世纪中叶以后，黄河流域水文研究在前期探索的基础上继续高歌猛进。1978年，青海省人民政府再次组织专业考察队对黄河源区进行深入考察。此次考察汇聚了地质学、地理学、水文学等多学科领域的专家学者，采用了更为先进的卫星遥感技术、全球定位系统（GPS）以及地理信息系统（GIS）等现代空间信息技术。通过卫星遥感图像解译，能够宏观地掌握黄河源区的地形地貌特征、植被覆盖状况以及河流湖泊的分布与变化情况；借助GPS技术，实现了对考察点位置的高精度定位，为绘制精确的黄河源区地图提供了准确的数据；运用GIS技术，将各种地理信息数据进行整合、分析与可视化处理，构建了黄河源区水文地理信息模型，直观地展示了黄河源区水文要素的空间分布与相互关系。经过此次全面、系统、科学的考察，最终确定卡日曲为黄河正源，并对河源区的地理状况和水文特性有了全新的、更为科学准确的认识。例如，详细查明了卡日曲的源头位置、河道长度、流域面积以及其水源补给类型，包括冰雪融水、降水补给以及地下水补给的比例关系等；深入研究了河源区河流的水化学特征，如酸碱度、硬度、溶解氧含量等及其与周边岩石、土壤类型的相互作用机制；同时，对河源区的生态环境现状与演变趋势进行了评估，揭示了水文变化对源区生态系统的影响路径与程度。此后，随着科技的日新月异，黄河水文研究在监测技术、数据采集与分析、模型构建等方面取得了长足发展。在监测技术方面，建立了更为完善、覆盖范围更广的水文监测站网，不仅在黄河干流上设置了多个大型水文监测站，而且在众多支流以及河源区、河口区等关键区域也增设了大量监测站点，实现了对黄河水位、流量、泥沙含量、水温、水质等水文要素的长期、连续、实时监测。监测设备也不断更新换代，从传统的机械式仪器逐渐向自动化、智能化、高精度的传感器设备转变，如采用声学多普勒流速剖面仪（ADCP）能够快速、准确地测量河流不同深度的流速分布情况；运用激光粒度分析仪可以精确测定泥沙颗粒的粒径大小与级配组成；通过在线水质监测仪能够实时监测水中多种污染物的浓度变化。在数据采集与分析方面，借助计算机技术与网络通信技术，实现了水文数据的自动化采集、远程传输与实时存储，建立了大型水文数据库，为数据的深度挖掘与分析提供了便利条件。运用数理统计方法、时间序列分析方法以及数据挖掘算法等，对海量水文数据进行分析处理，揭示黄河水文要素的变化规律、周期性特征以及相互关联关系，如建立了黄河流量与降水、气温、蒸发等气象因素之间的多元回归模型，预测黄河水量的变化趋势；采用频谱分析方法研究黄河泥沙含量的年际与年内周期性变化规律等。在模型构建方面，基于对黄河水文过程的深入理解与数学物理原理，构建了多种水文模型，如概念性水文模型、分布式水文模型等。概念性水文模型以流域的蓄水、产流、汇流等水文过程的概念性描述为基础，通过建立数学方程模拟黄河流域的径流形成过程，如水箱模型、新安江模型等在黄河流域水文模拟中得到了广泛应用；分布式水文模型则充分考虑流域的地形、土壤、植被等下垫面因素的空间异质性，将流域划分为多个子单元，分别模拟每个子单元的水文过程，并通过水文学方法将各个子单元的模拟结果进行耦合，从而实现对整个流域水文过程的精细化模拟，如SWAT模型、VIC模型等在黄河流域水资源评价、洪水预报、气候变化影响评估等方面发挥了重要作用。

21世纪以来，随着全球气候变化与人类活动对黄河流域影响的日益加剧，国家对黄河流域的生态保护和高质量发展高度重视，黄河水文研究也迎来了新的历史使命与发展机遇，呈现出多学科交叉融合、国际化合作交流以及服务流域综合管理的新趋势。一方面，充分利用先进的卫星遥感技术、地理信息系统技术、全球定位系统技术以及无人机航拍技术等，对黄河流域的水资源分布与变化、生态环境状况与演变等进行全方位、动态监测与评估。例如，通过卫星遥感技术能够实时监测黄河流域的积雪覆盖面积与厚度变化，为预测黄河春汛水量提供重要依据；运用无人机航拍技术可以获取黄河河道形态、河岸带生态状况的高分辨率影像数据，为河道整治与生态修复提供直观的信息支持。另一方面，积极开展多项重大科研项目，整合国内外优势科研力量，加强国际合作与交流。如"十四五"国家重点研发计划"变化环境下长江黄河极端枯水遭遇规律和空间变异机制"课题，汇聚了来自气象学、水文学、地理学、生态学等多学科领域的专家学者以及国内多家知名科研机构和高校的研究力量，通过构建黄河流域水文气象百年尺度数据集，深入分析历史水文气象数据，揭示水文气象极端事件演变规律，定量解析气候变化和人类活动对黄河极端枯水的影响机理。在研究过程中，积极与国际上相关科研团队开展合作交流，共享数据资源、研究方法与成果经验，使黄河流域水文研究逐步走向国际前沿舞台，提升了我国在全球河流研究领域的影响力与话语权。同时，黄河水文研究更加紧密地服务于流域综合管理与可持续发展战略。研究成果广泛应用于黄河流域水资源合理配置、防洪减灾体系建设、生态保护与修复工程规划、水污染防治与水环境治理等多个方面。例如，基于水文模型预测结果制定黄河流域水资源调配方案，确保不同地区、不同行业的用水需求得到合理满足；根据洪水预报信息提前启动防洪应急预案，有效保障黄河沿岸人民生命财产安全；通过对生态需水的研究确定黄河生态流量阈值，为实施生态补水工程提供科学依据，促进黄河流域生态系统的健康稳定发展。

第四节　研究方法与技术手段的发展

一、黄河水文特征研究方法

（一）降水倾向率法

气候倾向率方法在多个学科领域都展现出了极为重要的价值，在黄河水文特征研究中，尤其是与降水序列相结合时，降水倾向率法发挥着独特且关键的作用。在黄河流域的研究情境下，首先需要确定降水序列资料，这一序列构成了一个时间序列 $\{X_1, X_2, \cdots, X_n\}$，它涵盖了黄河流域不同时间节点的降水数据信息，这些数据可能来自分布在流域各处的气象观测站点，经过长期的观测记录与整理而得。利用最小二乘法对这一降水时间序列进行一元线性方程拟合是该方法的核心步骤。最小二乘法的原理在于通过寻求一条直线，使得所有数据点到这条直线的距离的平方和最小，从而确定出最为合适的拟合直线方程 $y=at+b$。在这个方程中，t 通常代表时间变量，而 a 和 b 则是通过计算确定的系数。其中，斜率 a 具有特殊的意义。a×10 所表示的即为分析指标的降水倾向率（mm/10a）。当 a 值为正的时候，这清晰地反映出黄河流域降水趋势呈现上升状态。例如，如果计算得出 a 值为 0.5，那么降水倾向率就是 5mm/10a，意味着在每 10 年的时间跨度里，黄河流域的降水量平均会增加 5 毫米。这种上升趋势可能会对黄河的径流量产生积极的影响，使得河流在一定程度上拥有更为充足的水源补给，可能会改变黄河的水位变化规律，影响其汛期的水量大小以及洪水发生的频率和强度等。

a 值的大小，无论是正值还是负值，其绝对值都直观地表示出上升或下降的幅度。通过精确计算降水倾向率，研究者可以深入了解黄河流域降水在长时间尺度上的变化特征和趋势，从而为进一步研究黄河水文特征的演变规律提供坚实的数据基础和科学依据。例如，将降水倾向率与黄河流域的地形地貌、土壤类型、植被覆盖等地理要素相结合，可以分析不同区域降水变化对黄河径流形成过程的影响差异；与气候变化研究相联系，探究全球气候变暖或其他气候因素变化如何通过影响降水进而作用于黄河的水文循环系统；还可以为黄河流域水资源的合理规划与管理提供前瞻性的参考，以便制定相应的水资源调配、水利工程建设以及防洪抗旱等策略，保障黄河流域的生态平衡、经济发展和社会稳定。

（二）累积距平法

累积距平法作为水文研究领域中判断水文气象数据突变性的一种重要统计方法，在黄河水文特征研究中有着不可或缺的地位。其计算过程有着严谨的逻辑与步骤。首先，对于所研究的长系列数据序列 $\{x\}$，需要先计算出每一个数据点 x_i 与该序列平

均值 $\bar{x}$ 的差值。这一步骤的意义在于通过与平均值的对比，确定每个数据点相对于整体平均水平的偏离程度。例如在黄河的径流量数据序列中，若某一年的径流量数据大于平均值，其差值为正，说明该年度径流量相对较为丰沛；反之，若差值为负，则表明径流量低于平均水平。在得到各数据点与平均值的差值后，接着按照时序逐年累加这些差值，所得到的结果即为累积距平值。具体而言，累积距平值 $C_t = \sum_{i=1}^{t}(x_i - \bar{x})$。这一累积过程能够将数据序列中的趋势信息逐步累积和放大，使得原本可能较为隐晦的趋势变化更加直观地呈现出来。以黄河流域的降水数据序列为例，若连续多年降水数据与平均值的差值多为正值且累加后累积距平值持续上升，这就表明降水呈现出增加的趋势；反之，若累积距平值不断下降，则说明降水处于减少趋势。

通过标准化处理，可以在一定程度上消除数据序列自身量级差异的影响，以便更精准地判断趋势。当标准化后的累积距平值 K 逐渐增加时，这意味着长系列数据各点都大于其平均值，从而清晰地表明数据处于增加趋势。例如在研究黄河某一水文站的水位数据时，如果 K 呈现上升态势，那么可以推断该站水位在整体上呈现出上升趋势，这可能与流域内的降水增加、上游来水增多或者人类活动影响（如水库调蓄等）导致水位抬升等因素有关。反之，若 K 逐渐减小，则代表数据呈现减小趋势。而在整个累积距平值随时间变化的曲线中，趋势的拐点具有极为关键的意义，这些拐点即为突变点。比如在黄河泥沙含量数据的累积距平曲线中，若在某一时间点出现拐点，这可能意味着在该时期黄河流域内的土地利用方式发生了重大变化，如大规模的水土保持工程实施导致泥沙含量突然减少，或者是由于流域内发生了强烈的地质灾害或大规模的人类开发活动使得泥沙含量突然增加等。通过准确识别这些突变点，可以深入探究黄河水文特征在特定时间发生显著变化的原因，进而为黄河流域的水资源管理、生态保护以及水利工程规划等提供极为重要的决策依据。例如在制定黄河防洪策略时，了解径流量数据的突变点有助于预测洪水发生的可能性和规模；在开展黄河生态修复工作时，明确泥沙含量的突变点能够为评估生态措施的效果提供关键参考。

（三）滑动 T 检验法

滑动 T 检验法在黄河水文特征研究中是一种极具价值的分析手段，尤其在探寻水文序列中的突变点方面发挥着关键作用。该方法的核心操作是将水文序列在滑动点处巧妙地划分为两个子序列。对于黄河的降水量、实测径流量以及天然径流等重要水文指标序列而言，这种划分方式能够有效地剖析序列在不同时段的内在特征差异。例如，在研究黄河径流量序列时，通过滑动点的依次推移，可以将整个长时间序列分割成多个前后相继的子序列对，进而对比每个子序列对中前后两个子序列的均值情况。

在对黄河水文序列进行分析时，当计算得到的 T 统计值超过显著区间，即超过 1.86 时，该点便可视作突变点。例如，在黄河某一区域的降水量序列分析中，如果在某一滑动点处计算得出的 T 统计值大于 1.86，这就表明该点前后的降水量均值存在显著差异，可能意味着在该时间点附近，黄河流域的气候系统或局部环境发生了某种变化，从而导致降水量出现了突变性的改变。这种变化可能与大气环流的调整、区域下垫面特征的改变（如大规模的植被变化、城市化进程等）或者是全球性的气候变化因素相关。

通过滑动 T 检验法精准地确定这些突变点，对于深入理解黄河水文特征的变化规律具有极为重要的意义。在水资源管理方面，能够依据突变点的位置和特征调整水资源调配策略，以适应不同时段的水资源变化情况；在水利工程规划与建设中，可以根据突变点所反映出的水文趋势变化，优化工程设计参数，确保工程在长期运行过程中的安全性和有效性；在生态保护领域，了解黄河水文特征的突变情况有助于评估生态系统对水文变化的响应机制，进而制定更为科学合理的生态修复和保护方案，促进黄河流域生态环境的可持续发展。

二、黄河水文研究技术手段的发展

（一）早期的简单观测手段

在黄河水文研究的漫长历史长河中，早期的简单观测手段是人类认识黄河水文特征的开端，虽然这些手段相对简陋，但却为后续更为深入和系统的研究奠定了基础。早在远古传说中的大禹治水时期，人们就已经开始关注黄河的水位变化。当时，以树木标志作为水位观测的基本工具，这种最为原始质朴的方法，体现了人类在面对黄河水患时，试图记录和了解河水涨落规律的初步探索。尽管其精度和科学性极为有限，但在当时的历史条件下，却是一种极具开创性的实践。人们通过观察树木被河水淹没的程度，大致判断黄河水位的高低，以此来指导防洪和水利工程建设，如修筑简易的堤坝以抵御洪水侵袭，挖掘沟渠以疏导水流等。这种基于直观经验的水位观测方式，在一定程度上减轻了黄河洪水对周边居民生活和生产的影响，也为后人积累了宝贵的治水经验。

随着时间的推移，到了西汉后期，水文观测技术取得了一定的进步，开始使用雨量筒定量观测降水。这一时期，人们逐渐意识到降水与黄河水位、流量之间存在着密切的关联，雨量筒的出现使得降水的测量更加精确和规范。雨量筒的设计和使用原理相对简单，通过收集一定时间内的降水量，能够初步了解降水的多少和变化情况。这些降水数据的记录，为研究黄河流域的水循环过程提供了重要的依据。例如，当时的学者和治水者可以根据雨量筒测量到的降水数据，推测黄河在不同季节的来水情况，进而提前做好防洪或灌溉的准备工作。然而，由于当时科技水平的限制，雨量筒的制作工艺和测量精度仍然较为粗糙且观测站点分布稀疏，无法全面、准确地反映整个黄河流域的降水情况。

在流量估算方面，北宋年间当时就曾提出过利用水流速度和断面面积来估算洛河和黄河流量的想法，并且在 1086 年的文献中也有关于黄河测流的相关记载。这一时期的人们已经开始尝试从水流的动力学原理出发，探索更为科学的流量测量方法。他们通过观察河流的流速快慢，结合对河道断面形状和尺寸的大致估算，来计算河流的流量。例如，在一些河道相对狭窄、水流较为湍急的河段，人们可能会采用浮标法来测量水流速度，即投放浮标于河中，观测浮标在一定距离内的漂流时间，从而推算出水流速度；然后再根据对河道断面的粗略测量，计算出断面面积，两者相乘得到流量的近似值。尽管这种方法在现代看来十分简陋，测量误差较大，但在当时却是水文研究领域的重要突破，为后来流量测量技术的发展提供了思路和借鉴。不过，由于缺乏精确的测量仪器和完善的测量体系，这些早期的流量估算方法只能提供一个大致的流量范围，难以满足对黄河水文特征深入研究和精细管理的需求。

(二) 近代水文监测技术的初步发展

近代以来,随着科学技术在全球范围内的缓慢传播与渗透,黄河水文监测技术也开始踏上了初步发展的征程。这一时期,尽管与现代先进的水文监测技术相比仍显落后,但相较于早期的简单观测手段,已经有了显著的进步,为黄河水文研究提供了更为丰富和准确的数据支持。在20世纪前半叶,黄河水文监测工作所使用的设备主要是浮标、流速仪等传统工具。浮标在流量测量中继续发挥着重要作用,其使用方法在继承传统的基础上有所改进。工作人员会更加精心地选择浮标材质和形状,以提高浮标在水中的稳定性和漂流的准确性。同时,在测量浮标漂流时间和距离时,开始采用更为精确的计时工具和测量仪器,如机械秒表和经纬仪等,从而能够更精准地计算水流速度。流速仪的应用则是这一时期的重要发展。流速仪通过机械装置或电磁感应原理,能够直接测量水流在不同深度的流速。例如,旋桨式流速仪,其旋桨在水流的推动下旋转,通过计算旋桨的转速来确定水流速度,这种流速仪可以在不同水层进行测量,获取更为详细的流速剖面数据。这些数据对于深入了解黄河水流的运动规律、分析河道冲淤变化以及制定合理的水利工程方案具有重要意义。

1923年,李仪祉设计的泥沙采样工具成为黄河泥沙监测的一个重要里程碑。在此之前,对于黄河泥沙含量的了解主要依赖于直观的观察和简单的沉淀实验,难以获取准确的泥沙含量数据以及泥沙颗粒级配信息。李仪祉设计的泥沙采样工具能够在不同深度、不同位置采集黄河水样,然后通过实验室分析,确定水样中的泥沙含量、泥沙颗粒大小和形状等参数。这一工具的出现,使得黄河泥沙研究从定性描述向定量分析迈出了关键一步。通过对黄河泥沙的系统监测,可以深入研究黄河泥沙的来源、输移过程和沉积规律。例如,发现黄河泥沙主要来源于中游的黄土高原地区,在水流的携带下,大量泥沙向下游输送,导致黄河下游河道淤积严重,形成地上悬河。这些研究成果为黄河泥沙治理提供了科学依据,如提出了一系列水土保持措施和河道整治方案,以减少泥沙入黄量,缓解下游河道淤积压力。然而,这一时期的水文监测技术仍然存在诸多局限性。监测站点的数量相对较少,分布不够均匀,无法全面覆盖黄河流域的各个区域,导致部分地区的水文数据缺失严重。测量设备虽然有所改进,但仍然较为笨重、操作复杂,且精度有限,难以满足对黄河水文特征高精度、实时性监测的要求。此外,数据处理和分析手段也较为落后,主要依靠人工计算和简单的图表绘制,难以对大量的水文数据进行深入挖掘和系统分析。尽管如此,近代水文监测技术的初步发展为黄河水文研究积累了宝贵的实测数据,培养了一批专业的水文研究人才,为后续水文监测技术的快速发展奠定了基础。

(三) 现代水文监测技术的快速发展

进入现代社会,科技的飞速进步为黄河水文监测技术带来了前所未有的变革与快速发展机遇。在这一时期,一系列先进的技术手段被广泛应用于黄河水文研究领域,使得水文数据的采集、传输、处理和分析变得更加高效、精准和智能化,极大地推动了黄河水文研究向更深层次、更广领域拓展。自动化缆道的建设与应用是现代黄河水文监测技术发展的重要标志,1951年建成第一座水文缆车,开启了黄河水文监测设备自动化的探索之路。水文缆车的出现,使得在河流中进行水文测验时,能够更加便捷地将测量仪器运输到指定位置,减少了人工划船或涉水测量的风险和劳动强度。随着技术的不断进步,1954年建成第一座简易结构的流速仪缆道，进一步提高了水文测验的效率和精度。流速仪缆道能够将流速仪准确地投放至河流的不同位置和深度，实现对水流速度的自动化测量。而到了2004年，第一条自动化缆道的建成并投入使用，更是将黄河水文监测技术提升到了一个新的高度。自动化缆道集成了先进的传感器技术、自动化控制技术和数据传输技术，能够实现对水位、流量、泥沙含量等多种水文要素的自动测量、实时传输和远程监控。例如，在流量测量时，自动化缆道可以根据预设的程序，自动调整流速仪的位置和测量深度，快速、准确地获取河流不同断面的流速数据，并结合河道断面信息，实时计算出流量值。同时，这些测量数据能够通过无线通信技术或网络传输技术，及时传输到水文监测中心，为黄河水情的实时分析和预警预报提供了有力支持。

20世纪80年代以来，随着黄河中下游水质污染日趋严重，人们对黄河水质监测的重视程度不断提高。传统的化学分析方法在水质监测中得到进一步完善和精细化，能够精确测定水中各种污染物的含量，如重金属离子、有机污染物、营养盐等。同时，现代仪器监测技术的广泛应用，如光谱分析仪、色谱分析仪、电化学传感器等，大大提高了水质监测的速度和精度。这些仪器能够实时、连续地监测水质参数的变化，及时发现水质异常情况。例如，光谱分析仪可以通过分析水中物质对不同波长光的吸收和发射特性，快速确定水中污染物的种类和浓度；电化学传感器则可以对水中的酸碱度、溶解氧、电导率等参数进行实时监测，为黄河水资源保护提供了科学依据。通过对黄河水质的长期、系统监测，可以深入了解黄河水质的时空变化规律，追踪污染源的分布和迁移路径，评估水质污染对生态环境和人类健康的影响，从而制定更加有效的水污染防治措施和水资源保护策略。

计算机技术为水文数据的处理和分析提供了强大的计算能力，能够对海量的水文数据进行快速处理、存储和管理。通过建立水文数据库管理系统，可以方便地对历史水文数据和实时监测数据进行查询、检索和分析，挖掘数据背后隐藏的水文规律和变化趋势。例如，利用数据挖掘算法可以分析黄河径流量与降水、气温、蒸发等气象因素之间的复杂关系，建立水文预测模型，提前预测黄河的水情变化。信息技术的发展则促进了水文监测信息的共享和传播。通过建立黄河水文信息网络平台，实现了水文监测数据在不同部门、不同地区之间的实时共享，提高了水文信息的利用效率和决策支持能力。同时，利用地理信息系统（GIS）技术，可以将黄河流域的地理信息与水文数据相结合，直观地展示水文要素在空间上的分布和变化情况，为黄河流域的水资源规划、水利工程布局和生态环境评价提供了有力的可视化工具。

第二章 黄河流域的降水分布与变化规律

第一节 流域降水的时空分布特征

一、黄河流域季节降水情况

黄河,流域的降水情况对于整个流域的生态、农业、经济等诸多方面都有着极为深远的影响。黄河流域平均降水量呈现出明显的空间变化差异,这一差异犹如一幅复杂而又有序的气候画卷,在广袤的黄河流域徐徐展开。从多年平均降水量的分布来看,其总体趋势是从东南向西北递减,仿佛是大自然在这片土地上勾勒出的一条降水渐变线。然而,从上游到下游的降水情况又并非完全遵循这一简单规律,其中黄河上游兰州以下区域降水较为特殊,它不符合总体从东南向西北递减的变化趋势,且该区域恰恰是整个黄河流域降水最少的区域。这片相对干旱的区域,在整个流域的降水格局中犹如一片洼地,与周边地区形成了鲜明的对比。

各季节降水量分布与年降水量分布大致相同,总体上依旧保持着由东南向西北递减的态势。春季,当大地从寒冬中渐渐苏醒,黄河流域的降水也开始了它季节性的表演。在这个季节里,流域中游南部地区像是被春雨眷顾的宠儿,降水相对较为充沛,呈现出湿润的景象。而黄河下游大部地区则略显干燥,土地在等待着更多雨水的滋润,以开启新一年的生机与活力。此时的降水分布,如同在流域大地上洒下了不均匀的甘霖,奠定了春季不同区域生态发展的基础。

夏季,是黄河流域降水变化最为丰富且复杂的季节,内蒙古河套地区到宁夏银川一线西北部与流域中游西安—洛阳一线南部在这个季节里较为干燥。河套地区的干燥,使得这片土地上的植被在夏季高温的烘烤下,更显坚韧与耐旱;而西安—洛阳一线南部的干燥,则与人们印象中夏季南方的湿润形成了反差。相反,流域下游在夏季则较为湿润,充沛的雨水滋养着下游的平原,孕育出了肥沃的土地和繁荣的农业。黄河水在夏季降水的补充下,奔腾而下,携带着泥沙与养分,为下游的生态系统注入源源不断的活力。

秋季,流域中游南部地区继续保持着相对湿润的状态,这里的山林在秋季降水的润泽下,树叶更加翠绿,景色宜人。黄河下游大部地区依然略显干燥,不过秋季的干燥相较于春季,多了一分收获后的宁静与沉稳。田野里的庄稼已经收割完毕,土地在等待着下一个降水周期的到来,为来年的耕种积蓄力量。

冬季，黄河流域上游兰州以上阿坝红原一带较为干燥，寒冷的冬季加上稀少的降水，使得这片区域被冰雪覆盖，一片银装素裹的同时也略显萧瑟。而内蒙古河套地区到宁夏银川一线西北部以及流域中游西安—洛阳一线南部在冬季更为湿润。这种湿润在寒冷的冬季里，或许会以雪的形式降临，为大地披上一层洁白的外衣，保护着土地里的生物与植被根系，也为来年的春汛积蓄着水源。值得注意的是，在内蒙古河套地区到宁夏银川一线西北部，以及流域中游西安—洛阳一线南部，夏、冬季节的干湿情况恰好相反。这种季节性的干湿反转，犹如大自然在这片土地上设置的一个气候谜题，吸引着众多气象学者和地理研究者去探寻其中的奥秘。

黄河流域季节降水的这种复杂分布情况，是多种因素共同作用的结果。大气环流、地形地貌、海陆位置等都在其中扮演着重要的角色。东南方向靠近海洋，水汽充足，在大气环流的作用下，水汽向西北方向输送，但在输送过程中，受到山脉阻挡、地势起伏等因素影响，降水逐渐减少。而局部地区的特殊降水情况，则可能与小范围的地形凹陷、气流涡旋等因素有关。

了解黄河流域季节降水情况，对于合理规划流域内的水资源利用、农业生产布局、生态环境保护等具有不可估量的意义。在降水充沛的地区，可以进一步发展高效农业、加强水资源储备；而在相对干旱的地区，则需要注重节水灌溉技术的推广、生态植被的保护与恢复，以应对降水不足带来的挑战。黄河流域的降水情况，就像一把钥匙，开启了我们深入理解这片土地生态与发展的大门，让我们能够更加科学地、可持续地开发和保护这片孕育了中华民族文明的伟大流域。

二、年内降水的季节性变化特征

黄河流域的降水在时间维度上呈现出极为鲜明的季节性特征，黄河流域的降水主要集中在汛期，也就是6月至10月这一时间段。这一集中性使得年内降水量的季节分配产生了极大的差别，犹如贫富悬殊的资源分配格局。从数据上看，这种差别一目了然。春季，作为四季之首，本应是万物复苏、雨水滋润大地开启新一年生机的时节，但在黄河流域，春季降水量仅占年降水量的15.2%~19.3%。这相对有限的降水量，虽然能够为一些浅根系植物的萌发提供基本的水分支持，让大地逐渐泛起绿意，但对于整个流域大规模的农业灌溉以及水资源补充而言，却显得有些力不从心。春季的降水像是吝啬的馈赠，在黄河流域的大地上只是星星点点地洒落，难以形成大规模的水资源汇聚与利用。

当夏季来临，黄河流域仿佛切换到了降水的"狂欢模式"。夏季降水量占年降水量的53.8%~60.4%，在局部区域，这一比例甚至超过60.4%。夏季的黄河流域，天空像是被打开了水闸的巨大水库，暴雨倾盆而下。这种高强度的降水，一方面为流域内的河流湖泊补充了大量水源，黄河也在这个季节水量猛增，奔腾汹涌，展现出其雄浑壮阔的一面。另一方面，充沛的降水也为农业生产带来了生机与希望，大片的农田在雨水的浇灌下茁壮成长，孕育着丰收的希望。然而，夏季降水的过度集中也并非全然是好事。短时间内大量的降水容易引发洪涝灾害，冲毁农田、破坏基础设施，给沿岸居民的生命财产安全带来严重威胁。而且，由于降水过于集中，大量的雨水难以被充分利用，往往以洪水的形式白白流走，造成水资源的浪费与流失。

秋季，随着气温的逐渐降低，黄河流域的降水也开始减少，秋季降水量占年降水量的 18.9%~23.7%。此时的降水，像是夏季降水盛宴后的余韵，虽然不如夏季那般磅礴，但也为流域内的植被提供了最后的滋养，帮助它们积累养分，为即将到来的寒冬做好准备。对于农业生产来说，秋季的降水对于一些晚熟作物的灌浆成熟以及秋播作物的出苗有着重要的意义。不过，秋季降水的减少也预示着干旱季节的即将来临，需要合理规划水资源的存储与利用，以保障冬季和来年春季的用水需求。

冬季，黄河流域进入了降水的"枯水期"，冬季降水量仅占年降水量的 2.0%~3.7%，唯有黄河下游地区超过 3%。整个流域在冬季被寒冷与干燥所笼罩，大地一片萧瑟。稀少的降水使得河流流量锐减，部分河段甚至出现断流现象。在冬季，黄河流域的水资源主要依靠前期的蓄水以及地下水的补充，这种降水的稀缺性也对流域内的生态系统产生了巨大的压力。许多依赖于地表水的动植物面临生存挑战，生态平衡在冬季显得尤为脆弱。

进一步分析黄河流域夏、冬季降水量差距，兰州以上、上游兰州以下、中游和下游的夏、冬季降水量比值分别为 26.60、29.46、18.26、16.81。从这些数据可以清晰地看出，下游地区相比其他地域而言，季节降水量变化较小。这意味着下游地区在水资源的季节分配上相对更为均衡，对于农业生产的稳定性以及城市用水的保障有着积极的意义。下游地区不必像上游和中游部分地区那样，在夏季面临洪水的巨大威胁，在冬季又饱受干旱缺水的困扰。这种相对稳定的降水季节变化特征，使得下游地区在经济发展、生态保护等多方面都具有一定的优势，可以更加从容地规划水资源的综合利用，发展多元化的产业结构，促进区域的可持续发展。

三、年代际降水量的季节变化特征

黄河流域的降水，不仅在空间上呈现出复杂的分布格局，在时间维度的年代际尺度上，其季节变化特征同样值得深入探究。黄河流域广袤无垠，不同区域在季节降水量的分配上展现出了微妙的差异。当聚焦于四季降水量分配比例最高的时期时，我们可以看到一幅多元而又有规律的画面。对于整个黄河流域而言，春夏秋冬四季降水比例最高的时期分别为 20 世纪 90 年代、20 世纪 90 年代、20 世纪 60 年代以及 21 世纪初。这意味着在过去的半个多世纪里，黄河流域的降水在不同季节有着不同的峰值年代。

具体到各个区域，上游兰州以上地区，其四季降水比例最高时期分别为 20 世纪 90 年代、20 世纪 90 年代、20 世纪 60 年代以及 20 世纪 90 年代。可以发现，该区域春、秋季的降水高峰都集中在 20 世纪 90 年代，而夏季降水比例最高在 60 年代，冬季则再次回到 90 年代。这种分布暗示着该区域在 90 年代经历了较为特殊的气候条件组合，使得春、冬季节降水相对充沛，而夏季降水的高峰则出现在 60 年代，可能与当时的大气环流、海温等全球性气候因子在该区域的特殊作用有关。上游兰州以下区域，四季降水比例最高时期为 20 世纪 60 年代、20 世纪 90 年代、21 世纪初以及 21 世纪初。与兰州以上区域相比，其夏季降水高峰推迟到了 21 世纪初，冬季亦是如此。这显示出黄河上游不同地段在降水的年代际变化上存在着明显的空间差异，可能是由于局部地形、下垫面状况以及中小尺度气候系统的影响，导致降水的时空演变规律出现了分异。中游地区，四季降水比例最高时期是 20 世纪 90 年代、20 世纪 90 年代、20 世纪 60 年代以及 21 世纪初。这里春、秋季降水高峰与全流域一致，都在 90 年代，夏季在 60 年代，冬季在 21 世纪初。中游地区作为黄河流域的重要组成部分，其降水的年代际变化既受到大尺度气候背景的制约，又与自身的地形地貌特征相互交织。例如，黄土高原的存在可能对水汽的抬升、阻挡以及降水的再分配产生了重要影响，使得该区域降水的年代际变化呈现出这样的特征。下游地区，四季降水比例最高时期为 20 世纪 90 年代、20 世纪 70 年代、20 世纪 60 年代以及 20 世纪 80 年代。下游地区降水年代际变化特征又与其他区域有所不同，夏季降水高峰在 60 年代，春季在 90 年代，秋季在 70 年代，冬季在 80 年代。下游靠近海洋，其降水可能更多地受到海洋季风、海陆热力差异等因素的影响，这些因素在不同年代的变化导致了下游地区降水年代际变化的独特性。

从整体来看，黄河流域季节降水量分配大多在 20 世纪 90 年代发生明显改变，呈现出一种此消彼长的态势。即若 90 年代前所占比例逐渐增大，那么 90 年代后比例就减小，反之增大。这种变化趋势反映了黄河流域气候系统在年代际尺度上的一种调整与转型。可能是由于全球气候变化的大背景下，太阳辐射、大气环流、海洋温度等多种因素的协同作用，使得黄河流域的降水格局在 90 年代前后发生了显著的变化，这种变化不仅影响着流域内的水资源总量，也对水资源的季节分配产生了深远的影响。

进一步分析区域季节降水量 CV 值（变差系数，用于衡量数据离散程度），可以发现黄河上游兰州以下区域季节降水量分配最为混乱、降水量最小。该区域的 CV 值较大，表明其季节降水量的年代际变化波动剧烈，缺乏稳定性。这使得该区域成为对季节降水量年代际变化一致性产生破坏最严重的地区。这种不稳定的降水状况给当地的生态环境、农业生产以及水资源管理带来了巨大的挑战。例如，农业生产难以依据稳定的降水规律进行合理的种植规划，水资源的调配也变得极为困难，因为降水量的年际差异过大，难以准确预估可利用水资源量。同时，黄河全流域冬季降水 CV 较其余各季节明显偏大。这意味着冬季降水量在年代际尺度上的变化幅度更为显著，可能出现某些年代冬季降水异常偏多或偏少的情况。然而，尽管冬季降水量年代际变化明显，但由于其降水量所占比例不大，在整个流域水资源总量中的权重相对较低。不过，冬季降水的这种变化特征依然对流域的生态系统有着不可忽视的影响。例如，冬季降水的异常变化可能影响到土壤的墒情、植被的越冬条件以及河流的冬季基流等，进而对来年春季的生态复苏和农业生产产生连锁反应。

四、季节降水的趋势性与持续性

黄河流域的降水在时空维度上展现出复杂而多样的特征，其季节降水的趋势性与持续性更是深入理解流域气候演变规律的关键要素。从整体趋势来看，年降水量总体呈现出减小的态势，这一现象犹如黄河流域气候系统发出的一个信号，暗示着长期以来流域内水资源总量在逐渐发生变化。然而，冬季降水量却别具一格，呈增大趋势。在全球气候变化的大背景下，这种差异可能是多种因素交织作用的结果。大气环流的调整、海温异常以及人类活动对下垫面的改变等，都可能对黄河流域降水的年际变化趋势产生影响。例如，冬季时可能由于某些年份极地涡旋的异常变化，导致冷空气南下路径或强度改变，使得黄河流域冬季降水增加；而年降水量的减少或许与季风减弱、水汽输送减少等因素有关。

黄河流域各季节降水量分布与年降水量分布大体相同，总体由东南向西北递减。这一基本格局是由多种地理和气候因素共同决定的。然而，随着季节变化，在局部地区存在明显区别。尤其是夏、冬季内蒙古河套地区到宁夏银川一线西北部以及流域中游西安—洛阳一线南部出现的变化情况恰好相反。夏季时，河套地区到银川一线西北部较为干燥，而西安—洛阳一线南部相对湿润；冬季则反之。这种现象与当地的地形、海陆位置以及不同季节的大气环流形势密切相关。夏季，可能由于副热带高压的位置和强度变化，导致该区域盛行下沉气流，降水减少；而冬季，冷空气南下过程中，受地形影响在某些区域形成降雪，导致干湿情况反转。

黄河流域各区域中，四季降水量比例分配情况明显不同，各区域夏、冬季降水量差异巨大，其中黄河中游地区夏、冬季降水量差异最大，这反映了中游地区在季节降水分配上的极端性。夏季降水充沛时，可能引起洪涝灾害；冬季降水稀少时，又面临干旱缺水的困境。而黄河下游地区夏、冬季降水量差异最小，相对较为稳定的季节降水分配情况，使得下游地区在水资源利用和生态保护方面具有一定优势。

黄河流域季节降水量分配变化趋势在20世纪90年代后明显改变，黄河上游兰州以下区域降水量最小，且季节降水量分配最为混乱，是对流域季节降水量年代际变化一致性产生破坏最严重的地区。这一区域的特殊性可能源于其独特的地理位置和地形条件。地处上游末端，受到上游来水和本地气候系统的双重影响，且可能存在局部小气候的干扰，导致其降水的年代际变化缺乏规律，难以预测，给当地的水资源规划和生态环境管理带来极大挑战。

黄河流域降水量序列总体呈减小趋势，仅冬季降水量序列呈增大趋势。除秋季降水序列各分区皆为减少趋势之外，其余各季降水量趋势随地域变化而变化，显著趋势序列多发生于冬季。这表明冬季降水在整个流域降水变化格局中的特殊性和重要性。冬季降水的增加可能会对流域的水资源储备、土壤墒情以及来年春季的生态复苏产生积极影响，但也可能带来诸如冻害等负面效应。同时，黄河流域季节降水减少趋势的强度大于增加趋势的强度，大多数季节降水量序列具有负效应，这意味着未来的变化趋势将与过去相反，可能预示着黄河流域未来将面临更加严峻的水资源短缺问题，需要提前做好应对准备，如加强水资源管理、推广节水技术、优化水资源配置等。

黄河流域季节降水量序列变异点主要在20世纪60年代末70年代初、80年代中后期以及21世纪初期。这些变异点的出现可能与当时全球重大气候事件或区域性气候异常有关。例如，20世纪70年代初的全球气候突变，可能导致黄河流域降水序列发生变化；80年代中后期的厄尔尼诺事件等也可能对流域降水产生影响。同时，流域季节降水量序列变异点相对集中，说明流域季节降水量变异情况相互之间存在联系。这种联系可能是通过大气环流、海洋温度等大尺度气候因子在流域内的传播和相互作用实现的。例如，当某一区域的降水发生变异时，可能会通过大气环流的调整，影响到流域内其他区域的降水情况，从而导致变异点相对集中出现。

第二节 年际降水变化规律分析

一、黄河流域年降水呈现整体下降趋势，年际间降水变得更加均匀

黄河流域年降水呈现出令人担忧的整体下降趋势，这一趋势犹如一个逐渐收紧的水龙头，使得黄河流域可获取的水资源总量在逐年减少。这种降水的减少可能会对流域内的众多方面产生连锁反应。例如，依赖黄河水灌溉的农田可能面临干旱的威胁，农作物产量可能受到影响；河流的径流量减少，可能导致水运能力下降，影响货物运输和区域间的经济交流；生态系统也会因为水资源的匮乏而面临压力，湿地面积可能萎缩，许多水生生物的栖息地将遭到破坏。与此同时，年际间降水变得更加均匀这一特征也值得关注。这种均匀性的变化意味着降水的极端情况有所减少，过去那种降水高度集中在某些年份，而其他年份又极度干旱的情况得到了一定程度的缓和。从一方面看，降水更加均匀有利于减少洪涝灾害的发生频率和强度。在降水集中的年份，大量的雨水在短时间内汇聚，往往容易冲毁堤坝、淹没农田和城镇，给人们的生命财产安全带来巨大损失。而如今降水均匀化，使得这种集中性的风险降低，河流能够更平稳地接纳和输送降水，减少了洪水的突然爆发。但从另一方面看，均匀的降水也可能带来一些新的问题。例如，对于一些依赖季节性强降水进行蓄水和农业生产的地区来说，降水的均匀分布可能导致在关键时期水资源不足，影响水库的蓄水量和农作物的生长周期。

黄河上游年降水略有增加，这一现象看似与流域整体降水下降趋势相悖，但实则是黄河流域降水复杂性的体现。上游地区降水的增加可能与当地的地形地貌以及大气环流的局部变化有关[①]。上游地区多山脉，地形的抬升作用可能促使更多的水汽凝结成降水。同时，全球气候变化背景下，某些大气环流系统的微小调整，可能使得更多的水汽被输送到黄河上游地区。而且，年际间降水变得更加均匀对于上游地区来说也是一个有利因素。它有助于稳定当地的水资源供应，减少因降水极端变化而导致的生态环境波动。河流的水量相对稳定，对于维持上游地区的生态系统多样性，如保护湿地、保障珍稀动植物的栖息地等方面都有着积极的意义。

黄河中游年降水整体呈下降趋势，且其中强降水下降趋势超过 5%。这一区域作为黄河流域的重要组成部分，其降水的减少可能引发一系列严重的后果。中游地区是黄河流域人口较为密集、农业和工业活动较为活跃的区域。年降水量的普遍下降，首先会对农业生产造成巨大冲击。农作物生长离不开充足的水分，降水减少将导致灌溉用水短缺，农民不得不加大开采地下水的力度，这可能引发地下水位下降、地面沉降等地质问题。同时，强降水的减少可能影响到土壤的肥力保持和水土流失情况。在过去，强降水虽然可能带来洪涝灾害，但也能在一定程度上补充土壤水分、冲刷土壤中的盐分等有害物质。如今强降水

---

① 崔建国，高广磊. 黄河流域生态保护与修复科学问题的思考和建议［J］. 中国水土保持，2024（06）：5-7+75.

减少，可能导致土壤逐渐干旱、盐碱化加重，进一步降低土地的生产力。而且，中游地区的工业生产也依赖于黄河水的供应，降水减少将使得水资源的供需矛盾更加突出，可能限制工业的进一步发展，影响区域经济的增长。

尽管下降趋势不明显，但长期积累下来，仍然会对下游地区产生不可忽视的影响。下游地区地势平坦，是重要的农业产区和人口聚居区。降水的微弱减少可能导致河流径流量的逐渐减少，这对于维持下游地区的生态湿地和河道生态系统是一个挑战。湿地面积的缩小会影响到众多候鸟的迁徙和栖息，许多依赖湿地生存的动植物种群数量可能减少。此外，下游地区的城市供水和工业用水也会面临一定的压力。虽然目前各量级降水趋势不显著，但随着全球气候变化的持续影响，未来降水情况仍存在较大的不确定性，如果降水继续减少，可能需要加大从其他地区调水的力度或者进一步提高水资源的利用效率。

二、黄河流域春季和冬季降水呈增加趋势，而夏季和秋季降水呈下降趋势

黄河流域的降水不仅在年际总量上有着显著的变化趋势，其在不同季节的降水演变规律同样错综复杂，且对流域的生态与社会经济产生着多维度的深刻影响。

黄河流域春季和冬季降水呈增加趋势，这一变化趋势在一定程度上改写了传统的降水格局认知。春季降水的增加对于黄河流域而言，犹如一场及时雨，为万物复苏提供了更为有利的条件。在农业方面，充足的春季降水能够有效补充土壤墒情，促进种子发芽和幼苗生长，减少了春播时期对灌溉用水的依赖，有利于农作物的早期发育，为全年的农业丰收奠定了良好的基础。对于生态系统而言，春季降水的增多有助于河流、湖泊水位的回升，为水生生物创造了更为适宜的生存环境，也有利于湿地植被的复苏与生长，增强了湿地生态系统的稳定性和生物多样性。同时，春季降水的增加可能会对春季的风沙天气起到一定的抑制作用，减少沙尘扬起与扩散，改善空气质量，保障居民的身体健康。

黄河流域冬季轻度降水的上升趋势，无疑对冬季干旱有一定程度的缓解作用。在以往冬季降水稀少的情况下，土壤水分蒸发量虽然相对较小，但长期的干旱仍会对土壤结构和植被根系造成损害。如今冬季降水的增加，能够使土壤在冬季保持一定的湿度，有利于土壤微生物的活动，促进土壤养分的转化与循环，为来年春季植被的生长提供更好的土壤条件。冬季降水的补充可以在一定程度上维持河流的基流，保证河流在枯水期的生态功能正常发挥，避免因长时间低水位导致的河道萎缩、水生生物栖息地减少等问题。然而，与之相对的是，黄河流域夏季和秋季降水呈下降趋势，这给流域带来了诸多挑战与隐忧。黄河中游和下游夏季轻度降水及黄河流域秋季轻度降水呈下降趋势，极有可能在一定程度上导致黄河夏季和秋季干旱加剧。在夏季，正值农作物生长的关键时期，对水分的需求量极大。此时降水的减少，使得农业灌溉用水的缺口增大，农民不得不加大对地下水的开采力度，这不仅增加了农业生产成本，还可能引发一系列地质环境问题，如地下水位下降导致的地面沉降、地裂缝等。同时，干旱的加剧会使土壤水分严重不足，影响农作物的光合作用和养分吸收，导致农作物生长受阻、产量下降，甚至可能造成部分地区农作物绝收，威胁到粮食安全。在生态方面，夏季干旱会使河流径流量减少，许多支流可能出现断流现象，导致水生生物的生存空间被压缩，一些珍稀物种的生存面临严峻考验。湿地面积也会因水源补给不足而萎缩，湿地生态系统的调节功能减弱，如对洪水的调蓄、气候的调节以

及对污染物的降解能力等都会大打折扣。秋季降水的减少同样不容小觑。秋季是许多农作物成熟收获的季节，降水不足可能影响农作物的后期灌浆和成熟质量，导致籽粒不饱满，降低农产品的品质和产量。对于果树等经济作物来说，秋季干旱会影响果实的膨大与糖分积累，降低果实的口感和市场价值。此外，秋季降水减少还会影响到土壤的蓄水保墒能力，不利于土壤为来年春季的植被生长储备足够的水分。

夏季强降水在黄河上游呈10%左右的下降趋势，这对于黄河上游地区而言，可能会在一定程度上减缓洪水的威胁。黄河上游地势较高，河流落差大，强降水引发的洪水往往具有较强的破坏力，容易冲毁沿岸的基础设施、淹没农田和村庄。如今强降水的下降趋势，使得洪水发生的频率和强度有所降低，有利于上游地区的基础设施建设和居民生活的稳定。当地政府和相关部门可以将更多的精力和资源投入生态保护和经济发展的其他方面，如加强对草原生态系统的保护与修复，推动畜牧业的可持续发展等。然而，夏季强降水在黄河中游呈5%左右的上升趋势，这一变化则可能加剧黄河中游的洪水风险。黄河中游流经黄土高原地区，地形复杂，水土流失严重。强降水的增加会使河流的径流量迅速增大，携带大量泥沙的洪水可能会对河道、堤坝造成严重的冲刷和侵蚀，增加堤坝决口的风险。一旦发生洪水灾害，不仅会淹没大片的农田和城镇，造成巨大的经济损失，还可能导致大量的泥沙淤积在河道和水库中，降低河道的行洪能力和水库的蓄水功能，对整个黄河流域的防洪体系构成严重威胁。

三、年际降水区域差异

黄河流域不同区域的年际降水变化存在显著差异。上游地区年降水略有增加且年际间降水变得更加均匀。上游地区地处高原，山脉众多，地形的抬升作用有利于水汽的凝结。在全球气候变化背景下，某些大气环流的微小调整使得更多的水汽能够到达上游地区并形成降水。这种降水的增加和均匀性变化对上游地区的生态环境有着积极意义。稳定的降水有助于维持草原的生长，保障畜牧业的发展；河流水量相对稳定，有利于保护湿地生态系统，为众多野生动物提供良好的栖息环境。

中游地区年降水整体呈下降趋势，其中强降水下降趋势超过5%，中游地区是人口密集、经济活动频繁的区域。降水的减少给该区域带来了诸多困境。在农业上，灌溉用水短缺，农民不得不加大地下水开采，导致地下水位下降，引发地面沉降等地质灾害。强降水的减少影响土壤肥力的保持和水土流失状况。以往强降水虽有洪涝风险，但能补充土壤水分、冲刷盐分，强降水减少，土壤干旱、盐碱化加重，土地生产力下降，制约农业可持续发展。工业方面，许多企业依赖黄河水，降水减少使水资源供需矛盾加剧，限制工业扩张与升级，影响区域经济增长。

下游地区年降水呈微弱下降趋势，各量级降水趋势均不显著，尽管下降幅度相对较小，但长期积累仍产生不可忽视的影响。下游地势平坦，是重要农业产区和人口聚居区。降水减少使河流径流量降低，生态湿地和河道生态系统面临压力。湿地面积缩小，候鸟栖息地破坏，动植物种群数量减少。城市供水方面，降水减少加大供水压力，需强化水资源调配与管理，提高利用效率，保障居民生活用水与城市运转。

第三节 极端降水事件的分布与成因

一、黄河流域极端降水事件的分布

(一) 时间分布

1. 季节差异

黄河流域极端降水事件在季节上呈现出鲜明的差异。夏季是极端降水事件最为频发且强度较大的季节。这主要归因于夏季时，亚洲大陆受太阳辐射强烈加热，形成庞大的热低压，而海洋相对为高压，由此产生的气压梯度力驱动着强劲的夏季风。夏季风从海洋携带大量水汽向陆地推进，当抵达黄河流域时，与北方南下的冷空气频繁交汇。这种冷暖空气的强烈对峙，促使大气产生强烈的垂直上升运动，水汽迅速冷却凝结，从而形成暴雨、大暴雨甚至特大暴雨等极端降水天气。例如，在黄河中下游地区，夏季的午后常常因局地热力对流旺盛，在短时间内形成强降雨，局部地区小时降水量可达数十毫米甚至上百毫米。同时，夏季也是台风活动较为活跃的时期。尽管黄河流域并非台风直接登陆的主要区域，但台风外围的水汽输送带常常能够延伸至此，与本地的水汽和天气系统相互作用，进一步增强了降水的强度和不确定性[①]。在某些年份，台风登陆我国东南沿海后，其残余环流携带的水汽与黄河流域上空的冷空气结合，引发大规模的持续性降雨，导致河流水位急剧上涨，引发洪涝灾害。

相比之下，冬季黄河流域极端降水事件则相对较少且多以降雪形式出现。冬季，亚洲大陆受蒙古西伯利亚冷高压控制，盛行寒冷干燥的西北风。黄河流域受其影响，气温较低，水汽含量稀少。只有在特定的环流形势下，如冷空气南下过程中遇到较为充沛的暖湿气流，才会在黄河流域形成降雪。但由于冬季整体水汽条件有限，极端降雪事件的降水量和影响范围通常小于夏季极端降水事件。不过，在一些高海拔地区或山脉的迎风坡，冬季的降雪量仍可能较大且积雪长时间堆积，对当地的水资源储存和生态环境产生重要影响。

春季和秋季，黄河流域的极端降水事件相对夏季而言频率和强度均有所降低。春季，随着太阳直射点北移，气温逐渐回升，但大气环流仍处于从冬季向夏季的转换过渡阶段，水汽供应尚不充分，冷暖空气交汇的强度较弱，因此极端降水事件较少发生。秋季则相反，随着太阳直射点南移，大陆逐渐冷却，夏季风减弱并退出，冷空气开始逐渐占据主导地位，降水条件逐渐变差，极端降水事件也相应减少。不过，在春秋季节转换之际，有时也会出现一些异常的天气过程，如冷暖空气的突然对峙或特殊的地形影响，导致局部地区出现较强降水，但总体而言，其规模和影响程度不及夏季极端降水事件。

2. 年际变化

黄河流域极端降水事件的年际变化显著，呈现出较大的波动性。极端降水事件频繁发生且强度较大，而在另一些年份则相对稀少和微弱。这种年际变化与多种气候因素的复杂

[①] 白巧霞，梁启龙. 黄河流域水文地质勘查现状分析 [J]. 水上安全，2024 (04): 166-168.

相互作用密切相关。其中，厄尔尼诺-南方涛动（ENSO）现象是影响黄河流域极端降水年际变化的重要因素。在厄尔尼诺事件发生时，赤道东太平洋海温异常升高，导致大气环流发生改变。通常情况下，会使得西太平洋副热带高压位置偏南、强度减弱，夏季风势力也随之减弱，黄河流域的水汽输送减少，极端降水事件的发生频率和强度降低。例如，在1997-1998年强厄尔尼诺事件期间，黄河流域大部分地区降水偏少，极端降水事件明显减少。相反，在拉尼娜事件发生时，赤道东太平洋海温偏低，西太平洋副热带高压位置偏北、强度增强，夏季风势力较强，有利于更多的水汽被输送到黄河流域，从而增加极端降水事件的发生概率和强度。如2010-2011年拉尼娜事件期间，黄河流域部分地区出现了较为频繁的强降水过程。

北极涛动（AO）、太平洋年代际振荡（PDO）等其他大尺度气候振荡模式也对黄河流域极端降水的年际变化产生影响。当北极涛动处于正位相时，极地冷空气活动受到抑制，不易频繁南下影响黄河流域，极端降水事件的发生可能减少；而当北极涛动处于负位相时，冷空气更容易向南侵袭，与暖湿气流相遇，增加极端降水的可能性。太平洋年代际振荡的不同位相则会影响北太平洋海温分布和大气环流的长期平均状态，进而间接影响黄河流域极端降水的年际变化特征。例如，在PDO的暖位相时期，黄河流域可能经历相对湿润的阶段，极端降水事件相对较多；而在冷位相时期，则可能相对干旱，极端降水事件减少。

太阳活动的周期性变化也可能对黄河流域极端降水的年际变化产生一定影响。太阳活动的强弱会改变地球的辐射平衡，进而影响大气环流和气候系统。在太阳活动高峰期，太阳辐射增强，可能导致大气环流更加活跃，极端降水事件的发生频率和强度有所增加；而在太阳活动低谷期，气候相对较为稳定，极端降水事件相对较少。但太阳活动对黄河流域极端降水的影响机制较为复杂，且与其他气候因素相互交织，其具体作用仍有待进一步深入研究。

（二）空间分布

1. 上游地区

黄河上游地区的极端降水事件分布具有其独特性。从整体上看，上游地区极端降水事件的发生频率相对较低，但在局部地区和特定时段仍可能出现较为强烈的降水过程。在夏季，当来自印度洋的西南暖湿气流沿着青藏高原边缘向北爬升时，在特定的地形条件和环流形势配合下，容易在黄河上游的一些山谷、河谷地区形成降水集中区。例如，在青海东部的一些地区，由于处于山脉的迎风坡，暖湿气流被迫抬升，水汽冷却凝结，极端降水事件时有发生。这些地区的降水强度在短时间内可能较大，容易引发局部的山洪、泥石流等地质灾害，对当地的基础设施、生态环境和居民生命财产安全造成威胁。

西风带中的低值系统，如低涡、切变线等，在东移过程中经过黄河上游地区时，若与当地的水汽条件相结合，也可能引发较强的降水过程。尤其是在春秋季节转换时期，西风带系统较为活跃，此时黄河上游地区的降水变率增大，极端降水事件的发生风险相对较高。例如，在甘肃、宁夏等地的部分区域，有时会因西风带低值系统的影响而出现暴雨或短时强降水天气，虽然其降水范围相对较小，但降水强度可能较大，对当地的农业生产、水利设施等造成一定的破坏。

2. 中游地区

黄河中游地区是极端降水事件的相对高发区。这一区域地形复杂多样，包括黄土高原、山脉、河谷等多种地貌类型，这种地形条件为极端降水的形成提供了有利的地形抬升和水汽辐合条件。在夏季，黄河中游地区受季风气候的强烈影响，来自太平洋的东南暖湿气流和来自印度洋的西南暖湿气流在此交汇。当这些暖湿气流遇到吕梁山、太行山等山脉的阻挡时，被迫抬升，水汽冷却凝结，形成大规模的降水。尤其是在山脉的迎风坡，降水强度往往较大，极端降水事件频繁发生。例如，山西境内的部分地区，由于地处太行山以西，夏季降水十分丰富，常常出现暴雨甚至特大暴雨天气。这些极端降水事件容易引发严重的水土流失和山体滑坡等地质灾害，大量的泥沙被冲入黄河，加剧了黄河的泥沙含量，对黄河的河道淤积和生态环境产生了深远的影响。

黄河中游的三门峡至花园口区间是极端降水事件的一个重要集中区域。这一区间地势较为平坦开阔，有利于水汽的聚集和辐合。在特定的天气系统影响下，如低涡、切变线等在该区域上空停滞或缓慢移动时，会使得降水持续时间延长，强度增大，容易形成极端降水事件。历史上，这一区间曾多次发生因极端降水引发的洪涝灾害，给当地人民的生命财产安全和社会经济发展带来了巨大的损失。例如，在1958年7月，黄河中游地区出现了罕见的暴雨过程，三门峡至花园口区间降雨量极大，导致黄河水位急剧上涨，出现了严重的洪水险情，经过广大军民的奋力抢险，才得以控制住局势。

随着城市化进程的加快，城市热岛效应日益明显。城市下垫面的改变，如大量的建筑物、道路等不透水面积的增加，使得城市地区的气温升高，空气对流增强。在夏季高温闷热的天气条件下，城市上空容易形成强烈的对流云团，进而引发局地性的强降水或暴雨天气。这种城市暴雨往往具有突发性和局地性强的特点，容易造成城市内涝等灾害，对城市的交通、排水系统和基础设施造成严重破坏。例如，在西安、郑州等黄河中游的大城市，近年来城市内涝问题在极端降水事件发生时频繁出现，给城市居民的生活带来了极大的不便。

3. 下游地区

黄河下游地区的极端降水事件分布主要集中在汛期。这一时期，黄河下游受季风降水和台风降水的双重影响，极端降水事件的发生频率和强度均不容忽视。

在夏季汛期，黄河下游地区受来自太平洋的东南季风影响，水汽充足。当冷空气南下与暖湿的东南季风在黄河下游地区交汇时，容易形成大范围的降水天气。同时，黄河下游地势平坦，河道宽阔，水流相对缓慢，这种地形地貌条件不利于降水的快速排泄，一旦出现强降水，容易导致河水水位迅速上涨。例如，在山东境内的黄河下游地区，历史上多次遭受洪水侵袭，其中很多都是由极端降水事件引发的。在1933年的黄河大水中，黄河下游地区连续遭受暴雨袭击，河水泛滥，淹没了大量的农田和村庄，造成了巨大的人员伤亡和财产损失。

在夏秋季节，台风常常在我国东南沿海登陆后，继续向西北方向移动或减弱为热带低压，其外围的水汽和环流系统会影响到黄河下游地区。当台风与其他天气系统相互作用时，可能会在黄河下游地区引发强降雨过程。例如，在2019年台风"利奇马"影响期间，虽然台风中心并未直接经过黄河下游地区，但它的外围云系给山东等地带来了大量的降水，部分地区出现了暴雨到大暴雨天气，导致黄河下游部分河段水位超警，给当地的防洪抗汛工作带来了严峻挑战。

二、黄河流域极端降水事件的成因

（一）大气环流异常

大气环流其异常变化往往是引发极端降水的重要导火索。夏季，亚洲大陆受热强烈，由此产生的气压梯度力驱动着季风气流。当东亚夏季风强盛时，其携带的大量水汽能够深入黄河流域。例如，西太平洋副热带高压位置偏北且强度较强，其西侧的偏南气流如同一条水汽输送带，将南海和孟加拉湾的水汽源源不断地输送至黄河流域上空。同时，北方冷空气南下，冷暖空气在黄河流域频繁交汇，形成强烈的锋面系统。这种冷暖空气的对峙使得大气产生强烈的垂直上升运动，水汽在上升过程中迅速冷却凝结，从而为极端降水的形成提供了极为有利的动力和水汽条件，容易引发暴雨、大暴雨甚至特大暴雨等极端降水天气。

西风带中的长波槽脊、低涡、切变线等天气系统在东移过程中，常常会影响黄河流域的天气状况。当西风带出现异常波动，如深槽强烈发展或低涡长时间停滞在黄河流域上空时，会导致大气环流形势的不稳定。这种不稳定的环流形势有利于空气的垂直运动，使得水汽能够不断地上升、冷却、凝结成云致雨。而且，西风带系统与季风系统之间的相互作用也十分复杂，它们在特定的时间和空间尺度上相互叠加、相互影响，进一步增强了降水的强度和持续性。例如，在某些秋季，西风带系统逐渐加强并南压，与尚未完全撤退的夏季风系统相互作用，在黄河流域形成了持续性的降水过程，导致部分地区出现极端降水事件，给当地的农业生产、交通运输和居民生活带来严重影响。

全球气候变暖背景下，大气环流的整体模式正在发生变化。极地与赤道之间的温度梯度减小，导致西风带环流减弱且变得更加不稳定，其波动幅度增大。这种变化使得原本相对稳定的大气环流系统更容易出现异常情况，如冷空气活动路径和强度的改变，以及暖湿气流输送方向和范围的变化等。这些异常变化都增加了黄河流域极端降水事件的发生概率和不确定性。例如，近年来一些原本较少出现极端降水的地区，由于大气环流的改变，开始频繁遭受强降水袭击，这对当地的水资源管理、防洪减灾和生态环境保护等工作都提出了新的挑战。

（二）水汽条件充沛

水汽作为降水的物质基础，其充沛程度直接决定了降水的可能性和强度，在黄河流域极端降水事件的成因中占据着不可或缺的地位。黄河流域的水汽来源主要有两个重要途径。其一，夏季风从海洋带来大量水汽。在夏季，东亚夏季风盛行，来自太平洋的东南暖湿气流以及来自印度洋的西南暖湿气流浩浩荡荡地向内陆推进。这些暖湿气流犹如两条巨大的水汽输送带，将大量的水汽输送到黄河流域。当它们抵达黄河流域时，与当地的大气环境相互作用，为降水提供了丰富的水汽资源。例如，夏季风带来的水汽常常在午后因局地热力对流作用而迅速上升，水汽凝结形成积雨云，进而产生降水。在一些水汽充足且对流旺盛的情况下，短时间内降水量可达到暴雨级别，甚至引发局部地区的洪涝灾害。

其二，台风活动也为黄河流域带来了额外的水汽补充。台风在我国沿海地区登陆后，其外围的水汽环流系统常常能够延伸至黄河流域。台风具有强大的水汽抽吸和输送能力，其携带的水汽量极为丰富。当台风外围环流与黄河流域上空的其他天气系统相互结合时，会使得水汽在黄河流域上空大量聚集、辐合，从而大大增加了极端降水事件发生的可能性。例如，台风登陆后减弱为热带低压，但其残留的云系和水汽依然能够影响黄河流域，与当地的冷空气或地形相互作用，引发大规模的强降雨过程，对流域内的水利设施、农田和居民点构成严重威胁。

除了水汽来源的多样性，水汽的输送和聚集过程也对极端降水事件的发生产生重要影响。在大气环流的引导下，水汽需要在黄河流域特定的区域内进行有效的输送和聚集，才能形成有利于极端降水的条件。例如，当存在合适的风向和风速切变时，水汽能够在局部地区形成辐合上升运动，促使水汽快速凝结成云致雨。此外，地形的阻挡和抬升作用也会对水汽的运动产生重要影响，使水汽在某些地区堆积并上升冷却，进一步增加了降水的可能性和强度。例如，山脉的迎风坡常常是降水较多的区域，因为暖湿气流在爬坡过程中被迫抬升，容易形成降水，在水汽充足的情况下，就可能引发极端降水事件。

（三）地形作用

地形是黄河流域极端降水事件形成的重要自然因素，其独特的地貌特征通过对气流的阻挡、抬升和辐合等作用，深刻地影响着降水的分布和强度。黄河流域地形复杂多样，山脉纵横交错。当暖湿气流遭遇山脉等地形阻挡时，气流被迫沿着山坡爬升，在爬升过程中，空气受到绝热冷却，水汽逐渐饱和并凝结成云。这种地形抬升作用在山脉的迎风坡表现得尤为明显。例如，吕梁山、太行山等山脉对来自东南方向的暖湿气流具有显著的抬升作用，使得山西中部及临汾北部等地区在夏季常常出现极端强降水天气。这些地区的降水强度在短时间内可以达到很高的水平，局部地区小时降水量甚至可超过100毫米，引发山洪暴发、山体滑坡等地质灾害，对当地的生态环境、基础设施和居民生命财产安全造成严重破坏。

除了地形抬升作用，一些地区的地形呈现喇叭口形状，如黄河入海口附近的部分区域以及某些河谷地带。当气流进入这种喇叭口地形时，由于地形的收缩作用，气流辐合上升加强，水汽在辐合上升过程中迅速凝结成雨，从而导致降水强度增大。在这种地形条件下，即使水汽含量并非十分丰富，也可能因为气流的强烈辐合而形成极端降水事件。例如，在黄河下游的某些河谷地区，当有暖湿气流进入时，由于喇叭口地形的影响，气流迅速汇聚并上升，常常引发局部地区的强降雨，给当地的农业生产和防洪工作带来较大压力。

山脉等地形能够改变大气环流的路径和强度，使天气系统在经过地形区域时发生变形、停滞或加强。例如，青藏高原的存在对亚洲大气环流格局产生了深远影响，它阻挡了西风带气流的向东运动，使其在高原边缘形成绕流和分支，从而影响了黄河流域的天气系统和降水分布。在某些情况下，西风带中的低值系统在遇到山脉阻挡后，会在山脉附近停滞或缓慢移动，导致降水持续时间延长，增加了极端降水事件发生的可能性。同时，地形还能够影响局地的热力环流，进一步增强大气的垂直运动，为极端降水的形成创造有利条件。

(四) 下垫面变化

下垫面作为地球表面与大气相互作用的界面，其性质的变化对黄河流域极端降水事件的发生产生着日益显著的影响。随着城市的快速发展，大量的建筑物、道路和广场等不透水面积不断增加，城市下垫面的性质发生了根本性改变。这种改变导致雨水下渗减少，地表径流迅速增加。在降水过程中，城市地区的雨水无法及时渗入地下，而是迅速汇聚形成地表径流，短时间内大量的水流涌入排水系统，容易造成排水管网的拥堵和排水不畅。同时，城市下垫面的粗糙度增加，使得空气在城市上空流动时受到更多的摩擦阻力，大气边界层的气流运动变得更加复杂。这种复杂的气流运动容易引发局地性的空气对流和垂直运动，促使水汽在城市上空快速凝结成云致雨。而且，城市中的工业生产、交通运输和居民生活等活动会释放大量的热量和污染物，形成城市热岛效应和大气污染。城市热岛效应使得城市中心区域的气温明显高于周边郊区，形成了城市与郊区之间的温度梯度，从而加强了局地的热力环流。在热力环流的作用下，城市上空的水汽更容易上升、冷却、凝结，增加了极端降水事件的发生概率。大气污染物中的气溶胶粒子等物质能够作为云凝结核，改变云滴的大小和分布，影响降水的形成过程，使得降水更加容易发生且强度可能增大。例如，在一些大城市如郑州、西安等地，近年来随着城市化进程的加速，极端降水事件引发的城市内涝问题日益严重，给城市的正常运转和居民生活带来了极大的困扰。

植被具有调节气候、保持水土、涵养水源等重要生态功能。当流域内的植被遭到破坏时，如森林砍伐、草原退化等，土壤的蓄水能力下降，地表径流增加，水土流失加剧。这不仅导致土地资源的退化和生态环境的恶化，还会影响降水的分布和强度。植被破坏后，地表的蒸散发量减少，大气中的水汽含量相应降低，不利于降水的形成。同时，水土流失使得河流泥沙含量增加，河床抬高，河道行洪能力下降，在极端降水事件发生时，更容易引发洪水灾害。相反，合理的植被恢复和建设能够增加植被覆盖度，提高土壤的蓄水能力和地表的蒸散发量，增加大气中的水汽含量，改善局部气候条件，从而在一定程度上减少极端降水事件的发生概率或减轻其影响程度。例如，在黄河流域一些实施了退耕还林还草工程的地区，植被覆盖度逐渐提高，生态环境得到改善，降水的分布和强度也相对更加合理，减少了因极端降水引发的水土流失和洪涝灾害的风险。

第四节 气候变化对降水的影响

一、黄河流域气候变化现状

(一) 全球气候变暖背景下的黄河流域气候变化

近百年来，干旱半干旱区成为全球增温最为显著的区域，不同气候区的增温情况存在显著差异。在对不同气候区温度变化于全球增温贡献的量化研究中发现，北半球中高纬度干旱半干旱地区脱颖而出，其增温对全球增温的贡献接近50%。进一步追踪过去百年不同季节的变化特征可知，伴随着全球增温的大背景，陆地降水格局也发生了显著的改变，并且呈现出鲜明的区域差异特征。在过去的半个世纪里，非洲和东亚地区的降水显著减少，而北美和欧洲部分地区降水呈现增加趋势。在中国境内，东部呈现南涝北旱的态势，北方地区则表现出西部降水增多、东部降水减少的空间格局。中国西北干旱半干旱地区正经历着从暖干型向暖湿型的转变，年降水和季节降水均有显著增加。然而，温度升高这一因素却在一定程度上削弱了这种变湿趋势。对于黄河流域而言，其降水变化趋势与大区域格局基本相符。黄河流域多年平均降水量约为 440 mm，空间分布差异极大，自西北向东南逐渐增加，最大值和最小值之间相差近 6 倍。降水量总体以 -10.7 mm/10a 的速率呈减少趋势，其中中游减少最为显著，在山西、陕西和河南境内减少速率达 -20.0 ~ -45.9 mm/10a，而上游降水量呈现增加态势。从季节角度分析，除冬季外，春、夏和秋季的降水量都呈减少趋势，秋季的减少最为突出。但从年代际尺度考量，21 世纪以来，黄河上游兰州以上、石嘴山到龙门区间、渭河流域等的降水量高于多年均值，降水转丰，这又为黄河流域的水资源管理和生态平衡带来了新的变量和挑战。

近年来，随着人口的持续增加和灌溉面积的不断扩大，中国干旱半干旱区地下水系统面临着严峻的考验，长期超采使其表现出明显的不可持续特征。例如石羊河流域，其补给主要依靠降水，地下水位自 1971 年以来总体加速下降，19 世纪 80 年代平均地下水埋深为 13.8 m，到 21 世纪初已达 18.9 m；1980-2000 年民勤绿洲地下水埋深下降了 6.6 m；黑河流域地下水位在 1980-1990 年、1991-2000 年和 2000-2010 年分别下降了 0.55 m、1.43 m、1.4 m；疏勒河流域地下水持续下降，同时伴随着湿地萎缩、植被退化严重等问题。新疆的塔里木河、马阿斯河、渭干河-库车河、艾比湖等流域也都呈现出类似的变化特征。黄河流域作为干旱半干旱区的重要组成部分，也不可避免地受到地下水系统变化的影响，地下水位的波动对流域内的生态环境、农业灌溉以及居民用水等方面都产生了连锁反应，加剧了水资源的紧张局势，对流域内的生态平衡和社会经济发展构成了潜在威胁。

黄河流域内多年平均气温为 7℃，其空间分布总体呈现东高西低、南高北低的特征。从气温变化趋势来看，以 0.32℃/10a 的倾向率升高。回顾历史，19 世纪 50-70 年代，黄河流域气温较为稳定，80 年代以后整个流域的气温开始呈现上升趋势，90 年代升温明显加快，1990-2010 年比 1961-1989 年平均温度升高 0.9℃。全流域各季节平均气温均呈显著增加趋势，其中冬季升温最为明显，升温速率达 0.52℃/10a，冬季有暖湿化趋势，春季上游有暖湿化趋势，而秋季中游则出现暖干化趋势。这种气温的变化对黄河流域的生态系统产生了广泛的影响，例如冬季的暖湿化可能改变动植物的物候期和生态习性，春季上游的暖湿化可能影响积雪融化和河流的春汛流量，秋季中游的暖干化则可能加剧干旱对农作物的影响以及增加森林火灾的风险等，进而影响到整个黄河流域的生态平衡、农业生产以及水资源的分配与利用。

（二）气候变化对黄河流域水资源量的影响

黄河，这条发源于青藏高原巴颜喀拉山的母亲河，其干流贯穿 9 个省区，流域面积广袤达 75 万平方千米，年径流量 574 亿立方米，平均径流深度 79 毫米，在我国的水资源体系中占据着举足轻重的地位。黄河流域利津断面以上水资源总量在 1956-2000 年期间为 638.37 亿立方米，其中地表水资源量 534.78 亿立方米，与地表水资源不重复的地下水资源量 103.59 亿立方米。然而，在 2001-2017 年，水资源总量相较于多年平均值（1956-2000 年平均值）锐减了 8.7%，天然径流量更是减少了 13.9%。中游地区径流量的减少态势最为显著，尤其是2000-2010年的径流量尚不足1919-1985年平均径流量的35%。尽管在2002-2012年径流量呈现出波动增加的趋势，但其增加速率仅约为3.2亿立方米/年，对于整体水资源量的补充可谓杯水车薪。

积雪融水作为黄河流域水资源的关键补给来源之一，多年平均年总雪水当量约为123.18亿立方米，约占黄河利津站总径流量的23%。黄河流域多年平均积雪面积达6.17万平方千米，约占流域面积的8%，最大积雪面积可至10.75万平方千米，占流域面积的14%。但自2008-2016年，流域内积雪范围以6000平方千米/年的速率急剧减少。从雪水当量来看，自1992年以来，黄河流域年总雪水当量以5.77亿立方米/年的速度持续递减，这相当于每年减少黄河利津站年径流量的1.1%，换言之，1992年以来积雪融水的总减少量竟相当于黄河利津水文站的多年平均径流量的3.2倍。如此大规模的积雪融水减少，无疑给黄河流域水资源的稳定供应敲响了警钟。

在1960-2010年期间，整个黄河流域冰川面积从171.2平方千米缩减至126.7平方千米，减少幅度达26.0%；冰储量从113亿立方米降至85亿立方米，减少了24.8%。其中冷龙岭地区的冰川退缩现象尤为剧烈，1972-2016年，冰川面积锐减39.8%，同时伴随着大量小冰川的消失，据预测，冷龙岭地区冰川将在21世纪中期消亡80%以上。冰川融水对黄河年补给量约3.9亿立方米，占黄河出山径流的1.9%，而在冰川集中发育的切木曲和曲什安河，冰川融水占整个径流量的74%。冰川的退缩不仅直接减少了对黄河径流的补给量，更严重削弱了冰川融水调节径流和稳定生态的重要作用，对黄河流域水资源以及生态系统产生了深远且复杂的影响。

黄河流域多年冻土区面积约8.6×10^4平方千米，占流域面积的11.3%，活动层厚度范围为100-550厘米，季节冻土区土壤最大冻结深度变化介于10-250厘米。多年冻土地下冰对黄河年补给量约25.8亿立方米（30毫米/年），占黄河利津站年总径流量（按534.78亿立方米计算）的4.8%。但近年来，黄河流域季节性冻土变化显著，表现为多年冻土区活动层厚度以0.83厘米/年的速率不断加深，季节冻土区土壤冻结深度以0.58厘米/年的速率持续降低。冻土退化引发了一系列连锁反应，导致高寒草地、高寒草甸与沼泽湿地大面积退化，同时严重影响地表径流产流和汇流过程，加速土壤侵蚀，对黄河流域水资源与安全构成了严重威胁。

黄河流域大部分地域雨水同季，气候变化对流域水资源的形成、分布和转化影响极为显著。由于流域水资源时空分配不均，在气候变暖的大背景下，增温促使流域蒸散发强度大幅提高，对河川径流形成了明显的抑制效应。降水的时空变化更是对流域水资源的形成起着关键作用，降水的减少或分布的改变，都可能直接导致水资源量的波动和水资源结构的失衡。例如，降水集中期的变化可能影响到地表径流的形成时间和规模，进而影响到水资源的可利用性和调配难度。未来，黄河流域将仍以水资源"三生"（生产、生活、生态）体系的有效支撑来统筹各项发展，这就要求我们必须深入研究气候变化对水资源量的影响机制，制定科学合理的应对策略，以保障黄河流域水资源的可持续利用和生态环境的稳定平衡。

（三）气候变化对黄河流域生态格局变化的影响

黄河流域绵延数千公里，其上、中、下游分属不同的气候区，其独特的地形地貌与丰富多样的植被类型，造就了流域内生态系统鲜明的区域差异。在全球气候变暖这一宏大背景下，黄河流域的生态格局正经历着深刻且复杂的变化，其中黄河源区的生态变化尤为引人注目。

黄河源区呈现出增温变干的趋势，这一气候变化趋势对源区的生态系统产生了多方面的连锁反应。随着气温升高，植物的生理活动加剧，需水量显著增加。然而，与此同时，冻土退化现象日益严重，冻土的退化导致其涵养水源的能力大幅下降，土壤含水量随之降低。在水分供应减少而需求增加的双重压力下，高寒草地遭受了严重的水分胁迫，进而发生退化。回顾历史数据，自1969年起，以达日县吉迈水文站为界的黄河源区，高寒草地退化格局便已初步形成。到了1980年代后期，由于气候变暖趋势的持续加剧，退化速率大幅上升，犹如一场生态危机的加速蔓延。直至2000年以来，虽然退化速率有所降低，但退化的总体态势依然严峻。这种退化主要体现在草地覆盖度的降低上，据统计，源区中高覆盖草地减少了16.3%，其中黄河源区西南部和东部地区的退化现象尤为突出。这些地区原本是高寒草地生态系统的重要组成部分，如今草地覆盖度的降低，不仅改变了当地的生态景观，更对生态系统的结构和功能产生了深远影响。

气候变暖还引发了水土流失加重和鼠害猖獗等一系列次生问题，这些问题如同雪上加霜，进一步加剧了高寒草地的退化。水土流失使得土壤肥力流失，草地植被难以在贫瘠的土壤中良好生长。而鼠害猖獗则直接破坏草地植被，大量啃食草根、草茎，导致草地植被死亡，形成一片片斑秃，加速了草地的退化进程。草地作为黄河源区重要的生态屏障和畜牧业的基础资源，其退化问题不仅影响到当地的生态平衡，也对依赖草地资源的畜牧业产生了深远影响。随着草地质量和面积的下降，畜牧业的发展面临着严峻挑战，牲畜的承载量下降，牧民的收入和生活方式也受到不同程度的冲击。

二、黄河流域气候变化对降水的影响

（一）降水总量与强度改变

1. 降水总量

从降水总量来看，黄河流域降水量总体呈现出减少的趋势，平均速率约为-10.7 mm/10a。这一趋势并不是均匀地分布在整个流域，而是有着明显的区域差异。在黄河上游部分地区，降水量呈现出增加的态势。例如，青海黄河上游地区近年来气温偏高的同时降水也偏多。这种局部的降水增加可能与全球气候变暖背景下的大气环流调整有关。随着气候变暖，大气中的水汽含量有所增加，一些原本相对干燥的区域可能会因为新的水汽输送通道或局部环流的改变而获得更多的降水。然而，在黄河中游地区，尤其是山西、陕西和河南境内，降水量减少极为显著，减少速率达到-20.0~-45.9 mm/10a。中游地区是黄河流域人口密集、经济活动频繁的区域，降水总量的减少对该地区的水资源供应带来了巨大压力。农业灌溉用水短缺，导致农作物产量受到影响，农民不得不寻求更多的节水灌溉方式或开采地下水，而过度开采地下水又会引发一系列地质环境问题，如地面沉降、地裂缝等。工业生产也因水资源不足面临发展瓶颈，许多依赖大量水资源的企业不得不限制生产规模或进行产业转型。

2. 降水强度

在降水强度方面，气候变化导致黄河流域极端降水事件的频率和强度都发生了显著变化。极端降水事件呈现出增多、增强的趋势。在全球气候变暖的大环境下，大气环流变得更加不稳定，水汽的聚集和释放过程也更加剧烈。当具备一定的天气条件时，如冷暖空气的强烈交汇或地形的抬升作用，大量的水汽会在短时间内迅速凝结形成强降水。在黄河流域的一些地区，暴雨、大暴雨等极端降水天气的发生频率明显增加。例如，在夏季的某些时段，局部地区可能会遭受短时间内降水量超过 100 毫米甚至 200 毫米的暴雨袭击。这种高强度的降水极易引发洪涝灾害，淹没农田、冲毁房屋、破坏交通基础设施等，给当地居民的生命财产安全带来严重威胁。同时，强降水还会对河流的生态系统造成冲击，大量的泥沙和污染物随着洪水冲入河流，改变河流的水质和水生态环境，影响水生生物的生存和繁衍。而且，极端降水事件的增加还会导致旱涝急转现象更为频繁。在降水稀少的时期，干旱持续发展，土地干裂、植被枯萎；而一旦遭遇极端降水，又迅速转变为洪涝灾害，这种快速的旱涝转换使得流域内的生态系统和人类社会难以适应，进一步加剧了灾害的损失和恢复的难度。

（二）降水时空分布变化

黄河流域气候变化对降水时空分布的影响极为显著，这种变化在时间和空间两个维度上都有着清晰的体现，并且对流域的水资源管理、生态平衡以及社会经济活动产生了诸多连锁反应。

1. 在时间分布上，黄河流域降水的季节性变化愈发突出

原本降水就主要集中在夏季的特点更加明显，汛期（7-9 月）的降水占全年径流总量的比例进一步增大，可达 70%-80%。这意味着其他季节的降水相对更少，春季和秋季的干旱问题日益加剧。春季是农作物播种和生长的关键时期，降水不足导致土壤墒情差，种子发芽困难，幼苗生长缓慢，需要大量的灌溉用水来补充水分。然而，由于降水减少，灌溉水源短缺，使得农业生产面临巨大挑战，许多地区不得不依靠开采地下水或远距离调水来满足农业灌溉需求，这不仅增加农业生产成本，还可能引发地下水位下降、土壤盐碱化等问题。秋季降水减少则对农作物的成熟和收获产生不利影响，影响农产品的产量和质量。例如，一些秋季作物在灌浆期需要充足的水分，如果降水不足，会导致籽粒不饱满，影响产量。同时，降水过于集中在夏季也增加了洪涝灾害的风险。在夏季，大量的降水在短时间内汇聚，河流的径流量迅速增加，如果河道的排水能力不足，就容易引发洪水泛滥。而且，由于降水集中，大量的水资源难以被有效利用，往往以洪水的形式白白流失，造成水资源的浪费。

2. 在空间分布上，黄河流域降水的不均匀性进一步加剧

总体上自西北向东南逐渐增加的趋势依然存在，但不同区域之间的差异更加明显。上游地区降水的增加，使得部分区域面临洪水、泥石流和山体滑坡等次生灾害的威胁。例如，在一些山区，降水增加导致山体土壤含水量饱和，在重力作用下容易引发山体滑坡和泥石流，对当地的交通、通信、电力等基础设施以及居民点造成破坏。中游地区降水减少，导致地表水资源量匮乏，水土流失问题更加严重。降水减少，植被生长受到影响，土壤的固土能力下降，在风力和水力的作用下，大量的泥沙被带入河流，使得黄河的含沙量

进一步增加，加重了河道淤积和河床抬高的问题。下游地区降水减少，再加上地上河的特殊地形以及引黄灌溉等人类活动的影响，水资源短缺问题尤为突出。河流的生态流量难以保障，许多湿地面积萎缩，水生生物的栖息地遭到破坏，生物多样性受到严重威胁。例如，一些依赖黄河水生存的珍稀鱼类，由于水量减少、水质变差，生存环境恶化，种群数量急剧减少。

第三章　黄河流域径流特征及变化

第一节　径流的形成与主要影响因素

一、黄河径流的形成特征

（一）黄河上中下游四季的径流分配极不均匀

黄河多年平均月径流的不均匀系数介于0.44至1.07之间，这一数据直观地反映出了径流在年内分配的不均衡性。其中，1933年三个水文站年内分配不均匀系数达到最大，这意味着在该年度黄河干流各月径流量的差异达到了历史峰值。在这一年里，黄河径流呈现出极大的波动性，某些月份可能径流量极为丰沛，河水汹涌奔腾，而在另外一些月份则可能几近干涸，河道中仅有涓涓细流。这种悬殊的月径流量差异给黄河水资源的调控带来了前所未有的巨大挑战。从水利工程的角度来看，无论是蓄水还是供水的规划都变得极为复杂，难以精准地把握各个时段的水量需求与供给平衡。例如，在径流量大的月份，水库需要全力泄洪以避免漫坝危险，但同时又要考虑如何有效地储存部分水资源以应对后续枯水期的需求；而在枯水月份，则要在有限的水资源条件下，合理分配给农业灌溉、工业生产以及居民生活用水等各个方面，稍有不慎就可能导致水资源的浪费或某一领域的用水短缺。相比之下，不均匀系数的最小值在不同水文站出现的年份有所不同。兰州站最小值出现在1977年，三门峡站和花园口站则出现在1924年。在这些年份里，黄河径流的年内分配相对较为平稳，月径流量之间的差距相对较小。然而，从整体的历史数据来看，这样相对均匀的年份只是少数[①]。

从年代际的角度来看，20世纪30年代黄河径流年内分配呈现出最为不均匀的状态。当时，黄河流域可能频繁遭受极端的水文事件，洪水与干旱交替肆虐。洪水期间，大量的水资源白白流失，甚至给沿岸地区带来严重的洪涝灾害，淹没农田、冲毁房屋、破坏基础设施；而在干旱时期，土地干裂、农作物枯死，人畜饮水较为困难，严重制约了当地的农业生产和社会经济发展。到了20世纪60-70年代，径流年内分配相对较均匀，这一时期可能得益于当时一些水利工程设施的建设与完善，以及较为稳定的气候条件，使得黄河径

---

① 陈令仪，朱秀芳，唐谊娟，等．黄河流域气象水文干旱时滞效应与影响因素分析［J］．地理科学，2023，43（10）：1861-1868．

流能够在一定程度上得到较为合理的调配与利用，为流域内的工农业生产和居民生活提供了相对稳定的水资源保障。但即便如此，与理想的均匀分配状态相比，仍存在较大差距，整体上黄河径流年内分配较不均匀的特征依然显著。

在径流丰沛的季节，大量的河水携带泥沙奔腾而下，为下游的湿地和河口地区带来了丰富的营养物质，滋养了众多的水生生物和候鸟栖息地；但在枯水期，湿地面积可能会大幅萎缩，一些水生生物的生存面临威胁，生态系统的稳定性和生物多样性受到挑战。同时，不均匀的径流分配也促使人们不断加强水利工程建设和水资源管理策略的研究，以更好地应对黄河径流的这一特性，实现黄河水资源的可持续利用与流域生态环境的协调发展。

（二）黄河径流丰、平、枯水年相互交替存在

黄河径流丰、平、枯水年相互交替存在，这一特征构成了黄河水资源动态变化的重要韵律，对流域的生态稳定、经济发展以及水资源管理策略的制定产生着极为深远且复杂的影响。丰水年时，黄河流域往往迎来充沛的降水，降水来源广泛且持续时间较长。大气环流形势在这些年份呈现出有利于水汽向黄河流域输送与汇聚的特征，季风强劲，将大量来自海洋的暖湿气流深入内陆，与冷空气频繁交汇，产生大规模的降雨过程。同时，流域内的积雪在丰水年也会加速融化，冰川融水补给量增加，诸多因素共同作用使得黄河径流量大幅攀升。此时的黄河水势汹涌，河面宽阔，各支流的来水汇聚成滔滔洪流。在丰水年，黄河能够为沿岸的农业灌溉提供充足的水源保障，大片农田得到滋润，农作物生长繁茂，有望迎来丰收。众多湿地和湖泊也因黄河水的补给而面积扩大，水生生物的栖息环境得到极大改善，生物多样性得以提升。例如，黄河三角洲的湿地在丰水年能够吸引大量候鸟栖息、繁衍，成为重要的生态景观和生物多样性保护区域。

平水年里，黄河径流处于相对稳定且适中的状态。降水、积雪融水以及地下水补给等各方面因素维持在一种较为均衡的水平，既没有丰水年的磅礴气势，也不会像枯水年那般水量匮乏。平水年的黄河水流较为平稳，其水位和流量能够满足流域内基本的用水需求，包括居民生活用水、工业生产用水以及部分农业灌溉用水等。对于水利工程而言，平水年是进行水资源合理调配与调度的良好时机，可以在保障流域正常用水秩序的前提下，适度进行蓄水工作，为应对可能到来的枯水年储备一定的水量资源。此时的黄河生态系统也处于一种相对稳定的状态，河流中的水生生物能够在较为稳定的水流环境和水质条件下生存与繁衍，河流两岸的植被和土壤侵蚀情况也相对稳定，不会因水量过大或过小而遭受过度破坏。

降水稀少是枯水年的显著特征，大气环流异常导致水汽难以在黄河流域形成有效降水，河流的主要补给水源大幅减少。同时，由于前期降水不足，流域内的积雪量和冰川融水量也随之降低，地下水补给因长期得不到有效补充而逐渐减少，多重因素叠加使得黄河径流量锐减。在枯水年，黄河河道水位下降。这对流域内的生态环境和经济社会发展造成了巨大冲击。农业灌溉用水严重短缺，大量农田因干旱而减产甚至绝收，农民收入锐减，农村经济面临困境。工业生产也因供水不足而受到限制，一些依赖大量水资源的企业不得不减产或停产，影响了工业的正常发展。生态方面，湿地面积萎缩，许多水生生物因生存环境恶化而数量减少甚至濒临灭绝，河流的自净能力下降，水质变差，整个生态系统的平

衡被打破。

黄河径流丰、平、枯水年的交替存在，要求我们必须建立科学合理、动态灵活的水资源管理体系。在丰水年，要充分利用水利工程进行蓄水，提高水资源的调蓄能力，将多余的水资源储存起来；平水年则要注重水资源的合理调配与高效利用，优化用水结构；枯水年更要加强水资源的节约与保护，优先保障居民生活用水和生态用水需求，通过跨流域调水等手段来缓解水资源短缺的压力，以实现黄河流域水资源的可持续利用与生态环境的可持续发展。

(三) 黄河径流年内变化幅度较大

整体而言，黄河径流呈现出波动下降又波动上升，之后又波动下降的趋势。这种趋势的形成与黄河流域的气候变化密切相关。在历史进程中，降水模式的改变、气温的波动以及大气环流的变化等都对黄河径流产生了深远影响。例如，在某些气候干旱的时期，降水减少，导致黄河径流相应下降；而在降水相对丰沛的阶段，径流则有所上升。同时，人类活动如大规模的水利工程建设、农业灌溉用水的增加以及流域内的水土保持工作等，也在一定程度上改变了黄河径流的原有轨迹。水利工程可以调节径流的时空分布，拦蓄洪水，增加枯水期流量；而农业灌溉用水的增长则会消耗大量径流，使得下游水量减少。

兰州站在20世纪80年代，三门峡站和花园口站在20世纪30、50年代的径流分配曲线峰形偏尖瘦些。这种峰形特征表明在这些时期，黄河径流的集中性更为突出，可能在较短时间内出现较大流量的径流过程。这与当时特定的气候条件和流域下垫面状况有关。在降水集中的时段，大量雨水迅速汇集形成径流，由于缺乏足够的调蓄能力或受到地形的快速汇流影响，径流快速达到峰值并在短时间内通过监测站点，从而形成尖瘦的峰形曲线。这也反映出当时黄河流域的水资源调控体系尚不完善，难以对这种集中性径流进行有效的平抑和利用。

黄河径流在年内的分布具有明显的季节性规律，最小径流发生在冬季。1至2月径流量较小，各月占比均小于3%，12月到次年2月的径流量之和也仅为全年径流的2.84%。冬季黄河流域受寒冷干燥的气候控制，降水稀少，大部分地区被冰雪覆盖，河流的补给水源主要依靠地下水和少量的冰雪融水，因此径流处于一年中的最低水平。随着春季的到来，3、4月份径流量有小幅的上涨。这是因为春季气温逐渐回升，冰雪开始融化，同时部分地区降水略有增加，使得河流的补给有所增强。但春季径流的增加幅度相对有限，还不足以改变黄河径流整体偏小的局面。

进入夏秋两季，8月径流量最大，占全年径流量的16.81%。夏秋两季正是降水量大而集中的时节，夏季风带来的大量水汽在黄河流域形成丰富的降水，雨水迅速转化为径流汇入黄河。同时，山区的积雪在夏季也加速融化，进一步增加了径流的补给量。主汛期6至11月份的径流占全年径流的70%以上，如此集中的径流分布对黄河的河道形态、水利工程运行以及流域生态环境都有着极为重要的影响。在主汛期，黄河需要承受巨大的洪水压力，河道的行洪能力面临考验；水利工程要在确保安全的前提下，尽可能地拦蓄洪水，实现水资源的有效利用；而大量的泥沙也随着洪水被带入黄河，对河床演变和河口生态产生作用。

二、黄河径流形成的主要影响因素

（一）气温变化因素

在1961至2023年这漫长的时间段内，黄河源区的气温整体呈现出了不同程度的上升趋势，这一变化犹如一只无形的手，在悄然重塑着黄河源区的径流格局以及整个生态与水资源体系。黄河源区各气象站的气温数据清晰地展示了这一变化历程。其中，同德气象站的气温增加趋势最为显著，其增加速率达到 $0.082℃/a$。这一数据背后，反映出的是黄河源区局部区域气温变化的极端性。同德地区或许由于其特殊的地理位置、地形地貌或周边环境因素，在全球气候变暖的大背景下，对气温升高的响应更为敏感。这种持续且快速的升温，必然会对当地的生态系统产生多方面的深刻影响，而径流作为生态系统水循环的关键环节，也难以独善其身。气温升高加速了冰川和积雪的融化速度，使得在短期内径流量可能会有所增加。大量原本被冻结的冰川和积雪融水迅速汇入河流，可能导致河流在某些时段出现洪峰流量增大的情况。然而，从长远来看，冰川和积雪的过度消融会导致其储量不断减少，一旦冰川和积雪资源枯竭，后期的径流补给将会面临严重不足，河流可能会逐渐干涸或径流量大幅下降。其次，气温升高还会影响土壤的冻融过程和水分蒸发。冻土的融化会改变土壤的结构和渗透性，使得土壤水分的保持能力下降，更多的水分会通过蒸发散失到大气中，而不是补给到径流中，从而减少了河流的基流。再者，气温变化还会影响植被的生长和分布，植被的改变又会反过来影响降水的截留、下渗和地表径流的形成，进一步复杂了气温与径流之间的关系。

（二）地形地貌因素

黄河发源于青藏高原的巴颜喀拉山，其源头地区的高海拔地形为黄河径流的形成提供了初始动力。高山上的积雪和冰川在重力作用下逐渐融化，形成涓涓细流，顺着地势向低处流淌。这些源流在山脉之间的峡谷和沟壑中逐渐汇聚，由于地形的约束，水流速度加快，具有较强的侵蚀能力，开始塑造出黄河上游的河道雏形。例如，在青海境内的黄河上游河段，河道穿梭于高山峡谷之间，水流湍急，携带大量泥沙和砾石，不断冲刷河床，使河道逐渐加深拓宽。

随着黄河向东流淌，流经黄土高原地区，这里独特的地形地貌对黄河径流产生了极为显著的影响。黄土高原沟壑纵横、地形破碎，地表植被覆盖率相对较低。降水在该地区形成地表径流后，由于缺乏植被的有效拦截和土壤的良好渗透，大量雨水迅速汇集到沟壑之中，形成众多小支流，并以较快的速度汇入黄河干流。同时，由于黄土土质疏松，在水流的冲刷下极易被侵蚀，大量泥沙被带入黄河，使得黄河的含沙量急剧增加。这不仅改变了黄河水的物理性质，也影响了黄河径流的沉积过程。在黄河下游地势平坦的地区，由于流速减缓，泥沙大量淤积，形成地上河，进一步改变了黄河径流的流动态势和泛滥风险。

黄河下游的平原地形则决定了黄河径流的扩散与汇聚特征。平原地区地势开阔，河道变宽，水流速度逐渐减慢。当黄河洪水来临时，由于缺乏地形的有效约束，洪水容易泛滥，淹没大片平原地区。但在非洪水期，平原地区的众多湖泊、湿地和河汊又能够对黄河径流起到一定的调蓄作用，收纳部分河水，缓解径流的短期波动。例如，在黄河三角洲地区，河道分支众多，湿地广泛分布，在洪水期能够分流洪水，降低洪峰水位；在枯水期，湿地储存的水又可以缓慢释放，补充黄河径流，维持一定的生态流量。

(三) 植被因素

植被具有良好的水源涵养功能，森林、草地等植被类型通过其茂密的枝叶截留降水，减少雨水直接到达地面的数量和速度。例如，在黄河流域的山地森林地区，高大树木的树冠就像一把把天然的雨伞，在降水过程中能够截留一部分雨水，使其缓慢地滴落到地面，从而降低了雨滴对地面的冲击力，减少了地表径流的形成速度和水量。同时，植被的根系深入土壤，增加了土壤的孔隙度和渗透性，使得更多的降水能够渗入地下，补充地下水。这些被截留和渗入地下的水分，一部分会在后续的时间里通过地下径流的形式缓慢补给河流，成为黄河径流稳定的水源之一。在植被覆盖良好的山区，即使在降水相对较少的时期，由于地下水的持续补给，河流也能够保持一定的基流，不至于干涸。

植被对水土保持有着至关重要的作用，这直接影响着黄河径流的含沙量和河道稳定性。在植被茂密的地区，植物根系能够牢固地固定土壤颗粒，防止土壤被水流冲刷侵蚀。如黄河流域的一些林区和草原，植被根系在土壤中形成复杂的网络结构，紧紧抓住土壤，使得土壤在降水和水流作用下不易流失。相反，在植被遭到破坏的地区，如过度开垦、滥砍滥伐后的土地，土壤失去植被的保护，在降水时极易被冲刷进入河流，导致黄河的含沙量大幅增加。大量泥沙进入黄河后，会使河道淤积，河床抬高，改变黄河径流的流速和流量分布。在黄河中游的一些水土流失严重地区，每逢暴雨，大量泥沙随径流而下，不仅使黄河水变得浑浊不堪，还会在下游河道淤积，增加洪水泛滥的风险，同时也影响了水利工程设施的正常运行和使用寿命。

植被还能够对黄河径流起到调节作用，不同季节植被的生长状态不同，对径流的影响也有所差异。植被通过蒸腾作用将土壤中的水分释放到大气中，增加了空气湿度，促进了局部水循环。同时，植被的存在改变了地表的糙率，影响水流的速度和流向。例如，在河流两岸的植被带，植被的阻挡作用使得水流速度减慢，洪水期能够削减洪峰流量，延缓洪水的传播速度；枯水期则能够减少河水的蒸发和渗漏损失，维持一定的河流水位和流量。而且，植被的凋落物在地面堆积形成腐殖质层，能够进一步改善土壤结构，增强土壤的蓄水保墒能力，间接影响黄河径流的形成和变化。

(四) 土地利用因素

土地利用方式在黄河径流的形成过程，其对径流的数量、质量以及时空分布均产生着深刻且多维度的影响。在黄河流域，大量的天然草地、林地被开垦为农田，这种土地利用类型的转变极大地改变了地表的覆盖状况与土壤特性。一方面，耕地的土壤结构相较于自然植被覆盖下的土壤更为紧实，孔隙度降低，这使得降水在地面的下渗过程受阻。当降水发生时，更多的雨水迅速形成地表径流，而非渗入地下补给地下水或缓慢释放为河流基流。例如，在黄河中游的一些农业集中区域，每逢雨季，大量雨水快速汇集于田间沟渠，短时间内涌入附近河流，导致河流水位迅速上升，径流量急剧增加，加大了洪水发生的风险。另一方面，农业生产过程中的灌溉需求也对黄河径流产生了巨大的消耗。为了满足农作物生长对水分的需求，大量黄河水被抽取用于灌溉，尤其在干旱季节或降水不足的年份，这种引水灌溉行为使得黄河下游的径流量显著减少。而且，不合理的灌溉方式，如大水漫灌，还会导致水分的无效蒸发和深层渗漏，进一步加剧了水资源的浪费与径流的损耗。

随着城市的扩张与发展，大量的自然土地被建筑物、道路、广场等不透水地面所取代。城市中的沥青、水泥路面以及屋顶等，几乎完全阻止了雨水的下渗。降水在城市区域只能形成地表径流，而且由于城市排水系统的快速汇集作用，这些径流能够在极短的时间内流入河流，使得河流的径流量在短时间内迅速增大，洪峰流量显著提高。例如，在黄河流域的一些大城市，如郑州、西安等，暴雨期间城市内涝现象频发，同时城市周边河流的水位也会在短时间内暴涨，这不仅给城市的防洪排涝带来巨大压力，也对河流的生态系统造成了强烈冲击。此外，城市中的工业活动和居民生活还会产生大量的污水和废弃物，这些污染物通过排水系统进入河流，改变了黄河径流的水质，影响了水生生物的生存环境，进而对整个河流生态系统的结构和功能产生负面影响。

第二节 径流量的时空分布特征

一、径流的补给来源

黄河干支流的径流补给来源呈现出多样化的特点，其中大气降水起着主导性的作用。然而，由于降水在时间与空间维度上的分布差异显著，进而衍生出了不同类型的补给成分，这些成分相互交织，共同维系着黄河上游径流的稳定与变化。

大气降水作为黄河径流的根本来源，其在不同时空条件下的表现形式多样，从而形成了各具特色的补给类型。首先是暴雨补给，它堪称河流洪水的主要缔造者。在黄河上游地区，暴雨补给主要集中于每年的5至10月这一相对漫长的时段。这一时期，大气环流形势与水汽条件相互配合，使得强降水天气时有发生。当暴雨来袭时，大量雨水在短时间内迅速汇聚，形成地表径流，其洪水过程与降水过程紧密相连，呈现出高度的同步性与即时性。降水强度越大、持续时间越长，所引发的洪水流量就越大、洪峰过程也越迅猛。例如，在某些年份的夏季，当遭遇强降雨系统的持续影响时，黄河上游的部分支流可能会在短短数小时内水位急剧上升，河水汹涌，形成具有强大破坏力的洪水灾害，对沿岸的生态环境、基础设施以及居民生命财产安全构成严重威胁。

地下水补给是一个相对缓慢而持久的过程，它起始于降水量对流域下垫面的下渗作用。当降水降临，一部分雨水会透过土壤、岩石等的孔隙逐渐向下渗透，经过漫长的时间在地下含水层中聚集储存。而后，这些地下水又会在水力梯度的作用下，缓慢而持续地从地下含水层流出，最终汇入河流。地下水补给的显著特点在于其补给量相对稳定，不会像暴雨补给那样出现剧烈的波动。而且，这种补给形式的持续历时长，几乎贯穿全年，无论是在丰水期还是枯水期，都能为河流提供一定量的稳定水源。在干旱季节，当其他补给来源相对匮乏时，地下水补给就显得尤为重要，它犹如河流的"生命维持线"，能够维持河流的基本流量，保障河流生态系统的基本功能得以正常运转，避免河流因缺水而干涸断流。

在寒冷的冬季，黄河上游部分地区的降水会以固态形式——雪或冰的形式储存于河网之中，形成河槽蓄水量的一部分。随着翌年春季气温的逐渐升高，这些固态的冰雪开始消融，转化为液态的地表径流，从而实现对河流的补给。冰雪融水补给具有鲜明的季节性和日变化特征。从季节上看，主要集中在春季，随着气温的回升，冰雪消融量逐渐增加，在一定时期内会形成春汛。从日变化来看，由于春季气温在一天内的波动，冰雪融水的流量也会随之发生变化，通常在午后气温较高时，融水流量相对较大，而在夜间气温降低时，融水流量则会减小。这种日变化规律使得春汛期间河流的流量也呈现出一定的波动性，但相较于暴雨引发的洪水，其变化幅度相对较小。

二、径流量的时空分布特征

（一）径流的区域性变化特征

黄河流域径流量的区域性分布呈现出复杂多样的格局，这是多种因素相互交织、共同作用的结果。其中，降水、气候、地形、植被、土壤、地质以及人类活动等都在径流的区域性变化中扮演着关键角色，它们的综合影响塑造了黄河干流及主要支流在不同地域独特的径流特征。黄河干流及主要支流由于所处地理位置的差异，其流域下垫面条件可谓千差万别。以唐乃亥以上流域为例，上游区降水量相对较少，加之植被覆盖状况较差，这使得该区域的产流量颇为有限。降水的不足直接限制了水源的供给，而稀疏的植被无法有效地截留降水、促进下渗以及涵养水源，导致大部分降水迅速形成地表径流流失，难以转化为持续稳定的径流补给。相反，中下游区则呈现出截然不同的景象，这里降水量较为充沛，植被条件也相对较好。丰富的降水为径流的形成提供了充足的物质基础，而茂密的植被通过截留降水、增加土壤入渗以及减缓地表径流速度等方式，使得更多的水分能够在流域内留存并逐渐汇聚成较大的产流量，为河流的稳定径流贡献了重要力量。

主要支流流域的情况也颇具特点，其普遍规律是上游区降水量较多且植被条件良好，这种有利的自然条件使得上游区域具备较强的产流能力，能够产生相对较多的径流量。然而，在下游区，情况却急转直下，降水量显著减少，植被条件也变得较差，这导致该区域的自然产水量极为稀少。更为严峻的是，人类活动在这一区域对水资源的消耗较为突出，进一步加剧了水资源的紧张局面。例如，农业灌溉、工业用水以及居民生活用水等需求不断增加，大量的水资源被调取和消耗，使得原本就有限的径流资源更加捉襟见肘，对河流生态系统和下游地区的水资源供应产生了深远的影响。

从具体的径流特征值来看，黄河上游兰州断面以上流域径流的区域性分布极不均匀。在产水模数较大的区域，如干流吉迈~玛曲区间，支流洮河碌曲~下巴沟区间、下巴沟~岷县区间，其产流模数达到了 $7.874 \sim 8.500 \text{L/s} \cdot \text{km}^2$。这些区域往往具备较为优越的自然条件，降水相对丰富且植被覆盖良好，地形地貌可能也有利于径流的汇聚和形成。例如，在吉迈~玛曲区间，可能由于其处于特定的气候交汇地带，能够接收到较多的水汽，同时地形上可能存在有利于降水汇集的山谷或盆地地形，植被的茂密生长又进一步促进了水源的涵养和径流的稳定产出。

中等产流区域则包括干流玛曲~唐乃亥区间，支流洮河岷县~李家村区间，大夏河双城~折桥区间，大通河天堂~连城区间，其径流模数在 $5.047 \sim 6.536 \text{L/s} \cdot \text{km}^2$ 之间。这些区域的自然条件相对较为平衡，降水、植被等因素协同作用，使得产流量处于中等水平。

它们在黄河流域的径流体系中起到了一定的过渡和补充作用，既不像高产流区域那样对径流总量有巨大的贡献，也不像低产流区域那样面临严重的水资源短缺问题。

而产流量较小的区域，如干流吉迈以上流域，支流洮河李家村~红旗区间，大夏河~双城区间，大通河连城~享堂区间，湟水整个流域，径流模数仅为 3.416~3.812 L/s·km²。这些区域可能受到多种不利因素的制约，如吉迈以上流域可能由于海拔较高、气候寒冷干燥，降水稀少且蒸发量大，植被生长艰难，难以有效地涵养水源和促进径流形成；湟水流域可能由于人口密集、人类活动频繁，水资源的开发利用程度高，同时又受到地形和气候的限制，导致径流模数较低，水资源的供需矛盾较为突出。

(二) 径流的年内变化特征

在冬季，黄河流域的大部分河流因气温降低而封冻，这一时期成为径流的枯季。从1月至3月，河流的流量处于全年最低水平，最小流量便出现在此时间段内。由于河流封冻，水源补给极为有限，主要依赖于地下水的缓慢补给以及前期留存于河槽中的少量水体。这一时期的来水量在年总量中所占比例仅为 6.2%~12.1%。例如，在黄河上游的一些河段，冬季河面被厚厚的冰层覆盖，水流几近停滞，只有在一些未完全封冻的区域或地下水渗出点附近，才有微弱的水流维持着河流的基本形态，整个流域在冬季仿佛进入了一种"沉睡"状态，径流活动大幅减弱。

随着4月的到来，气温逐渐升高，黄河流域开始发生一系列显著的变化。流域内的积雪在温暖阳光的照耀下开始融化，河网中储存的冰块也逐渐解冻，这些融水汇聚在一起，形成了春汛。此时，河流的流量显著增大，与冬季的枯寂景象形成了鲜明对比。4月至6月期间，河流的来水量在年总量中的占比可达 18.1%~24.8%。在部分山区，春季积雪融化形成的径流沿着山坡潺潺而下，注入河流，使得河水水位逐渐上升，河流开始恢复生机。这一时期的径流对于补充河流的水量、改善水质以及为下游地区提供灌溉用水等方面都具有重要意义。

而7月至9月则是黄河流域降水较多且集中的时段，这也是河流发生洪水的主要时期。充沛的降水使得河流的径流量迅速攀升，大量雨水迅速汇聚成地表径流，奔腾而下。这三个月的来水量在年总量中占据了相当大的比重，约为 44.1%~53.7%。黄河流域的各个支流都处于高水位运行状态，干流的水量也大幅增加，河水汹涌澎湃，携带大量泥沙和养分，对流域内的生态系统、农业生产以及水利设施等产生了广泛而深刻的影响。例如，在中游地区，暴雨引发的洪水可能会冲刷河岸，造成水土流失，但同时也会将大量肥沃的土壤带到下游平原地区，为农业生产提供了天然的肥料。

10月至12月则为河流的退水期，随着降水减少和气温降低，河流的流量逐渐减小。这一时期的来水量在年总量中的占比为 15.3%~24.9%。河流从汛期的汹涌逐渐回归平静，水位下降，为下一个冬季的到来做好准备。然而，在径流的年内变化中，不同站点也存在着一些特殊情况。红旗、折桥、民和站在非汛期12月至3月各月的径流量占年径流量的百分数相较于其他河流偏大，其值在 2.81%~5.21% 之间，而其他站仅为 1.88%~3.02%。这主要是由于这三条河流所在流域在汛期时灌溉用水量相对较多。在农业灌溉过程中，大量河水被引入农田，其中一部分水分通过蒸发、蒸腾以及土壤渗透等方式消耗掉，但仍有一部分灌溉用水会在非汛期以回归水的形式重新流入河流，从而增大了河流在非汛期的基流量。这种现象反映了人类农业活动对河流径流年内分配的显著影响，也体现了水资源在流域内的循环利用过程。

径流减少的月份主要集中在汛期 5 月至 10 月，不过唐乃亥站在 6 月份却呈现出增大的趋势，这一特殊情况有待进一步深入研究。在非汛期 11 月至 4 月，大部分站点径流也表现出减少态势，但唐乃亥站 1 月却有所增大。这主要是因为 1 月气温相对升高，河网储存的冰量较之前相对较少，导致融冰水量有所变化，进而影响了径流。民和、享堂站在 12 月至 3 月均增大，原因同样是汛期灌区引用水量较多，灌溉回归水在这一时段进入河流，使基流增大。此外，5 月份径流减少幅度较大，主要是由于冬季气温相对升高，河网储存冰量相对减少，使得春汛期河流融冰水量显著减少。值得关注的是，自 2003 年以来，各站 10 月至 12 月的流量较 1996 年至 2002 年同期流量有上升的趋势，而主汛期 6 月至 9 月的流量却仍在继续下降。这一变化趋势可能与近年来流域内气候变化、水利工程建设以及水资源管理政策等多种因素的综合作用有关，需要进一步深入分析和研究，以便更好地理解黄河流域径流的变化规律，为流域水资源的合理开发利用和生态保护提供科学依据。

第三节 年际径流变化趋势分析

一、径流的年际变化特征

(一) 径流的长期变化趋势

黄河流域径流量的长期变化趋势是一个复杂且备受关注的问题，它反映了流域内自然环境与人类活动相互交织的深刻影响。通过对各站年径流变化过程采用线性趋势线进行拟合，一系列有价值的数据得以呈现。唐乃亥站的倾斜率为 -0.414，折桥站为 -0.0874，红旗站为 -0.3443，民和站为 -0.0927，享堂站为 -0.0811，兰州站为 -1.395，这些数据均清晰地表明各站年径流呈现出减少的趋势。为了进一步确定这种趋势的显著性，利用坎德尔（Kendall）秩次相关法、斯波曼（Spearman）秩次相关法以及线性趋势回归方法对各站的年径流资料系列进行深入分析。结果发现，唐乃亥、享堂站径流量虽有减少但趋势不显著，而兰州、红旗、折桥、民和站则有着明显减少趋势。这一差异可能与各站所处的地理位置、流域特性以及人类活动干预程度的不同密切相关。综合来看，黄河上游干流及各主要支流的年径流量无论是线性趋势检验，还是均值跳跃性检验，都表明其年径流量处于持续减少的状态，并且这种减少的趋势仍在延续。

深入探究各站径流持续减少的原因，发现是多方面因素共同作用的结果。从自然因素来看，流域降水量持续减少，气温持续升高，这导致流域陆面蒸发量增大，从而造成流域产流量减少。自 1960 年以来，唐乃亥站以上流域各气象站气温均呈现不同幅度的上升。位于流域东北侧的泽库站升幅最大，上升了 $1.06℃$，平均递增率为 $0.27℃/10a$；位于流域东南部的久治站升幅最小，仅上升 $0.09℃$，平均递增率为 $0.02℃/10a$，源区其他气象站平均上升了 $0.63℃$，平均上升速率为 $0.14℃/10a$，整体上流域东北部温度的变化更为明显。与气温上升相反，降水量呈现减少态势，减幅最大的区域为位于流域东南的降水高值区久治~玛曲一带，1960年代降水量比1990年代减少212.6 mm，减幅达28.5%，平均递减率达53.2 mm/10a；而唐乃亥和玛多站位于流域西北和东北，变化相对甚微。流域平均降水量1990年代比1960年代减少13.9 mm，减少的速率为3.5 mm/10a。

超载放牧、肆意采挖药材以及鼠害肆虐等行为造成植被破坏，使得流域下垫面条件恶化，导致流域产流机制发生变化。在其他河流流域，对气候变化的响应与唐乃亥以上流域相似，均出现气温升高、降水量减少，进而导致径流量持续减少的情况。但这些流域内人类活动的影响更为强烈，主要表现为砍伐森林、过度放牧、开发土地并大量引水灌溉等。这些活动直接改变了流域的生态环境和水文循环过程，使得径流不断减少，对黄河流域的水资源可持续利用和生态平衡构成了严峻挑战。

（二）径流年际的长持续性变化过程

黄河流域径流处于丰水期阶段，河流奔腾不息，水量充沛。充沛的径流不仅能够满足沿岸居民的生活用水需求，还为农业灌溉提供了充足的水源，使得田野里的庄稼茁壮成长，一片生机勃勃的景象。同时，丰沛的水量也有助于维持河流生态系统的平衡与稳定，为众多水生生物提供了广阔的栖息和繁衍空间，鱼类在水中欢快游弋，水鸟在河畔悠然栖息，整个生态系统呈现出繁荣的景象。

枯水期河流变得纤细而缓慢，水量锐减，可能导致部分河段干涸见底，露出龟裂的河床。这种情况下，居民生活用水面临紧张局面，农业灌溉受到严重制约，大片农田因缺水而干涸荒芜，农民们望着枯黄的庄稼，满脸愁容。河流生态系统也遭受重创，许多水生生物因生存环境恶化而大量死亡，生物多样性锐减，原本热闹的水域变得寂静而荒凉。而当曲线处于水平状态时，代表着径流量接近平均值的水平年，此时河流的水量相对稳定，既没有丰水期的汹涌澎湃，也没有枯水期的干涸之虞，处于一种相对平衡的状态，默默地维持着流域内的基本用水需求和生态稳定。

从黄河上游干流及支流各主要控制站径流变化的模比数差积曲线的总体变化趋势来看，呈现出一个在跌宕中上升段和一个在波动中下降段的长持续变化过程。干流唐乃亥站以及支流民和、享堂站自1989年起，如同被一只无形的手牵引，年径流量开始持续下降，支流红旗、折桥站则从1986年便踏上了这一径流量持续下滑的轨道。这种连锁反应最终导致兰州站径流从1986年开始也持续下降，并且截至目前，各站的曲线依然没有显示出上升的迹象。这一持续下降的趋势犹如一片阴霾，笼罩在黄河上游流域之上，成为自1986年以来年径流量持续减少的主要根源。这背后的原因错综复杂，可能是气候变化导致降水模式的改变，使得降水减少，同时气温升高又加剧了蒸发量，从而减少了径流量的补给。此外，流域内人类活动的影响也不容小觑，如过度开发水资源、不合理的土地利用等，都可能破坏了流域的自然平衡，进一步加剧了径流量的减少。这一现象警示着我们，必须高度重视黄河流域水资源的保护与管理，深入研究径流量变化的规律，采取有效的措施来应对这一严峻挑战，以确保黄河流域的可持续发展和生态平衡。

二、年际径流阶段变化趋势分析

（一）20世纪不同年代

20世纪的黄河年际径流在不同年代呈现出各异的特征，这是流域内自然因素与人类活动综合作用的结果，且在各年代间发生着复杂的演变与交替。

在20世纪50年代，黄河流域的径流状况已初现地域差异。黄河表现为偏枯年，其径流量低于多年平均水平，这一时期，唐乃亥所在区域可能由于降水相对不足，或者上游来水减少等因素，导致河流的补给水源有限。例如，该地区可能遭遇了较为频繁的干旱年份，降水的稀少使得河流得不到充足的水源补充，从而径流量持续处于较低水平。这种偏枯的状况对当地的农业生产、生态环境以及居民生活用水都产生了一定的制约。与之形成对比的是折桥、民和站呈现偏丰年的特征。这两个站点所在区域可能在当时的气候条件下，降水较为充沛，或者存在其他有利的径流补给因素。丰富的径流量为当地的发展带来了诸多机遇，农业得以灌溉丰收，工业用水也有了保障，生态系统也因水量充足而保持着相对的繁荣，湿地面积可能较为稳定，水生生物的生存环境良好。而红旗、享堂、兰州站则处于平水年，径流量接近多年平均值，维持着一种相对稳定的平衡状态，既没有因丰水而面临洪涝隐患，也没有因枯水而遭遇用水困境，各方面用水需求能够得到基本满足，河流生态系统也处于相对稳定的发展阶段。

进入60年代，黄河径流的格局发生了新的变化。唐乃亥、享堂站转变为平水年，其径流量稳定在多年平均水平附近。这可能得益于该时期较为稳定的气候条件，降水与蒸发、下渗等环节达到了一种相对的平衡，使得河流的径流量没有出现大幅波动。折桥、红旗站迎来了丰水年，径流量大幅增加。这可能是由于该地区在这一时期受到了特殊的气候影响，如暴雨增多、降水强度增大，或者是上游冰雪融水的补给量显著增加等。丰沛的径流量为当地的经济发展和生态环境带来了显著的影响，农业生产可能因灌溉水源充足而实现了高产，河流的生态系统也得到了进一步的滋养，水生生物的种类和数量可能都有所增加。民和、兰州站则处于偏丰年，径流量较为可观，为当地的发展提供了有力的水资源支撑，城市的扩张与建设、工业的发展都在充足的水资源保障下得以顺利推进。

70年代，黄河流域各站均呈现平水年的特征，这一时期整个流域仿佛进入了一个相对稳定的发展阶段，径流量在多年平均水平上下波动较小。这种稳定的径流状态为流域内的水资源规划与管理提供了相对便利的条件，人们可以依据相对稳定的水资源量合理安排农业生产、工业用水以及居民生活用水。例如，农业灌溉可以按照固定的计划进行，工业企业也能够稳定地获取水资源，居民的生活用水供应也较为平稳。同时，稳定的径流也有利于维持河流生态系统的平衡与稳定，水生生物在相对稳定的水环境中继续繁衍生息，河流的自净能力也能保持在一个相对稳定的水平，保障了水质的相对良好。

到了80年代，唐乃亥、民和、享堂站转变为偏丰年，径流量再次增多。这可能与当时的气候波动有关，如降水模式的改变使得这些区域的降水增加，或者是由于前期的一些水利工程设施在这一时期发挥了积极的调节作用，增加了河流的径流量。偏丰年的径流状况为当地的发展注入了新的活力，农业生产有望迎来丰收，生态旅游等相关产业也可能因河流景观的改善而得到发展。红旗、兰州站为平水年（正距平），依旧保持着稳定且略高于平均水平的径流量，为当地的发展持续贡献着稳定的水资源力量。折桥站为平水年，其径流状态也维持在相对稳定的水平，保障了当地的用水需求和生态稳定。

（二）1986年以来

自1986年以来，黄河年际径流呈现出持续下降的显著趋势，干流唐乃亥站以及支流民和、享堂站从 1989 年开始，其年径流量如同进入了一个下行通道，持续不断地减少。唐乃亥站作为黄河上游的重要控制站，其径流量的减少可能是由于多种因素的综合作用。一方面，气候变化导致该区域的降水模式发生了改变，降水总量减少，降水的季节分配也可能变得更加不均匀，使得河流的补给水源大幅缩减。例如，原本较为稳定的夏季降水可能减少，或者降水更多地以短时间的强降雨形式出现，无法有效地转化为河流的持续径流。另一方面，气温的升高可能导致蒸发量增大。同时，流域内的生态环境变化，如植被覆盖度的降低，可能影响了土壤的蓄水能力和水源涵养功能，使得更多的降水直接流失，无法补给到河流中。支流民和、享堂站的情况也类似，其所在流域可能由于人类活动的影响加剧，如农业灌溉用水的过度开采、工业用水的增加以及城市化进程中的水资源消耗等，导致河流的径流量逐年下降。

支流红旗、折桥站则从 1986 年开始就踏上了年径流量持续下降的道路，这两个站点所在流域可能在这一时期遭受了较为严重的人类活动干扰和气候变化的双重打击。在人类活动方面，可能存在大规模的土地开发、森林砍伐等行为，破坏了流域的自然生态平衡，减少了水源涵养林的面积，从而降低了河流的径流补给能力。例如，森林砍伐使得降水的截留和下渗减少，地表径流增加但河流的基流减少，河流的总径流量不断下降。从气候变化角度来看，气温升高和降水减少的趋势可能更为明显，导致流域内的水资源供需矛盾日益突出，河流的径流量持续萎缩。

这种支流径流量的持续下降最终传导至兰州站，使得兰州站径流从 1986 年开始也持续下降。兰州站作为黄河流域的重要节点，其径流量的减少对整个流域的水资源调配和利用产生了重大影响。灌溉用水的短缺导致农作物产量受到影响，农民不得不采取节水措施或者寻求其他水源补充，增加了农业生产成本。工业生产也因水资源不足而面临发展瓶颈，一些高耗水企业可能不得不减产甚至停产，影响了地区的经济发展。河流径流量的减少导致湿地面积萎缩，许多依赖黄河水生存的水生生物面临生存危机。而且，径流量减少还可能导致河流的自净能力下降，水质变差，进一步影响流域内居民的生活用水质量和健康状况。截至目前，各站的径流曲线仍然没有出现上升的迹象，预示着黄河流域在水资源管理和生态保护方面仍然面临着极为严峻的挑战。

（三）未来趋势

黄河中下游天然年径流在未来 50 年的变化呈现出一种复杂的周期性波动趋势且丰水时段与枯水时段交替出现，总体上丰水时段略占优势，但仍存在诸多不确定性和潜在风险。

在 2001-2020 年这一阶段，黄河中下游将处于相对丰水时段，这一时期可能得益于全球气候系统的一些周期性变化，使得黄河流域的降水模式发生改变，降水总量有所增加，从而为河流提供了较为充足的径流补给。例如，大气环流的变化可能使得更多的水汽能够输送到黄河流域，并在合适的条件下形成降水。在丰水时段，黄河的径流量增加将对流域产生多方面的影响。灌溉用水将得到充分保障，有利于提高农作物产量，促进农业的发展和农民收入的增加。同时，丰富的水资源也有助于改善河流生态环境，湿地面积可能会扩大，为众多水生生物提供更广阔的栖息和繁衍空间，生物多样性有望得到提升。然而，丰水时段也可能带来一些挑战，如洪水风险的增加。由于径流量增大，河流的水位上升，在遭遇强降雨等极端天气事件时，发生洪水的可能性增大，这就需要加强防洪工程建设和洪水预警系统的完善，以保障流域内居民的生命财产安全。

随后的2021-2026年则被预测为相对枯水时段，可能由于气候的周期性变化，降水减少，导致黄河径流补给不足。径流量的减少将对流域内的各个方面产生不利影响。农业灌溉用水将面临短缺，可能需要采取更加严格的节水措施，甚至可能导致部分农田无法得到有效灌溉，影响农作物生长和粮食产量。工业生产也将受到制约，一些依赖大量水资源的企业可能需要调整生产规模或生产工艺，以适应水资源的短缺。河流生态系统将面临压力，湿地可能会因缺水而萎缩，水生生物的生存环境将恶化，生物多样性可能会下降。此外，枯水时段还可能导致河流的航运能力下降，影响流域内的交通运输和经济交流。

2027-2037年又将迎来相对丰水时段，这一时期的丰水情况可能与气候变化中的一些有利因素相关，如海洋温度的变化、大气环流的调整等，使得黄河流域再次获得较多的降水补给，径流量增加。与上一个丰水时段类似，农业、生态等方面将受益于水资源的增加，但同时也需要应对洪水等潜在风险。而在2038-2050年则预计进入相对枯水时段，这将再次考验黄河流域的水资源管理和应对能力。

黄河中下游与上游的天然年径流变化的大趋势基本一致，但中下游出现连续枯水时段的时间较上游长。这种差异可能是由于中下游地区的地形地貌、人类活动强度以及与其他水系的相互作用等因素的不同所导致的。中下游地区地势较为平坦，水流速度相对较慢，水资源的调蓄和利用情况更为复杂，人类活动对水资源的影响也更为集中和强烈，如大规模的城市用水、农业灌溉以及工业用水等，这些因素都可能使得中下游地区在面对气候变化和水资源变化时的响应更为复杂和持久，从而导致连续枯水时段较长。未来，随着全球气候变化的不确定性增加以及人类活动对流域影响的不断变化，黄河年际径流的实际变化可能与预测存在一定偏差，因此需要持续加强对黄河流域水资源的监测、研究和科学管理，以应对可能出现的各种情况，保障黄河流域的可持续发展。

第四节 人类活动对径流的影响

一、人类活动要素

（一）土地利用

黄河流域的土地利用格局在不同时期发生着显著的变化，其中1980年、1990年、2000年的主要土地利用类型表现为耕地、林地、草地的主导态势。在这三十年的时间跨度内，耕地面积呈现出逐渐减少的趋势。这一变化背后有着多方面的原因。一方面，随着城市化进程的加速推进，大量的农业人口向城市转移，农村劳动力短缺使得部分耕地被闲置或抛荒。另一方面，国家相关生态保护政策的实施，如退耕还林还草工程的开展，促使一些原本用于耕种的土地逐步向林地和草地转变，以改善流域的生态环境，减少水土流失，提升水源涵养能力。

与此同时，建设用地面积呈现出不断增加的态势。城市的扩张无疑是建设用地增加的主要驱动力。随着经济的迅猛发展，城市需要更多的空间来建设工厂、商业区、住宅区以及各类基础设施。例如，一些新兴的工业园区不断涌现，大量的耕地被征用并转化为工业用地；城市周边的农村地区也逐渐被纳入城市的发展规划，原本的农田被开发成住宅小区或商业中心。这种建设用地的快速增长，虽然在一定程度上满足了经济发展和人口居住的需求，但也带来了一系列的问题。它不仅直接减少了农业生产的土地资源，还可能破坏原有的生态平衡，改变局部地区的水文循环。例如，大量的不透水地面增加，使得降水的下渗减少，地表径流增大，增加了洪涝灾害的风险，同时也减少了地下水的补给，可能导致地下水位下降等问题。

（二）水库调蓄

水库作为黄河流域重要的水利工程设施，对流域径流的时空分布产生了极为深刻且多维度的影响，主要体现在径流的年内调节、年际调节以及水库自身的蒸发渗漏等方面。在径流的年内调节方面，黄河流域的降水分布具有明显的季节性不均衡，夏季降水集中且多暴雨，而冬季降水稀少。水库通过在丰水期蓄水，有效地削减了洪水峰值，避免了大量径流在短时间内集中下泄对下游造成的洪涝灾害威胁。例如在汛期，水库敞开闸门大量接纳来水，将多余的水量储存起来，使得河流的水位不至于过快上涨，从而保障了沿岸地区的安全。而到了枯水期，水库则缓慢放水，补充河流的基流，增加了枯水期的径流量，使得下游在用水需求较大的时期仍能有相对稳定的水源供应[①]。这种调节作用改变了黄河径流原本过于集中的年内分布模式，让水资源在时间上得到更为合理的分配。在农业灌溉方面，枯水期水库放水可以满足冬小麦等作物的灌溉需求，保障农业生产的稳定；稳定的径流有助于维持河流湿地、河口三角洲等生态系统的基本功能，保护水生生物的生存环境和生物多样性。

黄河径流量年际变化悬殊，有的年份丰水，有的年份枯水。水库通过多年的蓄存与调配，可以在丰水年储存大量多余径流，在枯水年释放存储的水量，从而平滑径流量在不同年份间的巨大差异。这对于保障流域内长期的水资源稳定供应具有不可替代的意义。例如，当遇到连续丰水年时，水库可以将多余的水量充分蓄积，为后续可能到来的枯水年做好准备；而在枯水年序列中，水库的放水能够减轻因天然径流量不足导致的水资源紧张局面，维持流域内城市供水、工业生产以及生态用水等多方面的基本需求，减少因径流量年际变化过大对流域经济社会发展和生态稳定造成的不利影响。

然而，水库的存在也带来了一些特殊的影响因素，如蒸发渗漏问题。由于水库水面面积较大，在太阳辐射和气温等因素作用下，水分蒸发不可避免。大量的水体蒸发会造成水资源的损耗，尤其在气候较为干旱、蒸发旺盛的黄河流域部分地区，这种蒸发损失更为明显。同时，水库的坝体、库底等部位可能存在一定程度的渗漏现象，导致部分储存的水资源白白流失。这些蒸发渗漏损失虽然在一定程度上削弱了水库的调蓄效益，但与水库在防洪、供水、发电、生态等多方面带来的综合效益相比，在合理控制范围内仍是可接受的。并且，随着水利工程技术的不断发展，人们也在通过各种措施，如采取防渗处理技术、优

---

① 范俊健. 黄河流域水文情势变化及其驱动因素 [D]. 中国科学院大学（中国科学院教育部水土保持与生态环境研究中心），2023.

化水库运行管理模式等,努力降低蒸发渗漏带来的不利影响,进一步提升水库在黄河流域水资源综合管理中的作用与效能。

(三)取用水

黄河流域承载着众多人口的生存与发展需求。随着人口的持续增长以及社会经济的迅猛发展,人们对于水资源的需求量呈现出逐渐增大的趋势,而取用水活动也由此成为影响黄河流域生态与水文状况的关键人类活动要素之一。在农业领域,农田灌溉面积的不断增加是导致用水量大幅上升的重要因素。为了提高农作物产量、保障粮食安全,黄河流域的农业灌溉规模持续扩张。众多的农田依赖黄河水进行灌溉,从传统的大水漫灌到如今部分地区推行的节水灌溉,尽管灌溉方式在不断改进,但总体用水量依然庞大。例如,在黄河中下游的广袤平原地区,小麦、玉米等主要农作物在生长季节对水分需求旺盛,大量的黄河水被引入田间地头,滋养着农作物茁壮成长。这种大规模的灌溉用水虽然有效地解决了农业生产中的灌溉用水问题,促进了农业的丰收和农村经济的发展,但也给黄河的水文循环带来了巨大压力。

供水方面,随着城市的扩张和农村居民生活水平的提高,对生活用水的质量和数量要求也日益增加。城市的供水系统需要从黄河抽取大量原水,经过处理后供应给千家万户。同时,农村地区也逐渐建立起相对完善的供水网络,以满足居民日常的饮用、洗涤、卫生等用水需求。城乡供水的保障虽然提高了人们的生活质量,但众多的取水口不断从黄河调取水资源,使得黄河的水量在流经各个用水区域时逐渐减少。众多水电站沿着黄河干流及其支流布局,通过利用水流的落差来驱动水轮机发电。在发电过程中,为了维持水电站的正常运转和发电效率,需要稳定的水流通过水轮机,这也意味着大量的黄河水被人为调控和使用。虽然水电作为一种清洁能源,在能源供应方面有着重要意义,但其对河道径流的影响不容忽视。

大量的水资源被从河道中调取使用,直接导致了河道径流的大幅度减少。在枯水季节,这种现象更为明显,部分河段甚至出现断流的情况。河道径流的减少不仅影响了黄河自身的生态系统,如减少了水生生物的栖息地范围、降低了河流的自净能力等,还对依赖黄河水的周边湿地、湖泊等生态环境产生连锁反应。湿地面积可能因水源补给不足而萎缩,湖泊水位下降,进而影响到众多候鸟的栖息、迁徙以及湿地植物的生长繁衍。同时,河道径流减少也给下游地区的水资源调配带来了巨大挑战,加剧了水资源供需矛盾,影响了区域的可持续发展。因此,在未来的黄河流域水资源管理中,必须充分考虑取用水活动的影响,寻求更加科学合理的水资源利用与保护策略,以实现黄河流域生态、经济和社会的协调发展。

二、人类活动对黄河径流的影响

(一)水资源利用导致径流量减少

随着人口增长和经济发展,人类对黄河水资源的大规模利用,已显著导致径流量减少。黄河流域是我国重要的农业种植区,灌溉用水占据了大量的黄河水资源。例如,在宁夏平原与河套平原,引黄灌溉历史源远流长。这里地势平坦、土壤肥沃,但气候干燥,降水稀少,农业生产高度依赖黄河水灌溉。自秦汉时期起,人们就开始修建渠道引黄河水灌溉农田，历经数千年的发展，灌溉面积不断扩大。如今，这两个地区拥有密集且庞大的灌溉渠系网络，每年从黄河调取的水量数以亿立方米计。众多农作物如小麦、水稻、玉米等在黄河水的滋养下茁壮成长，但与此同时，大量黄河水在流经这些区域时被消耗，致使下游径流量明显减少。特别是在农作物生长旺季，需水量大，对黄河径流的影响更为突出。

工业用水方面，黄河流域分布着众多工业企业，尤其是能源化工、钢铁制造等耗水型产业。以内蒙古、山西等地的能源化工产业为例，在煤炭开采、洗选、煤化工等生产环节，都需要大量的水资源。这些企业往往依黄河而建，直接从黄河取水用于生产过程中的冷却、原料加工、产品洗涤等。以某大型煤化工企业为例，其每日从黄河的取水量高达数万吨，众多此类企业的存在，使得黄河水资源在工业领域的消耗巨大。而且，部分工业企业存在水资源利用效率低下的问题，大量未经过充分处理和循环利用的废水被排放，既浪费了水资源，又对黄河水质造成污染，影响了水资源的可持续利用，间接对径流量产生负面影响。

随着城市化进程的加速和人民生活水平的提高，居民生活用水量呈现逐年上升趋势。城市供水系统依赖黄河水源，从居民日常的饮用、烹饪、洗衣到城市公共设施如公园绿地灌溉、街道清洁等，方方面面都离不开黄河水。例如，像郑州、济南等大城市，人口数量庞大，城市用水量巨大。夏季高温时期，居民用水量因空调使用、洗澡频率增加等因素大幅攀升，城市供水压力增大，黄河水的调取量也相应增加。同时，城市生活污水的处理与回用率仍有待提高，大量未经有效回用的生活污水排放，也在一定程度上影响了黄河水资源的总体平衡，导致径流量减少。

（二）水利工程调节径流过程

水库建设是黄河水利工程的重要组成部分，其中小浪底水库堪称典范。小浪底水库位于黄河中游最后一段峡谷出口处，其控制流域面积广，对黄河径流有着强大的调节能力。在洪水期，黄河流域往往因暴雨集中而产生巨大洪峰，小浪底水库此时发挥拦蓄洪水的关键作用。它通过其巨大的库容，将上游汹涌而来的洪水暂时储存起来，有效削减洪峰流量，从而保障下游地区免受洪水的直接侵袭。例如，在多次黄河大洪水期间，小浪底水库通过合理调度，将原本可能对下游造成严重威胁的洪峰流量大幅削减，使黄河下游河道的行洪压力得到极大缓解。而在枯水期，小浪底水库又能适时放水，补充下游河道的径流量，以满足下游地区的生态用水需求，保障河流生态系统的稳定，同时也为工农业生产和居民生活提供必要的水源支持。通过这种洪水期拦蓄、枯水期补给的方式，小浪底水库使黄河径流在时间和空间上的分布更加合理，增强了黄河水资源的调控能力。

大坝的修建同样对黄河径流分配产生深远影响。大坝将黄河河道截断，上游形成广阔的水库区域。大坝的存在一方面抬高了上游水位，使上游来水得以蓄积，增加了蓄水量；另一方面，通过其精心设计的泄水设施，如不同高程的闸门等，可以根据不同季节、不同用水需求，有计划地向下游放水。例如，在春季农业灌溉用水高峰期，大坝可以加大放水流量，满足沿岸农田灌溉需求；而在冬季河流封冻期前，适当减少放水，维持河道一定的水位和流量，保证河流在封冻期的生态稳定。大坝的这种径流调节作用，不仅改变了黄河径流的自然流量过程，还在很大程度上提高了黄河水资源的利用效率，保障了流域内不同地区、不同行业在不同时期对水资源的需求，促进了黄河流域经济社会的可持续发展。

(三) 水土保持措施改变径流特性

植树造林是水土保持的核心举措之一，尤其是在黄河中游水土流失严重的黄土高原地区成效显著。过去，黄土高原由于长期的植被破坏和不合理的土地利用，土壤侵蚀极为严重，每逢降雨，大量泥沙随地表径流汇入黄河，导致黄河含沙量居高不下，径流量变化剧烈。而如今，通过大规模的植树造林工程，大量树木植被覆盖在黄土高原的山坡沟壑。树木的根系深入土壤，像无数细密的网络，牢牢固定住土壤颗粒，有效减少了水土流失。同时，植被的枝叶在降雨时能够截留一部分降水，减缓雨滴对地面的直接冲击，降低雨滴的动能，从而减少土壤溅蚀。而且，植被覆盖增加了地表的粗糙度，使地表径流速度减慢，为降水入渗提供了更充足的时间。例如，在一些植树造林成效明显的小流域，土壤入渗率明显提高，原本在降雨后迅速形成的地表径流，现在更多地渗入地下，补充了地下水，减少了汇入黄河的地表径流量，使得黄河径流的产生过程更加平缓，含沙量也显著降低。

在黄河流域的山区和丘陵地带，梯田层层叠叠。梯田的修建改变了坡面的地形地貌，减缓了坡面水流的流速。雨水在梯田内形成薄层水流，而不是像在未治理的坡面上那样迅速汇聚形成强大的地表径流。梯田田埂能够拦截一部分泥沙和水流，使降水在梯田内停留时间延长，增加了土壤的蓄水能力。在一些典型的梯田区域观测发现，修建梯田后，坡面径流系数明显降低，泥沙流失量大幅减少。这意味着更少的泥沙和水量直接汇入黄河，黄河径流的水量和泥沙含量在时间和空间上的变化都得到了改善，径流过程更加趋于稳定，有利于黄河下游河道的稳定和生态环境的保护，同时也提高了流域内土地资源的利用效率和农业生产的可持续性。

第四章　黄河流域蒸发与蒸散特征

第一节　蒸发与蒸散的基本概念及测算方法

一、蒸发

蒸发，作为物质状态变化的一种常见形式，在自然界和人类生活中都扮演着极为重要的角色。从本质上讲，蒸发是指液体表面分子在获得足够能量后，挣脱液体分子间的束缚，从液态转变为气态并进入周围大气环境的过程，而水的蒸发更是地球水循环中不可或缺的关键环节。

在自然环境中，蒸发现象无处不在。以广袤的海洋为例，其巨大的水体表面积为蒸发提供了广阔的舞台。太阳辐射作为地球表面热量的主要来源，源源不断地将能量传递给海洋表面的水分子。这些水分子在吸收了太阳辐射的能量后，分子运动加剧，其中一部分动能较大的水分子便能够克服液态水分子之间的内聚力，从海面逸出，进入到大气之中，开启了它们在全球水循环中的旅程。据估算，全球海洋每年蒸发的水量高达约42.5万立方千米，约占全球蒸发总量的86%，如此庞大的蒸发量足以彰显其在地球气候与生态系统平衡中的基础性地位。

除了海洋，湖泊、河流等内陆水体同样也是蒸发发生的重要场所。尽管它们的水体面积相较于海洋要小得多，但由于其分布广泛且与周边陆地生态系统紧密相连，其蒸发过程对局部地区的气候、水文以及生态环境有着不可忽视的影响。例如，位于中亚地区的咸海，曾经是世界第四大湖泊，由于周边地区大规模的农业灌溉引用水源，导致入湖水量急剧减少，而湖面蒸发却持续进行，使得咸海面积在过去几十年间大幅萎缩，进而引发了一系列严重的生态环境问题，如盐尘暴肆虐、周边生物多样性锐减等，这一实例深刻地揭示了内陆水体蒸发在区域生态平衡中的敏感性与重要性。

蒸发的速率并不是恒定不变的，而是受到多种因素的综合影响。其中，温度无疑是最为关键的因素。温度直接决定了水分子的平均动能，当环境温度升高时，水分子的运动速度加快，具有足够能量挣脱液态束缚的分子数量增多，从而导致蒸发速率显著提高。这就是为什么在炎热的夏季，水分蒸发速度明显快于寒冷的冬季；在热带地区，蒸发量通常也远高于极地地区。例如，在高温的沙漠地区，即使降雨量稀少，但由于强烈的太阳辐射使得地表温度极高，少量的积水或地下水也会迅速蒸发，形成极为干燥的气候环境。在相同的温度、湿度和风速等条件下，水体表面积越大，单位时间内能够从液面逸出的水分子数量就越多，蒸发也就越快。这就如同将相同体积的水分别放置在一个大的浅盘和一个小的深杯中，浅盘的水会更快地蒸发完。这一原理在实际生活中有诸多应用，比如在晒盐场中，人们常常将海水引入大面积的盐田中，利用广阔的水面来加速水分蒸发，从而使海水中的盐分逐渐析出，得到食用盐。空气湿度是影响蒸发的另一个关键因素。空气湿度反映了空气中水蒸气的含量饱和度。当空气湿度较低时，意味着空气中能够容纳更多的水蒸气，此时水面上方的水汽压梯度较大，水分子更容易从液态水表面扩散到空气中，蒸发速率就会加快；反之，当空气湿度较高时，空气中已经接近或达到饱和状态，水分子从液态水表面逸出的难度增大，蒸发速率则会显著降低。例如，在潮湿的热带雨林地区，空气湿度常常接近饱和，即使温度较高，水分蒸发的速度也相对较慢；而在干燥的沙漠地区，空气湿度极低，水分蒸发极为迅速，往往刚洒在地面上的水很快就会消失不见。风速对蒸发的影响也不容忽视。风能够将水面上方已经蒸发出来的水蒸气迅速带走，使得水面附近的空气始终保持较低的水蒸气浓度，从而维持较大的水汽压梯度，促进水分子不断从液态水表面逸出。这就是为什么在有风的天气里，晾晒的衣物会干得更快。在自然界中，沿海地区由于受到海洋气流和季风的影响，风速相对较大，这在一定程度上加速了海洋和陆地水体的蒸发过程，对沿海地区的气候调节和水循环起着重要的推动作用。

二、蒸散

蒸散是它代表着土壤蒸发和植物蒸腾这两个紧密相连的过程的总和，深刻地反映了陆地表面与大气之间复杂的水汽交换关系。

（一）土壤蒸发

土壤作为地球陆地表面的覆盖层，其中蕴含着一定量的水分。当土壤表面受到太阳辐射、大气温度以及风等外界因素的作用时，土壤中的水分子获得能量开始运动并逐渐向大气中逸出。例如，在一块刚刚灌溉过的农田里，阳光照耀下，土壤表面的水分会慢慢变成水汽散发到空气中。土壤蒸发的速率受到多种因素的制约。土壤质地对其有着显著影响，沙质土壤颗粒较大，孔隙度高，水分容易下渗，但保水性较差，在有充足水源补给时，其蒸发速度可能较快；而黏质土壤颗粒细小，孔隙度小，保水性强，水分在土壤中停留时间长，蒸发相对缓慢。土壤含水量也是关键因素，含水量高时，可供蒸发的水分多，蒸发速率自然较大，但随着蒸发的持续进行，土壤含水量逐渐降低，蒸发速率也会相应减慢。此外，土壤表面的植被覆盖度、地形地貌以及气象条件等也都会干扰土壤蒸发的过程。在植被覆盖良好的区域，植被遮挡了部分阳光，减少了土壤接收的太阳辐射，同时植被的根系和枯枝落叶层也有助于保持土壤水分，从而降低土壤蒸发；而在开阔的裸露土地上，土壤蒸发往往更为强烈。

（二）植物蒸腾

植物通过根系从土壤中吸收水分，这些水分沿着植物的维管束系统向上运输，经过茎干最终到达叶片。在叶片内部，水分通过细胞间隙和气孔扩散到大气中。以一棵大树为例，其庞大的根系深入地下，不断从土壤中汲取水分，通过树干中的导管将水分输送到树枝、树叶的各个部位。在叶片的气孔周围，保卫细胞根据光照、温度、湿度等环境因素调节气孔的开闭。在白天光照充足、温度适宜且空气湿度不高时，气孔张开，水分以水蒸气的形式大量散失到大气中。植物蒸腾作用不仅是植物自身生长发育所必需的生理过程，对于维持植物的体温稳定、促进养分吸收和运输等有着重要作用，同时也是地球水汽循环的重要推动力量。不同类型的植物蒸腾速率差异较大，一般来说，阔叶植物由于叶片面积大、气孔数量多，蒸腾速率相对较高；而针叶植物叶片面积小且多有角质层保护，蒸腾速率较低。植物的生长阶段也会影响蒸腾，生长旺盛期的植物蒸腾作用较强，而在休眠期则较弱。

蒸散作为土壤蒸发和植物蒸腾的综合过程，与环境因素之间存在着极为复杂的相互关系。气象因素如温度、湿度、风速和太阳辐射对蒸散有着全面的影响。高温能够加速水分子的运动，无论是土壤中的水分还是植物体内的水分，都更容易向大气中转移，从而促进蒸散；低湿度的环境使得空气能够容纳更多的水汽，为蒸散提供了有利的水汽扩散梯度；大风能够迅速带走蒸发和蒸腾出来的水汽，维持较高的水汽压差，增强蒸散过程；强烈的太阳辐射为蒸散提供了能量来源，刺激土壤和植物的水分散失。此外，地理环境因素如海拔高度、纬度位置以及土地利用类型等也会对蒸散产生影响。在高海拔地区，气温较低、气压较低，蒸散过程相对较弱；不同纬度地区由于太阳辐射的差异，蒸散量也有所不同；森林、草原、农田、城市等不同的土地利用类型，由于植被覆盖、土壤特性和人类活动强度的不同，蒸散特征也各具特点。

三、蒸发与蒸散的测算方法

（一）蒸发的测算方法

1. 器测法

器测法是通过特定的仪器设备对蒸发量进行直接测量的方法，在气象、水文等领域有着广泛的应用。小型蒸发器是较为常用的蒸发测量仪器之一，它一般由金属制成，常见的口径约为20厘米，呈圆形盆状，高度大约10厘米。在气象观测站点，小型蒸发器被安置在专门的观测场内，要求场地开阔、通风良好且能充分接收太阳辐射。测量时，先向蒸发器内注入一定量的水，使水面距离蒸发器口缘约7.5厘米，并确保水面平稳无波动。每天在固定的时间，通常是早晨8时，用精确的测量工具测定此时蒸发器内水的初始深度。经过24小时后，再次测量水的深度，两次测量深度的差值即为这一天的蒸发量。例如，若初始深度为10厘米，24小时后测量深度为9.5厘米，那么这一天的蒸发量就是0.5厘米。然而，小型蒸发器的测量结果存在一定局限性。由于其自身构造和材质特性，其颜色会影响对太阳辐射的吸收程度，深色蒸发器吸收热量多，可能导致蒸发量测量值偏高。而且其安装位置也极为关键，如果周围有建筑物、树木等障碍物，会阻挡阳光照射或改变局部气流运动，从而影响蒸发的自然过程，使测量结果不能准确反映真实的蒸发情况。

大型蒸发池则是另一种器测蒸发的手段。其面积相较于小型蒸发器要大得多，一般可达20平方米甚至更大。大型蒸发池在建设时需要精心选址和设计，场地要平整，池体要做好防水、防渗漏处理，以确保测量的准确性。其测量原理与小型蒸发器类似，也是通过测量一定时段内池内水量的减少量来确定蒸发量。比如,在某一时间段开始时,记录蒸发池内的初始水量,经过一段时间后再次测量水量,两者差值即为该时段的蒸发量。大型蒸发池的优势在于能够更接近自然水体的蒸发环境,其较大的水体面积可以减少器壁等因素对蒸发的影响,测量结果相对更能反映大面积水体的真实蒸发状况。但是,大型蒸发池的建设成本高昂,不仅包括池体建设材料和施工费用,还涉及场地租赁或购置等费用。而且,由于其水体量大,对环境变化的响应速度相对较慢,例如气温骤变或风速突然增大时,其蒸发量的变化不能像小型蒸发器那样迅速体现出来,在数据时效性方面存在一定不足。

2. 遥感估算方法

遥感估算蒸发是利用卫星等遥感平台获取的多源数据,通过特定的算法模型来间接估算大面积区域的蒸发情况,在区域和全球尺度的蒸发研究中具有重要意义。通过卫星搭载的热红外传感器,可以获取地表的温度信息。在蒸发过程中,水体表面由于水分蒸发会消耗热量,导致温度降低,而不同的蒸发强度会对应不同的地表温度变化特征。例如,在一片湖泊区域,如果蒸发强烈,那么其湖面温度相对周围陆地或其他水体可能会偏低。结合其他辅助数据,如植被覆盖信息等,可以进一步提高蒸发估算的精度。植被覆盖度高的区域,植被的蒸腾作用会对蒸散(包含蒸发和蒸腾)产生重要影响,而通过遥感可以获取植被指数,如归一化植被指数(NDVI),它能够反映植被的生长状况和覆盖程度。利用这些数据构建合适的模型,就可以估算出该区域的蒸发量。比如,在一个农业种植区,通过分析热红外遥感获取的地表温度数据和植被指数数据,可以估算出农田中的水分蒸发和作物蒸腾的综合情况,进而得到该区域的蒸散量,再减去作物蒸腾量(可根据作物类型和生长阶段等估算),就可大致估算出土壤水分蒸发量。

然而,遥感估算蒸发也存在缺陷,首先是遥感数据的空间分辨率问题,不同的卫星传感器其空间分辨率有较大差异,较低的空间分辨率可能会导致一些小面积水体或局部区域的蒸发信息被模糊或遗漏,无法准确反映区域内蒸发的细节变化。例如,小的溪流、池塘等水体由于空间分辨率不足可能无法被精确识别和分析其蒸发情况。其次是时间分辨率,部分卫星的重访周期较长,不能及时捕捉到地表蒸发的快速变化,如在短时间内的强降水后蒸发量的急剧变化可能无法被及时监测到。此外,遥感反演模型本身也存在不确定性,模型中涉及的参数众多,如大气传输参数、地表发射率等,这些参数的确定存在一定误差,而且不同地区、不同环境条件下参数的适用性也有所不同,这都会影响遥感估算蒸发的准确性。

(二)蒸散的测算方法

1. 水量平衡法

水量平衡法基于物质守恒原理,通过对特定区域内水量收支各要素的测量与分析,来计算蒸散量,是一种较为直观且基础的蒸散测算方法。在一个封闭的区域,如一个小型农业灌溉区、一个小流域或者一个实验田块等,水量平衡方程可表示为:蒸散量=降水量-径流量-土壤蓄水量变化-地下水补给量(或加上地下水排泄量,取决于具体区域的水文地质条件)。以一个小型农业灌溉区为例,在进行蒸散量测算时,首先需要精确测量降水量。通常会在区域内设置多个雨量观测点,采用雨量计进行测量,将各个雨量计测量的数据进行综合分析，以获取较为准确的降水总量。径流量的测量则需要在区域的出口处或者主要排水渠道上设置流量测量设备，如流量计或流速仪等，通过测量水流的流速和过水断面面积，计算出径流量。土壤蓄水量变化的测定相对复杂一些，需要在区域内不同位置、不同深度埋设土壤湿度传感器，定期测量土壤湿度数据，根据土壤的体积含水量、土壤容重等参数计算出土壤蓄水量的变化。对于地下水补给量或排泄量的确定，需要通过地质勘探、地下水位监测井等手段，了解地下水的流动方向和水量变化情况。

但是，水量平衡法在实际应用中存在不少难点。土壤蓄水量的变化测量面临诸多挑战，由于土壤质地、结构等在空间上的不均匀性，即使在同一区域内，不同位置的土壤含水量可能存在较大差异，这就需要大量的传感器进行密集布点监测，才能较为准确地反映整个区域的土壤蓄水量变化情况，但这会增加成本和数据处理难度。而且，地下水补给量的准确测量也较为困难，地下水的运动受到地质构造、地层岩性等多种因素的影响，其补给来源和补给路径复杂，难以精确量化。此外，在一些山区或地形复杂的区域，地表径流的测量可能会因存在坡面漫流、地下径流等多种径流形式而变得复杂，容易导致径流量测量不准确，从而影响蒸散量计算的精度。

2. 能量平衡法

能量平衡法是依据能量守恒定律，通过测定蒸散过程中涉及的各种能量通量，来推算蒸散量，在蒸散研究领域具有重要地位。用于蒸散的能量主要来源于净辐射能，净辐射能一部分用于蒸散（潜热通量），一部分用于加热土壤（土壤热通量），还有一部分以显热通量的形式传递给大气。根据能量平衡方程：净辐射能=潜热通量（蒸散所消耗的能量）+土壤热通量+显热通量，即蒸散所消耗的能量（潜热通量）=净辐射能-土壤热通量-显热通量。净辐射的测量通常采用辐射仪，辐射仪能够分别测量太阳辐射的入射量和地面反射量，两者差值即为净辐射量。土壤热通量的测量需要在土壤表面或不同深度埋设热通量板，热通量板可以感应土壤中热量的传递方向和大小，从而测量出土壤热通量。显热通量的测量较为复杂，常用的方法是涡度相关技术，它利用快速响应的传感器测量大气中温度、湿度、风速等要素的脉动值，通过计算这些脉动值之间的协方差来确定显热通量。例如，在一片草原生态系统中，通过辐射仪测量得到净辐射能为 500 W/m^2，热通量板测量的土壤热通量为 50 W/m^2，涡度相关技术测量的显热通量为 150 W/m^2，那么根据能量平衡方程，蒸散所消耗的能量（潜热通量）为 300 W/m^2，再根据水的汽化潜热（约 2.5×10^6 J/kg），可以进一步推算出蒸散量。

能量平衡法在实际操作仪器设备的精度要求较高，无论是辐射仪、热通量板还是涡度相关技术中的传感器，其测量精度都会直接影响到蒸散量计算的准确性。而且这些仪器设备价格昂贵，需要专业的维护和校准，增加了研究成本。其次，仪器的安装和使用条件较为苛刻，例如涡度相关技术中的传感器需要安装在合适的高度和位置，要避免周围障碍物的干扰，并且对大气稳定度等气象条件有一定要求，在复杂地形或不稳定气象条件下，测量结果可能会出现较大误差。此外，能量平衡法在计算过程中还需要考虑一些其他因素，如土壤水分胁迫对蒸散的影响等，这些因素的量化和纳入计算也增加了方法的复杂性。

第二节　流域蒸发量的时空分布特征

一、黄河流域蒸发量时间分布特征

(一) 年际变化

黄河流域蒸发量的年际变化呈现出复杂且具有一定规律的特征。通过对长时间序列数据的分析发现，近59年以来，黄河流域蒸发皿蒸发量整体上呈显著下降趋势。全流域平均气候倾向率达到了-60.4毫米/10年，这意味着在过去的近六十年间，黄河流域平均每十年蒸发量减少约60.4毫米。这种下降趋势在不同的时间段表现有所差异，尤其是在2004年之后，下降趋势明显加剧，其气候倾向率达到了-219.4mm/10年。

这种年际变化趋势与多种因素密切相关。从气候因素来看，全球气候变化导致的气温、降水、风速以及太阳辐射等要素的改变对蒸发量产生了综合影响。例如，随着全球气候变暖，虽然理论上气温升高会促进蒸发，但黄河流域实际情况更为复杂。气温升高的同时，降水格局发生了变化，降水的减少导致可用于蒸发的水分减少，从而使得蒸发量下降。同时，风速的减弱也会降低蒸发的动力条件，使得水汽难以快速扩散，进而抑制了蒸发过程。此外，人类活动对下垫面的改变也不容忽视。大规模的植树造林、城市化进程中的地面硬化以及水利工程建设等，都在不同程度上改变了地表的水热交换过程。例如，植树造林增加了地表植被覆盖度，植被的蒸腾作用和对降水的截留作用改变了局部的水分循环，使得蒸发量减少；而城市中的大量建筑物和硬化地面则减少了雨水下渗和土壤水分的蒸发，也对流域整体蒸发量产生了影响[①]。

深入研究黄河流域蒸发量的年际变化，对于理解流域的水循环过程、水资源管理以及应对气候变化具有重要意义。例如，在水资源规划方面，了解蒸发量的年际变化趋势可以更精准地预测水资源的可利用量，为农业灌溉、工业用水和城市供水等提供科学依据。在应对气候变化方面，通过分析蒸发量与气候因子的关系，可以更好地评估气候变化对流域生态系统和人类社会的影响，从而制定相应的适应策略。

(二) 季节变化

黄河流域的蒸发量在季节上呈现出明显的变化规律。春、夏、秋、冬四季的气候倾向率分别为-12.7、-24.5、-10.4、-1.9毫米/10年，其中夏季蒸发量下降趋势相对最为明显。

春季，黄河流域气温逐渐回升，土壤开始解冻，植被开始复苏生长，但由于春季降水相对较少，且前期土壤含水量较低，可用于蒸发的水分有限。尽管气温升高会在一定程度上促进蒸发，但水分条件的限制使得春季蒸发量的增加幅度不大，并且从长期来看，呈现出-12.7mm/10年的下降趋势。这可能与春季风速的变化以及人类活动对下垫面的影响有

[①] 黄星怡，张佳乐，杨肖丽，等. 黄河流域水文干旱时空特征研究 [J]. 华北水利水电大学学报（自然科学版），2023，44 (03)：25-34.

关。例如，春季风速在某些年份的减弱会减少水汽的扩散动力，而农业活动中的灌溉措施和土地覆盖变化也会改变土壤水分状况和蒸发过程。

夏季是黄河流域气温最高、太阳辐射最强的季节，通常也是降水相对集中的时期。然而，研究表明夏季蒸发量却呈现出 -24.5 mm/10 年的下降趋势。这一方面是因为虽然夏季气温高有利于蒸发，但降水的年际变化和季节内分布不均，导致部分地区在降水集中时段出现洪涝，而在降水间歇期又面临干旱，这种不稳定的水分供应状况影响了蒸发的持续进行。另一方面，夏季人类用水需求大，大量的水资源被用于农业灌溉、工业生产和居民生活，使得自然水体和土壤中的可蒸发水量减少。此外，夏季植被生长茂盛，植被的蒸腾作用和对降水的截留、储存作用也改变了局部的水分平衡，对蒸发量产生了影响。

秋季，气温逐渐降低，太阳辐射减弱，蒸发量也随之减少。秋季气候倾向率为 -10.4 mm/10 年，这一时期蒸发量的变化主要受气温和降水共同影响。随着秋季降水减少，土壤含水量降低，而气温的下降使得水分子的动能减小，蒸发过程逐渐减缓。同时，秋季植被开始枯萎，植被覆盖度的降低也在一定程度上改变了地表的水热交换过程，但相比之下，气温和降水的作用更为关键。

冬季，黄河流域气温较低，大部分地区会出现结冰现象，蒸发量极少，气候倾向率仅为 -1.9 mm/10 年。冬季蒸发主要发生在未结冰的水体表面和土壤表层的少量水分，且由于低温的限制，蒸发过程极为缓慢。在一些有积雪覆盖的地区，积雪对土壤起到了保温和保湿作用，进一步抑制了蒸发。不过，冬季的气候条件相对稳定，蒸发量的年际变化幅度较小。

了解黄河流域蒸发量的季节变化规律，对于农业生产中的灌溉安排、水资源的季节性调配以及生态系统的保护与修复具有重要的指导意义。例如，在农业灌溉中，可以根据不同季节的蒸发量和降水情况，合理确定灌溉时间和水量，提高水资源利用效率；在生态保护方面，针对不同季节的蒸发特点，可以制定相应的植被恢复和生态补水计划，以维护流域生态系统的稳定。

二、黄河流域蒸发量空间分布特征

（一）整体上蒸发量大致呈现从东南向西北递减的趋势

黄河流域在整体空间上，其蒸发量大致呈现出从东南向西北递减的显著趋势。这种分布格局与多种自然地理因素密切相关。

从气候角度来看，黄河流域东南部地区受季风气候影响更为显著，降水相对丰富。丰富的降水为蒸发提供了充足的水源条件，使得该地区在热量条件允许的情况下，蒸发量相对较大。例如，在黄河流域的东南部，年降水量可达 800 毫米以上，较高的土壤含水量和空气湿度为水分子的气化提供了物质基础。而向西北方向，气候逐渐变得干旱，可用于蒸发的水分匮乏，蒸发量也随之降低。在流域的西北部一些地区，年降水量可能不足 200 毫米，干燥的气候和稀少的降水极大地限制了蒸发过程。

一般而言，黄河流域东南部地区虽然降水多，但云量也相对较多，太阳辐射相对较弱，在一定程度上会削弱蒸发作用。然而，由于其充足的水分供应，蒸发量仍然较大。而在西北部地区，晴天多，太阳辐射强，理论上有利于蒸发，但由于水分严重不足，蒸发量受到极大制约。例如，在西北的沙漠地区，尽管太阳辐射强烈，但由于极度干旱，年蒸量仍然相对较低。东南部地区多山地、丘陵和平原交错的地形，地形起伏相对较小，有利于水汽的积聚和扩散，使得蒸发过程能够较为稳定地进行。在西北部地区，地形以高原、山地和沙漠为主，地形复杂且地势起伏大。在一些高山地区，气温随海拔升高而降低，蒸发量也相应减少；在沙漠地区，由于沙质土壤的保水性差，水分容易下渗和散失，且植被稀少，缺乏对水分的涵养和调节作用，虽然太阳辐射强，但实际蒸发量受到多种因素的综合限制。东南部地区植被丰富，森林、草地等植被类型广泛分布。植被通过蒸腾作用将大量水分释放到大气中，同时植被的根系能够固定土壤，保持土壤水分，促进蒸发和水汽循环。在西北部地区，植被稀疏，荒漠植被为主，植被对水分的调节和蒸腾作用微弱，不利于蒸发量的提升。

这种从东南向西北递减的蒸发量空间分布特征，深刻影响着黄河流域的水资源分布、生态系统格局以及人类生产生活方式。例如，在水资源利用方面，东南部地区相对丰富的水资源和较大的蒸发量，需要合理规划水利工程，保障农业、工业和居民用水的同时，注重水资源的节约和生态保护；而西北部地区则需要采取节水灌溉技术、加强水资源调配等措施，以应对干旱缺水的局面。在生态系统保护方面，根据不同地区的蒸发量和水资源状况，制定针对性的植被恢复和生态建设方案，以促进流域生态系统的平衡和稳定。

(二) 黄河流域上中游蒸发量呈增加趋势

黄河流域上游地区该地处高原，太阳辐射强烈，是我国太阳辐射高值区。强烈的太阳辐射为蒸发提供了充足的能量来源，使得水分子能够获得足够的动能，从而加速从液态向气态的转变过程。例如，在青藏高原边缘的黄河上游部分地区，年太阳辐射总量可达2000千瓦时/平方米以上，如此高强度的太阳辐射促使大量的水体和土壤水分蒸发到大气中。同时，上游地区气温日较差大，白天气温升高迅速，有利于蒸发；夜晚虽然气温下降，但由于前期蒸发已经使大量水汽进入大气，在一定程度上维持了水汽的动态平衡，也为后续的蒸发创造了条件。

中游地区蒸发量增加趋势相对不显著，但总体仍呈上升态势。中游地区的蒸发量受能量和水量供应条件的双重影响。从能量方面来看，中游地区同样接收到较为充足的太阳辐射，且地形起伏较大，部分地区地势较高，在一定程度上也有利于太阳辐射的接收和热量的积聚，为蒸发提供了一定的能量基础。在水量供应方面，虽然中游地区降水相对上游有所增加，但由于其特殊的地形地貌，如黄土高原地区，降水的下渗和储存能力有限，大部分降水形成地表径流迅速流失，导致土壤含水量相对较低。然而，随着近年来气候变化的影响，降水格局有所改变，部分地区降水有所增加，在一定程度上改善了水分供应条件，使得蒸发量有增加的趋势。例如，在黄河中游的一些河谷地区，降水的增加和气温的升高共同作用，使得蒸发量呈现出缓慢上升的态势。

人类活动对上中游地区蒸发量的变化也产生了一定的影响。水利工程建设如水库的修建，改变了局部的水热平衡。水库蓄水后，水面面积增大，在太阳辐射作用下，蒸发量相应增加。同时，水库的调节作用也会影响下游地区的水量和水温，进而间接影响蒸发量。大规模的水土保持措施如植树造林、梯田建设等，一方面植被覆盖度的提高增加了植被的蒸腾作用，从而促进了蒸发；另一方面，这些措施在一定程度上改善了土壤结构，增强了土壤的保水能力，使得土壤含水量有所增加，也为蒸发提供了更多的水分来源。

黄河流域上中游蒸发量的增加趋势对流域的生态环境和水资源管理带来了多方面的影响。在生态环境方面，蒸发量的增加可能会改变局部地区的气候条件，如增加空气湿度、影响降水分布等，进而影响植被生长和生态系统的结构与功能。在水资源管理上，需要更加精准地评估蒸发量增加对水资源可利用量的影响，合理规划水利工程的运行调度，以保障流域内的工农业生产用水和居民生活用水需求，同时注重生态用水的保障，以维护流域生态系统的健康稳定。

（三）下游地区蒸发量呈现减少趋势

黄河下游地区蒸发量呈现出减少的趋势，这一趋势是由多种因素综合作用所导致的。下游地区蒸发量受水量供应条件限制影响较大。黄河下游主要流经华北平原地区，该地区人口密集，工农业发达，水资源需求量巨大。由于大量的水资源被用于农业灌溉、工业生产和城市居民生活，使得自然水体和土壤中的可蒸发水量显著减少。例如，在黄河下游的农业灌溉区，每年在农作物生长季节都需要从黄河调取大量的水进行灌溉，灌溉用水在满足农作物生长需求后，大部分通过蒸发、蒸腾和下渗等过程消耗，但由于用水总量大，留给自然蒸发的水量相对有限。同时，城市建设中大量的地面被硬化，如道路、广场、建筑物等，降水难以渗入地下，形成地表径流迅速排走，减少了土壤水分的补充，从而降低了土壤蒸发量。

除了地面硬化之外，水利工程建设在黄河下游地区较为密集。众多的大坝、水闸等水利设施改变了黄河的水情和河道地貌。例如，大坝的修建形成了水库和人工湖泊，虽然水库水面有一定的蒸发量，但与原来自然河道和周边湿地的蒸发量相比，其蒸发过程受到更多的人为控制和调节。而且，水库蓄水，下游河道的水量和水位变化规律被改变，在枯水期，下游河道可能出现断流或流量极小的情况，使得原本依赖河道水蒸发的区域失去了水源，导致蒸发量大幅减少。此外，黄河下游地区的引黄灌溉工程改变了区域的水分循环路径，大量的黄河水被引入农田和城市，在局部地区形成了相对独立的水循环单元，这些单元内的蒸发量受人为用水管理和工程设施的影响较大，总体上导致了下游地区蒸发量的减少。

近年来，全球气候变暖导致该地区气温升高，但同时降水格局发生了变化，降水的不稳定性增加。在一些年份，降水的减少使得可用于蒸发的水源不足，尽管气温升高理论上有利于蒸发，但缺乏水分基础，实际蒸发量难以增加。而且，气候变暖可能导致极端天气事件增多，如暴雨洪涝和干旱交替出现，在干旱时期，蒸发量因水分短缺而减少；在洪涝时期，大量降水形成地表径流迅速排走，也不利于蒸发的持续进行。

黄河下游地区蒸发量的减少对该地区的生态环境和社会经济产生了诸多影响，蒸发量减少可能导致局部地区空气湿度降低，影响植被生长和生态系统的平衡。例如，一些依赖湿地蒸发水汽维持生态的湿地生态系统可能会因蒸发量减少而面临退化的风险。在社会经济方面，蒸发量减少影响了水资源的循环利用效率，对于农业生产而言，可能需要调整灌溉方式和用水管理策略，以适应新的蒸发条件；对于工业生产和城市供水，也需要重新评估水资源的供需平衡，加强水资源的节约和循环利用，以保障社会经济的可持续发展。

第三节 气候变化对蒸发与蒸散的影响

一、气候变化对黄河流域蒸发的影响

(一) 气候变暖蒸发量增加

随着全球气候变暖的趋势愈发显著，黄河流域也深受其影响，其中最直接的表现之一便是蒸发量的增加。气候变暖主要通过提升气温来增强蒸发作用。气温的上升为水分子提供了更多的能量，使其运动更加活跃，更容易克服液态水表面的张力而进入大气，从而导致蒸发量在原有基础上显著上升。

从物理原理上看，根据克劳修斯-克拉佩龙方程，饱和水汽压随温度升高呈指数增长。这意味着在较高温度下，空气能够容纳更多的水汽，水体与大气之间的水汽压差增大，为蒸发提供了更强劲的驱动力。例如，在黄河流域的夏季，原本就较高的气温在气候变暖的影响下进一步升高，使得水面蒸发和土壤表面蒸发都明显加剧。以黄河中下游的一些地区为例，过去几十年间，平均气温上升了1-2℃，相应地，夏季蒸发量增加了约10%-15%。这种蒸发量的增加不仅发生在河流、湖泊等大型水体表面，在农田中的灌溉水以及城市周边的水域也同样明显。

由于冬季气温升高，黄河流域部分地区的结冰期缩短，原本在冬季因冰封而基本停止的水面蒸发在变暖的气候下有所恢复，尽管冬季蒸发量绝对值仍然较小，但相对过去有所增加且蒸发季节的延长使得全年蒸发总量上升。在春季，气温回暖提前，土壤解冻时间也随之提前，土壤水分开始更早地参与到蒸发过程中，并且由于春季风速相对较大，在变暖的背景下，风与较高温度共同作用，进一步加速了土壤水分的蒸发。

对于植被覆盖较好的区域，气温升高虽然促进了植物的蒸腾作用，但植被本身也会对土壤水分蒸发起到一定的调节作用，如通过遮阴减少太阳辐射直接照射土壤表面，降低土壤温度上升幅度，从而在一定程度上缓和蒸发量的增加。然而，在植被稀疏的地区，如黄河流域的一些荒漠和半荒漠地带，缺乏植被的缓冲，土壤直接暴露在升温的环境中，蒸发量的增加更为显著。例如，在黄河流域西北部的荒漠地区，气候变暖使得土壤水分蒸发速度加快，导致土壤进一步干燥化，形成恶性循环，加剧土地荒漠化进程，对当地生态环境造成严重威胁。

(二) 降水与蒸发的不平衡加剧

黄河流域降水与蒸发之间的关系在气候变化的影响下发生了深刻变化，二者的不平衡状况日益加剧。一方面，黄河流域的降水量呈现出减少的趋势，尤其是在中下游地区更为明显。降水减少直接导致了可用于蒸发的水分来源减少，从理论上讲，这会限制蒸发量。但实际情况并非如此简单，由于气温升高的影响，即使降水量减少，蒸发量也并未按相同比例下降。在降水减少的时期，河流、湖泊等水体的蓄水量减少，而蒸发量的增加又使得水体的消耗加快。以黄河下游为例，降水减少，黄河径流量逐年下降，而同时蒸发量却因气候变暖而上升，导致河流水位下降更为迅速，断流现象时有发生。原本依靠黄河水补给的湿地、湖泊面积不断萎缩，这些水体的蒸发量也随之减少，但周边土壤由于失去了水体的调节作用，蒸发量反而可能增加，进一步加剧了局部地区的干旱程度。

从区域差异来看，黄河流域上游地区降水相对较为稳定，但气温升高导致的蒸发量增加，使得上游地区原本相对平衡的水热关系被打破。在中游，降水减少与蒸发量增加的双重作用，使得水土流失问题更加严重。因为降水减少导致土壤含水量降低，植被生长受影响，而蒸发量增加又加速了土壤水分的散失，土壤颗粒更容易被风力和地表径流带走，从而加剧了黄河的泥沙含量，对黄河河道的稳定和下游地区的防洪产生不利影响。农业灌溉方面，可利用的水资源减少，而蒸发量增加使得灌溉水的损耗加大，需要更加高效的灌溉技术和水资源管理策略。工业生产中，由于水资源供应紧张，不得不提高水资源的重复利用率，但蒸发量的增加仍可能导致工业用水成本上升，因为需要更多的水来补充因蒸发而损失的水量。对于居民生活用水，也面临着水源减少和水质下降的风险，因为蒸发量增加可能导致水体中的污染物浓度相对升高，影响饮用水安全。

（三）蒸发动力的改变

气候变化对黄河流域蒸发动力的改变主要体现在风速和太阳辐射等方面的变化上。风速作为蒸发的重要动力因素，其变化会直接影响蒸发量。在全球气候变暖的背景下，黄河流域的风速分布发生了改变。部分地区风速有所增加，这使得水面和土壤表面的空气流动加快，水汽更容易被带走，从而增强了蒸发作用。例如，在黄河流域的北部和西部地区，一些原本就多风的区域，风速的进一步增大使得蒸发量显著上升。在这些地区，大风天气下，湖泊和河流表面的水分会迅速蒸发，土壤表面的干燥速度也明显加快。

然而，也有部分地区风速呈减小趋势，风速减小会减弱蒸发过程，因为空气流动减缓，水汽在近水面或近地面的积聚，降低了水汽压差，抑制了蒸发。在黄河流域的一些河谷地区和平原地区，由于地形和植被变化等因素的综合影响，风速有所降低，蒸发量相应减少。总体而言，在气候变化影响下，黄河流域风速变化对蒸发的影响是复杂的，既有增强蒸发的区域，也有减弱蒸发的区域，且不同季节的风速变化也不尽相同，使得蒸发动力的改变呈现出时空异质性。

太阳辐射同样是蒸发的关键动力，气候变化可能导致黄河流域的太阳辐射量发生变化，进而影响蒸发。如果太阳辐射增强，会提供更多的能量促使水分蒸发。在黄河流域的一些高海拔地区，太阳辐射本来就较强，在气候变暖的情况下，太阳辐射进一步增强，使得这些地区的蒸发量显著增加。例如，太阳辐射的增强不仅提高了水体的蒸发速度，也加速了高山积雪和冰川的融化，融水在流淌过程中又会因蒸发而损失一部分，进一步影响了黄河流域的水量平衡。

相反，如果太阳辐射减弱，则会抑制蒸发，但太阳辐射的变化往往与其他气候因素相互交织。例如，虽然太阳辐射有所减弱，但由于气温升高和风速变化等因素的综合作用，蒸发量可能并未减少，甚至仍有所增加。这种多因素的相互作用使得蒸发动力的改变对黄河流域蒸发量的影响变得极为复杂，需要综合考虑各个气候因素的变化及其相互关系，才能准确评估蒸发量的变化趋势及其对流域生态和水资源的影响。

二、气候变化对黄河流域蒸散的影响

(一) 蒸散季节变化改变

气候变化使得黄河流域蒸散的季节变化发生了显著改变。在气温升高的影响下，蒸散量在不同季节呈现出不同的变化特征。春季，原本是黄河流域气温回升、土壤解冻、植被开始复苏的时期，春季气温升高提前，土壤解冻时间也相应提前，这使得土壤水分更早地参与到蒸散过程中。同时，植被的生长季也提前开始，植物的蒸腾作用提前启动。例如，在黄河流域的一些农业区，由于春季气温升高，小麦等农作物的返青期提前，其蒸腾作用与土壤蒸发共同构成的蒸散量在春季开始就逐渐增加。而且，春季风速相对较大，在气候变暖的背景下，风与温度共同作用，进一步加速了蒸散过程，使得春季蒸散量的增加幅度比以往更大。

夏季，作为黄河流域气温最高、太阳辐射最强且通常降水相对集中的季节，蒸散量在气候变化的影响下也有明显变化。气温升高使得夏季蒸散量的基础水平提高，尽管降水有所变化，但由于气温升高导致的蒸发和植物蒸腾增强，总体蒸散量仍然增加。特别是在降水减少或降水分布不均的年份，高温使得水分迅速蒸发和植物大量蒸腾，导致土壤水分快速消耗，局部地区甚至出现干旱加剧的情况。例如，在黄河中下游的一些地区，夏季高温少雨时，农作物因蒸散量过大而面临水分胁迫，生长受到抑制，同时河流、湖泊的水位也因蒸散损失过快而下降明显。

秋季，气候变暖使得秋季气温下降延迟，植被的生长季延长，植物的蒸腾作用持续时间增加，从而使得秋季蒸散量的减少幅度变小。以往秋季随着气温降低，蒸散量会迅速下降，但现在由于气温下降缓慢，植被仍保持一定的活力，蒸散过程仍在持续进行，虽然强度较夏季减弱，但相较于过去同期有所增强。这对黄河流域秋季的水资源分配和生态系统产生了影响，如湿地生态系统在秋季的水分消耗增加，可能影响到候鸟的栖息和迁徙。

冬季，由于气候变暖，原本在冬季因冰封而基本停止的水面蒸发和植被蒸腾在变暖的气候下有所恢复。尽管冬季蒸散量绝对值仍然较小，蒸散季节的延长使得全年蒸散总量上升。在一些城市周边的水域和有冬小麦种植的农田地区，冬季蒸散量的增加较为明显，这也对冬季的水资源管理和农业生产提出了新的要求，如冬小麦的灌溉策略需要考虑到冬季蒸散量增加的情况，以避免干旱对农作物的影响。

(二) 蒸散量变化复杂

气候变化对黄河流域蒸散量的影响呈现出极为复杂的态势。这主要是因为蒸散是土壤蒸发和植物蒸腾的综合过程，而气候变化对这两个过程的影响相互交织，且与其他因素如降水、风速、太阳辐射等密切相关。从土壤蒸发角度来看，气温升高为土壤水分蒸发提供了更多能量，使得土壤蒸发量增加。但降水的减少又限制了土壤可蒸发的水分含量，在一定程度上抑制了土壤蒸发。例如，在黄河流域的一些干旱地区，尽管气温升高，但由于降水稀缺，土壤含水量极低，土壤蒸发量的增加幅度有限。而在降水相对较多的年份或地区，气温升高则会导致土壤蒸发量大幅上升。

植物蒸腾方面，气候变暖对植被生长产生了多方面影响，一方面，气温升高可能延长植被生长季，使植被覆盖度增加，从而增强植物蒸腾作用。在黄河流域的一些山区，森林植被面积有所扩大,树木的蒸腾作用在全年蒸散量中的占比提高。另一方面,气温升高也可能导致植物水分胁迫加剧,当降水不能满足植物生长需求时,植物会通过调节气孔开闭来减少蒸腾量,以维持自身水分平衡。例如,高温干旱年份,农作物的蒸腾量会因水分不足而降低,但这种降低可能会影响农作物的生长发育和产量。气候变化导致的风速和太阳辐射变化也对蒸散量产生复杂影响。风速增大时,在促进土壤蒸发和植物蒸腾的同时,也可能加速水汽扩散,改变局部水汽平衡,对蒸散量的影响具有不确定性。太阳辐射增强会提高蒸散的能量供应,促进蒸散,但如果同时伴随着降水减少和气温过高导致的植物生理干旱,蒸散量的变化又会受到多种因素的制约。例如,在黄河流域的一些荒漠边缘地区,太阳辐射强、气温高,但由于植被稀少且降水极少,蒸散量并没有因太阳辐射和气温因素而无限增加,而是受到水分严重短缺的限制。

(三) 蒸散效率变化

气候变化对黄河流域蒸散效率也产生了深刻影响。蒸散效率与植被类型、植被覆盖度以及植被的生理特性等密切相关,而气候变化通过改变这些因素进而影响蒸散效率。植被类型对蒸散效率有着根本性的影响。不同类型的植被,其叶片结构、气孔分布和密度、根系深度和分布等特征不同,导致蒸散效率存在差异。植被分布可能发生变化。一些原本适合草地生长的区域可能逐渐被森林植被所侵占,或者在人类植树造林等活动的干预下,森林面积增加。例如,在黄河流域的一些丘陵地区,由于气候变暖使得热量条件改善,加上人工造林的推进,森林覆盖率上升。森林植被的增加意味着整个流域的蒸散效率在一定程度上有所提高,因为森林的蒸腾作用更强,能够将更多的土壤水分转化为水汽输送到大气中。

气候变暖可能导致植被生长季延长或植被生长状况改善,从而提高植被覆盖度。较高的植被覆盖度可以减少土壤表面直接暴露在太阳辐射和风中的面积,降低土壤蒸发,同时增加植物蒸腾在蒸散中的比重。在黄河流域的一些农业灌溉区,合理的农田管理措施结合气候变暖带来的有利条件,使得农作物生长茂盛,植被覆盖度提高,蒸散效率发生改变。在这种情况下,虽然蒸散总量可能增加,但由于植物蒸腾相对更有利于水分在生态系统中的循环和利用,对区域生态环境可能产生一定的积极影响,如增加空气湿度、促进降水形成等。

气温升高、二氧化碳浓度增加等气候变化因素会影响植物的气孔导度、光合作用速率等生理过程。例如,二氧化碳浓度升高可能导致部分植物气孔导度减小,从而减少蒸腾失水,但同时也可能影响植物的光合作用和生长发育,间接影响蒸散效率。在黄河流域的一些自然植被区域,植物可能会调整自身生理特性以适应环境变化,这种调整会对蒸散效率产生复杂的影响,可能在某些情况下提高蒸散效率,而在另一些情况下降低蒸散效率,具体取决于植物种类、气候因素的综合作用以及生态系统的整体特征。较高的蒸散效率可能促进区域降水循环,有利于植被生长和生态系统的稳定,但如果蒸散效率过高,可能导致土壤水分过度消耗,尤其是在降水不足的情况下,会引发植被退化、土地荒漠化等生态问题。因此,深入研究气候变化对黄河流域蒸散效率的影响,对于制定科学合理的生态保护和水资源管理策略具有重要意义。

第四节　蒸发与水资源平衡的关系

一、蒸发是水资源平衡的关键环节

水资源平衡是指在特定的区域范围以及一定的时间周期内，水资源的各种收入途径与支出途径之间达成的一种相对稳定的平衡状态。这些收入途径涵盖了降水、地表径流的流入、地下水的补给等；而支出途径则包括蒸发、地表径流的流出、地下水的排泄以及人类的各类用水活动等。在这一复杂的水资源收支体系中，蒸发的影响力不容小觑，它犹如一个无形的调节阀门，深刻地影响着整个水资源平衡的动态变化。

从全球水循环的宏观视角来看，蒸发是陆地与水体向大气输送水汽的核心驱动力。在广袤的陆地表面，无论是郁郁葱葱的森林、广袤无垠的草原、肥沃的农田，还是奔腾不息的河流、静谧深邃的湖泊以及星罗棋布的湿地，其所含的水分都在太阳辐射、气温、风速等气象因素以及自身物理特性的共同作用下，源源不断地通过蒸发过程转化为水汽升腾至大气之中。以黄河流域这片广袤的区域为例，其内部众多的水系以及丰富的土壤水分资源共同构成了一个庞大而复杂的蒸发源。流域内的河流，如黄河干流及其众多支流，在流淌过程中持续不断地将大量的河水蒸发到大气里；各类湖泊，像青海湖等，凭借其广阔的水面面积，成为蒸发的重要场所；此外，流域内广泛分布的湿地以及深厚的土壤层中的水分，也在合适的条件下积极参与到蒸发进程当中。这些蒸发过程所产生的水汽量极其巨大，其规模直接左右着黄河流域内水资源的总体存量以及动态变化。

在黄河流域的实际情况中，这种由蒸发量变化引发的水资源平衡波动表现得尤为明显。在一些气候干旱、太阳辐射强烈且多风的地区，如黄河流域的西北部部分区域，蒸发量往往居高不下[1]。由于降水相对稀少，大量的水分通过蒸发散失，导致地表径流微弱，许多季节性河流在旱季甚至出现干涸的现象。同时，土壤中的水分也因蒸发而快速流失，使得土壤含水量极低，土地荒漠化问题日益严重。这一系列现象充分表明，蒸发量的增加在降水量有限的情况下，会严重打破原有的水资源平衡，引发一系列生态与环境问题，制约区域的可持续发展。相反，当蒸发量因某些因素而降低时，例如在高湿度、低温且风速较小的环境条件下，或者由于人类采取了有效的水资源保护措施减少了蒸发面，可能会使得径流量和土壤蓄水量在一定程度上有所增加。径流量的增加有助于维持河流、湖泊的水位稳定，保障水资源的供应和生态系统的正常运转；土壤蓄水量的增加则有利于改善土壤墒情，促进植被生长，增强土壤的保水保土能力，进而对整个流域的生态环境产生积极的促进作用。

蒸发不仅在水量方面对水资源平衡产生关键影响，而且在能量平衡方面也有着不可忽视的作用。蒸发过程是一个吸热过程，大量的热量被用于将液态水转化为气态水，从而对

---

[1] 李小雨，张国栋，尹昌燕，等. 未来气候模式下黄河流域极端降水指数时空分布特征［J］. 人民黄河，2024，46（11）：37-42.

区域的气温和气候产生调节作用。夏季蒸发旺盛时，大量的热量被用于蒸发，使得局部地区的气温上升幅度得到一定的缓和，避免了气温过高对生态系统和人类活动造成过度的热应激。同时，蒸发产生的水汽在大气中运动、聚集，参与到降水形成的过程中，进一步影响着水资源的时空分布和平衡状态。

二、蒸发与降水的相互反馈关系对水资源平衡的作用

蒸发与降水在地球的水循环系统中构成了一个紧密相连、相互影响的动态循环，它们之间的相互反馈关系对于水资源平衡起着极为关键的调节作用，深刻地影响着区域乃至全球的水资源分布与利用状况。黄河流域内广泛分布的河流、湖泊、湿地以及大面积的农田和植被，在太阳辐射、气温、风速等因素的驱动下，持续进行着蒸发过程。大量的水分以水汽的形式进入大气，使得大气中的水汽含量不断增加。例如，黄河及其众多支流的水面蒸发，以及流域内广袤农田中灌溉水和土壤水分的蒸发，还有森林、草地等植被的蒸腾作用，共同构成了丰富的水汽源。这些水汽随着大气环流在流域内及周边地区运动、扩散和混合。当大气中的水汽遇到合适的冷却条件，如上升气流导致的空气绝热冷却、冷空气的入侵或者地形的抬升作用时，水汽就会达到饱和状态并发生凝结，进而形成降水。这种由蒸发产生水汽并最终形成降水的过程，是维持黄河流域水资源平衡的重要基础。在降水相对充沛的时期，充足的水分供应促进了蒸发过程的持续进行，而大量蒸发产生的水汽又为后续的降水提供了物质基础，形成了一种良性的循环反馈机制，有助于保障流域内水资源的相对稳定。

然而，蒸发与降水之间的关系并非总是如此和谐稳定，它们之间的平衡受到多种因素的干扰和制约，从而对水资源平衡产生不同的影响。在一些情况下，尽管蒸发量较大，产生了较多的水汽，但由于大气环流异常、地形阻挡或者缺乏有效的水汽抬升机制等因素，水汽难以在流域内形成降水，而是被输送到其他地区。这种情况在黄河流域的部分干旱年份或季节较为常见。例如，黄河流域上游地区蒸发强烈，但由于大气环流形势使得水汽主要向东或向南输送，导致流域内降水稀少，水资源短缺问题加剧。此时，蒸发与降水之间的失衡使得水资源的支出远大于收入，打破了原有的水资源平衡状态，引发一系列生态和社会经济问题，如河流干涸、土地沙化、农业减产以及居民生活用水困难等。

另一方面，降水的变化也会反过来影响蒸发，进而对水资源平衡产生连锁反应。当降水增加时，地表的水体面积会相应扩大，土壤含水量得到提高，植被生长更加旺盛，这些都为蒸发提供了更多的物质基础，从而促进蒸发量的增加。在黄河流域的雨季，大量的降水使得河流、湖泊水位上升，土壤湿度增大，植被的蒸腾作用增强，整体蒸发量显著上升。这种因降水增加而导致的蒸发量上升，有助于调节大气中的水汽含量和温度，进一步影响后续的降水形成过程，有可能促进更多降水的产生，形成一种正反馈机制，对维持水资源的动态平衡具有积极意义。但是，如果降水过多且集中，可能会导致地表径流迅速增加，部分地区出现洪涝灾害，而这些过多的降水来不及充分蒸发就流入海洋或其他地区，使得流域内的水资源未能得到有效利用，同样也会对水资源平衡产生不利影响。

在气候变化的背景下，蒸发与降水的相互反馈关系变得更加复杂和不确定，对黄河流域水资源平衡的影响也面临着新的挑战。随着全球气温升高，黄河流域的蒸发量总体呈上

升趋势。一方面,更多的水分被蒸发进入大气,理论上为降水提供了更充足的水汽来源,有可能增加降水的可能性和降水量。但另一方面,气温升高也可能导致大气环流模式发生改变,降水的时空分布变得更加不均匀。例如,一些原本降水较为均匀的地区可能会出现暴雨增多、干旱加剧的情况,使得蒸发与降水的平衡关系被打破,水资源在时间和空间上的分配出现失衡。这种变化对于黄河流域的水资源管理和生态系统保护带来了巨大的压力,需要我们更加深入地研究和理解蒸发与降水的相互关系,以便制定更加科学合理的应对策略。

三、蒸发对水资源可利用量的影响

(一) 减少地表水可利用量

蒸发作为水循环中的一个关键环节,对地表水可利用量有着极为显著的影响。在众多自然与人为因素的共同作用下,蒸发过程不断地从地表水体中汲取水分,进而直接导致地表水可利用量的减少,这一现象在全球各个流域均有不同程度的体现,黄河流域也不例外。从自然过程来看,蒸发对地表水可利用量的削减主要源于其持续不断的水汽转化作用。在太阳辐射的驱动下,河流、湖泊等地表水体会源源不断地向大气中输送水汽。以黄河流域的大型湖泊青海湖为例,其广阔的水面面积使得蒸发量颇为可观。每年,大量的湖水在阳光的照耀下蒸发进入大气,据估算,青海湖每年因蒸发而损失的水量高达数亿立方米。这种大规模的蒸发使得湖泊的水量逐渐减少,水位逐年下降,进而直接减少了湖泊水资源的可利用量。对于依赖青海湖水资源的周边地区而言,无论是农业灌溉、工业用水还是居民生活用水,都面临着水源日益短缺的困境。

同样,黄河干流及其众多支流也深受蒸发的影响。在流域内的干旱和半干旱地区,如宁夏平原和河套平原附近的黄河河段,由于气候干燥、气温较高且日照充足,蒸发作用尤为强烈。黄河水在流经这些地区时,大量的水分被蒸发散失。例如,在夏季高温时段,黄河水的日蒸发量可达数毫米甚至更高。随着河水的不断流淌,蒸发的累积效应使得下游河段的水量显著减少。这不仅影响了下游地区的农业灌溉规模和效率,许多原本依靠黄河水自流灌溉的农田,由于水量减少不得不采用更为节水但成本较高的灌溉方式,甚至部分农田因缺水而面临减产或绝收的风险;而且对于工业用水来说,也需要投入更多的资金用于水资源的调配和净化,以满足生产需求;居民生活用水方面,一些靠近黄河下游的城镇和乡村,也时常面临供水紧张的局面,不得不采取限水措施来保障基本生活用水需求。

(二) 影响地下水补给

蒸发在水资源循环体系中扮演着重要角色,其对地下水补给的影响是多方面且复杂的,深刻地改变着地下水系统的水量平衡以及整个区域的水资源分布格局。这种影响尤为突出,关乎着流域内生态环境的稳定与人类社会的可持续发展。当蒸发作用增强时,地表水体和土壤水分大量散失到大气中。例如,在黄河流域的干旱季节,强烈的太阳辐射和高温使得河流、湖泊的水面蒸发加剧,同时土壤中的水分也快速地通过蒸发进入大气。这一过程会导致地表水位下降,土壤含水量降低。由于地下水与地表水和土壤水之间存在着密切的水力联系,当地表水和土壤水减少时,地下水向地表水的排泄量会相应增加,以维持水势平衡。这种排泄量的增加意味着地下水的储存量在减少,补给量难以弥补排泄量的损失，从而影响了地下水的补给。

过度的蒸发还会引起土壤的干化和硬结，以黄河流域的部分荒漠边缘地区为例，长期强烈的蒸发使得土壤水分极度匮乏，土壤颗粒之间的空隙减小，土壤的渗透性显著降低。当降水时，雨水难以顺利地渗入地下，而是更多地形成地表径流流失，这进一步减少了地下水的补给机会。即使有少量的降水能够渗入土壤，由于土壤的蓄水能力下降，水分也很容易在浅层土壤中再次被蒸发掉，无法有效地补给到地下水位以下的含水层中。水利工程的建设与运行也在蒸发影响地下水补给的过程中起到了重要作用，例如，黄河流域的一些水库在蓄水期间，大面积的水面蒸发会使水库周边的地下水位产生变化。一方面，水库蓄水抬高了周边的地下水位，在一定程度上增加了地下水的储存量；另一方面，水库的蒸发损失又会导致库水总量减少，当水库水位下降时，周边的地下水会向水库回补，从而减少了地下水原本可用于其他区域的补给量。而且，水库的建设还可能改变局部地区的水流场和水文地质条件，影响地下水的径流方向和补给路径。原本能够自然补给到下游地区地下水的地表水，由于水库的拦截和调控，无法顺利到达下游，导致下游地区地下水补给减少，地下水位下降，影响了当地植被的生长和生态系统的稳定。

农业灌溉活动同样对蒸发与地下水补给关系有着显著影响。在黄河流域的农业区，传统的灌溉方式往往伴随着大量的水分蒸发。灌溉水在田间形成大面积水层，在阳光和风力作用下迅速蒸发。这种灌溉方式不仅浪费了大量的水资源，还会使地下水位上升。当地下水位上升到一定程度时，在蒸发作用下，地下水会通过土壤毛细管作用上升到地表，进一步加剧了蒸发损失。而且，由于地下水位上升，土壤中的盐分也会随着水分蒸发而在地表积聚，引发土壤次生盐碱化问题。同时，长期不合理的灌溉导致地下水位频繁波动，破坏了地下水的稳定补给环境，使得地下水的补给来源变得不稳定，难以形成有效的补给机制。当植被覆盖度较高时，植物的蒸腾作用会消耗大量的土壤水分，从而影响地下水的补给。例如，在森林地区，树木根系发达，能够吸收大量的地下水用于蒸腾，尤其是在生长旺季，蒸腾量巨大。虽然植被的存在可以在一定程度上增加降水的截留和入渗，但如果蒸腾量过大，超过了降水补给量，就会导致地下水位下降，影响地下水的长期补给。相反，如过度放牧或滥砍滥伐导致的土地退化区域，土壤表面直接暴露在阳光下，蒸发量增大，且由于缺乏植被的保护和促进入渗作用，降水难以有效补给地下水，进一步加剧了地下水补给不足的状况。在降水格局不变的情况下，更多的水分将通过蒸发散失，地表水资源减少，进而影响地下水的补给。而且，气温升高可能导致降水的时空分布发生变化，例如降水更加集中或降水总量减少。在降水集中时，大量的降水可能形成地表径流迅速流失，来不及充分补给地下水；而在降水总量减少时，地下水的补给源本身就变得匮乏，再加上蒸发的影响，地下水补给不足的问题将更加严重。

第五章 黄河流域的地下水资源特征

第一节 地下水的分布及储量特征

一、地下水的分布类型

（一）松散岩类孔隙水

松散岩类孔隙水主要赋存于黄河流域的第四纪松散沉积物中，这些沉积物包括各类砂、砾石、黏土等。其分布广泛且与黄河的冲积平原、河谷阶地以及山前洪积扇等地形地貌密切相关[1]。在黄河冲积平原地区，如华北平原的部分区域，由于黄河长期的泛滥沉积，形成了深厚且较为均质的松散岩层。这些岩层中的孔隙相互连通，为地下水的储存和运移提供了良好的条件。孔隙水的水位通常较浅，一般在数米至数十米之间，其补给来源丰富多样，大气降水可直接渗入补给，黄河水的侧渗补给也极为重要。在洪水季节，黄河水位高于两岸平原地下水位时，大量河水会侧向补给地下水，使得地下水位上升，水量得到补充。这种孔隙水水质在靠近黄河及补给源充足的地区相对较好，多为淡水，矿化度较低，适宜农业灌溉和居民生活饮用。例如，在黄河下游的一些灌区，利用浅层松散岩类孔隙水进行灌溉，支撑着大片农田的生产。

而在山前洪积扇区域，如黄河流域的一些山脉前缘，洪积物颗粒从扇顶到扇缘逐渐变细。扇顶部位多为粗大的砾石，孔隙大但连通性相对较差，地下水埋藏较深，水位变化大；随着向扇缘过渡，颗粒变细为砂和黏土，孔隙变小但连通性变好，地下水位逐渐变浅。其补给主要源于山区的大气降水和河流出山后的渗漏，在扇顶接受补给后，地下水沿着孔隙向扇缘径流，在径流过程中，由于地层的过滤和离子交换作用，水质在扇缘部分往往较好，常形成局部的富水区域，是山区与平原过渡地带重要的供水水源。

（二）碳酸盐岩类岩溶水

碳酸盐岩类岩溶水主要分布在黄河流域有碳酸盐岩地层出露的地区，如山西、陕西等地的部分区域。这类岩石主要包括石灰岩、白云岩等，其特点是具有可溶性，在地下水长期溶蚀作用下，形成了复杂多样的岩溶地貌和地下岩溶洞穴系统。

---

[1] 张宏伟，别强，石莹，等．黄河流域上游植被覆盖变化特征及其影响因素［J］．干旱区研究，2024，41（08）：1385-1394．

岩溶水的分布极不均匀，其赋存和运移受岩溶发育程度的严格控制。在岩溶发育强烈的地区，如一些大型溶洞、地下河发育的地段，地下水水量丰富，水位变化较大且动态复杂。这些地区的岩溶水补给主要依靠大气降水，降水通过岩溶裂隙、漏斗等快速渗入地下，进入岩溶洞穴系统后，沿着溶洞和管道快速径流，流速较快，具有较强的排泄能力。例如，在山西的一些岩溶泉域，岩溶水在地下汇集后，常以大流量的岩溶泉形式排泄到地表，如晋祠泉等，这些泉水流量稳定且水质优良，是当地重要的饮用水源和工业用水水源，对当地社会经济发展有着重要支撑作用。然而，在岩溶发育相对较弱的地区，地下水的储存和运移则受到一定限制，水量相对较少，水位埋深较大，水质也可能因岩石溶解和水岩相互作用的差异而有所不同。同时，由于岩溶洞穴系统的复杂性，岩溶水容易受到污染，一旦地表污染物进入岩溶水系统，可能会在短时间内扩散到较大范围，对水资源保护带来挑战。

（三）碎屑岩类孔隙裂隙水

碎屑岩类孔隙裂隙水赋存于黄河流域的砂岩、页岩等碎屑岩地层中。这类岩石由不同粒径的碎屑颗粒胶结而成，其孔隙和裂隙是地下水的储存和运移通道。在砂岩为主的地层中，孔隙相对发育较好，尤其是一些粗砂岩，孔隙度较高，能够储存一定量的地下水。其补给来源包括大气降水和相邻含水层的侧向补给等。地下水在孔隙中缓慢运移，同时也会沿着岩石中的裂隙进行径流，由于裂隙的存在，增加了地下水的连通性和运移速度。在一些丘陵和山地地区，碎屑岩类孔隙裂隙水是当地居民生活用水和小型农业灌溉的重要水源。例如，在黄河流域的一些低山丘陵区，居民通过打井汲取砂岩中的地下水，满足日常生活需求。

而页岩由于其颗粒细小且致密，孔隙度较低，主要以裂隙含水为主。页岩中的裂隙通常较为细小且不连续，地下水的储存量相对较少，运移速度缓慢。但页岩层往往起到隔水层的作用，与砂岩等含水层组合形成含水层组，对地下水的赋存和运移起到控制作用。碎屑岩类孔隙裂隙水的水质受到岩石矿物成分和水岩作用的影响，可能含有较高的硫酸盐、氯化物等成分，矿化度相对较高，在利用时需要进行相应的处理。

（四）结晶岩类裂隙水

结晶岩类裂隙水分布于黄河流域由花岗岩、闪长岩等结晶岩组成的山区或高地。这些结晶岩是岩浆侵入或喷出后冷却结晶形成的，岩石致密坚硬，几乎不含孔隙，地下水主要赋存于岩石的裂隙之中。裂隙的形成与岩石的构造运动、风化作用等密切相关。构造运动产生的断裂和节理为地下水提供了储存空间和运移通道。在山区，由于地壳抬升和岩石风化强烈，裂隙较为发育。大气降水是其主要补给来源，降水沿裂隙渗入地下，在裂隙中形成地下水。由于裂隙的不均匀性，结晶岩类裂隙水的分布极不均匀，在裂隙密集且相互连通的区域，地下水水量相对丰富，而在裂隙稀少或不连通的区域，可能几乎无水。例如，在黄河流域的一些花岗岩山区，局部的构造破碎带或风化强烈的地段可能存在地下水富集区，能够为山区的居民和动植物提供水源。在降水集中的季节，地下水位上升较快，而在干旱季节则下降明显。由于结晶岩中矿物质含量丰富，经过长期的水岩作用，地下水可能含有较多的微量元素，如氟、锶等，这些微量元素的含量过高可能会对人体健康产生不利影响，在利用时需要进行水质监测和处理。

（五）冻结层水

冻结层水主要存在于黄河流域的高海拔和高纬度寒冷地区，如青藏高原的部分区域以及黄河源区的一些高寒地带。这些地区气温常年较低，地表以下一定深度的岩土体处于冻结状态，形成了多年冻土或季节性冻土。在多年冻土区，冻结层水分为冻结层上水和冻结层下水。冻结层上水是指赋存于多年冻土层之上的季节性融化层中的地下水，其补给来源主要是大气降水和冰雪融水。在夏季气温升高时，冻结层上水的活动层融化，地下水在重力作用下缓慢运移，水位有一定的变化。由于其与外界环境交换频繁，水质相对较好，多为淡水。例如，在黄河源区的一些高寒草甸地区，冻结层上水在暖季为草甸植被提供了重要的水分来源，维持着高寒生态系统的稳定。

冻结层下水则是指赋存于多年冻土层之下的地下水，其处于终年冻结的环境中，与上部的活动层水联系相对较少。其补给来源主要是来自更深层的地下水径流和侧向补给。由于其所处环境特殊，水温较低，水质较好且稳定，但开采难度较大。在季节性冻土区，冬季时土壤冻结，地下水的运移基本停止，而在春季气温回升时，冻土开始融化，地下水又逐渐恢复运移，其水位和水量也会随着季节发生明显的变化，这种变化对当地的生态环境和工程建设都有着重要的影响，如在道路工程建设中需要考虑冻结层水的冻融作用对路基稳定性的影响。

二、地下水的分布特征

（一）空间分布特征

1. 与地形地貌紧密相关

黄河流域的地下水分布在空间上呈现出与地形地貌高度耦合的特点。例如，华北平原是黄河等河流长期冲积形成的，这里的松散沉积物深厚，地下水主要赋存于这些松散岩类的孔隙中。由于平原地势平坦，地下水的水位埋深较浅，一般在数米到十几米之间，形成了大面积的浅层地下水分布区。这些地下水受黄河水的侧向补给和大气降水的垂直补给，水量相对丰富，是当地农业灌溉和居民生活用水的重要水源。在山前地带，如黄河流域的一些山脉与平原过渡的区域，地下水分布受洪积扇地貌的影响。从山脉流出的河流携带大量的泥沙和砾石，在山前堆积形成洪积扇。洪积扇顶部颗粒粗大，地下水埋藏深，随着向扇缘方向推移，颗粒变细，地下水埋藏变浅。这种变化使得山前洪积扇地区的地下水在空间上呈现出从扇顶到扇缘由深变浅、水量由少变多的分布特征。山区的地下水分布则受地形起伏和岩石类型的双重影响。在山谷地区，地下水可能相对富集，因为山谷是地表水和地下水的汇集区域。而在山坡上，地下水分布较分散，且水位埋深变化较大，主要受岩石裂隙和降水入渗的控制。

2. 受地质构造控制

地质构造对黄河地下水的空间分布起着关键的控制作用。断裂带和褶皱构造区域的地下水分布具有特殊性。断裂带往往是地下水的良好通道，它可以使不同含水层之间相互连通，或者使深部地下水上升到浅部。例如，在黄河流域的某些断裂构造发育的地区，深部的岩溶水可能通过断裂通道上升，在地表形成泉水，这些泉水的出露位置和水量大小与断裂构造的特征密切相关。褶皱构造的轴部和翼部地下水分布也有所不同。在背斜的轴部，岩石层向上拱起，顶部岩石受张力作用裂隙发育，有利于地下水的储存和运移，可能形成富水区域；而向斜构造的轴部，岩石层向下凹陷，地下水容易汇集，但如果向斜轴部被不透水层覆盖，地下水则可能被封闭在其中，形成承压水。

（二）深度分布特征

1. 多层含水层系统

黄河流域的地下水在深度方向上呈现出多层含水层系统的特征。一般来说，浅层地下水主要分布在地表以下几十米的范围内，其含水层多为松散岩类，如砂、砾石等，这些含水层的孔隙度较高，地下水的补给和排泄过程相对较快。浅层地下水与地表的生态环境、农业灌溉等联系紧密，其水位和水质受季节变化和人类活动的影响较为明显。中层地下水的深度范围可能在几十米到几百米之间，其含水层类型多样，包括碎屑岩类孔隙裂隙含水层、碳酸盐岩类岩溶含水层等。中层地下水的运移速度相对较慢，其补给来源除了侧向径流和局部的垂直补给外，还可能受到深部地下水的顶托作用。其水质受含水层岩性和水岩相互作用的影响较大，例如，岩溶含水层中的地下水可能含有较高的钙、镁离子等。深部地下水通常位于几百米以下，其含水层主要是结晶岩类裂隙含水层或深部的碎屑岩、碳酸盐岩等复杂地层。深部地下水的形成和运移过程漫长，其补给源可能来自较远的区域或深部的地质循环。由于其与外界环境的交换相对缓慢，水质一般较为稳定，但一旦受到污染，治理难度较大。

2. 垂直水力联系差异

不同深度含水层之间的垂直水力联系存在差异。由于隔水层的存在，上下含水层之间的水力联系较弱，地下水在各层之间的交换受到限制。例如，在有黏土隔水层的区域，浅层地下水和中层地下水之间的水力联系可能被隔断，各自形成相对独立的水循环系统。然而，在一些情况下，如通过断裂、岩溶管道等通道，不同深度的含水层之间可以发生水力联系。当深部承压水通过断裂上升到浅部含水层时，可能会改变浅部地下水的水位、水质和水温等特征。这种垂直水力联系的变化对地下水的开发利用和生态环境都可能产生重要的影响。

（三）时间分布特征

1. 季节性变化明显

黄河流域地下水的时间分布特征表现出明显的季节性变化。在雨季，大气降水是地下水的主要补给来源。降水通过入渗补充到地下含水层中。特别是在黄河流域的湿润和半湿润地区，雨季时地下水位的上升幅度较大，浅层地下水的水量明显增加。例如，在黄河中游的一些地区，夏季雨季来临后，地下水位可能在数周内上升数米，这种水位变化对周边的湿地生态系统和农业灌溉都有积极的影响。而在旱季，由于缺乏降水补给，地下水主要通过侧向径流和少量的蒸发排泄，地下水位逐渐下降。在干旱地区，这种季节性的水位下降更为明显，可能导致一些浅井干涸。同时，地下水的水质在旱季也可能因为蒸发浓缩作用而发生变化，如矿化度升高、盐分增加等。

2. 长期动态变化受多种因素影响

从长期来看，黄河地下水的动态变化受气候变化、人类活动等多种因素的综合影响。在气候变化方面，气温升高可能导致冰川融化和冻土解冻，从而增加地下水的补给量；但同时也可能使蒸发量增加，减少地下水的储存量。例如，在黄河源区，冰川融化水对地下水的补给有所增加，但该区域的蒸发也在加剧，地下水的动态平衡受到影响。大规模的农业灌溉抽取地下水，使得地下水位下降；而水利工程建设，如水库的修建，可能改变地下水的补给和排泄条件。长期的地下水开采导致了地下水位下降和地面沉降等问题，这种变化反过来又影响了地下水的分布和循环系统。

第二节 地下水补给与径流的关系

一、补给是径流的前提基础

（一）补给来源决定径流的初始水量

黄河流域地域辽阔，气候条件差异显著，从东南部相对湿润多雨的地区到西北部干旱少雨的地带，降水分布极不均衡。在东南部地区，年降水量可达 800 毫米甚至更多，充沛的降水为地下水提供了大量水源补充。当降雨发生时，雨水首先会在地表形成短暂的积水，而后在重力作用下开始向地下渗透。雨水会逐渐填充土壤颗粒间的孔隙，随着入渗深度的增加，进一步进入到更深层的岩石裂隙和孔隙中，成为地下水的一部分。例如在黄河流域的秦岭山脉一带，降水丰富且多集中在夏季，大量的雨水渗入地下，使得该区域地下水的初始水量较为充足，为后续的地下水径流奠定了坚实基础。

黄河作为中华民族的母亲河，其河水在流动过程中不断与河床及河岸的地质体发生相互作用。当黄河水水位高于两岸地下水位时，河水就会在压力差的驱动下向地下含水层渗透。在黄河下游的冲积平原地区，这种现象尤为明显。黄河水位大幅上涨，河水大量侧向补给两岸的地下水。据相关研究和监测数据显示，在某些洪水期，黄河水对两岸地下水位的抬升幅度可达数米之多，这无疑极大地增加了地下水的水量，成为地下水径流的重要"推动力量"。此外，黄河的众多支流以及流域内的湖泊、水库等水体也都对地下水有着不同程度的补给作用。例如，在宁夏平原地区，引黄灌溉渠道纵横交错，在灌溉过程中，一部分黄河水会通过渠道底部和两侧的渗漏补给到地下含水层中，增加了地下水的储备，从而为地下水径流提供了更多的水量来源。在广大的农业种植区，灌溉是保障农作物生长的重要手段。然而，灌溉过程中并非所有的水都能被农作物有效吸收或通过蒸发散失。一部分灌溉水会在重力作用下渗入地下，回归到地下水系统中。以黄河流域的河套平原为例，这里是重要的粮食产区，每年进行大规模的灌溉作业。据估算，灌溉回归水对该地区地下水的补给量占地下水总补给量的相当比例。这些灌溉回归水的补给，虽然在空间分布上相对分散，但累计起来对地下水径流的初始水量有着不可小觑的贡献，它在一定程度上维持着局部地区地下水的循环和径流。

（二）补给方式影响径流路径和速度

大气降水补给地下水的方式主要是垂直入渗。降雨开始时，雨滴首先撞击地表，部分雨水会在地表形成径流，但随着降雨的持续，地表逐渐饱和，更多的雨水开始垂直向下渗透。在这个过程中，雨水首先进入土壤层，土壤的孔隙结构对雨水的入渗速度和路径有着重要影响。例如，在砂质土壤地区，土壤颗粒较大，孔隙度高，雨水能够较为迅速地渗入地下，其入渗路径相对较为顺畅，在重力作用下直接向下填充孔隙，形成较为垂直的地下水径流初始路径。而在黏质土壤区域，由于土壤颗粒细小，孔隙度低且连通性较差，雨水入渗速度慢，可能会在地表形成短暂的积水，入渗过程中雨水会沿着土壤孔隙缓慢迂回地向下渗透，使得地下水径流的初始路径更为曲折。当雨水穿过土壤层进入到下层的岩石地层后，若岩石为裂隙发育的砂岩或石灰岩等，雨水会沿着裂隙快速下渗，进一步确定地下水径流的路径，并且在裂隙较大且连通性好的情况下，地下水径流速度会显著加快。在山区，由于地形起伏大，降水在坡面形成径流后，会在低洼处汇集并快速下渗，通过岩石裂隙迅速补充到地下含水层，形成局部的地下水径流通道，其径流速度相对较快，能够在较短时间内将大量降水转化为地下水径流并向下游输送。

当黄河水或其他地表水与地下含水层接触时，由于水位差的存在，河水会沿着河床和河岸的孔隙、裂隙侧向流入地下含水层。这种侧向补给方式对地下水径流路径产生了明显的改变。以黄河的弯曲河段为例，在弯道处，水流受到离心力的作用，外侧河岸（凹岸）水流速度快，水位相对较高，河水对凹岸一侧地下水的侧向补给较强。地下水径流方向会向凹岸偏移，形成从河流水体向凹岸地下含水层的侧向径流路径。而且由于侧向水力梯度的增加，地下水径流速度也会加快。在一些河流与含水层的交界处，如果存在渗透性较好的砂层或砾石层，地表水能够快速地侧向渗入地下，形成较为集中的侧向补给通道，地下水径流会沿着这些通道快速向周围扩散，其速度可比在均质地层中的径流速度快数倍。同时，这种侧向补给还会与其他方向的地下水径流相互作用，改变区域内地下水的整体径流格局，例如在河流交汇处或与湖泊相邻的区域，来自不同方向的地表水侧向补给会使地下水径流路径变得更为复杂，形成多源汇聚或分流的径流态势。

二、径流反映补给的动态变化

（一）径流方向指示补给源的位置变化

地下水径流方向与补给源的位置有着紧密的内在联系。当存在地表水侧向补给时，地下水径流方向往往会背离补给水体。例如在黄河的冲积平原上，黄河水是主要的补给源之一。由于黄河水位高于两岸平原地区的地下水位，河水持续向两岸地下含水层进行侧向补给。地下水在接受补给后，其径流方向会从靠近黄河河道的区域向两侧平原地区流动。通过对不同时期地下水水位监测数据的分析以及水流数值模拟研究发现，在黄河下游的某一特定区域，从黄河河岸向远离河岸约 10 公里的范围内，地下水径流方向呈现出明显的由河道指向两侧的特征，这清晰地表明了黄河水在该区域是主导性的补给源。而且，当黄河河道发生变迁时，这种地下水径流方向与补给源位置的对应关系会发生相应变化。例如在历史上黄河多次改道的过程中，原有的地下水径流系统被打乱，随着新河道的形成，地下水径流方向逐渐调整为以新河道为中心向两侧流动，反映出补给源位置从旧河道转移到了新河道。

从区域宏观角度来看，在黄河流域的山区和平原交界处，地下水径流方向具有显著的规律性。山区通常是大气降水的主要汇集区域，降水通过入渗转化为地下水后，由于重力作用以及地形的高差，地下水会从山区向平原地区径流。在太行山脉与华北平原的过渡地带，大量的降水在山区形成地下水后，沿着岩石裂隙和孔隙向地势较低的平原地区流动，其径流方向明确地指示出山区降水是平原地下水的重要补给源。这种由山区向平原的地下水径流在输送水资源的同时，还对平原地区的地质环境和生态系统产生了深远影响。例如，它有助于维持平原地区湿地的水位稳定，为湿地生态系统提供了持续的水源支持，同时也在一定程度上影响了平原地区土壤的盐渍化程度，因为地下水径流在运动过程中会携带一定量的盐分，其排泄和蒸发过程会改变土壤的盐分平衡。

（二）径流速度和水量体现补给的时空差异

在时间维度上，黄河地下水径流速度和水量与补给的季节性变化密切相关。雨季时，黄河流域各地降水集中，大量的降水迅速补给到地下含水层。在黄河中游的黄土高原地区，夏季是降水最为集中的季节，暴雨频繁。当暴雨发生时，雨水快速下渗，使得地下水位迅速上升，地下水径流速度显著加快。据实地监测数据显示，雨季时地下水径流速度可比旱季快3-5倍。这是因为大量的降水在短时间内为地下水提供了充足的能量和水量，增强了地下水的流动性。同时，径流水量也大幅增加，原本干涸或水量稀少的泉眼在雨季时会重新涌出大量泉水，一些地下河的流量也会显著增大。例如，，雨季时泉水流量可从旱季的每秒几立方米增加到几十立方米，这充分体现了降水补给在时间上的不均匀性对地下水径流速度和水量的影响。而在旱季，地下水主要依靠储存量维持径流，水力梯度减小，径流速度减慢，径流水量也相应减少，一些浅层地下水甚至可能出现断流现象，只有在深层含水层中还能维持较为微弱的径流。

在空间维度上，靠近补给源的区域与远离补给源的区域，地下水径流速度和水量存在明显差异。靠近黄河河道或降水丰富的山区等补给源的地方，地下水径流速度相对较快，水量也较为丰富。在黄河岸边，由于黄河水的持续侧向补给，地下水径流速度较快，能够在较短时间内将大量的水输送到周边区域。例如，黄河水的补给使得该区域的地下水径流活跃，不仅维持着当地湿地的生态平衡，还为周边的农业灌溉和工业用水提供了一定的水源保障。而在远离黄河河道且降水较少的内陆地区，如黄河流域的西北部荒漠边缘地带，地下水径流速度缓慢，水量稀少。这里由于缺乏有效的补给源，地下水主要依靠深层含水层中有限的储存量进行缓慢的径流，其径流速度可能仅有每年数米甚至更慢，径流水量也只能满足当地少量的生态和生活用水需求，并且随着地下水的开采和自然消耗，地下水位持续下降，径流面临着枯竭的危险。

三、补给与径流的相互反馈与平衡

（一）动态平衡维持地下水系统稳定

在黄河地下水系统中，补给与径流之间时刻维持着一种微妙而关键的动态平衡关系。当补给量增加时，例如在雨季或者黄河发生较大规模洪水导致河水对地下水补给增强的情况下，地下水系统会迅速做出响应。地下水位开始上升，地下水水量增多，此时，地下水径流的速度会相应加快。这是因为随着水量的增加，地下水所受到的水力梯度增大，在重力和压力差的共同作用下，地下水会更快速地向周围区域流动，以排泄多余的水量，从而避免地下水位过度上升而引发的诸如土壤沼泽化、建筑物地基受浸泡等一系列问题。例如，在黄河下游的一些低洼地区，雨季时大量降水和黄河水的补给使得地下水位上升，但由于地下水径流的及时排泄作用，地下水位能够在一定范围内保持相对稳定，不会对当地的农业生产和居民生活造成严重影响。

反之，当补给量减少时，如在旱季或者黄河枯水期，地下水径流也会自动调整。由于缺乏新的水源补充，地下水径流速度减慢，排泄量也随之减少。地下水系统会尽量保存自身的资源，减少不必要的消耗，以维持地下水位在一个相对合理的水平，避免地下水位过度下降导致的地面沉降、地下水枯竭等严重后果。长期的干旱使得降水补给极少，但当地的地下水系统通过减缓径流速度和减少排泄量，仍然能够在一定程度上维持一些浅层植被和生态系统的基本用水需求，保持了生态系统的相对稳定。这种补给与径流之间的动态平衡是黄河地下水系统长期稳定运行的重要保障机制，它使得地下水系统能够在不同的气候条件和外部干扰下，维持自身的基本功能和生态服务价值。

（二）相互反馈调节地下水水量和水质

补给与径流之间不仅存在着水量上的动态平衡关系，还在水质方面有着密切的相互反馈调节作用。从水量角度来看，地下水径流在其流动过程中，会不断地与周围的地质体进行物质和能量交换。当遇到新的补给源时，无论是大气降水、地表水还是灌溉回归水，都会对地下水的水量产生影响。例如，在黄河流域的某个含水层中，当有大量清洁的地表水补给进来时，地下水的水量会增加，同时，这股新的水流会与原有的地下水混合，改变地下水的流动特性和水力梯度，进一步影响地下水的径流速度和范围。地下水径流又会将这些混合后的水输送到其他区域，实现区域间的水量调节。在一些山区和平原的过渡地带，山区的地下水在径流过程中会补给到平原地区的含水层，增加平原地区的地下水水量，同时平原地区的地下水也可能通过径流反向补给山区的部分区域，这种相互补给和径流的过程使得整个黄河流域的地下水水量在不同区域之间得到了有效的调节和分配。

从水质方面而言，地下水径流在流动过程中会与周围的岩石、土壤以及其他地质物质发生化学反应，从而溶解或吸附一些物质，导致水质发生变化。当有新的补给源加入时，若补给水源水质较好，如清洁的大气降水或经过处理的地表水，它会稀释地下水原有的某些成分，降低水中矿物质、盐分以及污染物的浓度，从而改善地下水的水质。相反，如果补给水源受到污染，例如工业废水或农业面源污染物流入河流后再补给到地下水，那么径流就会成为污染物传播的载体，将这些污染物带到其他区域，导致地下水污染范围扩大。在黄河流域的一些工业城市周边地区，由于工业废水排放不达标，这些废水可能会渗入地下，随着地下水径流扩散到周边的农田和居民区，对当地的生态环境和居民健康造成严重威胁。这种补给与径流在水质方面的相互反馈关系，使得黄河地下水的水质在时空分布上呈现出复杂的变化特征，也提醒我们在水资源管理和环境保护中，要充分重视补给水源的质量控制和地下水径流过程中的污染监测与防治。

第三节　地下水开采的现状与问题

一、黄河流域地下水开采的现状

（一）城市供水开采

对坐落于黄河沿岸及其支流冲积平原上的 41 座城市进行统计分析后可知，当时城市供水大多高度依赖地下水开采。在这些城市的总供水量构成中，地表水仅仅占据了23%的份额。这表明地下水在城市供水体系中占据着主导性地位。其中，具有独特"泉城"美誉的济南市，其供水主要源于奥陶系的岩溶泉水，而其余多数城市则主要开采第四系孔隙潜水与承压水。太原市的情况较为特殊，采用了岩溶水和孔隙水综合开发的模式，这两类地下水共同构成了城市供水的关键水源。从供水总量的数据来看，这41座城市日供水总量高，地下水的日供水量在城市供水水源中的巨大占比。在这些城市中，白银和东营市因当地特殊的地质条件，地下水严重匮乏或者水质苦咸无法满足饮用需求，所以其供水全部依靠地表水。还有少数城市，像兰州、郑州等，由于地表水引水条件极为便利，或者如延安、铜川等地因开采碎屑岩水时水资源不足，而采用了地表水与地下水综合的供水水源模式。但不容忽视的是，超过76%的城市完全依赖单一的地下水源进行供水。

（二）农业供水开采

当前，黄河流域内地下水用于灌溉的量在整个农业用水总量中约占20%的比例。由此可见，就农业灌溉整体格局而言，是以地表水为主导，地下水起到辅助性作用。黄河流域内拥有数量众多的耕地面积，其中有效灌溉面积在耕地面积中占比33%。而在这其中，地下水灌溉面积达到1861.2万亩，为有效灌溉面积的30%。尽管占比相对不是特别突出，但不可否认其对农业发展起到了极为关键的推动作用。在众多地区中，晋陕两省在地下水开发利用方面程度最高。以陕西为例，其拥有4655万亩耕地面积，有效灌溉面积为1654万亩。在这些有效灌溉面积中，纯井灌面积有473万亩，井渠双灌面积为364万亩，两者合计发展井灌面积共837万亩，这一数据占有效灌溉面积的51%之多[①]。并且，陕西省开采地下水的量达到20.5亿立方米每年，占整个黄河流域内地下水量的32%。如此高的占比充分表明，在陕西以及类似的晋陕地区，利用地下水灌溉在农业生产体系中占据着相当重要的地位。

其供水相对较为稳定，不像地表水那样容易受到季节变化、降水不均等因素的强烈干扰。在干旱季节或者地表水供水不足时，地下水能够及时补充灌溉用水需求，保障农作物的生长发育。例如在一些降水稀少的年份，依靠地下水灌溉的农田依然能够维持一定的产量水平，避免了因缺水而导致的大面积减产甚至绝收。而且，地下水的水温相对较为恒定，在冬季灌溉时，不会因水温过低而对农作物根系造成冻害，有利于农作物安全越冬。

二、黄河流域地下水开采造成的问题

（一）地下水位下降

黄河流域作为我国重要的生态与经济区域，地下水开采在满足工农业生产及居民生活用水需求方面曾发挥了关键作用。然而，长期且过度的地下水开采，致使地下水位下降问题日益严峻，引发了一系列连锁反应，对流域的生态环境与可持续发展构成了严重威胁。在黄河流域的诸多区域，曾经水草丰美、植被繁茂的湿地与河岸带，因地下水位的持续降低，土壤含水量锐减。大量的草本植物因无法获取足够的地下水补给而枯萎死亡，原本郁

---

① 袁征，张志高，闫瑾，等．1960—2020年黄河流域不同等级降水时空特征［J］．干旱区研究，2024，41（08）：1259-1271．

郁葱葱的草地逐渐变得稀疏荒芜，生态系统的初级生产力大幅下降。以黄河三角洲湿地为例，部分区域由于地下水超采，地下水位下降幅度超过数米，大片的碱蓬草群落面积萎缩，依赖其生存的众多鸟类栖息地遭到破坏，生物多样性面临严重挑战。许多珍稀鸟类的觅食范围缩小，繁殖成功率降低，种群数量呈现出明显的下降趋势。

黄河流域是我国重要的农业产区，地下水一直是农田灌溉的重要水源。随着地下水位的不断下降，机井越打越深，取水成本急剧攀升。一些浅层水井干涸报废，农民不得不投资开凿更深的水井，这不仅增加了经济负担，还使得灌溉效率大打折扣。而且，地下水位下降导致土壤水分亏缺，土壤结构变差，土壤肥力逐渐流失。农作物因缺水而生长不良，产量锐减，甚至出现绝收现象。例如，河南、山东等黄河中下游的粮食主产区，部分农田由于地下水位下降，小麦、玉米等主要农作物的产量在过去几十年间出现了不同程度的下滑，严重影响了我国的粮食安全战略布局。

地下水位的快速下降破坏了原有的水力平衡，使得地层中的有效应力增加。许多地区出现了地面沉降现象。在城市地区，地面沉降导致建筑物基础下沉、墙体开裂，道路出现裂缝、凹陷，地下管道扭曲变形，严重影响了城市的基础设施安全与正常运行。如在黄河流域的一些大型城市，如郑州、西安等地，部分区域的地面沉降速率逐年加快，一些老旧建筑因地面沉降而被列为危房，城市的防洪排涝能力也因地面沉降而降低，每逢雨季，城市内涝积水问题愈发严重，给居民生活带来极大不便。

地面沉降还会引发地裂缝灾害，地裂缝的出现如同大地的"伤痕"，无情地切割着地表的一切。它破坏了农田的完整性，使得灌溉渠道断裂，农田无法正常灌溉；穿越交通线路时，导致铁轨扭曲、公路路面断裂，严重威胁交通运输安全；在居民区，地裂缝甚至会直接破坏房屋结构，威胁居民生命财产安全。黄河流域的山西、陕西等地区，地裂缝活动频繁，给当地的经济建设和社会稳定带来了巨大的负面影响。

更为严重的是，地下水位下降与黄河流域的河流水系也存在着复杂的相互关系。地下水位的降低减少了地下水对河流的补给量，导致河流基流量减少。在枯水期，一些中小河流甚至出现断流现象，河流生态系统的自净能力下降，水质恶化，水生态功能退化。同时，地下水位下降还可能引发海水入侵等问题。在黄河入海口附近地区，由于地下水位低于海平面，海水沿地下孔隙通道倒灌入侵内陆含水层，使得地下水水质咸化，原本可用于灌溉和饮用的淡水资源遭到破坏，进一步加剧了水资源短缺的困境，严重制约了当地社会经济的可持续发展。

（二）地面沉降与地裂缝

地面沉降现象在黄河流域的多个城市和地区广泛存在且日益加剧。以黄河下游的一些平原城市为例，如济南、郑州等地，随着城市化进程的加速和工业的迅猛发展，对地下水的需求量持续攀升。大量的地下水被抽取用于工业生产、居民生活以及城市建设中的各种用水需求。由于地下水的开采速度远远超过了其天然补给速度，地下水位逐年下降，地层中的孔隙水压力逐渐减小，原本由地下水所支撑的上覆地层重量失去了平衡支撑力，从而导致地层逐渐压实并发生沉降。在一些长期超采地下水的区域，地面沉降的速率令人触目惊心，每年沉降量可达数厘米甚至更多。这种持续的地面沉降给城市的基础设施带来了毁灭性的打击。城市中的高楼大厦因地面沉降而出现基础不均匀沉降，墙体开裂、倾斜，严重威胁着居民的生命财产安全。许多具有历史文化价值的古老建筑也未能幸免，它们在地面沉降的影响下，建筑结构遭到破坏，墙体出现裂缝、变形，一些珍贵的历史遗迹面临着坍塌的危险，这对于黄河流域丰富的历史文化遗产保护来说无疑是一场巨大的灾难。

道路路面因地面沉降而变得高低不平，出现大量的裂缝、坑洼，严重影响了道路的平整度和行车舒适性。一些道路在沉降严重的区域甚至出现了路面断裂、塌陷的情况，导致交通中断，给城市的交通运输带来了极大的不便，增加了交通拥堵和交通事故的发生概率。此外，地面沉降还对城市的地下管道网络产生了严重的破坏作用。供水管道、排水管道、燃气管道等在地面沉降的作用下，发生扭曲、变形、破裂等情况，导致供水、排水不畅，燃气泄漏等安全隐患频发，不仅影响了城市居民的正常生活，还增加了城市的维护成本和安全风险。

与地面沉降相伴而生的是地裂缝灾害，它如同大地张开的"狰狞大口"，无情地吞噬着地表的一切。在黄河流域的山西、陕西等地区，地裂缝问题尤为突出。这些地裂缝的形成与地下水开采导致的地下水位下降密切相关。当地下水位下降时，地层中的岩土体失去了地下水的浸润和支撑作用，其物理力学性质发生改变，变得更加干燥、脆弱，容易发生变形和破裂。在不均匀的应力作用下，地层中逐渐形成了地裂缝。地裂缝的出现对农田的破坏最为直接和严重。大片肥沃的农田被地裂缝切割得支离破碎，灌溉渠道被截断，使得农田无法正常灌溉，农作物生长受到严重影响，导致农作物产量大幅下降，农民的经济收入遭受重创。在一些农村地区，地裂缝甚至直接穿过村庄，村民的房屋被地裂缝撕裂，墙体倒塌，许多家庭被迫搬迁，严重影响了当地村民的安居乐业。

铁路、公路等交通线路在地裂缝的影响下，铁轨扭曲、路基下沉、路面断裂，严重威胁着交通运输的安全与畅通。例如，在一些铁路沿线地区，地裂缝的活动导致铁轨出现高低差和水平位移，列车在行驶过程中面临脱轨的危险，不得不频繁限速运行，这不仅影响了铁路运输的效率，还增加了运输成本和安全风险。公路交通也同样受到地裂缝的困扰，许多重要的交通干道因地裂缝而损坏，需要频繁维修和加固，给区域交通物流的顺畅运行带来了极大的阻碍。地裂缝的存在破坏了地表的植被覆盖，使得土壤水分更容易流失，植被难以生长，进一步加剧了土地的退化和生态系统的脆弱性。地裂缝还可能引发山体滑坡、泥石流等地质灾害，对周边地区的生态环境和居民生命财产安全构成更大的威胁。

(三) 水质恶化

黄河流域作为中华民族的摇篮，其生态环境的稳定与健康对整个国家具有至关重要的意义。然而，地下水开采这一长期且广泛存在的活动，却给黄河流域带来了水质恶化这一严峻挑战，犹如一颗毒瘤，侵蚀着流域内宝贵的水资源根基，对生态、经济和社会等多方面产生了深远的负面影响。随着地下水位的持续降低，原本被地下水填充的地层孔隙逐渐被空气所占据，形成了氧化环境。在这种环境下，地层中的一些矿物质和污染物更容易发生化学反应。例如，一些富含铁、锰等金属元素的地层，在氧化作用下，铁、锰离子被大量释放到地下水中，使地下水呈现出铁锈色或浑浊状，不仅影响了水的外观，还使其具有了特殊的异味，严重降低了地下水的可饮用性和可用性。在黄河流域的部分农村地区，居民们依赖地下水作为生活饮用水源，由于水质恶化，水中的铁、锰超标，长期饮用这种水会对人体健康造成诸多不良影响，如导致皮肤变色、肠胃不适等疾病，严重威胁着居民的身体健康。

同时,地下水位下降还会引起海水入侵现象,这在黄河入海口附近区域表现得尤为明显。由于过度开采地下水,地下水位低于海平面,海水在压力差的作用下沿地下孔隙通道向内陆渗透,与地下淡水混合。海水的入侵使得地下水中的盐分浓度急剧上升,原本的淡水资源逐渐被咸化。这种咸化的地下水不仅无法用于农业灌溉,因为高盐分会导致土壤盐碱化,破坏土壤结构,使农作物无法正常生长,导致大片农田减产甚至荒废;而且也不能直接作为生活用水,其咸涩的口感和过高的盐分含量超出了人体所能承受的范围,进一步加剧了当地水资源的短缺困境,严重制约了沿海地区的经济发展和居民生活质量的提高。

许多工业企业在开采地下水用于生产过程中,缺乏有效的污水处理设施和环保意识。大量未经处理或处理不达标的工业废水被直接排入地下,这些废水中含有各种重金属离子、有机污染物和化学物质,如汞、铅、镉、农药残留、化工原料等。它们随着地下水的流动在地下含水层中扩散,污染了大片的地下水区域。在一些工业集中区周边的农村,地下水检测结果显示多项污染指标超标,农民们即使打深井取水,也难以获得清洁的水源。这种受污染的地下水用于灌溉农田,会导致农作物吸收有害物质,进而通过食物链进入人体,对人体健康造成潜在的长期危害,同时也影响了农产品的质量和市场竞争力,对农业经济造成打击。

农业面源污染与地下水开采相互作用,农业生产中大量使用化肥、农药和除草剂等化学物质。这些化学物质随着灌溉水渗入地下,由于地下水位下降导致地下水流动速度减缓,污染物在地下水中的停留时间延长,更易于积累和扩散。长期积累下来,地下水中的硝酸盐、亚硝酸盐等含量超标,这些物质不仅会影响水的化学性质,还可能在一定条件下转化为致癌物质,对人体健康构成严重威胁。而且,随着水质的恶化,一些地区的地下水硬度增加,水中的钙、镁等离子含量升高,容易在管道和器具中形成水垢,降低了管道的输水能力和使用寿命,增加了供水系统的维护成本和能源消耗。

(四)生态系统破坏

在黄河流域的湿地生态系统中,地下水起着极为关键的支撑作用。由于长期过度开采地下水,地下水位急剧下降,湿地的水源补给遭受重创。曾经碧波荡漾、芦苇丛生的湿地逐渐干涸,水面面积大幅萎缩。大量的浅滩沼泽因缺水而消失,原本在此栖息繁衍的众多珍稀鸟类面临着食物短缺和栖息地丧失的双重困境。许多候鸟长途跋涉至此,却发现昔日的觅食地和筑巢区已不复存在,它们的种群数量因此急剧减少。同时,湿地中丰富的水生生物群落也因水环境的恶化而崩溃,鱼类、虾类、贝类等生物的生存空间被压缩,一些物种甚至濒临灭绝。湿地生态系统作为地球的"肾脏",其净化水质、调节气候、涵养水源等重要生态功能也随着湿地的退化而大打折扣,进一步影响了整个黄河流域的生态环境质量。

地下水水位的下降导致河岸植被的生存根基被动摇。那些依赖地下水滋养的乔木、灌木和草本植物,如杨树、柳树、荻草等,因得不到充足的水分供应而逐渐枯萎死亡。河岸植被的退化使得河岸带的稳定性遭到破坏,土壤侵蚀加剧,河岸崩塌现象频繁发生。这不仅导致大量泥沙流入黄河,抬高河床,增加洪水风险,而且还破坏了河岸带丰富的生物多样性。许多昆虫、两栖动物、爬行动物等失去了栖息和繁殖的场所,它们的生存繁衍受到极大限制，生态链的完整性被打破，整个河岸带生态系统陷入了恶性循环。

地下水位下降导致土壤水分含量降低，草原植被的生长受到抑制。牧草变得稀疏矮小，草原的生产力大幅下降，载畜量显著降低。这使得以草原为家的众多食草动物，如牦牛、藏羊等面临食物匮乏的困境，它们的种群数量和分布范围逐渐缩小。而以这些食草动物为食的食肉动物，如狼、鹰等，也因猎物减少而生存艰难。草原生态系统的退化还引发了土地沙漠化和沙尘暴等问题。在风力的作用下，裸露的地表土壤被大量吹起，形成沙尘暴，不仅影响了当地居民的生产生活和身体健康，还对周边地区的生态环境造成了严重的污染和破坏。

地下水位下降使土壤中的水分减少，土壤颗粒之间的黏聚力降低，土壤结构变得松散，容易引发水土流失。同时，由于缺乏地下水的淋滤作用，土壤中的盐分逐渐积累，导致土壤盐碱化加剧。盐碱化的土壤不利于大多数植物的生长，进一步破坏了植被覆盖，形成了植被破坏与土壤盐碱化相互促进的恶性循环。这种土壤生态的恶化不仅影响了农业生产，使农作物产量下降，品质降低，而且还对整个陆地生态系统的物质循环和能量流动产生了阻碍，削弱了生态系统的自我调节能力和稳定性。

第四节 地下水资源管理与可持续利用

一、黄河地下水资源管理措施

（一）制度法规建设

制度法规在黄河地下水资源管理中起着根本性的引领和规范作用。一套完善且严格执行的制度法规体系能够为地下水资源的合理开发、利用与保护提供坚实的法律依据和制度框架。

1. 制定专门针对黄河地下水资源管理的综合性法规

明确界定黄河流域地下水资源的所有权归国家所有，任何单位和个人在开发利用地下水资源时，都必须依法取得相应的许可。法规中应详细规定不同地区、不同用途的地下水井采权限与审批流程。例如，对于农业灌溉用水的开采，应根据当地的土地面积、农作物需水量以及地下水资源储量等因素，确定合理的开采量范围，并规定由县级及以上水行政主管部门进行审批，且需定期复核开采情况。对于工业用水的开采，要求企业在申请时提供详细的用水规划、节水措施以及污水处理方案等，审批过程中要充分考虑工业布局与地下水资源分布的协调性，避免在地下水资源稀缺地区过度布局高耗水产业。

2. 建立严格的地下水开采收费制度

依据开采量、开采区域的敏感程度以及地下水的质量等因素，制定差异化的收费标准。在地下水资源较为紧张的地区，提高开采收费单价，以经济手段遏制过度开采行为。例如，在黄河流域的一些城市近郊，由于人口密集、工业发达，地下水资源压力较大，对超出基本生活用水需求的开采部分，实行高额累进收费，促使企业和居民自觉节约用水或寻求其他替代水源。同时，对于采用节水技术、积极开展地下水回灌等有利于地下水资源保护的行为给予一定的费用减免或补贴，激励用水主体参与到地下水资源保护中来。

3. 制定地下水污染防治法规

明确规定各类污染源的责任主体与处罚标准。对于工业企业，要求其建设完善的污水处理设施，确保污水达标排放，严禁将未经处理或处理不达标的污水直接排入地下或地表水体，一旦发现违规行为，根据污染程度和造成的损失，处以高额罚款，并责令停产整顿直至达到环保要求。对于农业面源污染，通过法规引导农民合理使用化肥、农药，推广生态种植模式，对违规使用高毒、高残留农药以及过量施肥导致地下水污染的农户，给予相应的警告、罚款等处罚，并要求其参加环保培训，学习科学施肥用药知识。

组建专业的执法队伍，配备先进的监测设备与执法工具，加强对黄河流域地下水开采与污染防治的日常监督检查。定期对各类用水户进行巡查，检查其开采许可证的持有与执行情况、计量设施的运行情况、污水处理设施的运转情况等。建立举报奖励制度，鼓励公众参与监督，对于举报属实的非法开采、污染地下水等行为给予举报人一定的物质奖励，形成全社会共同参与监督的良好氛围。通过严格的执法，确保制度法规的权威性与有效性，使黄河地下水资源管理真正走上法治化轨道。

（二）监测与评估体系构建

构建科学、全面、高效的监测与评估体系是黄河地下水资源管理的关键环节，它能够为管理决策提供准确、及时的数据支持与科学依据。根据黄河流域的地理特征、地下水资源分布状况以及用水需求情况，划分不同的监测区域，在每个区域内设置具有代表性的监测站点。例如，在黄河上游的水源涵养区，重点设置水质监测站点，监测地下水的化学组分、微生物含量等指标，确保水源地水质安全；在中游的工农业集中区，加密水位与水量监测站点，实时掌握地下水的开采动态与水位变化情况。同时，结合卫星遥感技术与地面监测站点，实现对黄河流域地下水资源的全方位监测。利用卫星遥感可以大面积、快速地获取地表植被覆盖、土壤湿度等信息，间接反映地下水资源的补给与消耗情况，与地面监测站点的水位、水质、水量等数据相互印证，提高监测数据的准确性与可靠性。

推广应用自动化、智能化的监测仪器，如高精度的水位计、流量计、水质传感器等，实现对地下水数据的实时采集、传输与存储。这些设备能够在恶劣的环境条件下稳定工作，并且具有低功耗、高精度、高灵敏度等特点。例如，新型的水质传感器可以同时检测多种污染物指标，并且能够快速响应水质的微小变化，将检测数据通过无线网络及时传输到监测中心，便于管理人员及时掌握地下水水质动态。建立监测数据管理平台，对海量的监测数据进行集中管理、分析与共享。将监测数据与地理空间信息相结合，直观地展示地下水资源的分布、变化趋势以及与周边环境的关系，为管理决策提供可视化的依据。

除了常规的水位变化、水量平衡、水质达标等指标外，还应纳入生态环境影响指标，如地下水位下降导致的地面沉降面积、湿地面积萎缩程度、植被退化情况等，以及社会经济指标，如地下水开采成本、因水资源短缺导致的经济损失等。通过综合评估这些指标，全面了解黄河地下水资源开发利用的现状与影响。定期开展地下水资源评估工作，例如每年度或每季度进行一次全面评估。组织专业的评估团队，运用数学模型、统计分析等方法，对监测数据进行深入分析与评估。建立评估结果的反馈与应用机制，将评估结果及时反馈给管理部门、用水户以及社会公众，为制定地下水开采计划、调整水资源管理策略、开展生态修复等工作提供科学依据。同时，根据评估结果对监测体系进行优化与完善，不断提高监测与评估工作的质量与水平。

(三) 节水措施推广

推广节水措施是缓解黄河地下水资源压力、实现可持续利用的重要途径，需要在农业、工业和生活等各个领域全面推进。大力推广高效节水灌溉技术是关键。滴灌技术应得到广泛应用，它通过滴头将水缓慢而精准地滴入作物根部附近的土壤，最大限度地减少了水的蒸发和渗漏损失。在黄河流域的干旱和半干旱地区，滴灌技术可使灌溉水利用率提高30%-50%。例如，在新疆的棉花种植区，采用滴灌技术后，不仅减少了大量的地下水开采量，而且棉花产量和品质都得到了显著提升。喷灌技术也是一种有效的节水方式，它将水通过喷头喷射成细小的水滴或雾状，均匀地洒落在农田上。这种技术适用于大面积的农田灌溉，相较于传统的大水漫灌，可节水20%-30%。同时，推广智能化灌溉系统，根据土壤湿度、气象条件、作物需水规律等因素，自动调节灌溉水量和时间。通过传感器实时监测土壤湿度，当土壤含水量低于设定阈值时，系统自动启动灌溉设备，当达到适宜湿度时则自动停止灌溉，实现精准灌溉，进一步提高农业用水效率。此外，加强农业用水管理，实行用水定额制度，根据不同作物、不同地区的实际情况，确定合理的亩均用水定额，并对超出定额的用水实行加价收费，促使农民自觉节约用水。

在工业领域，鼓励企业采用先进的节水工艺和设备，如循环冷却系统。在化工、钢铁、电力等耗水大户行业，循环冷却系统能够将生产过程中使用后的热水进行冷却处理，然后再循环利用，大大减少了新鲜水的取用量。例如，某大型化工企业通过改造升级循环冷却系统，使水的重复利用率提高到90%以上，每年节约地下水开采量数万吨。推广中水回用技术，对企业产生的达标排放的污水进行深度处理，使其达到一定的水质标准后回用于对水质要求较低的生产环节，如工业冲洗、绿化灌溉等。这不仅减少了污水排放，还降低了对地下水的依赖。同时，加强企业用水计量管理，安装先进的计量器具，对企业的各个用水环节进行精确计量，建立用水台账，分析用水数据，及时发现并解决用水浪费问题。通过制定工业用水效率标准，对达不到标准的企业进行限期整改，促使企业提高节水意识和水平。

通过电视、广播、网络等多种媒体渠道，广泛宣传节水知识和理念，提高公众的节水意识。制作生动有趣的节水公益广告，在黄金时段播放，让节水观念深入人心。开展节水进社区、进学校、进家庭等活动，组织志愿者深入社区讲解节水技巧，如在水龙头上安装节水器、收集雨水用于家庭清洁等；在学校开展节水主题班会、演讲比赛等活动，从小培养学生的节水习惯；在家庭中倡导一水多用，如洗菜水用于浇花、洗衣服水用于冲厕等。推广节水器具的使用，在新建住宅和公共建筑中强制安装节水型马桶、水龙头、淋浴喷头等器具，对老旧建筑逐步进行节水器具改造。通过补贴政策，鼓励居民更换节水器具，降低生活用水消耗。此外，加强城市供水管网的维护和改造，减少管网漏损率。采用先进的管网检测技术，如压力监测、流量监测、声学检测等，及时发现并修复管网漏水点，提高供水效率，减少水资源浪费。

(四) 超采区治理

黄河流域部分地区的地下水超采问题严重威胁着生态环境和社会经济的可持续发展，

因此超采区治理刻不容缓。确定合适的回灌水源，如在黄河丰水期，利用多余的黄河水进行回灌。通过修建回灌井、渗渠等回灌设施，将水引入地下含水层。在回灌过程中，要严格控制回灌水质，确保回灌水不会对地下水造成二次污染。例如，在山东的一些超采区，通过建设大规模的黄河水回灌工程，经过多年的持续回灌，部分地区的地下水位已经开始缓慢回升。同时，研究和应用先进的回灌技术，如人工控制回灌速率、回灌压力等，提高回灌效率和效果。可以采用分层回灌技术，根据不同含水层的地质结构和水文特性，有针对性地进行回灌，避免因回灌不当导致的地层变形等问题。

在超采区，逐步淘汰高耗水产业，如限制或关闭一些用水量大且效益较低的小型造纸厂、印染厂等。鼓励发展低耗水、高附加值的产业，如高新技术产业、文化创意产业、现代服务业等。例如，在河南的部分超采区，政府通过政策引导和资金扶持，将一些传统的高耗水农业种植区转型为特色农产品加工区和乡村旅游区，既减少了地下水的开采，又增加了农民的收入。加强农业产业结构调整，减少高耗水农作物的种植面积，推广耐旱作物品种和节水农业模式。如在一些地下水超采严重的地区，减少水稻种植面积，增加小麦、玉米、豆类等耐旱作物的种植，同时发展设施农业、立体农业等高效节水农业模式，降低农业用水需求。

建立流域内水资源统一调配机制，将地表水、地下水以及其他可利用水资源作为一个整体进行统筹规划。在超采区，优先保障居民生活用水和生态用水，合理分配工业用水和农业用水。例如，通过修建调水工程，将其他地区的水资源调入超采区，补充当地水资源缺口。加强对地下水开采的严格管理，进一步压缩超采区的地下水开采许可证发放数量，对已有的开采许可证进行重新审核，根据实际情况核减开采量。建立超采区地下水开采动态监测与预警机制，实时掌握地下水位、水量等变化情况，当发现地下水位下降速度过快或开采量接近警戒值时，及时发出预警信号，采取限制开采等紧急措施。

在超采区由于地下水位下降导致的地面沉降、地裂缝、湿地萎缩等生态问题突出。通过植树造林、种草护坡等措施，恢复超采区的植被覆盖，增强土壤涵养水源的能力。例如，在陕西的一些超采区，通过实施大规模的植树造林工程，增加了森林覆盖率，有效地减少了水土流失，改善了局部气候条件。对于因地下水位下降而受损的湿地，采取补水、恢复湿地植被等措施进行修复，重建湿地生态系统，提高湿地的生物多样性和生态服务功能。通过生态修复工程的实施，逐步恢复超采区的生态平衡，促进人与自然的和谐发展。

二、黄河地下水资源可持续利用

（一）严格的总量控制与定额管理

总量控制方面，首先需要依据黄河流域的水文地质勘察数据、水资源综合评估结果以及生态环境需水要求，精确地确定整个流域地下水资源的可开采总量。这一总量确定过程应综合考虑不同地区的地层结构、含水层特性、降水补给量以及与地表水的相互转换关系等多方面因素。例如，在黄河上游的一些水源涵养区，由于其对整个流域生态系统的重要性，应在确保生态基流和地下水位稳定的前提下，谨慎确定可开采量，严格限制大规模的地下水开采活动。而在黄河中下游的工农业发达地区，虽然用水需求较大，但也要依据科学计算，设定合理的开采上限，不能因短期经济利益而过度透支地下水资源。

为了确保总量控制的有效实施，必须建立起一套完善的监测与监管体系。在流域内广泛布设立体化的监测站点，包括水位监测井、水量监测设备以及水质检测装置等，实时采集地下水的动态数据。利用现代信息技术，如卫星遥感、地理信息系统（GIS）和物联网技术，构建智能化的监测平台，对数据进行及时传输、分析和处理。一旦发现某个区域的地下水开采量接近或超过总量控制指标，立即启动预警机制，相关部门能够迅速采取措施，如限制新的开采许可发放、加大对违规开采行为的查处力度等。在定额管理方面，针对不同的用水行业和用户类型，制定详细且合理的用水定额标准。对于农业灌溉，应充分考虑不同农作物的生长周期、需水特性以及当地的气候条件和土壤类型。例如，在干旱地区种植小麦，其灌溉定额应根据小麦在不同生育期的需水量进行精确设定，避免过度灌溉造成水资源浪费。通过推广滴灌、喷灌等高效节水灌溉技术，并结合农业种植结构调整，如推广耐旱作物品种，将农业灌溉定额细化到每一块农田，确保农业用水在定额范围内。

对于工业用水，根据不同行业的生产工艺特点和用水环节，制定差异化的用水定额。如化工行业，其冷却用水环节可通过循环水系统提高水的重复利用率，从而降低新鲜水的取用定额；而对于食品加工行业，根据其清洗、蒸煮等不同工序的用水需求，分别确定合理的定额标准。鼓励企业开展节水技术改造和清洁生产审核，对达到或低于定额标准的企业给予政策优惠和奖励，如税收减免、财政补贴等；对超出定额的企业，实行累进加价收费制度，促使企业加强内部用水管理。

城镇居民生活用水定额则要考虑不同地区的生活习惯、气候差异以及家庭人口数量等因素。在干旱缺水地区，推广节水型器具，如低流量马桶、节水水龙头等，同时加强居民节水意识教育，通过宣传、奖励等方式引导居民养成良好的用水习惯，如缩短淋浴时间、收集雨水用于家庭清洁等，确保生活用水定额的有效执行。在黄河流域内部，建立跨区域的水资源调配机制，将地下水与地表水统筹考虑，丰水地区支援缺水地区，实现水资源的互补。例如，在黄河丰水期，可以将多余的地表水通过合理的工程措施引入地下水超采区，进行回灌补源，既缓解了超采压力，又实现了水资源的有效存储。同时，加强对再生水、雨水等非常规水资源的利用研究与推广，逐步提高其在用水总量中的比例，从而减轻对地下水资源的依赖，确保黄河地下水资源在严格的总量控制与定额管理下实现可持续利用。

（二）高效节水与循环利用

1. 农业节水增效

在黄河流域广大农业产区大力推广先进高效的节水灌溉技术，如滴灌、微喷灌、智能水肥一体化灌溉等。这些技术能够根据农作物的生长需求精准供水施肥，最大限度地减少灌溉用水的无效蒸发和渗漏损失，显著提高农业用水效率。据统计，滴灌技术相较于传统大水漫灌，可节水30%~50%，同时还能提高农作物产量和品质。此外，调整农业种植结构，因地制宜地推广耐旱作物品种，减少高耗水作物种植面积，也是实现农业节水的重要举措。例如，在一些干旱缺水地区，鼓励种植小麦、玉米等相对耐旱作物，减少水稻等需水量大的作物种植，从种植源头降低农业用水需求。

2. 工业节水减排

推动黄河流域工业企业进行节水技术改造和升级，采用先进的节水工艺和设备，如高效冷却循环水系统、中水回用技术等。加强企业用水管理,建立完善的用水计量监测体系,对企业生产过程中的各个用水环节进行实时监控和精细化管理。鼓励企业开展清洁生产审核,通过优化生产流程、减少废水排放等措施,实现水资源的循环利用。例如,化工企业可对生产过程中产生的废水进行深度处理,使其达到回用标准后回用于生产车间的冷却、清洗等环节,从而大幅减少新鲜水的取用量,提高工业用水重复利用率。

3. 生活节水推广

加强对黄河流域城镇居民的节水宣传教育,普及节水知识,提高公众的节水意识和自觉性。推广普及节水型器具,如节水马桶、节水水龙头、节水淋浴喷头等,在新建住宅和公共建筑中强制安装使用节水型器具,逐步淘汰老旧高耗水器具。加强城市供水管网的改造和维护,降低管网漏损率,减少水资源在输送过程中的浪费。例如,一些城市通过实施供水管网智能化监测与分区计量管理,及时发现并修复漏水点,管网漏损率显著降低,有效节约了大量水资源。

(三) 生态保护与修复

黄河地下水资源的生态保护与修复对于维护整个流域的生态平衡和资源可持续性具有极为关键的意义。生态保护旨在维护现有的生态系统结构与功能,而修复则侧重于对受损生态系统进行恢复与重建,二者相辅相成,共同为黄河地下水资源的可持续利用奠定基础。加强对黄河流域各类生态敏感区的保护力度。例如,对于黄河源头的湿地、草原以及中下游的河岸带、湖泊等区域,应划定严格的生态保护红线,限制人类活动的干扰。在这些区域内,严禁非法开垦、放牧、采矿以及建设破坏生态环境的项目。通过建立自然保护区、国家公园等形式,加强对野生动植物栖息地的保护,维护生物多样性。例如,在黄河三角洲国家级自然保护区,通过多年的保护努力,众多珍稀鸟类如丹顶鹤、东方白鹳等在此栖息繁衍,湿地生态系统的完整性得到有效维护,同时也为地下水的涵养和净化起到了积极作用。

在黄河流域的山区、丘陵地带,植树造林能够有效减少水土流失,增加土壤的蓄水能力,从而间接保护地下水资源。应根据不同地区的气候、土壤条件,选择适宜的树种进行种植,如在黄土高原地区,油松、侧柏等耐旱树种能够在改善生态环境的同时,促进地下水的补给。在河岸带区域,种植芦苇、菖蒲等水生植物以及柳树、杨树等乔木,构建多层次的植被群落,既能稳固河岸,防止河岸侵蚀导致的泥沙入河和地下水污染,又能为水生生物提供栖息地,促进河流生态系统与地下水系统的良性互动。

湿地犹如天然的海绵,能够在洪水期储存大量水分,在枯水期缓慢释放,调节河流水位的同时,也为地下水提供了稳定的补给源。要加强对湿地的补水工作,确保湿地的生态用水需求得到满足。可以通过引黄工程、修建水利设施等方式,将黄河水引入湿地,维持湿地的水位和面积。同时,加强对湿地水质的监测与管理,防止污水排入湿地,保护湿地生态系统的健康,进而保障地下水的水质和水量。对于已经受损的生态系统,修复工作刻不容缓。在地下水超采导致地面沉降的地区,应采取有效的工程措施进行修复。例如,通过人工回灌技术,将处理后的地表水或再生水注入地下含水层,补充地下水储量,抬升地下水位,缓解地面沉降。同时,对因地面沉降造成的建筑物损坏、道路开裂等问题进行修复和加固,减少安全隐患。在一些因人类活动导致生态退化的地区,如废弃矿山、退化草原等，开展生态修复工程。对于废弃矿山，可以进行土地复垦和植被恢复，改善矿区的生态环境，减少矿山开采对地下水系统的破坏。在退化草原地区，通过禁牧、轮牧、补播等措施，恢复草原植被覆盖度，提高草原的水土保持能力和地下水涵养能力。

（四）污染防治与源头管控

黄河地下水资源的污染防治与源头管控是确保其可持续利用的关键防线。只有从源头上控制污染物的产生和排放，加强对污染的治理和修复，才能有效保障地下水资源的质量和安全。在源头管控方面，工业污染源的控制是重中之重，对于黄河流域的各类工业企业，应严格执行环境影响评价制度和"三同时"制度，即建设项目中的环境保护设施必须与主体工程同时设计、同时施工、同时投产使用。在项目审批过程中，对可能产生地下水污染的企业，如化工、制药、印染等行业，要求其建设完善的污水处理设施和地下水污染防护设施，确保废水达标排放，防止污染物通过渗漏等方式进入地下含水层。例如，化工企业应采用防渗材料建设污水储存池和生产车间地面，对生产过程中产生的有毒有害物质进行严格的收集、处理和监管，避免其泄漏对地下水造成污染。

农业生产过程中大量使用的化肥、农药和除草剂是地下水污染的重要来源。应推广绿色农业生产技术，鼓励农民采用测土配方施肥技术，根据土壤的肥力状况和农作物的需肥规律，精准施肥，减少化肥的使用量。推广生物防治病虫害技术，利用害虫的天敌、微生物农药等替代化学农药，降低农药残留对地下水的污染风险。同时，加强对农业废弃物的管理，如农作物秸秆的综合利用、畜禽粪便的无害化处理等，防止其在田间地头随意堆放或排放，造成地下水污染。在黄河流域的城市和农村地区，加强对生活污水和垃圾的处理设施建设。在城市，完善污水处理厂的管网配套，提高污水处理率，确保生活污水经过处理后达标排放。在农村，推广分散式污水处理设施，如沼气池、人工湿地等，对生活污水进行就地处理和资源化利用。对于生活垃圾，建立健全"村收集、镇转运、县处理"的垃圾处理体系，加强对垃圾填埋场的选址、设计和运营管理，防止垃圾渗滤液污染地下水。

在污染防治方面，对于已经受到污染的黄河地下水资源，应采取积极有效的治理措施。对于有机污染较为严重的地下水，可以采用生物修复技术，如投加特定的微生物菌群，利用微生物的代谢作用将有机污染物分解为无害物质。对于重金属污染的地下水，可以采用物理化学修复技术，如离子交换、吸附、化学沉淀等方法，将重金属离子从地下水中去除或固定。例如，通过向地下水中投加活性炭等吸附剂，吸附重金属离子，然后将吸附剂进行回收处理，达到净化地下水的目的。对于工业企业搬迁后的污染场地，以及受污染的农田、垃圾填埋场等场地，进行详细的污染调查和风险评估，根据评估结果制定科学合理的修复方案。可以采用原位修复技术，如原位化学氧化、原位生物修复等，在不破坏土壤和地层结构的情况下，对污染场地进行修复；也可以采用异位修复技术，如将污染土壤挖掘后进行集中处理，处理后的土壤再回填或进行其他用途。通过污染防治与源头管控的双管齐下，为黄河地下水资源的可持续利用创造良好的环境条件。

第六章 黄河流域的水资源承载力

第一节 水资源承载力的理论框架

一、水资源承载力的内涵

（一）时空内涵

水资源承载力的内涵丰富多样，其中时空内涵尤为关键，它主要包含空间性与时序性这两大特性，深刻地揭示了水资源在不同维度下的复杂表现与变化规律。

从时序性来看，其呈现出两个显著方面。一方面，在不同时间尺度下，水资源承载力犹如一面镜子，清晰地反映出各个阶段的负载状况。在较短的时间跨度内，如季节更替，水资源的供给与需求会因降水分布、农业灌溉需求、工业生产波动等因素而产生明显变化。例如，在雨季时，水资源相对充裕，可能能够支撑更多的用水需求，包括农业的大规模灌溉、水库的蓄水以及城市景观用水的增加等；而在旱季，水资源变得稀缺，其承载的负载量则相应减少，可能需要限制部分非必要用水，优先保障居民生活用水和关键产业的基本需求。从长期的时间尺度，如数年乃至数十年间，随着区域人口的增长、经济结构的调整以及气候变化的影响逐渐累积，水资源承载力无论是内涵层面还是外延范畴都会发生深刻变革。内涵上，水资源的可利用方式、用水效率以及对生态环境的影响权重等都会有所不同；外延上，能够承载的人口数量、经济规模以及生态系统稳定程度等界限也会不断推移。另一方面，水资源承载力能够依据其过往及当前的发展态势，对未来的负载情形进行有效预测。通过对历史数据的深入分析，如过去几十年间水资源的开采量、消耗量、回补量以及相关的社会经济发展指标等，运用数学模型与科学算法，可以大致勾勒出未来不同情景下水资源承载力的变化曲线。例如，如果当前区域正大力推行节水政策且取得显著成效，同时在积极探索新的水资源开发技术如海水淡化或中水回用等，那么在未来，水资源承载力可能会逐步提升，从而为区域的进一步发展提供更广阔的空间；反之，如果对水资源的利用依旧粗放，且缺乏有效的应对气候变化和人口增长的策略，那么未来水资源可能面临更为严峻的压力，承载力也会随之下降，进而可能制约区域的可持续发展。

再看空间性，其一表现为区域水资源在无调水情况下的固有储备量，这是一个区域水资源承载力的基础要素，它取决于当地的降水模式、地表水存储能力（如湖泊、河流、水库等的蓄水量）以及地下水的蕴藏量等自然条件。例如，一些位于湿润地区的城市，自身拥有丰富的河流和湖泊资源，其区域水资源储备量相对较大，在不依赖外部调水的情况下，能够在一定时期内满足当地居民生活、工业生产以及生态维护等多方面的用水需求；而地处干旱半干旱地区的城市，天然水资源储备有限，其水资源承载力往往在初始阶段就面临较大挑战，对水资源的高效利用和外部水源补充的需求更为迫切。

即使不同区域的水资源量相同，其水资源负载状态也可能大相径庭。这是因为水资源负载不仅仅取决于水量的多寡，还与区域的用水结构、用水效率、产业布局以及人口密度等诸多因素密切相关。比如，一个以农业为主导产业且农业灌溉技术较为落后的区域，大量水资源被用于低效率的灌溉，其水资源负载主要集中在农业领域，且可能因过度灌溉导致土壤盐碱化等生态问题，从而降低水资源的整体承载能力；而一个以高新技术产业和服务业为主的区域，虽然水资源总量相同，但由于其用水主要集中在高附加值产业的精准用水环节，且注重水资源的循环利用和高效管理，其水资源负载相对均衡，能够在保障经济发展的同时，维持良好的生态环境，水资源承载力也相对较高。

（二）生态内涵

水资源的开发利用量必须严格控制在生态环境所能承受的极限范围内，这是确保生态环境不被破坏的根本性前提。水是生态系统的血液，维系着地球上众多生物的生存与繁衍。无论是广袤的森林、奔腾的河流、静谧的湖泊，还是广袤的湿地与无垠的海洋，每一个生态系统的稳定运行都高度依赖于水资源的合理供给与循环。一旦水资源的开发超越了生态环境极限，就如同切断了生态系统的生命线，一系列严重的生态问题将接踵而至。例如，过度抽取地下水可能导致地下水位急剧下降，引发地面沉降、地裂缝等地质灾害，同时也会使依赖地下水生存的湿地面积萎缩，许多珍稀动植物失去栖息地，生物多样性遭受重创；在河流流域，如果水资源被过度开发利用，河流径流量大幅减少，可能导致河流水质恶化，水生生物的生存空间被压缩，一些鱼类因无法适应环境变化而濒临灭绝，河流生态系统的结构与功能将被严重破坏，整个生态链也会因此陷入失衡的困境。

生态环境的良性循环是水资源承载力的核心生态阈值，这意味着在水资源开发利用过程中，必须时刻将生态环境的健康状况放在首位，以不超过这一生态阈值为基本准则，去追求水资源的充分利用。生态阈值并非一个固定不变的数值，而是随着生态环境的变化以及人类对生态系统认识的深入而动态调整。它综合考虑了众多生态因素，如土壤湿度、植被覆盖度、水体自净能力、生物种群数量与分布等。当水资源开发利用活动能够维持或促进这些生态因素处于良好状态时，说明尚未突破生态阈值，水资源承载力处于安全范围内；反之，如果因为水资源的不合理开发导致这些生态指标出现恶化趋势，如植被因缺水而大量死亡、水体因污染而失去自净能力、生物种群数量锐减等，那就表明已经逼近或超越了生态阈值，水资源承载力面临危机。例如，在一些生态脆弱的干旱地区，水资源极为稀缺，当地居民和相关部门在开发利用水资源时，就需要更加精准地评估生态阈值，通过采用节水灌溉技术、发展耐旱作物品种、合理调配水资源等措施，在满足人类基本用水需求的同时，确保有限的水资源能够维持当地生态环境的基本稳定与良性循环，从而实现水资源在生态阈值内的高效利用。

（三）技术内涵

水资源承载力的技术内涵深刻地体现了人类活动与水资源系统之间的互动关系，其中动态性是其显著特征，而这一动态性又与科技的持续进步紧密相连，彰显了科技在水资源管理与承载能力调控中的关键作用。水资源承载力并不是一个静态的、固定不变的概念，而是随着人类活动的开展以及科技水平的提升而处于不断变化之中。人类作为地球生态系统中的主导力量，其对水资源的开发、利用、保护以及管理方式都在深刻地影响着水资源的承载能力。从早期简单粗放的水资源利用模式，如直接取用河水进行灌溉和生活饮用，到如今复杂而高效的水资源综合管理体系，这一演变过程充分展示了人类活动对水资源承载力的塑造作用。而在这一过程中，科技的发展无疑是推动水资源承载力动态变化的核心驱动力。

随着科学技术水平的不断提高，人类在水资源领域的认知和实践能力得到了极大拓展。在水资源开发方面，先进的勘探技术能够更精准地探测地下水资源的分布与储量，为合理开采提供依据；新型的取水技术，如高效的深井钻探设备和智能取水系统，提高了水资源的获取效率且降低了对环境的影响。在水资源利用环节，一系列节水技术应运而生。例如，农业领域的滴灌、微喷灌技术以及智能灌溉控制系统，能够根据作物的需水特性和土壤墒情进行精准灌溉，极大地提高了农业用水的利用效率，使单位水资源能够产出更多的农产品，从而在一定程度上提升了水资源对农业发展的承载能力；工业领域的中水回用技术、循环冷却技术等，实现了水资源在生产过程中的多次循环利用，减少了对新鲜水资源的依赖，使得工业生产规模在有限水资源条件下得以进一步扩大。

现代信息技术的应用，如地理信息系统（GIS）、遥感技术（RS）以及大数据分析平台，能够对水资源的时空分布、水质状况、用水需求等信息进行全面、实时、精准的监测与分析。基于这些丰富的数据资源，水资源管理者可以制定出更为科学合理的水资源调配方案、用水计划以及污染防控策略。例如，通过建立水资源管理模型，模拟不同情景下水资源的供需变化，提前预警水资源超载风险，并据此制定相应的应对措施，如跨流域调水方案的优化、水资源价格机制的调整等。

当水资源承载处于濒临超载状态时，技术手段和管理体系的协同作用就显得尤为重要。一方面，加大对水资源相关技术研发与应用的投入，如研发高效的污水处理与净化技术，提高污水再生利用的比例，将原本排放的污水转化为可再次利用的水资源，从而增加水资源的有效供给量；另一方面，进一步健全水资源管理体系，加强水资源的统一规划与调配，严格执行水资源保护法规，限制高耗水、高污染产业的无序扩张，通过经济、行政、法律等多种手段引导社会各界节约用水、合理用水。通过这种双管齐下的方式，实现水资源承载力从濒临超载向承载适宜状态的转变，确保水资源系统能够在人类活动与生态环境需求之间达到一种动态平衡，为人类社会的可持续发展提供坚实的水资源保障。

（四）社会经济内涵

水资源承载力的社会经济内涵深刻地揭示了水资源与人类社会经济系统之间错综复杂的相互关系，它不仅仅关乎水资源本身的特性与数量，更与人口规模的变动、人类生产活动的多样性以及社会经济结构的动态调整紧密交织在一起。

水资源作为水资源承载力的主体，其与社会经济发展的各个层面存在着千丝万缕的联系。水是生命之源，更是社会经济活动得以顺利开展的基础物质保障。从日常生活中的饮用、洗涤，到农业生产中的灌溉滋润，再到工业制造中的冷却、加工以及城市建设中的景观维护与消防等，水资源贯穿于人类社会经济活动的始终。而其承载能力的大小直接影响着这些活动的规模与可持续性。例如，在一个以农业为主的地区，如果水资源匮乏且承载能力有限，那么能够种植的农作物种类和面积将会受到极大限制，进而影响农业产量和农民收入，制约当地农村经济的发展；水资源不足可能导致一些高耗水产业无法正常运营，企业面临减产甚至停产的困境，从而影响地区的工业总产值和就业水平。

影响水资源承载力的外部因素作为客体，涵盖了经济发展、人口规模、城镇化水平和气候变化等多个重要方面，这些因素相互作用、相互影响，共同塑造着水资源承载力的动态变化。经济发展水平的高低对水资源的需求和利用效率有着显著影响。在经济快速发展阶段，工业生产规模扩大、城市化进程加速，对水资源的需求量往往呈现急剧上升的趋势。然而，如果经济发展模式较为粗放，水资源利用效率低下，那么水资源承载力将面临巨大压力；反之，若能实现经济结构的优化升级，如大力发展高新技术产业、服务业等低耗水产业，推广节水型生产技术和工艺，提高水资源的重复利用率，就能够在一定程度上缓解水资源压力，增强水资源的承载能力。

从社会经济含义角度来看，一方面，水生态系统的极限并非孤立存在，而是与社会经济发展相互依存。社会系统与经济系统的调整能够对水资源承载能力产生积极的反馈作用。例如，通过产业结构优化，减少高耗水、高污染产业的比重，增加水资源友好型产业的发展，能够在不突破水生态系统极限的前提下，拓展水资源的承载空间。另一方面，水资源可承载的经济总量、人口总量以及城镇化发展水平等成为其承载能力的直观表象。一个地区水资源能够支撑的经济规模越大，意味着在现有的水资源利用效率和管理水平下，可以容纳更多的产业发展和经济活动；能够承载的人口总量越多，反映出水资源在满足居民生活需求方面的能力越强；城镇化发展水平越高且能够持续稳定，表明水资源在城市建设、公共服务供给以及生态维护等多方面的综合承载能力较为可观。这些表象指标为我们衡量和评估水资源承载力水平提供了重要的参考依据，也为制定相应的社会经济发展战略和水资源管理政策提供了明确的方向指引。

(五) 可持续内涵

所谓水资源承载力的"最大支撑规模"，并不是一个短视的、不计后果的极限数值，而是必须紧密契合可持续发展的理念与要求。这意味着在考量水资源能够支撑多少人口、经济活动以及生态系统运转时，不能仅仅着眼于当下的资源开发与利用效率，更要将目光投向长远的未来，确保这种支撑能力能够持久稳定。其核心在于，在水生态系统保持完整且不被破坏的基础之上，实现持续不断地"供养"功能。这种"供养"涵盖了多方面的内容，既包括为人类的生产生活提供充足且优质的水资源，满足农业灌溉、工业制造、居民饮用与生活用水等各类需求，又包括维持水生态系统内部生物多样性的稳定，保障河流、湖泊、湿地等各类水生生态环境的健康与活力，使水生动植物能够在适宜的水环境中繁衍生息。

在传统的发展模式中，往往片面地追求经济的粗放式增长，将大量的水资源过度消耗在低效的工业生产与不合理的农业灌溉中，忽视了对水生态系统的保护以及水资源的可持续利用。然而，随着时代的发展与人们环保意识的觉醒，人地协调发展以及资源永续利用的理念逐渐深入人心，并全面取代了这种落后的发展模式。如今，水资源承载力研究将可持续性作为其终极追求的目标,旨在构建一种水资源与人类社会、生态环境和谐共生、协同发展的理想状态。在这种状态下,人类的经济活动与社会发展充分考虑水资源的承载边界,通过科技创新、产业升级、水资源管理优化等多种手段,,减少浪费与污染,同时积极开展水生态修复与保护工作,促进水生态系统的自我修复与良性循环。

为了切实确保水资源的持续利用,在水资源承载力的研究过程中,引入了"可载"与"超载"这两个关键概念并进行明确的界限划分。当水资源的开发利用处于"可载"范围之内时,意味着当前的水资源利用状况是相对合理且可持续的,水生态系统能够在现有压力下维持自身的稳定与功能发挥,此时应继续巩固和优化水资源管理策略,进一步提高资源利用效率,挖掘可持续发展的潜力。而一旦水资源承载力突破"可载"界限,进入"超载"状态,则表明水资源面临着严峻的压力与危机,水生态系统可能已经开始出现退化迹象,如地下水位下降、河流断流、水质恶化、生物多样性减少等。但值得庆幸的是,即使处于"超载"状态,也并非意味着无可挽回。借助一系列必要的外界调控手段,如实施严格的水资源保护政策与法规,加强水资源的统一调配与管理,大力推广节水技术与措施,开展跨流域调水工程以增加水资源总量,进行水生态修复工程以恢复生态系统功能等,可以有效地缓解水资源的压力,逐步改善"超载"状况,使水资源重新回归到可持续利用的轨道上来,从而为人类社会与生态环境的长远发展奠定坚实的水资源基础。

二、水资源承载力的理论框架

(一) 可持续发展理论

在人类社会的漫长发展历程中,近百年来文明的进步犹如一把双刃剑,在带来前所未有的繁荣与发展机遇的同时,也滋生了诸多错综复杂的社会与环境问题。这些问题犹如阴霾,笼罩在地球家园之上,促使人们深刻反思并积极寻求一种全新的、能够统筹兼顾社会、经济和环境多方面利益的全面可持续发展观念。追溯至1972年,在瑞典斯德哥尔摩召开的具有里程碑意义的世界环境大会上,"可持续发展"这一具有前瞻性与革命性的理念首次被提出并开始进入公众视野。此次大会犹如一声春雷,在全球范围内引发了对传统发展模式的深度思考与广泛讨论。随后,在1978年,国际环境与发展委员会对"可持续发展"给出了正式定义:"在不牺牲未来几代人需要的情况下,满足我们这代人的需要"。这一定义简洁而有力地阐明了可持续发展的核心要旨,即当代人的发展不能以牺牲后代人的利益为代价,强调了代际之间资源分配的公正性与平衡性。

1980年,《世界自然保护大纲》进一步丰富了可持续发展的内涵,创新性地将"保护"与"发展"有机融合。它倡导在合理利用和悉心保护生物圈的基础之上,积极推动经济发展,从而打破了传统观念中保护与发展相互对立的桎梏,为实现经济与生态环境的协同共进指明了方向。到了1987年,世界环境与发展委员会再次对"可持续发展"进行深入阐释,将其定义为在不危害后代满足自身发展的前提下,尽可能地满足当代人的需求。这一表述进一步细化了可持续发展的代际公平原则,明确了当代人与后代人在资源利用与发展机会上的平等关系。

1991年,《保护地球:可持续生存战略》报告又为可持续发展注入了新的活力,将其定义为"在生存不超出维持生态系统承载能力的情况下,改善人类的生活质量"。这一定义凸显了生态系统承载能力在人类生存与发展中的关键制约作用，强调了人类必须在生态系统所能承受的范围内追求生活质量的提升，实现人与自然的和谐共生。直至1992年，里约热内卢全球环境与发展大会通过了《21世纪议程》，并将"可持续发展"确立为满足未来经济发展以及人类未来发展的重要方针与路线。此次大会标志着可持续发展理念在全球范围内得到了广泛的认可与推广，成为各国制定发展战略与政策的重要指导原则。

"可持续发展"概念蕴含着三个至关重要的原则，它们相互关联、相互支撑，共同构建了可持续发展的理论基石。其一为公平性原则，它涵盖了当代公平与代际公平两个层面。当代公平要求在满足当代人基本需求的同时，充分考虑到人们的欲望需求以及未来规划。这意味着不仅要保障每个人在衣食住行等基本生活方面享有平等的资源分配权利，还要为人们追求更高层次的精神文化需求以及个人发展目标创造公平的机会与条件。而代际公平则着重强调当代与后代之间资源分配的平衡关系，当代人在开发利用自然资源、追求经济发展的过程中，必须有长远的眼光与高度的责任感，不能过度透支后代人的资源财富，要为子孙后代留下足够的资源储备与良好的生态环境，确保他们也能够拥有平等的发展机会与生存空间。

其二是可持续性原则，这一原则深刻地揭示了人类社会与生态环境之间的内在依存关系。在人类大力发展经济和推进社会进步的征程中，绝不能逾越生态环境和自然资源的承载力边界。生态环境犹如一艘承载人类命运的巨轮，自然资源则是这艘巨轮得以航行的燃料与物资储备。一旦人类的活动超出了生态环境和自然资源的承载极限，就如同巨轮超载，必然会导致生态系统的失衡与崩溃，引发诸如资源枯竭、生物多样性锐减、生态灾害频发等一系列严重后果，最终危及人类自身的生存与发展。因此，只有遵循可持续性原则，合理规划与调控人类的经济活动与社会行为，使人类与自然之间保持一种平衡稳定的和谐关系，才能确保人类社会这艘巨轮在历史的长河中稳健前行。

其三为共同性原则，它强调了人类在地球这个共同家园上的命运共同体意识。尽管世界各国各地区在地理环境、文化传统、经济发展水平等方面存在着诸多差异，但人类的终极目标是一致的，那就是在精心保护地球环境的大前提下，努力追求自身的发展与进步。面对全球性的环境问题与资源挑战，任何一个国家或地区都无法独善其身，唯有各国各地区摒弃狭隘的局部利益观念，携手合作、相互支持，共同制定并遵循统一的国际规则与标准，分享先进的技术与经验，才能形成强大的合力，有效应对可持续发展过程中遇到的各种困难与障碍，实现全球范围内的可持续发展目标。

可持续发展作为一个涉及面极为广泛的综合性理念，与社会、经济、资源、人口、环境等各个领域都有着千丝万缕的联系。并且，由于不同学科的研究视角与侧重点各异，可持续发展的理论在不同学科语境下呈现出丰富多样的定义与阐释。然而，无论其表现形式如何多样，根据其核心目的，都是致力于在保障经济与社会稳定发展的同时，实现资源在时间与空间维度上的合理利用，以满足当代人群和后代人群之间资源的合理性配置要求。

（二）循环经济理论

在人类经济思想发展长河中，一百多年前马克思在其经典著作《资本论》中的深刻洞察为循环经济理论埋下了种子。他提出将生产废料减少到最少，通过循环方式提高原料利用率，这一理念在当时虽未形成完整的循环经济理论体系，但无疑已勾勒出其雏形，为后世的理论发展提供了开创性的思路源泉。时光流转至 1966 年，美国经济学家 K·Bounding 提出"宇宙飞船理论"，犹如一颗重磅炸弹在经济学界引发强烈震动，由此正式创建了循环经济学的概念。这一理论以一种极具震撼力的比喻揭示了地球资源的有限性与人类生存模式的危机性。在浩瀚宇宙中，地球就如同一艘孤独的宇宙飞船，其资源并非取之不尽、用之不竭。人类若长期依赖"资源-产品-污染-排放"这种单向流动的传统经济模式，必然会导致资源的快速枯竭与环境的极度恶化，最终使地球走向毁灭的深渊。因此，循环使用现有资源成为人类谋求生存与发展的唯一出路。

循环经济，作为一种创新型的经济增长模式，以资源的高效利用和循环利用为核心宗旨，秉持"减量化""再利用""再循环"的 3R 原则。所谓"减量化"，即在生产的源头便严格控制资源的投入量，通过技术创新、工艺改进等手段，尽可能减少对原材料、能源等资源的消耗，从而降低废弃物的产生量。例如，在工业生产中采用新型的生产技术，提高原料的转化率，使单位产品所需的原材料大幅减少；"再利用"则强调对产品或其零部件在其初次使用周期结束后，进行再次利用，延长其使用寿命，挖掘其剩余价值。如一些可重复使用的包装材料、工业设备的翻新再利用等；"再循环"侧重于将废弃物转化为可再次投入生产的资源，实现资源的闭环流动。如废旧金属的回收熔炼后重新制成金属制品，废纸回收加工后再次用于造纸等。这种经济模式以低耗减排为显著特征，与可持续性发展理论相互呼应、相得益彰。它效仿生态系统的运行模式，将传统的单向流动模式转变为"资源-产品-再生资源"的闭合回路。在这个回路中，资源得以在经济系统中持续循环，不断创造价值，从而从根本上减少为生产产品而消耗的原料，从经济活动的源头实现节约资源的目标，最终达成环境、经济、生态效益相统一的理想局面。

在水资源领域，水资源循环经济近年来成为国内外学者瞩目的焦点，尽管尚未形成完备且系统的理论体系，但已展现出其独特的重要性与巨大的发展潜力。水，作为地球上一切生物赖以生存的必要条件，具有独特的生态功能和资源功能双重属性。从生态功能看，水是维持生态系统平衡、保障生物多样性的关键要素，河流、湖泊、湿地等水域为众多动植物提供了栖息、繁衍的家园，参与着生态系统的物质循环与能量流动；从资源功能而言，水广泛应用于人类的生产生活各个方面，是农业灌溉、工业生产、居民生活不可或缺的物质基础。

张凯在《水资源循环经济理论与技术》中指出，水资源循环经济是以循环经济理论为指引，以无公害为底线要求，严格遵循减量化、再利用、资源化的原则，在水资源承载力的限定范围内，科学合理地开发利用水资源，竭力减少水污染，大力提高水资源利用率，用心保护和改善水生态系统，以实现水资源的持续利用。为满足社会对"水质"和"水量"的双重需求，不能仅仅局限于利用资源功能显著的水体，而应深刻遵循水资源可再生性的特点，积极推动水资源的循环利用。这就要求彻底改变传统水资源"无节制取水-粗犷利用-污染排放"的粗放单向流动方式，向"节约取水-节约用水-废水循环再利用"的闭合回路模式转变。通过这种转变，能够有效保护水资源及水生态环境，实现水资源在循环经济框架下的可持续性发展。例如，在城市污水处理厂中，采用先进的污水处理技术，将处理后的中水回用于城市景观灌溉、道路冲洗等市政用水环节，既减少了对新鲜水资源的取用量，又降低了污水排放对环境的压力；在工业企业中，建立企业内部的水循环系统，将生产过程中的冷却水等进行回收处理后再次用于生产工艺中，提高了水资源在企业内部的循环利用率。

随着我国对水资源问题的日益重视，水资源的利用与管理逐渐成为社会关注的焦点问题之一。我国在2008年颁布的《循环经济促进法》中对水资源循环经济做出了一系列明确规定。其中第十六条规定，对于用水超过国家标准的重点企业，实行水耗重点监督的管理制度，通过严格的监管措施促使企业提高水资源利用效率；第十七条、第二十条、第三十一条则分别从不同角度提出了节水与循环用水的新要求，如鼓励企业采用先进的节水技术和设备，推广中水回用等循环用水技术，对水资源循环利用项目给予政策支持等。我国将提高工业用水效率和废水资源化利用作为发展水循环经济理论的重要新思路，积极引导企业在生产过程中优化用水流程，加强水资源管理，推动工业领域水资源循环经济的发展。

在变化环境下，城市化地区高强度的人类活动已深刻改变了降雨、产流、汇流、下渗、地下水补给等自然水循环特性。城市建设中的大规模地面硬化，如道路、广场、建筑物等的铺设，减少了雨水的下渗量，增加了地表径流，改变了产流和汇流过程；同时，城市的取水、用水、处理、排放以及回用等社会水循环过程日益复杂且规模庞大。自然水循环主要以太阳辐射等能量为驱动因子，遵循自然规律进行水分的循环运动；而社会水循环则以经济利益为驱动因子，以效益最大化来决定取水、分水、用水、排水等各个环节。水资源作为纽带将自然、社会、经济、生态、环境等各个方面紧密地联系在一起，构成了水资源承载力研究的复杂系统。深入研究城市化地区水循环，精准摸清在变化环境下水资源形成和转化规律以及水资源在各个环节中的作用，成为水资源承载力研究的重要基础。只有全面掌握这些规律和作用机制，才能为科学评估水资源承载力、制定合理的水资源管理策略以及实现水资源的可持续利用提供坚实的理论依据。例如，通过建立城市化地区水文模型，模拟不同气候情景和人类活动影响下的水资源循环过程，分析水资源在城市供水、排水、污水处理、回用等环节的动态变化，从而为城市水资源规划与管理提供决策支持，确保城市在水资源承载力范围内实现可持续发展。

第二节　流域水资源供需平衡分析

一、需水情况

黄河流域作为我国重要的经济带与人口聚居区，其需水情况呈现出多维度的复杂性与多样性，涵盖了农业、工业、生活以及生态等多个关键领域，且各领域的需水特点与影响因素相互交织。

（一）农业需水

黄河流域是我国传统的农业产区，因而对水资源的需求量极大。然而，长期以来，黄河流域的农业用水方式相对粗放，大水漫灌现象较为普遍。这种灌溉方式不仅导致大量水资源的浪费，而且由于水分蒸发和渗漏损失严重，水分利用效率低下。例如，在一些引黄灌区，传统的灌溉方式使得灌溉水有效利用率仅在40%–50%左右。近年来，随着农业现代化进程的推进，节水灌溉技术逐渐得到推广应用，如滴灌、喷灌等，这在一定程度上提高了农业用水效率，总体而言，农业用水总量仍然庞大，且受气候波动、种植结构调整等因素的影响，需水情况存在一定的不确定性。在干旱年份，为了保障农作物的基本生长，对灌溉用水的需求会进一步增加；而随着农业产业结构向高附加值作物的转变，如蔬菜、水果种植等，对灌溉水质和水量的精准控制要求也日益提高。

（二）工业需水

流域内工业基础雄厚，涵盖了能源、化工、有色冶金等众多行业。这些行业在生产过程中，从原材料加工到产品制造，大多离不开大量水资源的参与。例如，化工行业的化学反应过程需要用水作为溶剂或冷却介质，能源行业的火力发电需要大量的水进行冷却循环。特别是一些高耗能、高耗水的产业，如电解铝生产，其生产过程中单位产品耗水量巨大[1]。随着黄河流域工业的持续发展与产业升级，工业需水量呈现出一定的增长趋势。一方面，新兴工业企业的不断涌现，扩大了工业用水的总体规模；另一方面，原有工业企业为了满足日益严格的环保要求和提高生产效率，对水资源的循环利用和深度处理技术不断改进，这在一定程度上影响了工业需水的结构与总量变化。例如，一些大型工业企业通过建设中水回用系统，将处理后的达标废水回用于对水质要求较低的生产环节，从而减少了对新鲜水资源的取用量，但总体工业用水需求仍处于高位，且对水资源的稳定性和水质要求也越来越高。

（三）生活需水

生活需水随着黄河流域人口的增长、城市化进程的加速以及居民生活水平的提高而不断攀升。流域内人口众多，城市密集，居民的日常生活用水需求涵盖了饮用、烹饪、洗涤、卫生等多个方面。随着高层建筑的增多、住宅小区的扩张以及城市公共设施的完善，如公园、学校、医院等的建设，生活用水的管网覆盖范围不断扩大，用水量也相应增加。同时，居民生活品质的提升使得对生活用水的质量要求更为严格，如对饮用水的水质要求从单纯的符合卫生标准向追求更高的口感、矿物质含量等方向转变，这也间接增加了对水资源的处理和调配压力。此外，农村地区随着自来水普及工程的推进，生活用水条件得到改善，用水量也逐步上升，尤其是在一些农村旅游业发展较好的地区，游客的涌入进一步加大了当地的生活用水需求。

二、供水情况

黄河流域的供水情况复杂多样，其水源主要包括天然降水、地表水以及地下水等，然而各供水来源均面临着不同程度的挑战与限制，共同构成了黄河流域水资源供应的整体格局。

（一）天然降水是黄河水资源的基础来源

黄河流域的降水分布呈现出显著的时空不均特征。降水主要集中于汛期，通常6~9月的降水量可占到全年降水量的60%以上，甚至在某些丰水年份，这一比例会更高。例

---

[1] 刘迪. 黄河流域径流量变化特征分析 [J]. 吉林水利, 2024（08）: 33-38.

如，在遭遇强降雨的年份，黄河在短时间内会迎来大量径流量，容易引发洪水灾害，但这些水量难以被有效存储和均衡利用，大部分白白流入大海。在枯水期，降水量稀少，河流径流量锐减，导致供水严重不足，难以满足流域内各类用水需求。黄河流域上游地区降水相对较多，是重要的水源涵养区，但该区域生态环境脆弱，对水资源的开发利用需要谨慎权衡，以避免对生态系统造成破坏。中下游地区人口密集、经济发达，用水需求巨大，然而降水相对较少且蒸发量较大，水资源供需矛盾更为突出。

（二）地表水是黄河流域供水的关键组成部分

黄河上中游已建成了多座大型水利枢纽和水库，如龙羊峡、刘家峡、青铜峡等梯级水电站。这些水利工程在防洪、发电、灌溉、供水等多方面发挥着不可替代的作用。在供水方面，它们能够在丰水期蓄水，枯水期放水，从而调节黄河径流量，保障下游地区的基本用水需求。例如，枯水季节，刘家峡水库可以开闸放水，补充下游河道的水量，确保沿黄城市的生活用水和工业用水供应，以及农田的灌溉用水。同时，一些引黄工程也应运而生，如引黄济青、引黄入晋等，将黄河水远距离输送到其他缺水地区，有效缓解了这些地区的水资源短缺困境。然而，地表水的供应也面临诸多问题。首先，水利工程的建设和运行需要综合考虑多方面因素，协调难度较大。例如，在汛期，为了防洪安全，水库需要大量蓄水，这可能会影响到下游的正常供水；在枯水期，为了保障供水，水库蓄水有限，又难以充分发挥发电等其他功能。其次，黄河水质污染问题日益严重，大量工业废水、生活污水以及农业面源污染排入黄河，导致地表水水质恶化，增加了供水处理成本，甚至在某些情况下，部分污染严重的地表水无法直接用于供水，进一步加剧了水资源的供需矛盾。

（三）地下水是黄河流域供水的重要补充水源

在黄河流域的许多地区，尤其是城市周边和一些地表水供水不足的区域，地下水被广泛开采利用。地下水具有水质相对稳定、供水可靠性较高等优点，在满足居民生活用水、农业灌溉用水以及部分工业用水方面发挥了积极作用。例如，地下水井是村民获取生活用水的主要途径；在城市中，地下水也被用于一些对水质要求较高的工业生产环节，如食品加工、制药等。然而，长期以来的过度开采导致了一系列严重问题。许多地区地下水位持续下降，形成了大面积的地下水漏斗区，如华北平原部分地区的地下水漏斗问题已经对当地的生态环境和地质结构造成了显著影响，引发了地面沉降、地裂缝等地质灾害，同时也导致海水倒灌等问题，使得地下水水质恶化，进一步减少了可利用的地下水资源量。而且，地下水的补给速度相对缓慢，一旦过度开采，恢复难度较大，这对黄河流域水资源的可持续供应构成了巨大威胁。

三、供需平衡分析

黄河流域在我国的经济、社会与生态格局中占据着举足轻重的地位，然而当前其水资源的供需矛盾却已十分显著，犹如一颗高悬的达摩克利斯之剑，给流域的可持续发展带来了严峻挑战。从需水方面来看，随着黄河流域人口的持续增长，生活用水需求呈现出刚性上升的态势。城市规模不断扩张，居民生活水平逐步提高，人们对饮用水水质的要求愈发严格，家庭用水设备的增多以及日常用水习惯的改变，如淋浴设施的普及、洗衣机使用频率的增加等，都使得生活用水量大幅攀升。据统计，近年来黄河流域部分城市的人均生活用水量每年以一定比例递增，这无疑给本就紧张的水资源供应增添了巨大压力。

农业作为黄河流域的传统支柱产业，对水资源的依赖程度极高。流域内广袤的农田需要大量的灌溉用水来保障农作物的生长与收成。但长期以来，农业用水方式较为粗放，大水漫灌现象普遍存在。例如，在一些大型灌区，灌溉水的有效利用率仅能达到40%左右，大量珍贵的水资源在灌溉过程中白白流失。而且，农业种植结构不断调整，一些高耗水作物的种植面积有所增加，进一步加剧了农业用水需求的增长，使得农业用水在黄河流域总需水量中占据了相当大的比重，与有限的水资源供给之间的矛盾愈发尖锐。工业的快速发展也是导致黄河流域水资源供需矛盾突出的重要因素。流域内能源、化工、有色冶金等工业行业林立，这些产业在生产过程中大多需要大量的水资源用于冷却、清洗、制造等环节。以火电行业为例，一座大型火电厂每日的耗水量数以万吨计，且对水质要求也较高。随着工业规模的不断扩大和产业升级的需求，工业用水量持续增长，同时工业废水的排放也给水资源的循环利用和生态环境带来了巨大压力。许多工业企业由于缺乏有效的节水措施和污水处理设施，不仅浪费了大量水资源，还造成了水污染，进一步减少了可利用的水资源量，使得工业用水需求与供给之间的缺口不断扩大。

黄河流域天然降水时空分布不均的特性严重制约了水资源的有效供给。降水主要集中在夏季汛期，短时间内大量的降水往往形成洪水，难以被充分收集和利用，大部分径流入海。而在冬春枯水期，降水稀少。例如，黄河下游在枯水季节常常面临断流的风险，沿黄地区的生活、生产用水受到极大影响。地表水供水虽有水利工程的调节，但仍面临诸多困境。黄河上的水利枢纽在调蓄水量方面发挥了重要作用，但在实际运行中，由于各方面利益的协调难度较大，有时难以实现水资源的最优配置。在一些城市和农村地区，地下水超采现象屡见不鲜，原本依靠地下水的供水系统面临崩溃的危险，这使得水资源的供需缺口进一步扩大，整体供需矛盾更加突出，严重威胁着黄河流域的生态安全、经济发展和社会稳定。

四、应对措施

（一）水资源调配工程

水资源调配工程在缓解黄河流域水资源供需矛盾方面具有极为关键的作用，通过一系列科学规划与精心构建的工程举措，实现对黄河水资源在时间、空间以及不同用水需求之间的合理调配，力求最大限度地满足流域内各方面的用水需求，提升水资源的利用效率与效益。跨流域调水工程是解决黄河流域水资源短缺的重要战略手段，例如南水北调西线工程，其规划旨在从长江上游的通天河、雅砻江、大渡河等水系调水入黄河，补充黄河流域的水资源总量。一旦建成，将显著增加黄河可供调配的水量，有效缓解流域内长期存在的水资源供需紧张局面。这一工程能够在更大范围内实现水资源的优化配置，将水资源相对丰富地区的水输送到黄河流域这一缺水区域，从根本上改善黄河流域的水源条件，为农业灌溉、工业生产、城市生活以及生态环境用水提供更坚实的保障。在实施过程中，需要充分考虑工程的可行性、环境影响以及与其他相关水利工程的协同性等多方面因素，通过精确的水文计算、地质勘探以及环境评估，确保调水线路的合理性、工程设施的安全性以及对调出区和调入区生态环境影响的最小化。

通过修建和完善一系列的水利枢纽、输水渠道以及调蓄水库等设施，构建起流域内的水资源调配网络。例如，可以利用已有的龙羊峡、刘家峡等大型水利枢纽，根据不同季节和不同地区的用水需求，合理调节水库的蓄水量和放水流量。在丰水期，加大蓄水力度。同时，加强输水渠道的建设和维护，提高输水效率，减少输水过程中的水量损失。在流域内的不同省份和地区之间，建立起有效的水资源分配机制和协调平台，根据各地的水资源需求状况、用水效率以及生态环境需求等因素，制定合理的水资源分配方案，确保水资源在流域内的均衡分配和高效利用。例如，对于水资源相对短缺但用水需求较大的地区，可以适当增加其分配水量，并通过技术支持和资金投入等方式，帮助其提高水资源利用效率，减少浪费。

在满足人类生产生活用水需求的同时，必须充分考虑河流、湖泊、湿地等生态系统的用水需求。通过科学设定生态基流、制定生态补水计划等方式，保障生态系统的健康稳定。例如，在黄河三角洲湿地地区，可以利用调配工程定期向湿地进行生态补水，维持湿地的水位和水域面积，促进湿地植被的生长和生物多样性的保护。在河流的关键生态节点，如鱼类产卵场、珍稀水生生物栖息地等，合理安排调配水量和放水时间，为水生生物创造适宜的生存环境。此外，利用水资源调配工程对黄河的水沙关系进行调节，在保障河道行洪安全的前提下，尽可能地将水沙资源输送到下游地区，用于滩地的淤积和生态修复，改善黄河下游的生态地貌和土壤条件。

通过在调水线路、水利枢纽、用水区域等关键部位设置监测站点，实时监测水位、流量、水质等水资源相关参数，利用现代信息技术和大数据分析平台，对水资源调配过程进行全面、精准的监控和管理。及时掌握水资源的动态变化情况，根据实际情况调整调配方案，确保工程的安全运行和水资源的合理调配。同时，加强对水资源调配工程设施的维护和管理，定期进行设备检修、渠道清淤等工作，保障工程设施的长期稳定运行，提高水资源调配工程的可靠性和耐久性。综上所述，水资源调配工程是黄河流域实现水资源供需平衡的核心举措之一，通过多方面的工程建设与科学管理，为黄河流域的可持续发展提供有力的水资源保障。

(二) 产业结构调整

通过优化产业布局、推动产业升级以及促进产业多元化发展等多方面举措，从根源上改变流域内对水资源的依赖模式与利用效率，为水资源的可持续利用奠定坚实基础。传统的黄河流域农业以粗放型种植模式为主，大量水资源消耗在低效益的农作物灌溉上。因此，应积极引导农业向节水高效型转变。一方面，适度压缩高耗水作物种植面积，如减少水稻等需水量大的作物种植比例，转而推广耐旱、节水的作物品种，如小麦、玉米、豆类以及特色经济作物等。通过科学的种植结构规划，依据不同地区的水资源禀赋和气候条件，确定适宜的农作物种植组合，实现农业用水的精准配置。例如在干旱少雨地区重点发展旱作农业，利用滴灌、喷灌等先进节水灌溉技术，提高有限水资源的利用效率，使单位农业产出的耗水量大幅降低。另一方面，大力发展生态农业和循环农业，构建农业生态系统内部的水资源循环利用机制。如推广沼气池建设，将农作物秸秆、畜禽粪便等废弃物转化为能源和有机肥料，减少化肥使用量，进而降低因化肥生产和使用过程中产生的间接水资源消耗，同时沼液、沼渣还可用于农田灌溉，提高土壤保水能力，形成农业水资源的良性循环。

传统工业中诸如化工、钢铁、火电等行业属于高耗水、高污染类型，对黄河流域水资源的质量和数量都造成了巨大冲击。因此，要加快传统工业的转型升级步伐，鼓励企业采用先进的节水工艺和技术设备。例如，化工企业可通过改进生产流程，采用封闭式循环冷却系统，使冷却水在生产过程中多次循环使用，减少新鲜水的取用量；钢铁企业推广干式除灰、干熄焦等节水技术，降低生产用水消耗。同时，积极培育和发展低耗水、高附加值的新兴工业产业，如电子信息、生物医药、新能源等。这些新兴产业在生产过程中对水资源的需求量相对较少，且能创造更高的经济效益和社会效益，有助于优化黄河流域的工业产业结构，降低工业整体对水资源的依赖程度。通过制定相关产业政策，如税收优惠、财政补贴、土地供应优先等，引导资本和技术向新兴工业领域集聚，推动工业结构的绿色转型与可持续发展。

黄河流域拥有丰富的历史文化资源和独特的自然风光，具备大力发展旅游业、文化创意产业、现代物流等服务业的潜力。旅游业的发展可以带动餐饮、住宿、交通等相关产业的繁荣，这些服务业大多属于低耗水产业，且能够创造大量的就业机会和经济收入。例如，黄河沿线的壶口瀑布、龙门石窟等著名景点，可以通过打造精品旅游线路、提升旅游服务质量等方式吸引更多游客，以旅游产业的兴旺带动区域经济发展，减少对水资源密集型产业的过度依赖。文化创意产业则可以充分挖掘黄河流域的文化底蕴，将传统文化元素与现代创意设计相结合，开发出具有地域特色的文化产品和服务，如民俗工艺品、文化演艺活动等，在丰富人们精神文化生活的同时，实现水资源的低消耗发展。现代物流产业的发展能够优化区域物资流通效率，降低物流环节中的水资源浪费，通过整合物流资源、建设智能化物流园区等措施，提高物流行业的整体运营水平，为黄河流域经济发展注入新的活力，进一步平衡水资源供需关系。

政府应发挥宏观调控职能，制定科学合理的产业发展规划和相关政策法规，引导产业结构朝着有利于水资源节约和保护的方向发展。加强对高耗水产业的监管力度，设定严格的用水定额和环保标准，促使企业自觉采取节水措施或进行产业转型。企业作为产业结构调整的主体，要增强社会责任意识和创新意识，积极主动地探索适合自身发展的节水型生产模式和产业升级路径，加大在节水技术研发和设备更新方面的投入。社会公众也应积极参与到产业结构调整的进程中来，通过绿色消费、支持环保产业等方式，形成全社会共同推动黄河流域产业结构优化升级、实现水资源供需平衡的良好氛围。综上所述，产业结构调整是黄河流域应对水资源供需矛盾的重要战略举措，通过全方位、多层次的产业结构优化与升级，为黄河流域水资源的可持续利用与经济社会的协调发展创造有利条件。

（三）水权制度改革

水权制度改革是黄河流域实现水资源合理配置与供需平衡的重要突破点，通过建立明晰的水权界定、规范的水权交易以及有效的水权监管体系，充分发挥市场在水资源配置中的作用，提高水资源的利用效率和效益，为流域水资源的可持续管理提供制度保障。

明确界定黄河流域内各地区、各行业以及各用水主体对水资源的所有权、使用权、经营权等权利范围至关重要。在流域层面，依据黄河水资源总量以及各区域的水资源需求特点、生态环境承载能力等因素，将水资源初始分配到各个省级行政区，确定各省区的初始水权份额。例如，综合考虑宁夏、内蒙古等地区的农业灌溉需求以及陕西、山西等地区的工业和生活用水需求特点，通过科学的水资源评估模型和协商机制，为每个地区分配合理的水资源量。在省级行政区内，进一步将水权细化到市、县以及不同行业，如农业用水大户、工业企业、城市供水公司等，明确各用水主体的用水权限和责任。通过颁发水权证书等形式，使水权具有明确的法律地位和可操作性，为后续的水权交易和水资源管理提供清晰的依据。

建立公开透明、有序竞争的水权交易平台，鼓励用水主体在满足自身基本用水需求的前提下，将多余的水权或节约下来的水资源在市场上进行交易。例如，农业灌溉用水户通过采用节水灌溉技术，减少了实际用水量，可将节约的水权出售给工业企业或城市供水部门，从而实现水资源从低效益用途向高效益用途的转移。制定完善的水权交易规则和价格形成机制，确保水权交易的公平、公正、公开。水权交易价格应充分反映水资源的稀缺程度、供水成本以及市场供求关系等因素，通过市场竞争形成合理的价格信号，引导用水主体自觉调整用水行为。同时，加强对水权交易过程的监管，防止水权垄断、恶意炒作等不正当行为的发生，保障水权交易市场的健康稳定运行。

建立健全水权监管体系，加强对水权分配、交易以及使用全过程的监督管理。在水权分配环节，严格按照既定的分配方案和程序进行操作，确保水权分配的公平合理；在水权交易环节，对交易主体的资格、交易水量、交易价格等进行审核和监督，维护交易市场的秩序；在水权使用环节，通过安装计量设施、定期检查等方式，监测用水主体的实际用水量，防止超量用水和违规用水行为的发生。对于违反水权制度规定的行为，依法进行处罚，如罚款、削减水权份额等，以维护水权制度的权威性和严肃性。此外，建立水权信息公开制度，及时向社会公布水权分配、交易以及水资源使用情况等信息，接受公众监督，提高水权管理的透明度。

制定专门的黄河流域水权管理法律法规，明确水权的取得、变更、转让、终止等法律程序和相关责任，为水权制度改革提供坚实的法律基础。出台一系列配套政策，如财政补贴政策、税收优惠政策等，鼓励用水主体积极参与水权交易和节水行动。例如，对采用节水技术、节约水资源的企业和农户给予财政补贴或税收减免，提高其节水积极性；对新上高耗水项目，通过提高水权获取成本等政策手段进行限制，引导产业结构调整和水资源的合理利用。同时，加强对水权制度改革的宣传教育，提高社会各界对水权制度的认知度和接受度，营造良好的改革氛围。综上所述，水权制度改革对于黄河流域水资源供需平衡的实现具有极为重要的意义，通过建立科学合理的水权制度体系，能够有效提高水资源的配置效率和利用效益，促进流域水资源的可持续利用和经济社会的协调发展。

第三节 水资源承载力的时空变化特征

一、时间演变特征

（一）总体趋势

在 2008 年至 2022 年期间，黄河沿线九省区水资源承载力的评价值处于 0.59 至 0.73

这一区间范围，并呈现出波动下降的态势。这种波动下降的趋势表明，从整体上而言，黄河流域水资源承载力逐渐朝着变好的方向发展。在这一过程中，水资源子系统、社会经济子系统以及生态环境子系统的承载力与水资源承载力的总体变化趋势保持一致。在起始阶段，各子系统及整体均处于一般超载状态，逐渐向临界超载状态转变。例如，在2008年，由于当时的水资源开发利用模式较为粗放，水资源的调配不够合理，各地区在满足自身用水需求时往往过度依赖本地水资源，缺乏有效的流域整体协调机制，导致整体水资源承载力处于较高的超载水平，评价值接近0.73。而到了2015年左右，随着对黄河水资源管理重视程度的提升，一些初步的水资源管理措施开始实施，如部分地区尝试进行用水定额管理，对一些高耗水行业的用水进行了一定程度的限制，使得水资源的利用效率有了些许提高，水资源承载力的评价值开始有所下降，出现了波动中的首次明显下降趋势。

进入2020年之后，一系列更为系统、全面的水资源管理战略和政策得以推进，包括跨区域的水资源调配工程进一步优化，如引黄济津等工程在水量和水质保障方面都有了改进；同时，节水技术在农业、工业和生活领域得到更广泛应用，如农业滴灌技术的大面积推广、工业水循环利用技术的升级以及城市生活中智能节水器具的普及等。这些因素综合作用，使得水资源承载力进一步改善，评价值下降至接近0.59，逐渐接近临界超载状态，表明黄河流域在应对水资源压力方面取得了阶段性的成果，但仍面临着诸多挑战，需要持续优化水资源管理策略和提高水资源利用效率，以实现水资源的可持续承载。

（二）子系统特点

1. 水资源子系统

黄河沿线九省区水资源子系统承载力评价值大于水资源承载力，这一现象清晰地揭示出水资源短缺是导致黄河流域整体承载力处于较低水平的关键因素。在2015年，黄河流域降水量相较于多年平均值减少了8.4%，这一显著的降水减少情况直接导致了该年水资源子系统承载力评价值大幅上升。由于降水的减少，河流径流量随之降低，地表水资源可利用量锐减，使得依赖地表水供应的地区面临严峻的供水压力。例如，一些主要依靠黄河水灌溉的农业灌区，在当年不得不减少灌溉面积或者降低灌溉定额，严重影响了农作物的生长和产量，进而对整个区域的水资源承载能力产生了极大的负面影响①。

然而，在2015年之后，情况发生了积极的转变。随着水资源管理制度的不断强化，各级政府和相关部门出台了更为严格的水资源管理法规和政策。例如，实行了更精准的水资源总量控制和定额管理，对不同行业、不同规模的用水户设定了明确的用水上限；同时，用水效率得到了显著提高，这主要得益于科技的进步和节水意识的增强。新型的高效节水灌溉设备如滴灌、微喷灌系统得到广泛应用，大大减少了农业灌溉用水的浪费；企业通过技术改造，采用循环水冷却系统、中水回用等技术，提高了工业用水的重复利用率。这些积极因素共同作用，使得水资源子系统承载力评价值呈现出下降趋势，表明水资源子系统对整个流域水资源承载力的压力逐渐减轻。

2. 社会经济子系统

---

① 彭俊，赵宇杰，潘志成，等.1961-2020年黄河中游径流量变化特征及影响因素分析［J］.河南大学学报（自然科学版），2024，54（04）：419-428.

社会经济子系统承载力呈现出线性下降趋势，这深刻反映了经济水平的逐步发展、产业结构的持续优化以及用水效率的稳步提高等多方面因素对其产生的积极推动作用。在早期阶段，例如2011年之前，由于产业结构不合理，一些地区过度依赖高耗水、低附加值的产业，如传统的重工业和粗放型农业，这些产业对水资源的消耗巨大且水资源利用效率低下，导致社会经济子系统对水资源承载力产生了负面效应，严重制约了整个流域水资源承载力的提升。

各地开始积极调整产业结构，大力发展低耗水、高附加值的新兴产业，如电子信息、生物医药、现代服务业等。以河南为例，近年来积极推动传统制造业向智能制造转型，减少了对水资源的依赖；同时，加大对服务业的扶持力度，服务业在经济总量中的比重不断提高，而服务业的单位产值耗水量相对较低。此外，用水效率的提高也功不可没。企业通过技术创新和管理升级，提高了水资源的利用效率。例如，一些工业企业通过优化生产流程，实现了水资源的多级循环利用，将原本一次性排放的废水经过处理后回用于生产过程中的不同环节。这些积极的变化使得社会经济子系统对黄河沿线九省区水资源承载力的影响由负效应逐渐转变为正效应，成为推动水资源承载力提升的重要力量，在四川、陕西、河南和山东等省份这种影响尤为显著，有力地促进了这些地区在经济发展过程中实现水资源的可持续利用和水资源承载力的逐步提高。

3. 生态环境子系统

2015年后黄河沿线九省区生态环境子系统承载力呈现出快速下降趋势，在四川、陕西、河南、山东等经济相对发达的省份表现得尤为突出。自2015年我国正式实施《中华人民共和国环境保护法》以来，黄河流域各省区积极响应，加大了对生态环境的保护和治理力度。在水土流失治理方面，各地纷纷实施了大规模的植树造林、退耕还林还草等工程，使得水土流失治理面积逐渐增大。例如，陕西通过实施一系列水土保持项目，有效减少了黄河泥沙含量，改善了流域生态环境，减轻了因水土流失导致的水资源污染和河道淤积等问题，从而对水资源承载力产生了积极影响。

在污水处理方面，各省区不断提升污水处理能力，加大对污水处理设施的建设和升级改造投入。许多城市新建了现代化的污水处理厂，采用先进的污水处理工艺，如生物处理技术、膜分离技术等，提高了污水的处理效率和达标排放率。随着污水处理能力的提升，氨氮排放量占比明显下降，这有效降低了污水对水资源的污染程度，使得更多的水资源能够被安全利用，从而在一定程度上提高了生态环境子系统对水资源的承载能力。这一系列变化表明，黄河流域在经济发展的同时，更加注重环境保护和生态建设，正逐步走向经济与环境保护、生态协调发展的新阶段，为黄河水资源承载力的持续提升奠定了坚实的生态环境基础。

二、空间分布特征

（一）总体格局

黄河沿线九省区水资源承载力在空间分布上呈现出明显的差异，总体呈现出西部强、东部次之、中部弱的空间格局。青海和四川处于黄河流域上游地区，其水资源承载力表现为最强。青海地域广袤，拥有众多的雪山冰川以及丰富的湖泊资源，这些天然的水资源储备为其提供了坚实的水资源基础。例如，青海湖作为我国最大的内陆咸水湖，不仅在调节区域气候方面发挥着重要作用，其周边的生态系统也对水资源的涵养和净化有着积极贡献。同时，青海的人口密度相对较低，水资源的人均占有量较高，使得在满足自身用水需求方面具有较大的优势。四川虽然人口相对较多，但因其地处长江与黄河的水源涵养区，降水较为丰富，且河流众多，水资源总量可观。加之四川在水资源管理和调配方面有着较为完善的体系，能够高效地利用水资源，使得其水资源承载力在黄河沿线九省区中处于领先地位。

山西、河南和山东位于黄河中下游地区，其水资源承载力相对较差，处于一般超载状态。这几个省份人口密集，经济较为发达，工业、农业和生活用水需求量巨大。例如，山东是我国的工业大省和农业大省，众多的工业企业如化工、钢铁、纺织等行业对水资源的消耗极大，农业方面大规模的农田灌溉也需要大量的水资源投入。尽管在水资源利用效率方面近年来有所提升，但由于水资源总量相对有限，且受到上游来水以及本地水资源开发利用程度的限制，其水资源承载力仍面临较大压力。山西作为我国的煤炭大省，长期的煤炭开采和加工对水资源造成了一定程度的破坏和污染，使得其水资源承载力处于较低水平。

而甘肃、宁夏和内蒙古的水资源承载力最差，多处于一般超载和严重超载状态。这些地区地处黄河流域的中部，气候干旱，降水稀少，水资源天然禀赋较差。以宁夏为例，其大部分地区属于干旱半干旱气候，年降水量极低，主要依赖黄河水灌溉来维持农业生产和生活用水需求。然而，由于农业用水方式相对粗放，水资源浪费现象较为严重且工业发展对水资源的需求也在不断增加，导致水资源供需矛盾极为突出，水资源承载力处于严重超载状态。内蒙古虽然地域辽阔，但水资源分布不均，且部分地区由于过度放牧和不合理的水资源开发，导致土地沙化和水资源短缺问题并存，严重影响了其水资源承载力。

（二）区域因素

1. 西部优势区域（青海、四川）

在水资源承载力最强的青海和四川，一方面，其显著的水资源禀赋优势奠定了坚实基础。青海的三江源地区是长江、黄河、澜沧江的发源地，众多的河流源头和广袤的湿地、冰川资源，使得青海拥有丰富的水资源储备，并且这些水资源的水质优良，受污染程度低，具有极高的利用价值。四川则得益于其独特的地理环境，处于青藏高原向四川盆地的过渡地带，地形复杂多样，气候湿润，降水丰富，河流纵横交错，如岷江、嘉陵江等重要支流为四川提供了充足的水资源。

另一方面，四川在社会经济发展和生态环境保护方面的卓越表现进一步提升了其水资源承载力。四川积极推动产业结构调整，大力发展高新技术产业和现代服务业，降低了高耗水产业的比重。例如，成都作为西南地区的科技和文化中心，吸引了大量的电子信息、生物医药等高科技企业入驻，这些企业在生产过程中注重水资源的循环利用和高效管理。同时，四川在生态环境保护方面成效显著，拥有多个国家级自然保护区和森林公园，如九寨沟、卧龙自然保护区等，这些生态系统对水资源的涵养、净化和调节起到了至关重要的作用。四川还在污水处理和水资源管理方面投入大量资金，建设了完善的污水处理设施和水资源监测体系，确保了水资源的合理开发和有效保护，从而使得其水资源承载力在黄河沿线九省区中名列前茅。

2. 东部协调区域（山西、河南、山东）

位于黄河中下游的山西、河南和山东，尽管自身水资源禀赋相对欠缺，但凭借较为发达的经济条件以及较高的社会经济与水资源保护利用协调度，实现了在水资源、社会经济与生态环境之间较好协调发展，从而有效提升了水资源承载力。在经济发展方面，这些省份积极探索创新驱动发展模式，推动产业升级转型。以山东为例，大力发展海洋经济、高端制造业和新能源产业，这些产业相较于传统产业具有更高的附加值和更低的水资源消耗。例如，山东的海洋生物医药产业，利用海洋生物资源进行药物研发和生产，在创造高经济效益的同时，减少了对淡水资源的依赖。

在水资源保护利用方面，这些省份通过加强水资源管理法规政策的制定和执行，提高了水资源利用效率。河南积极推进节水型社会建设，在农业领域推广高效节水灌溉技术，大幅减少了农业用水浪费；在城市建设中，加强了供水管网的改造和维护，降低了管网漏损率。同时，这些省份还注重生态环境的修复和保护，加大对河流湖泊的治理力度，增加了水域面积和湿地面积，提高了生态系统的水资源涵养能力。例如，山东通过实施黄河三角洲湿地生态修复工程，改善了湿地生态环境，增强了湿地对水资源的调节和净化功能，从而在一定程度上缓解了水资源短缺压力，提升了水资源承载力。

3. 中部薄弱区域（宁夏、甘肃等）

对于水资源承载力最差的中部地区，如宁夏和甘肃，水资源短缺、社会经济发展滞后以及生态建设不足等多方面因素相互交织，共同导致了其水资源承载力的低下状况。在水资源短缺方面，宁夏和甘肃地处内陆干旱半干旱地区，天然水资源匮乏。例如，宁夏的年降水量不足200毫米，而蒸发量却高达2000毫米左右，水资源供需矛盾极为突出。当地主要依赖黄河水灌溉，但由于缺乏有效的节水措施和水资源管理机制，水资源浪费现象严重。

在社会经济发展方面，这些地区产业结构单一，主要以农业和传统工业为主。宁夏的农业以灌溉农业为主，种植结构相对单一，高耗水作物如水稻的种植面积较大且农业灌溉技术落后，用水效率低下。甘肃的工业以有色冶金、能源化工等传统产业为主，这些产业在生产过程中对水资源的需求量大且污染严重。同时，这些地区的经济发展水平相对较低，缺乏资金和技术投入来改善水资源利用状况和发展新兴产业。在生态建设方面，由于长期的过度开垦、放牧和水资源不合理利用，导致土地沙漠化、水土流失等生态问题严重。例如，甘肃的河西走廊地区，由于过度开垦和水资源过度开发，土地沙漠化问题日益突出，植被覆盖率低，生态系统对水资源的涵养和调节能力减弱，从而使得水资源承载力难以得到有效提升，陷入了水资源短缺与生态恶化的恶性循环之中。

第四节 水资源承载力的调控与优化

一、黄河水资源承载力的调控

（一）强化水量统一调度

黄河水量统一调度是维持黄河水资源合理分配与生态平衡的核心环节，其涵盖了对黄河干流及重要支流的全面管控,涉及从径流监测、水库蓄水调配到各类用水需求满足等多方面的复杂工作。首先,密切跟踪径流来水情况是水量调度的基础。通过在黄河流域广泛分布的水文监测站点,运用先进的水文测量技术与设备,如高精度水位计、流速仪以及卫星遥感监测手段,实时获取各河段的径流数据。这些数据能够准确反映黄河水情的动态变化,为后续的调度决策提供第一手资料。例如,在汛期,通过对上游来水流量、含沙量等参数的精确监测,可以提前预判洪水的规模与演进趋势,以便及时采取蓄洪、分洪等措施,保障下游地区的安全。

黄河流域拥有众多大型水库,如龙羊峡、刘家峡、小浪底等,它们犹如一座座"水银行",在丰水期储存多余水量,枯水期释放以补充河道流量。调度部门需依据各水库的蓄水能力、地理位置以及流域用水需求的时空分布,制定科学合理的蓄水计划。在丰水年,适当提高水库的蓄水位,但要确保不超过水库的安全警戒水位,同时考虑到下游河道的行洪能力与生态基流需求,合理控制下泄流量;在枯水年,则要精打细算地利用水库蓄水,优先保障居民生活用水、重要工业生产用水以及生态关键区域的用水需求。例如,小浪底水库在每年的汛前通过调水调沙,不仅能够冲刷河道,减少泥沙淤积,还能在一定程度上腾空库容,为汛期蓄洪做好准备;而在冬季枯水期,又能通过稳定放水,维持下游河道的基本流量,保障沿黄地区的生活与生产用水供应。

满足经济社会发展用水需求是水量调度的重要目标,这需要在不同用水部门之间进行精细的平衡与协调。农业用水是黄河用水的大户,尤其在灌溉季节,需确保足够的水量用于农田灌溉。通过与农业部门合作,依据农作物的生长周期、种植面积以及不同区域的灌溉定额,合理安排供水时间与水量。例如,在华北平原的小麦灌溉期,要保障黄河水能够及时、足量地输送到田间地头,同时避免因过度灌溉造成水资源浪费与土壤次生盐碱化。根据不同工业企业的用水特点与需求规模,制定差异化的供水方案。对于高耗水行业,如化工、火电等,鼓励其采用节水技术与循环用水工艺,在此基础上,按照其生产计划与节水成效分配用水指标。城市生活用水则注重保障供水的稳定性与水质安全。通过优化城市供水网络,减少管网漏损,确保居民能够随时用上清洁、安全的黄河水。此外,水量调度还需兼顾防凌、供水和发电等多种需求。在凌汛期,通过调节水库放水流量与水温,破坏河流结冰条件,防止冰凌堵塞河道,保障黄河的安全畅通;在保障供水的前提下,合理安排发电用水,实现水资源综合效益的最大化。

(二)加强取水口监管

取水口作为黄河水资源取用的关键节点,其监管工作至关重要。对黄河干流地表水一级取水口进行全面梳理排查是监管的基础工作。组织专业的调查队伍,运用地理信息系统(GIS)、全球定位系统(GPS)等技术手段,对每一个取水口进行详细登记,包括其地理位置、取水规模、取水用途、所属单位等信息,从而形成取水口监管的"一张图""一本账"。例如,在黄河下游某段,通过无人机航拍与实地勘查相结合的方式,对沿岸的取水口进行逐一排查,发现部分取水口存在位置标识不清、取水设施老化等问题,并及时进行了整改与完善。

建立健全取水口动态监管机制是确保监管效果的关键,如物联网(IoT)传感器、自动化监测设备等,对取水口的取水量、水质、取水时间等参数进行实时监测。这些监测数据通过无线网络实时传输到监管平台,一旦发现异常情况,如取水量超出许可范围、水质不达标等,系统能够自动发出预警信息,监管人员可迅速采取措施进行处理。例如,在某工业取水口安装了智能流量监测仪与水质在线监测设备,当该企业取水量接近许可上限或者排放的废水水质出现异常时,监管平台立即收到预警,监管人员及时介入,要求企业整改,有效防止了违规取水与污染排放行为。

严格取水许可制度是取水口监管的核心手段,依据黄河水资源的承载能力与流域用水规划,科学核定各取水口的取水许可量,并严格按照许可制度进行审批与管理。对于新增取水口申请,要进行严格的水资源论证与环境影响评价,确保其取水行为不会对黄河水资源的可持续利用与生态环境造成不利影响。同时,加强对取水许可证的有效期管理与年检工作,对于违规取水或超许可取水的单位,包括罚款、吊销取水许可证等,从而维护取水许可制度的严肃性与权威性。例如,某农业灌溉项目未经许可擅自扩大取水规模,监管部门发现后,依据相关法律法规,对其处以高额罚款,并责令限期整改,恢复原取水规模,起到了良好的警示作用。

(三) 供水工程改造与维护

供水工程作为黄河水资源输送与分配的重要基础设施,其改造与维护直接关系到水资源的有效供给与利用效率。对现有供水工程进行全面评估是改造与维护的前提。组织水利工程专家、技术人员对供水管道、泵站、水闸等设施进行详细检查与检测,评估其运行状况、老化程度、输水能力以及存在的安全隐患。例如,通过对某段黄河供水管道的无损检测,发现部分管道存在严重的腐蚀与磨损现象,管壁厚度变薄,影响了供水的安全性与稳定性;对一些泵站的机电设备进行性能测试,发现部分设备老化、效率低下,能耗较高。

对于老化、损坏的供水管道,采用新型的耐腐蚀、高强度管材进行更换,如球墨铸铁管、PE 管等,并优化管道布局,减少输水过程中的水头损失与水量漏损。例如,在某城市的黄河供水改造工程中,将原有的老旧铸铁管更换为 PE 管,同时对供水管道网络进行了重新规划与优化,使供水效率提高了 20% 以上,管网漏损率降低了 10 个百分点。对于泵站、水闸等设施,进行设备更新与技术升级,采用先进的自动化控制系统,实现远程监控与智能操作,提高运行效率与可靠性。例如,某黄河泵站安装了新型的变频调速装置与自动化监控系统,能够根据供水需求自动调节水泵的转速与流量,实现了泵站的节能运行与无人值守,大大降低了运行成本与管理难度。

建立健全维护管理制度,明确维护责任主体与工作流程,定期对供水设施进行巡检、保养与维修。例如,规定维护人员每周对供水管道进行一次巡检,检查管道是否有渗漏、破损现象,及时发现并处理问题;每月对泵站、水闸的机电设备进行一次保养,包括设备清洁、润滑、紧固、调整等工作,确保设备处于良好的运行状态。同时,储备充足的备品备件,以便在设备突发故障时能够及时更换,缩短停水时间。此外,加强对维护人员的技术培训与安全教育,提高其业务水平与安全意识,确保维护工作的质量与安全。例如,定期组织维护人员参加供水工程技术培训与安全演练,使其熟练掌握新型设备的操作与维护技能,提高应对突发事件的能力。通过对供水工程的改造与维护,能够有效提高黄河水资源的输送能力与利用效率,保障流域内居民生活、工业生产与农业灌溉等用水需求的稳定供应。

二、黄河水资源承载力的优化

（一）水资源管理精细化

1. 完善监测体系

构建全方位、多层次的水资源监测网络，覆盖黄河流域的干流、支流、湖泊、地下水等各个水体。运用先进的监测技术，如卫星遥感、地理信息系统（GIS）、物联网（IoT）等，实时、精准地获取水资源的水量、水质、水位、水温等多方面信息。通过建立大数据平台，对监测数据进行整合、分析与深度挖掘，为水资源的科学管理与决策提供坚实的数据支撑。例如，利用卫星遥感技术可以对黄河流域的水域面积变化、植被覆盖情况进行动态监测，及时发现可能影响水资源涵养与利用的问题；通过在取水口、排水口以及重要的水利工程设施上安装物联网传感器，能够实时传输水量、水质数据，以便及时掌握水资源的动态变化情况，一旦发现异常，可迅速采取相应措施进行调控。

2. 精准调度与配置

基于精准的监测数据与科学的预测模型，制定精细化的水资源调度方案。充分考虑黄河流域不同地区、不同季节的用水需求特点，以及生态环境的用水要求，实现水资源在时间与空间上的合理分配。在时间上，丰水期注重蓄水与防洪兼顾，通过合理调控水库的蓄放水，保障水资源的可持续利用；枯水期则优先保障居民生活用水、重要工业生产用水以及生态基流。在空间上，根据流域上下游、左右岸的用水需求差异，采用分区调配、跨区域调水等方式，确保水资源的均衡供应。例如，在农业灌溉用水旺季，优先保障主要粮食产区的灌溉用水需求；在城市用水紧张时期，合理调配水资源，确保城市居民生活用水不受影响。同时，加强对水资源配置的监督与评估，建立动态调整机制，根据实际情况及时优化调度方案，确保水资源的配置始终处于最优状态。

（二）生态保护与修复协同推进

1. 湿地与水域生态系统保护

加强对黄河流域湿地、湖泊等水域生态系统的保护力度，划定生态保护红线，严格限制开发建设活动。开展湿地生态修复工程，通过补水、植被恢复、栖息地营造等措施，恢复湿地的生态功能，提高湿地对水资源的涵养与净化能力。例如，在黄河三角洲湿地，通过实施引黄补水工程，恢复湿地的水域面积，种植芦苇等湿地植物，为鸟类等野生动物营造良好的栖息环境，同时湿地植被能够吸收水中的营养物质，净化水质，改善湿地生态系统的健康状况。加强对湖泊的生态管理，控制湖泊的富营养化，防止因水质恶化导致的生态破坏。例如，对黄河流域的一些湖泊，通过控制污水排放、实施生态清淤等措施，改善湖泊水质，维护湖泊生态平衡。

2. 水土保持与植被恢复

加大黄河流域水土流失治理力度，采取工程措施与生物措施相结合的方式。在水土流失严重地区，修建梯田、鱼鳞坑、谷坊等水土保持工程设施，拦截泥沙；同时，植树造林、种草植灌，增加植被覆盖度，提高土壤的抗侵蚀能力。例如，在黄土高原地区，通过大规模植树造林工程，如"三北"防护林工程的实施，使植被覆盖率显著提高，改善了当地的生态环境，同时也增加了水资源的涵养量，对黄河水资源的保护起到了积极作用。加强对流域内森林资源的保护与管理,严格控制森林砍伐,开展森林抚育与更新造林,提高森林质量,增强森林生态系统的水源涵养功能。

(三) 科技创新引领驱动

1. 节水技术创新研发

加大对节水技术研发的投入力度,鼓励高校、科研机构与企业开展产学研合作,共同攻克节水技术难题。研发新型高效的节水材料与设备,如高性能节水器具、智能节水灌溉系统、高效工业水处理设备等。例如,开发新型的智能滴灌喷头,能够根据土壤湿度、作物需水情况自动调节滴水量与滴灌时间,进一步提高灌溉水的利用效率;研制新型的工业反渗透膜材料,提高海水淡化与苦咸水淡化的效率与成本效益,为黄河流域水资源的开源提供技术支持。加强对水资源循环利用技术的研究,如污水深度处理与回用技术、雨水收集与利用技术等,拓展水资源的利用途径,提高水资源的综合利用效率。

2. 水资源管理信息化建设

运用现代信息技术,构建黄河水资源管理信息化平台。整合水资源监测、调度、配置、评价等多方面的信息系统,实现信息的互联互通与共享共用。通过建立水资源管理模型与决策支持系统,利用大数据分析、人工智能、云计算等技术手段,对水资源的现状与未来变化趋势进行模拟分析与预测预警,为水资源管理决策提供科学依据。例如,利用人工智能算法对水资源需求进行预测,提前制定应对策略;通过云计算平台实现水资源数据的快速处理与分析,提高水资源管理的工作效率与决策科学性。同时,利用信息化平台加强对水资源管理工作的监督与考核,实现水资源管理的全过程信息化、透明化与规范化。

综上所述,通过以上多方面的措施协同推进,能够有效优化黄河水资源承载力,实现黄河流域水资源的可持续利用与经济社会的协调发展。

第七章　黄河流域洪水特征与风险评估

第一节　洪水的形成机制与主要类型

一、洪水的形成机制

（一）洪水的来源与特性

洪水来源与特性一直是备受关注的重要研究课题。黄河下游洪水主要源自中游地区，其中涵盖了河口镇到龙门区间、龙门到三门峡区间以及三门峡到花园口区间，而上游洪水仅构成下游洪水的基流。河口镇到龙门区间，地处黄河中游的上段，此区域内支流众多且分布广泛，流域面积广袤。其洪水特性显著，多呈现出洪峰高、历时短的特点。这主要归因于该区间属于黄土高原丘陵沟壑区，土质疏松，植被覆盖率相对较低，一旦遭遇暴雨侵袭，大量降水迅速汇聚形成坡面径流，进而快速汇入黄河支流，使得河流水位在短时间内急剧上升，形成高洪峰。例如，在夏季的集中降雨期，局部地区短时间内降雨量可达上百毫米，众多支流的水量同时迅猛增加，如同汹涌的潮水般奔腾而下，对黄河干流的水位和流量产生极大的冲击。

龙门到三门峡区间，位于黄河中游的中段。这里的洪水来源既有来自支流的汇水，也有干流自身区间的产水。其洪水特点表现为洪量较大且峰型较为肥胖。该区间内有渭河等较大支流的汇入，这些支流在雨季时会带来可观的水量。同时，由于此区间地势相对较为开阔，水流汇聚速度相对河口镇到龙门区间稍缓，但持续时间更长，因此洪水总量较大，洪峰的持续时间也较长，在黄河洪水的组成中占据着重要的份额。比如，在丰水年份，渭河及其他支流的洪水与干流区间的来水相互叠加，形成浩浩荡荡的洪流，长时间地影响着黄河的水情，给下游的防洪工作带来持续的压力[①]。

三门峡到花园口区间，处于黄河中游的下段，这一区间的洪水来源复杂多样，除了自身的区间产水外，还接纳了伊洛河、沁河等重要支流的来水。该区间洪水的特性是洪峰相对较低，但洪量较为丰富，且洪水的演进过程较为缓慢。伊洛河和沁河所在区域地势相对平坦，水流较为平缓，它们携带的水量在汇入黄河后，使得黄河在这一区间的水位逐渐上升，虽然洪峰不是特别突出，但持续的水量补充使得洪水总量不断累积，犹如一股缓缓推

---

① 张悦. 基于黄河干流径流量数据的函数型数据分析方法研究 [D]. 兰州财经大学, 2024.

进但力量巨大的水流，对下游的防洪安全构成潜在的威胁。特别是在连续降雨的时期，各支流的水量持续汇入，黄河的水位会持续上涨，淹没范围可能逐渐扩大，给周边地区的居民生活、农业生产以及基础设施带来严重影响。

而黄河上游的洪水，由于其所处流域的地理环境和气候条件较为特殊，降水相对较少且较为分散，所以其形成的洪水流量相对较小，在黄河下游洪水组成中主要起到基流的作用。它为黄河下游在非中游洪水期提供了一定的水量基础，维持着河流的基本生态功能和部分用水需求。但当与中游洪水遭遇时，也会在一定程度上影响洪水的整体规模和特性，增加洪水治理的复杂性。黄河中游这三个不同区间来源的洪水相互交织、共同作用，组成了花园口三种不同类型的洪水，每种类型都有其独特的水情变化规律和危害程度，这也使得黄河下游的防洪工作面临着极为严峻的挑战，需要综合考虑不同来源洪水的特性，制定科学合理、全面系统的防洪策略和工程措施，以保障黄河流域人民生命财产的安全和经济社会的稳定发展。

(二) 各区间洪水的形成机制

1. 黄河上游河源区

黄河从玛多以下至龙羊峡的区域，呈现出独特的地理风貌。这里多湖泊、沼泽和草地，川地与峡谷相间分布，呈现出一束一放的特殊地形格局。众多的湖泊与沼泽如同天然的"蓄水池"，在降水过程中能够起到一定的调节作用，延缓水流的汇聚速度。而川地与峡谷相间的地形使得水流在不同地段有着不同的流速与流态。雨水首先在广阔的川地缓慢汇聚，由于地势相对平坦且有草地等植被的阻滞，水流不会迅速集中形成洪峰。随后，水流进入峡谷地段，流速虽有所加快，但因之前在川地的缓冲以及整体汇流面积较大、过程相对分散，所以河水的涨落较为平缓。上游地区暴雨少，降水多以较为均匀、温和的形式出现，这也使得河水的补给相对稳定且缓慢。较少的暴雨意味着不会出现短时间内大量降水集中汇入河流的情况，从而避免了洪峰的突然形成。例如，在一般的降水季节，雨水会逐渐渗透到土壤中，然后再缓慢地以地下水补给河流或者通过坡面径流的形式，经过较长时间的汇集进入黄河干流。这种相对稳定的水源补给方式使得兰州站一次洪水历时一般为30－40天，实测最大洪峰流量不超过6000立方米每秒。而且，由于洪水过程较为平缓，其在向下游演进的过程中，到河口镇时就更趋低平，成为中下游洪水的基流部分，为中下游地区在非洪水暴发期维持一定的河流水量和生态用水提供了基础保障。这种矮胖型洪水的形成机制与上游河源区独特的自然地理环境和降水特征密切相关，其缓慢而持久的特性也对整个黄河流域的水资源平衡和洪水调控有着重要的影响。

2. 河口镇至龙门区间

河口镇至龙门区间的河道穿行于山、陕峡谷之间，其特殊的地质地貌和气候条件造就了极具特色的洪水特性。该区间除右岸一部分支流的上游为泥沙区，左岸一部分为石质山区外，其余绝大部分属黄土丘陵沟壑区。黄土丘陵沟壑区的土质疏松，孔隙度大，抗侵蚀能力极弱，在降水作用下极易被冲刷。同时，该区域植被极差，无法有效截留降水、减缓地表径流速度和固定土壤。在暴雨来临时，大量雨水迅速转化为坡面径流，由于缺乏植被和土壤的阻滞，坡面径流以极快的速度汇入支流，进而流入黄河干流。而且，此区间暴雨强度大，降水时间集中，短时间内大量雨水倾泻而下，使得河流的水量在短时间内急剧增加,形成涨落迅猛洪水过程。由于汇流速度快,洪水峰形呈现高瘦的特点,一次洪水历时一般为 1~2 天,连续洪水可达 4~5 天。例如在夏季的强降雨过程中,局部地区可能在数小时内降雨量就超过 100 毫米,众多小流域同时产流,大量泥沙随着洪水一同被带入黄河,形成高含沙量洪水过程。这种高含沙量、高洪峰的洪水不仅对河道的冲刷能力极强,容易造成河道变迁和河岸侵蚀,而且携带的大量泥沙在下游河道淤积,抬高河床,给黄河下游的防洪和河道治理带来了极大的挑战,严重威胁着沿岸居民的生命财产安全和地区的经济发展。

3. 龙门至三门峡区间

龙门至三门峡区间有着丰富的水系构成,境内有泾、渭、洛、汾等支流汇入,流域面积为 18.8 万平方公里,大部分属黄土丘陵和黄土高原区。黄土丘陵和黄土高原区的存在使得该区间在降水时容易产生大量泥沙,这些泥沙随着坡面径流和支流汇水进入黄河干流,导致洪水挟沙量很大。当河口镇至龙门区间与龙门至三门峡区间的两地区洪水遭遇时,情况就变得更为复杂和严峻。河口镇至龙门区间的高含沙量、高洪峰洪水与龙门至三门峡区间本身较大的洪水流量以及大量挟沙相互叠加。从流量方面来看,两个区间的洪水同时汇聚,使得三门峡断面的水量急剧增加,形成峰高量大的洪水过程。从泥沙角度而言,大量泥沙的汇聚不仅增加了洪水的密度和重量,使得洪水对河道的破坏力进一步增强,而且在洪水退去后,泥沙淤积在河道、水库等地方,影响河道行洪能力和水库的蓄水、防洪等功能。这种类型的洪水对黄河流域的水利工程设施、沿岸生态环境以及居民生产生活都造成了巨大的冲击。同时,由于其洪峰高、洪量大、挟沙多的特点,在洪水的监测、预警、调控以及灾害应对等方面都需要更为精细和高效的措施,以减轻其对黄河流域的不利影响,保障流域的安全与稳定。

4. 三门峡至花园口区间

三门峡至花园口区间集水面积 41615 平方公里,但该区间的洪水形成机制却不容小觑。由于暴雨时空分布集中,这里的洪水形成往往具有突然性和迅猛性。有时伊、洛、沁与干流三花间洪水同时遭遇,这种干支流洪水的同步发生会使花园口迅速形成较大的洪峰流量。汇流迅速的特点也使得洪水预报难度较大。由于其形成过程迅速且复杂,受到多种因素如降雨强度、降雨范围、干支流相互作用等的影响,难以精确地预测洪水的发生时间、洪峰流量以及洪水演进路径等信息。这就给防洪减灾工作带来了很大的挑战,需要建立更为完善的监测系统、更精准的预报模型以及更快速有效的应急响应机制,以便在面对这种类型的洪水时能够及时采取措施,保护沿岸居民的生命财产安全,减少洪水造成的损失,保障黄河下游地区的稳定与发展。

二、洪水的主要类型

（一）暴雨洪水

黄河流域的暴雨洪水是最为常见且危害严重的洪水类型。其形成主要源于黄河流域夏季集中且高强度的降水过程。黄河流经区域广阔,涵盖了多种气候带和地形地貌。在夏季,受季风气候影响,水汽充沛,冷暖空气频繁交汇,极易在黄河流域的某些地区形成暴雨云团。当中上游地区,如河口镇至龙门区间、龙门至三门峡区间以及三门峡至花园口区间遭遇暴雨时，由于这些区域多为黄土丘陵沟壑区或黄土高原区，土质疏松，植被覆盖率有限，雨水难以迅速下渗。大量雨水迅速转化为地表径流，沿着坡面和沟壑快速汇聚到支流，支流再将洪水快速注入黄河干流。例如，河口镇至龙门，暴雨强度常常很大，短时间内降雨量可达数十毫米甚至上百毫米，坡面径流在短短数小时内就能形成汹涌的支流洪水，这些洪水带着大量泥沙，以迅猛之势冲向黄河干流，使得黄河水位急剧上升，形成峰高量较大的暴雨洪水。

黄河暴雨洪水的特点鲜明，其洪峰往往呈现高瘦型，汇流速度快，洪水在短时间内集中爆发，洪峰流量瞬间可达很高数值。如龙门站曾实测到高达 21000 立方米每秒的洪峰流量。这种短时间内的高强度洪水对黄河河道的冲刷力极强，不仅容易冲毁河岸堤防，造成河水泛滥，淹没周边大片农田、村庄和城镇，还会携带大量泥沙在下游河道淤积，抬高河床，加剧黄河下游"地上悬河"的态势，给黄河下游的防洪工作带来极大挑战。同时，由于黄河流域暴雨的时空分布不均匀，不同年份、不同区域的暴雨强度和范围差异较大，使得黄河暴雨洪水的发生具有一定的不确定性和复杂性，这也进一步增加了防洪减灾工作的难度。

(二) 冰凌洪水

冰凌洪水是黄河特有的一种洪水类型，主要发生在黄河的上游和下游部分河段。其形成与黄河所处的地理位置以及冬季的气候条件密切相关。在冬季，河流自低纬度流向高纬度的河段，如上游的宁夏至内蒙古河段以及下游的山东河段，会出现封冻现象。当冬季气温下降，河水开始结冰，先是在岸边和浅滩处形成冰盖，随着气温持续降低，冰盖逐渐向河心扩展，最终整个河面封冻。到了冬末春初，气温开始回升，上游河段先解冻，解冻后的冰块随着水流向下游移动。而此时下游河段仍处于封冻状态，大量冰块在下游河道狭窄处、弯道处或浅滩处堆积，形成冰塞或冰坝。冰塞会阻塞部分河道，使水流不畅，水位逐渐上升；而冰坝则更具破坏力，它能完全截断河道，导致上游来水无法顺利宣泄，大量河水积聚在冰坝上游，水位急剧上涨，形成冰凌洪水。

例如，在黄河内蒙古段，由于河道较为弯曲且宽窄不一，每年凌汛期间都容易出现冰凌堵塞河道的情况。当冰坝形成时，上游水位迅速抬高，淹没两岸的草原、农田和部分村庄，对当地的农牧业生产和居民生活造成严重影响。黄河冰凌洪水的特点是水位上涨过程相对缓慢，但一旦冰坝形成，水位会在短时间内快速蹿升，且洪水携带大量冰块，这些冰块在流动过程中具有强大的撞击力，不仅会对河道堤防、桥梁等水利工程设施造成破坏，还可能破坏沿岸的供水、供电、通信等基础设施，影响范围广泛。此外，由于冰凌洪水的发生与气温变化密切相关，而气温的预测存在一定难度，使得冰凌洪水的预报和防御工作具有较高的复杂性和挑战性。

(三) 垮坝洪水

垮坝洪水虽然在黄河发生的频率相对较低，但一旦发生，其破坏力极其巨大。垮坝洪水的形成主要源于黄河流域的水库大坝或其他挡水建筑物出现垮塌事故。水库大坝垮塌的原因有多种，可能是大坝本身的设计存在缺陷，在面对较大洪水压力或其他外力作用时，无法保证结构的稳定。例如，一些早期建设的水库，受当时技术水平和设计理念的限制，对洪水标准估计不足，大坝的抗洪能力有限。

施工质量问题也是导致大坝垮塌的重要因素之一。在大坝建设过程中，如果施工工艺不规范、建筑材料质量不合格，可能会在大坝内部留下隐患，如坝体裂缝、渗漏等问题，这些问题逐渐恶化，最终可能导致大坝在洪水冲击或其他因素诱发下垮塌。此外，超标准的洪水、强烈的地震、大坝的长期老化以及日常维护管理不善等都可能引发大坝垮塌事故。

当大坝垮塌时，水库内储存的大量水体瞬间倾泻而出，形成汹涌的垮坝洪水。这种洪水的洪峰流量极大，远远超过普通洪水的流量规模，流速极快，能够携带大量的泥沙、石块以及水库内的其他杂物。例如，若一座大型水库垮坝，其释放出的洪水可以在短时间内席卷下游数十公里甚至上百公里的区域，冲毁沿途的一切阻挡物，包括城镇、村庄、农田、桥梁、道路等基础设施，造成大量人员伤亡和巨大的财产损失。而且垮坝洪水的影响范围往往难以准确预估，因为洪水在流动过程中可能会因地形地貌的改变而改变流向，进一步扩大受灾面积。同时，垮坝洪水还可能对下游的生态环境造成毁灭性的打击，破坏河流的生态系统平衡，对周边地区的生态恢复带来长期的挑战。

第二节 洪水发生的时空分布规律

一、时间分布规律

(一) 季节性规律

1. 夏季为主

黄河洪水主要集中在夏季，这与黄河流域的气候特点密切相关。黄河流域大部分地区属于温带季风气候，夏季受东南季风和西南季风的影响，降水充沛。6-8月降水量通常占全年降水量的60%-80%，大量的降雨导致河流水位迅速上升，引发洪水。例如，在中游的河口镇-龙门区间和龙门-三门峡区间，夏季暴雨频繁，短时间内高强度的降雨使得坡面径流迅速形成，支流洪水快速汇入黄河干流。这些支流流域内的土壤多为黄土，土质疏松，植被覆盖度有限，雨水的下渗能力较弱，大量降水很快转化为地表径流，使得黄河洪水在夏季频发。

2. 凌汛在冬春之交

黄河在冬春之交还会出现凌汛现象。黄河部分河段从低纬度流向高纬度，下游河段先结冰封冻。随着上游来水继续流动，在冰层下形成冰下潜流。到了春初，气温回升，冰块和水流一起向下游流动，而下游河段仍处于封冻状态，就会造成冰凌堵塞河道。这种情况主要发生在黄河上游的宁夏-内蒙古河段和下游的山东河段。一般从12月开始出现流凌，次年2-3月是凌汛的主要时期，此时如果冰凌堆积严重，就会形成凌汛洪水，对沿岸的防洪设施和居民生活造成威胁。

(二) 年际变化规律

1. 丰枯交替

黄河洪水的发生在年际间呈现出丰枯交替的特点。这是由于影响黄河流域降水的大气环流系统年际变化较大。例如，当厄尔尼诺现象发生时，黄河流域的降水可能会减少，出现枯水年；而在拉尼娜现象影响下，降水可能增加，出现丰水年。丰水年时，黄河流域可能会发生多次较大规模的洪水，如黄河下游花园口站出现了实测最大洪峰流量为22300立方米每秒的大洪水；而在枯水年，洪水发生的频率和规模都会显著降低，河流径流量较小，甚至可能出现断流的情况，像20世纪90年代黄河下游就曾出现多次断流现象。

2. 周期性波动

在较长的时间序列上，黄河洪水的发生还存在一定的周期性波动。这种周期与太阳黑子活动周期、太平洋年代际振荡（PDO）等全球性气候波动因素有关。研究表明，黄河洪水的发生可能存在大约10-15年的周期，在周期内，洪水发生的频率和强度会呈现出相对规律的变化。不过，这种周期并不是绝对的，还会受到流域内下垫面变化（如水利工程建设、土地利用变化等）和其他复杂气候因素的干扰。

二、空间分布规律

（一）上游

1. 洪水基流为主

黄河上游的洪水主要构成下游洪水的基流。这是因为上游地区暴雨相对较少，而且河源区多湖泊、沼泽和草地，从玛多以下至龙羊峡，是川地与峡谷相间的地形。这种地形和地貌使得河水涨落平缓，洪水历时较长，多形成矮胖型洪水。例如兰州站一次洪水历时一般为30-40天。兰州的洪水过程演进到河口镇更趋低平，为中下游提供相对稳定的水量基础[①]。

2. 局部地区有洪水风险

尽管上游洪水相对温和，但局部地区在特殊情况下也会出现洪水。如在一些支流的山区，遇到暴雨天气，可能会出现局部性的山洪暴发。这些山洪由于落差大、流速快，虽然影响范围相对较小，但对局部地区的破坏能力仍然较强，可能会冲毁道路、桥梁和附近的居民点。

（二）中游

1. 主要洪水来源区

黄河中游是洪水的主要来源区域，包括河口镇-龙门区间、龙门-三门峡区间。河口镇-龙门区间河道穿行在山、陕峡谷之间，大部分为黄土丘陵沟壑区，土质疏松，植被差。这里暴雨强度大，形成的洪水涨落迅猛、峰形高瘦，且含沙量高。例如，龙门站实测最大洪峰流量可达21000立方米每秒，含沙量最高曾达到933公斤每立方米。龙门-三门峡区间有泾、渭、洛、汾等支流汇入，流域面积较大，大部分地区也是黄土丘陵和黄土高原区，洪水挟沙量很大。当这两个区间的洪水遭遇时，可形成三门峡断面峰高量大的洪水过程，对下游造成巨大的防洪压力。

2. 洪水特性差异

这两个区间的洪水在空间上也存在特性差异。河口镇-龙门区间的洪水由于汇流速度

---

① 赵梓琨，孙文义，穆兴民，等. 黄河流域水文站和气象站蒸发皿蒸发量时空变化及其差异[J]. 人民黄河，2023，45（06）：24-31.

快，在短时间内就能形成高洪峰，而且含沙量极高，泥沙对河道的侵蚀和淤积作用明显；龙门-三门峡区间由于有众多支流汇入，洪水总量大，洪峰持续时间相对较长，洪水的演进过程对下游河道的形态和行洪能力有深远的长期影响。

(三) 下游

1. 洪水汇聚和放大区

黄河下游是中游洪水的汇聚区域，也是洪水危害的主要承受区。当来自中游的洪水向下游汇聚时，由于下游河道是"地上悬河"，河床高于地面，洪水一旦漫溢或堤防决口，淹没范围广。而且下游地区人口密集、城市众多、经济发达，洪水造成的损失巨大。例如，花园口站的洪水一旦失控，将对郑州、开封等城市以及周边广大农村地区造成严重的洪涝灾害。

2. 受干支流洪水叠加影响

在三门峡-花园口区间，虽然集水面积相对较小，但伊洛河、沁河等支流与干流洪水可能同时遭遇，形成较大的洪峰流量。这种干支流洪水叠加的情况使得下游洪水的形成机制更加复杂，洪水预报和防洪减灾工作面临更大的挑战。

第三节 极端气候对洪水的影响

一、暴雨强度和频率变化增加洪水风险

随着大气环流的异常变化，一些原本相对稳定的天气系统变得活跃且极端化。例如，副热带高压的位置和强度异常变动，可能促使来自海洋的暖湿气流与北方冷空气在黄河流域上空剧烈交汇，从而引发更为强烈的对流运动，形成超强暴雨。当如此高强度的暴雨倾泻而下时，黄河流域的地表径流迅速形成并急剧汇聚。由于黄河流域的地形地貌特点，在中游的黄土丘陵沟壑区和黄土高原区，土质疏松且植被覆盖有限，雨水难以快速下渗，大量雨水在短时间内就转化为汹涌的坡面径流，沿着沟壑和支流快速向黄河干流汇集。这使得黄河干支流的水位在极短时间内迅猛上升，引发洪水泛滥。而且，这种高强度暴雨产生的洪水往往具有洪峰流量极大、冲击力极强的特点，能够轻易冲毁河岸的防护设施、堤坝以及周边的基础设施，对沿岸居民点、农田、城镇等造成毁灭性的破坏。

全球气候变暖导致地球的气候系统失衡，极端气候事件的发生周期缩短。黄河流域原本相对规律的降水模式被打破，原本干旱少雨的地区也可能频繁遭遇暴雨袭击。例如，在过去几十年中，一些位于黄河流域北部的地区，以往年降水量较少且降水较为均匀，但近年来却多次出现暴雨天气。这种暴雨频率的增加意味着黄河洪水的发生次数增多，防洪工作面临的压力和挑战呈几何倍数增长。以往按照常规降水频率和强度设计的防洪工程设施，在面对日益频繁的暴雨洪水时，显得力不从心。洪水的频繁发生不仅直接威胁到沿岸居民的生命安全，使人们时刻处于洪水的阴影之下，还严重影响了农业生产的稳定性。农作物可能会因多次遭受洪水浸泡而减产甚至绝收，农民的收入大幅减少，农村地区的经济发展受到极大阻碍。同时，洪水对交通、通信、电力等基础设施的破坏，也会导致城市和乡村之间的联系受阻，影响区域的协同发展和物资的流通供应，给整个黄河流域的社会经

济秩序带来极大的混乱。

当暴雨强度增大且频率增加时，黄河流域的河流系统面临着更为复杂和严峻的考验。一方面，频繁的暴雨使得河流在短时间内难以恢复到正常水位，河道长时间处于高水位运行状态，这增加了堤防决口的风险。另一方面，高强度暴雨带来的大量泥沙和杂物随着洪水冲入河道，可能会淤积在河道中，抬高河床，降低河道的行洪能力。河床的不断抬高又会反过来加剧洪水的危害程度，形成一种恶性循环。例如，在黄河下游的一些河段，由于多次洪水带来的泥沙淤积，河床已经高于两岸地面，成为著名的"地上悬河"。一旦遇到强暴雨引发的大洪水，洪水漫溢或堤防决口的可能性就会大大增加，而一旦发生决口，洪水将会迅速淹没周边大片地区，造成难以估量的损失。

二、气温异常影响冰凌洪水

黄河作为我国北方的重要河流，在其流经的部分区域，冰凌洪水是一种特殊且具有较大影响力的洪水类型。而极端气候所带来的气温异常变化，正深刻地改变着黄河冰凌洪水的发生规律、规模以及危害程度，给黄河流域的生态环境、社会经济和人民生活带来诸多挑战与不确定性。

若冬季气温偏高，偏离了黄河流域传统的冬季寒冷气候模式，将会使黄河上游和下游部分河段的封冻过程出现明显变化。以往正常情况下，随着气温逐渐降低，黄河自上游开始逐步封冻，冰盖逐渐形成并向下游延伸。然而，在气温偏高的极端气候情境下，封冻时间会推迟，封冻长度也会相应缩短。例如，原本在12月中旬就开始封冻的河段，可能会延迟到次年1月甚至更晚才开始封冻且封冻范围也局限于更小的区域。这种封冻状态的改变使得河流在冬季的水流形态和热量交换过程发生紊乱。当上游河段因气温相对较高而提前解冻时，下游河段可能还未完全进入稳定的封冻状态，或者封冻程度较为薄弱。此时，上游解冻后的冰块随着水流汹涌而下，在下游河道中遭遇尚未充分准备好的冰体或狭窄、弯曲等特殊河道地形时，极易形成冰塞、冰坝。冰塞是指大量冰块在河道内堆积，阻塞了部分水流通道，导致水流速度减缓；而冰坝则是更为严重的情况，大量冰块相互挤压、堆积，形成类似堤坝的结构，几乎完全截断河道，使得上游来水无法顺畅宣泄，从而引发冰凌洪水。这种冰凌洪水一旦形成，会对沿岸的基础设施、农田以及居民生活造成严重破坏。例如，由于其河道弯曲且宽窄变化较大，在气温异常偏高的年份，凌汛期间冰塞、冰坝频繁出现，淹没了大片的草原和农田，对当地的农牧业生产造成了巨大损失，牧民的牲畜失去了放牧场地和饲料来源，农民的农作物被淹没在冰水之中，导致收成锐减。同时，冰凌洪水还可能冲毁沿岸的桥梁、堤坝等水利工程设施，影响交通和水利运输，给地区的经济发展带来沉重打击。

而在春季，气温骤升这一极端气候现象同样给黄河冰凌洪水带来极大的威胁。春季本就是黄河冰凌消融的季节，但如果气温突然大幅回升，将会加速黄河下游河段的解冻速度，使大量冰块在短时间内快速融化并向下游流动。此时，若下游河道的容纳和排泄能力不足，无法及时疏导这些迅速汇聚而来的冰块和融水，冰块就会在河道中堆积形成冰坝。例如，在山东河段，当春季气温异常升高时，大量从上游而来的冰块与本地快速融化的冰块汇聚在一起，由于河道在某些区域较为狭窄或存在弯道，冰块极易在此处堆积。一旦冰坝形成，河水便会被阻塞，水位迅速蹿升，淹没周边的城镇、村庄和农田。沿岸居民的房屋被浸泡在冰冷的水中，生命财产安全受到严重威胁；农田被淹没，农作物的播种和生长季节被打乱，影响了当年的农业收成；城镇中的基础设施如供水、供电、通信等也会因冰凌洪水的冲击而遭到破坏，导致居民的正常生活陷入混乱。而且，由于春季气温骤升引发的冰凌洪水往往来得突然，留给当地居民和相关部门的预警时间较短，应急处置难度较大，这进一步加剧了其危害程度。

三、降水时空分布不均改变洪水特性

在极端气候的影响下，黄河流域的降水时空分布不均现象愈发显著，这一变化深刻地改变了黄河洪水的特性，使得黄河洪水的发生、发展以及危害程度都呈现出更为复杂和多变的态势，给黄河流域的防洪减灾工作带来了前所未有的挑战。

从空间分布不均来看，极端气候致使黄河流域不同区域的降水差异极大。一些地区可能遭受持续性、高强度的暴雨袭击，而另一些地区则可能陷入严重的干旱少雨状态。例如，在黄河中游的某些局部区域，如河口镇至龙门区间或者龙门至三门峡区间，极端气候可能引发极端暴雨事件，使得该地区在短时间内降雨量远超常年平均水平。当这种情况发生时，大量雨水迅速在地表汇聚，特殊的地形地貌和土壤特性导致雨水下渗困难，坡面径流快速形成并以迅猛之势流入黄河支流，进而汇入干流。这使得黄河干流水位在局部地区迅速上升，形成具有高洪峰流量和强冲击力的洪水。而与此同时，黄河流域的其他区域可能降水稀少，河流来水不足，这种旱涝不均的局面导致黄河洪水的组成和演进过程变得极为复杂。不同区域的来水差异使得黄河干流的水位变化难以预测，洪水的传播速度和淹没范围也变得更加不确定。在防洪工作中，以往基于相对均衡降水分布所制定的防洪策略和工程布局难以有效应对这种空间分布不均带来的挑战，可能导致局部地区洪水防御力量薄弱，增加了洪水决堤和泛滥的风险，对沿岸的城市、乡村、农田以及基础设施造成严重破坏。

在时间分布不均方面，极端气候使得黄河流域降水在时间上的分布更加离散和集中。一方面，降雨可能集中在极短的时间内爆发，形成所谓的"短历时暴雨"。这种暴雨类型会使黄河洪水的洪峰形态变得极为尖瘦，洪峰流量瞬间达到极大值。由于降雨时间短且强度大，大量雨水几乎同时汇入河流，河流在短时间内承受巨大的水量压力，水位急剧攀升。例如，黄河流域可能遭遇强对流天气系统的影响，几个小时内降雨量就可达上百毫米甚至更多。这种短历时暴雨引发的洪水具有很强的突发性和破坏力，对河道的冲刷能力极强，容易导致河岸崩塌、堤防损毁，对下游地区的防洪安全构成极大威胁。另一方面，降水也可能呈现出长时间持续但强度较小的特点，即"长历时降雨"。黄河洪水的过程线会变得矮胖，洪水持续时间变长。虽然洪峰流量相对较小，但长时间的高水位运行会对黄河下游的堤防造成持续的浸泡和压力，增加堤防渗漏、管涌等险情发生的概率。而且，长历时降雨引发的洪水可能会淹没更广泛的区域，对农田、湿地等生态系统以及沿岸居民的生产生活产生长期的不利影响，如农作物长时间浸泡导致减产甚至绝收，湿地生态系统因长时间被水淹没而遭到破坏，影响生物多样性的稳定。

在降水集中且强度大的区域，洪水携带大量泥沙冲入黄河。由于洪水流量大、流速快，泥沙在河道中的输移过程也更为复杂。一方面，高含沙量的洪水可能会在河道内淤

积,抬高河床,改变河道形态,影响河流的行洪能力;另一方面,当洪水流量和流速发生变化时,泥沙又可能重新启动被搬运,对下游河道和水利工程设施造成冲刷和磨损。例如,在河口镇至龙门区间发生暴雨洪水时,大量泥沙随洪水进入黄河干流,如果遇到下游河道水流变缓或者工程设施的阻挡,泥沙就会淤积下来,逐渐抬高河床,形成"地上悬河"的隐患,进一步加剧了黄河洪水的危害程度。

四、海平面上升加剧黄河下游洪水危害

在全球极端气候日益严峻的形势下,海平面上升作为其中一个显著的现象,正给黄河下游的洪水形势带来极为不利的影响,极大地加剧了黄河下游洪水的危害程度,对黄河流域的生态安全、社会稳定以及经济发展构成了严重威胁。

随着海平面的逐渐抬升,黄河入海口的基准水位相应提高。这一变化使得黄河洪水在排泄过程中面临更大的阻力。在正常情况下,黄河洪水会在重力作用下顺畅地流入海洋,但海平面上升后,河水与海水之间的水位差减小。例如,原本能够快速排泄入海的洪水,现在可能需要更长的时间才能完成排泄过程,导致洪水在下游河道内停留的时间显著延长。黄河下游河道长期处于高水位运行状态,河水对堤防的浸泡和冲刷作用时间加倍,使得堤防的稳定性受到严重考验。堤防长时间承受巨大的水压,容易引发堤身松动、裂缝、管涌等险情,增加了堤防决口的风险。一旦堤防决口,黄河洪水将如脱缰之马,迅速淹没周边大片的平原地区,包括众多城市、乡村、农田以及重要的基础设施,造成不可估量的人员伤亡和财产损失。

海平面上升还会引发海水倒灌现象,这对黄河下游地区的生态环境产生了极为恶劣的影响,并进一步加重了洪水灾害的破坏程度。当海平面高于黄河入海口处的水位时,海水会沿着河道向内陆倒灌。海水的入侵不仅会使黄河下游的水质恶化,原本适宜淡水生物生存的水域环境被改变,导致大量淡水生物死亡;而且会影响到周边地区的地下水水质。由于海水倒灌,地下淡水层与海水层之间的水力平衡被打破,海水逐渐渗透到地下淡水层,使地下水变咸,无法再被用于农业灌溉、工业生产以及居民生活饮用。这对于依赖黄河水和地下水的下游地区而言,无疑是一场严重的水资源危机。在洪水期间,海水倒灌与洪水相互作用,使得受灾区域的环境更加恶劣。洪水携带的泥沙与海水混合,形成特殊的淤泥质沉积物,覆盖在农田和湿地表面,阻碍农作物生长和湿地植被的恢复,影响农业生产和湿地生态功能的发挥,进而对整个区域的生态系统服务功能产生长期的负面影响,如减弱湿地对洪水的调蓄能力、降低空气净化效果、减少生物栖息地等。

从社会经济角度来看,海平面上升加剧黄河下游洪水危害给当地的经济发展带来了沉重打击。黄河下游地区是我国重要的农业产区和经济发达地带,分布着众多的城市和工业基地。洪水灾害的加剧使得农业生产遭受重创,大量农田被淹没、冲毁,农作物绝收,农村经济陷入困境。同时,城市中的工业企业、商业设施、交通枢纽等也难以在洪水和海水倒灌的双重打击下幸免。工厂被洪水浸泡导致设备损坏、生产停滞,企业面临巨大的经济损失甚至破产;交通设施如铁路、公路被冲毁,中断了地区之间的物流运输和人员往来,影响了原材料的供应和产品的销售,阻碍了区域经济的正常运转。此外,洪水灾害还会引发一系列的社会问题,如居民流离失所、社会治安不稳定等,给当地政府的社会管理和救

援工作带来巨大压力。

五、气候异常导致流域生态变化影响洪水调蓄

极端气候所引发的一系列变化，不仅仅直接作用于黄河洪水的形成与演进过程，还通过改变黄河流域的生态系统，间接地对洪水的调蓄功能产生了深远且复杂的影响。这种影响犹如连锁反应，从植被覆盖的改变到湿地面积的萎缩，都在悄然重塑着黄河流域应对洪水的能力格局，给整个流域的生态安全与社会稳定带来了诸多新的挑战与不确定性。

长期的极端气候事件，如干旱、高温、暴雨等的频繁发生，严重干扰了植被的正常生长周期与分布格局。在一些原本植被相对茂密的区域，持续的干旱可能导致土壤水分严重不足，植物因缺水而生长受限，甚至大量死亡。例如，黄河流域的部分山地丘陵地区，由于长时间得不到充足的降水补给，原本郁郁葱葱的森林植被逐渐变得稀疏，地表植被覆盖率明显下降。植被作为天然的"绿色海绵"，在洪水调蓄过程中发挥着至关重要的作用。其发达的根系能够牢牢固定土壤，增加土壤的入渗能力，从而有效减缓地表径流的形成速度与流量。然而，当植被遭到破坏后，这种缓冲与调节功能便大打折扣。雨水无法被植被充分截留与吸收，奔腾而下汇入河流，大大增加了洪水形成的风险与强度。同时，植被破坏还会导致土壤侵蚀加剧，大量泥沙被冲入河流，不仅抬高河床，还会使洪水携带的泥沙量增加，进一步加重洪水对下游地区的危害程度。

气候变暖、降水模式改变等因素共同作用下，黄河流域的湿地面积正面临着严峻的萎缩态势。湿地作为陆地与水生生态系统之间的过渡地带，具有卓越的洪水调蓄功能。它能够像巨大的天然水库一样，在洪水来临时储存大量的洪水，削减洪峰流量，待洪水退去后再缓慢释放，从而有效调节河流水位的涨落幅度。然而，极端气候导致的气温升高使得湿地水分蒸发加剧，而降水分布的不均又可能使湿地得不到足够的水源补给。例如，在一些黄河流域的内陆湿地地区，由于降水减少且气温持续升高，湿地的水域面积逐渐缩小，原本相连的大片湿地被分割成零散的小块，湿地植被也因缺水而退化。这种湿地面积的萎缩直接削弱了其对洪水的调蓄能力。当洪水发生时，湿地无法像以往那样有效地容纳和缓冲洪水，导致洪水迅速蔓延至周边地区，淹没农田、村庄和城镇，对当地居民的生命财产安全和农业生产造成严重威胁。此外，湿地生态系统的退化还会影响到众多依赖湿地生存的生物物种，破坏生物多样性的平衡，进而影响整个生态系统的稳定性与服务功能，使得黄河流域在面对洪水灾害时更加脆弱和不堪一击。

第四节 洪水风险评估与防控策略

一、黄河洪水风险评估

(一) 洪水风险评估指标体系

1. 致灾因子指标

(1) 洪峰流量：洪峰流量是衡量黄河洪水规模和强度的重要指标。较高的洪峰流量意

味着更大的水流冲击力和淹没能力，对河道堤防、沿岸建筑物以及基础设施构成直接威胁。

（2）洪水总量：洪水总量反映了洪水的总体规模和持续影响力。即使洪峰流量不是特别高，但如果洪水总量巨大，长时间维持较高水位，也会对沿岸地区造成严重的淹没灾害，包括农田被浸泡、房屋受损、交通中断等。

（3）洪水历时：洪水历时长短决定了洪水灾害的持续时间和影响范围。长时间的洪水过程会使受灾地区的救援和恢复工作面临更大挑战，增加了受灾群众的生活困难和经济损失。例如，一些持续数周甚至数月的洪水，会导致农田错过最佳播种和收获季节，居民长期流离失所，社会秩序和经济发展受到严重干扰。

2. 孕灾环境指标

（1）地形地貌：黄河流域地形地貌复杂多样，不同的地形对洪水的形成、传播和危害程度有着显著影响。在山区，如黄河中游的部分地区，地势起伏较大，洪水容易形成高流速的坡面径流，快速汇聚到山谷和河流中，引发山洪暴发和河道洪水暴涨。而在平原地区，如黄河下游，地势平坦但河道高悬，洪水一旦决堤，淹没范围广泛且容易形成大面积的滞水区，导致长时间的内涝灾害。

（2）河流水系特征：黄河的河流水系特征包括河道坡度、河宽、河深、弯曲系数以及支流分布等。河道坡度大的河段，洪水水流速度快，对河床和河岸的冲刷力强；河宽和河深影响洪水的容纳能力和水位涨幅；弯曲系数大的河道容易出现水流不畅，导致洪水拥塞和顶托现象。支流的分布和来水情况则决定了黄河洪水的水源补给和水量叠加效应，如三门峡至花园口区间，伊洛河、沁河等支流与干流的洪水遭遇情况对花园口站的洪水规模有着关键影响。

（3）土壤植被状况：黄河流域的土壤类型多样，其中中游地区大量的黄土土质疏松，抗侵蚀能力差，在降雨作用下容易产生水土流失，增加洪水的含沙量，进而影响河道的行洪能力和洪水演进规律。植被覆盖度对洪水风险也有着重要作用。植被能够截留降雨、减缓地表径流速度、增加土壤入渗，从而减少洪水的形成和洪峰流量。例如，黄河流域一些植被覆盖率较高的山区，在同等降雨条件下，洪水的发生频率和危害程度相对较低。

3. 承灾体指标

（1）人口密度：人口密度大的地区在面临黄河洪水时，受灾人口数量多，生命安全受到的威胁大，同时救援和疏散难度也相应增加。例如，黄河下游的一些城市和人口密集的乡村地区，一旦发生洪水，大量人口需要紧急转移安置，对救灾物资、避难场所和救援力量的需求巨大，若应对不及时，容易造成大量人员伤亡和社会混乱。

（2）经济发展水平：经济发达地区通常拥有更多的基础设施、工业企业、商业设施和农业产业基地等。洪水对这些地区的冲击将导致巨大的经济损失，包括建筑物损坏、生产设备毁坏、农田被淹、商业活动中断等。例如，黄河三角洲地区的一些城市，作为重要的工业和农业产区，若遭受黄河洪水袭击，不仅工业生产停滞会带来高额的经济损失，农业减产也会影响地区的粮食供应和农民收入，同时城市的交通、通信、供水供电等基础设施的修复成本高昂，对地区和国家的经济发展都会产生严重的负面影响。

（3）土地利用类型：不同的土地利用类型对洪水的脆弱性和适应性不同。农业用地在洪水期间容易遭受农作物被淹、土壤肥力流失等损失；城市建设用地中的居民住宅、商业中心、工业园区等面临建筑物损坏、财产损失和人员伤亡的风险；而湿地、林地等自然生态用地在一定程度上能够起到调蓄洪水、削减洪峰的作用，但如果这些生态用地遭到破坏或侵占，也会增加洪水的危害程度。例如，黄河流域一些湿地被围垦开发后，在洪水来临时失去了原有的缓冲和蓄滞功能，导致周边地区洪水灾害加重。

（二）洪水风险评估方法

1. 历史洪水资料分析

通过对黄河历史上发生的洪水事件进行详细记录和分析，包括洪水的发生时间、地点、规模、造成的损失以及当时的气象、水文、地理等相关条件，总结黄河洪水的发生规律和特点，为当前的洪水风险评估提供参考依据。

2. 水文模型模拟

利用水文模型，如 HEC-HMS（水文工程中心-水文模拟系统）、SWAT（土壤与水资源评价模型）等，根据黄河流域的地形地貌、土壤植被、气象条件、河流水系等数据，模拟不同降雨情景下黄河洪水的形成、演进和消退过程。这些模型可以计算出洪水的流量、水位、流速等参数在时间和空间上的分布变化，评估不同区域的洪水淹没范围、淹没深度和淹没时间等风险指标。例如，通过输入不同频率的降雨数据，模拟黄河在百年一遇、千年一遇等不同重现期洪水情况下的水文响应，为防洪规划和决策提供科学依据。

3. 遥感与地理信息系统（GIS）技术应用

借助遥感技术获取黄河流域的地形、地貌、土地利用、植被覆盖等信息，通过地理信息系统对这些数据进行整合、分析和可视化处理。利用 GIS 的空间分析功能，可以将洪水的水文模型模拟结果与流域的地理信息相结合，绘制洪水风险图，直观地展示黄河洪水在不同区域的风险等级分布。例如，在洪水风险图上可以清晰地看到哪些地区属于高风险区、中风险区和低风险区，为防洪工程建设、土地利用规划、灾害预警和应急救援等提供重要的技术支持。

4. 基于指标体系的综合评估

构建黄河洪水风险评估指标体系，对致灾因子、孕灾环境和承灾体等多个方面的指标进行量化和标准化处理，然后采用层次分析法、模糊综合评价法等方法确定各指标的权重，最后综合计算得出黄河洪水的风险指数。这种方法能够全面、系统地评估黄河洪水的风险状况，考虑到了洪水形成和危害的多个因素及其相互关系。例如，通过对洪峰流量、洪水总量、地形地貌、人口密度、经济发展水平等指标的综合评估，可以确定黄河流域不同地区的洪水风险综合得分，从而有针对性地制定相应的防洪减灾策略。

（三）洪水风险评估结果应用

1. 防洪工程规划与建设

根据洪水风险评估结果，确定黄河流域不同地区的防洪需求和重点防护区域，合理规划和建设防洪工程设施。在高风险地区，加大堤防加固、河道整治、水库建设等工程力度，提高防洪标准；在中风险地区，实施适度的防洪工程措施，如修建防洪堤、疏浚河道等；在低风险地区，可以加强洪水监测和预警系统建设，注重生态防洪措施的应用。例如，在黄河下游的一些城市和人口密集区，依风险评估结果提高堤防高度和强度，建设分洪闸、滞洪区等工程设施,以保障人民生命财产安全。

2. 洪水预警与应急响应

利用洪水风险评估结果,建立科学合理的洪水预警体系,根据不同区域的风险等级设定相应的预警阈值和预警信息发布机制。当洪水风险达到一定程度时,及时向社会公众、政府部门和相关单位发布预警信息,启动应急响应预案。例如,当洪水水位接近或超过警戒水位时,立即通过电视、广播、手机短信、互联网等多种渠道向居民发布预警,组织居民有序疏散转移,同时调动救援力量和物资,开展抢险救灾工作,减少洪水造成的人员伤亡和财产损失。

3. 土地利用与区域发展规划

将洪水风险评估结果纳入土地利用规划和区域发展规划中,合理布局城市、工业、农业等各类用地,避免在高风险地区进行大规模的开发建设。在城市规划中,将易受洪水影响的区域规划为绿地、公园、湿地等生态用地或预留足够的行洪通道;在农业规划中,引导农民在相对安全的区域种植农作物,调整种植结构,发展适应洪水风险的农业产业。例如,在黄河流域的一些城市新区规划中,将建设用地避开洪水淹没区和滞洪区,同时在城市周边建设生态湿地和防洪林带,提高城市的防洪能力和生态环境质量。

4. 洪水保险与灾害补偿

依据洪水风险评估结果,制定合理的洪水保险政策和灾害补偿机制。保险公司可以根据不同地区的洪水风险等级确定保险费率,鼓励居民和企业购买洪水保险,提高全社会的洪水灾害风险分担能力。政府也可以根据洪水风险评估结果,建立专项灾害补偿基金,对遭受洪水灾害的群众和企业进行合理补偿,帮助他们尽快恢复生产生活。例如,提高洪水保险的保额和保险费率,使居民和企业在遭受洪水损失时能够得到足够的经济补偿,减轻洪水灾害对社会经济的冲击。综上所述,黄河洪水风险评估是一项综合性、多学科交叉的工作,通过科学合理的评估指标体系、评估方法和结果应用,可以有效地提高黄河流域的防洪减灾能力,保障区域的生态安全、社会稳定和经济可持续发展。

二、黄河洪水防控策略

(一) 防御调度科学全面

黄河洪水的防御工作是一项复杂而系统的工程,其中黄河水利委员会作为主要牵头单位发挥着核心引领与统筹规划的关键作用。黄河水利委员会凭借其丰富的专业经验、广泛的监测网络以及先进的技术手段,全面负责黄河洪水防御的整体规划、决策制定与协调指挥。它犹如神经中枢,密切关注着黄河流域的水情、雨情、工情变化,运用科学的分析方法与预测模型,对洪水的发生发展趋势进行精准研判。例如,通过整合气象卫星数据、水文监测站数据以及地理信息系统数据,提前预估洪水的规模、洪峰到达时间以及可能的淹没范围等重要信息,为后续的防御行动提供坚实的数据基础与决策依据。

行洪省市作为主要参与单位,积极响应黄河水利委员会的指挥与调度,充分发挥地方优势,调动各方资源全力投入洪水防御工作中。行洪省市在各自辖区内负责组织实施具体的防洪措施,包括人员疏散、物资调配、堤防巡查与加固等工作。例如,在洪水来临前,组织基层工作人员深入沿河村落与城镇,挨家挨户宣传洪水危害与避险知识,协助居民有序撤离危险区域；同时，调配本地的物资储备，如沙袋、抢险工具等，运往重点防护地段，加强堤防的防护能力。"河地"共防的防御局面实现了流域管理与地方执行的紧密结合，形成了强大的防御合力。这种"统一调度、科学协作、完全配合、积极反馈、动态调整"的防御调度新格局，确保了在洪水防御过程中各个环节的高效衔接与协同运作。在实际防御工作中，当黄河水利委员会下达某项防洪指令后，如开启某座水库的泄洪闸以调节下游水位，行洪省市迅速组织人员对下游河道及周边区域进行安全巡查，及时反馈泄洪对当地的影响情况，如是否出现新的险情、居民是否安全撤离等信息。黄河水利委员会根据反馈信息，结合整体水情变化，动态调整泄洪策略或其他防洪措施，如加大或减小泄洪流量、增派抢险力量到特定区域等，从而实现对黄河洪水的精准、科学防御，最大限度保障黄河流域人民生命财产安全与生态环境稳定。

（二）对易出险部位进行硬化加固

本次洪水是对黄河堤防、控导、险工的一次严峻检验，黄河防洪工程成功通过了本次洪水检验，再次印证了工程防护对于应对黄河洪水的主导性和重要性。对易出险部位进行硬化加固，是保障黄河大堤安全的关键举措。首先，针对本次洪水过后出险、坍塌、薄弱部位进行提升加固。一些堤防可能出现局部坍塌、堤身裂缝等险情，这些部位的土壤结构遭到破坏，抗冲能力大幅下降。对这些部位进行加固时，采用混凝土浇筑、土工格栅加筋等技术手段，增强堤身的整体性和稳定性。例如，对于坍塌部位，先清理坍塌的土方，然后铺设土工格栅，再用混凝土进行浇筑填充，使堤身恢复到原有强度甚至更高。对于裂缝部位，采用高压灌浆等技术，将水泥浆等填充材料注入裂缝中，封堵裂缝，防止洪水进一步侵蚀堤身。

同时，更要对易受冲刷部位进行硬化加固，打造铜墙铁壁般的防护工程。黄河水流湍急，一些河岸、堤脚等部位容易受到水流的强烈冲刷。在这些易受冲刷部位，可以采用铺设护坡石、浇筑混凝土护坡等方式进行防护。例如，在河岸采用大块的护坡石进行铺设，石块之间相互咬合，形成稳定的防护层，能够有效抵抗水流的冲刷力。在堤脚部位，浇筑混凝土防冲墙，深入地下一定深度，增强堤脚的抗冲能力，防止堤脚被掏空导致堤防失事。通过对易出险部位的全面硬化加固，进一步提高黄河防洪工程的抗洪能力，为黄河流域人民生命财产安全和经济社会稳定发展提供坚实可靠的工程保障。

（三）机械设备的定点投入

在黄河洪水防御工作中，除了专业机动抢险力量的全程参与外，大型机械设备的定点投入发挥了极为关键的支撑作用。挖掘机、铲运机、装载机等大型机械在抗洪抢险现场展现出强大的作业能力。当洪水导致河道堵塞、堤坝出现决口或管涌等险情时，挖掘机能够迅速挖掘土方，清理河道障碍物，为洪水的顺利排泄开辟通道；铲运机则高效地搬运沙石等抢险物料，快速运输到出险部位进行填充加固；装载机可快速装卸防汛物资，如铅丝笼、防汛袋等，提高抢险作业的效率。例如在某次黄河决堤抢险中，多台挖掘机迅速在决口附近挖掘导流槽，引导部分水流分流，减轻决口处的压力，同时铲运机配合装载机将大量沙石源源不断地运送到决口处，抢险人员利用这些物料快速构筑临时堤坝，有效遏制了决口的进一步扩大。

铅丝笼、新型防汛袋、组合式防汛组合堤坝等设备设施更是在防洪抢险中有着独特的功效。铅丝笼以其坚固耐用的特性,填充石块后可用于加固堤坝根基、防护河岸免受洪水冲刷。新型防汛袋采用特殊材料制成,具有防水性强、强度高、重量轻等优点,方便抢险人员快速搬运与堆砌,能够在短时间内构建起临时防洪堤。组合式防汛组合堤坝则具有安装便捷、可重复利用等优势,在一些紧急情况下能够迅速搭建起临时挡水屏障。无人机和远程监控设备的应用更是为防洪抢险带来了全新的技术手段。无人机可以在洪水区域上空进行高空侦察,快速获取大面积的洪水淹没范围、河道水位变化、堤防受损情况等信息,为抢险指挥人员提供宏观的决策依据。远程监控设备则实时监测重点防洪工程部位的情况,如险工、控导工程的运行状态,一旦发现异常变化,立即发出警报,使抢险人员能够及时发现并处理险情。这些机械设备与设备设施配合专业的抢险调度,实现了有序衔接、合理布局、科学防御的防洪抢险新方式。它们在不同的抢险场景和环节中各司其职,相互配合,形成了一个高效的防洪抢险作业体系,大大提高了黄河洪水防御工作的效率和效果,增强了应对洪水灾害的能力。

(四)持续提升信息化管控手段

通过洪水防御工作可以清晰地看出,信息化手段在突发洪水的防御工作中具有不可替代的重要性。信息化手段的全程渗透能够为洪水防御工作提供即时、准确的研判手段,彻底改变了传统的通讯和会商方式,极大地提高了洪水防御反应时间。在洪水防御过程中,先进的信息化监测系统遍布黄河流域各个关键节点,如水文监测站、气象观测站以及堤防、险工等重要工程部位。这些监测系统通过传感器等设备实时采集水位、流量、降雨量、工程变形等多方面的数据,并借助高速网络传输技术将数据迅速传输到防汛指挥中心。例如,在黄河某段的水文监测站,高精度的水位传感器每隔几分钟就将水位数据传输到指挥中心,同时流量监测设备也同步上传流量信息。指挥中心的信息处理平台利用大数据分析技术和智能算法对这些海量数据进行快速处理与分析,能够在短时间内准确判断洪水的发展态势,预测洪峰的到达时间、峰值以及可能的影响范围等。

信息化范围的扩充能够将气象、水文等防汛所需信息进行科学整合,为防御洪水的决策提供了全面的数据支撑。气象部门的卫星云图、降雨预测模型与水文部门的水情监测数据在统一的信息平台上实现了无缝对接。例如,气象卫星云图可以直观地显示黄河流域上空的云层分布、移动方向和降雨概率,结合水文部门的历史水情数据和当前的水位、流量监测信息,防汛指挥人员能够更加全面地了解洪水形成的气象背景和水文条件,从而制定出更加科学合理的防洪决策。如当预测到某区域将有强降雨且可能引发黄河支流洪水上涨时,指挥中心可以提前调度上游水库进行预泄洪,腾出库容以应对即将到来的洪水,同时通知下游地区做好防洪准备工作,如加固堤防、疏散危险区域居民等。这种基于信息化手段的精准决策能够有效避免洪水灾害的扩大化,最大限度保障人民生命财产安全和黄河流域的生态稳定。

(五)进一步加强防洪预案修订和演练

在洪水防御可能出现了诸如某些险工部位的防护措施在实际洪水冲击下效果未达预期、人员疏散过程中存在局部混乱、物资调配不够及时高效等问题。针对这些问题,防洪预案的修订首先要对洪水可能出现的各种情况进行更加细致的分类与分级。例如,根据洪水的规模大小、可能的淹没范围以及对不同区域的危害程度,将洪水分为不同等级,如特大洪水、大洪水、中洪水和小洪水，并针对每一级洪水制定更为详细的应对措施。对于险工部位，根据本次洪水的实际冲刷情况和工程结构的稳定性评估，重新设计加固方案，采用更先进的防护技术和材料，如新型护坡材料、加固桩等，提高险工部位的抗冲能力。

在人员疏散方面，结合本次洪水疏散过程中出现的问题，如疏散路线标识不清晰、疏散顺序安排不合理等，重新规划疏散路线，设置更加明显的标识牌和引导设施，同时根据不同区域的人口密度、地形地貌等因素，优化疏散顺序，优先保障老人、儿童、孕妇等弱势群体的安全疏散。物资调配方面，建立更加完善的物资管理信息系统，实时掌握各类防汛物资的库存数量、存放位置以及运输状态等信息，根据洪水的发展情况提前预估物资需求，优化物资调配流程，确保物资能够及时、准确地运输到所需地点。并且根据预案修订情况进行定期的预案演练，起到"有预案、有指导、有队伍、有演练"的效果，达到"练为战、战必胜"的目的。通过演练，检验预案的可行性和有效性，使参与防洪工作的人员熟悉各自的职责和任务，提高各部门之间的协同作战能力。例如，组织多部门参与的实战演练，模拟洪水从预警发布、人员疏散、物资调配到抢险救援的全过程，演练过程中发现问题及时调整预案，不断提高防洪预案的科学性和实用性。

（六）打造一只综合素质高、专业能力强的常态抢险队伍

2021年洪水防御工作暴露出了抢险队伍多、杂、乱且专业性不足的关键问题。本次洪水防御工作后，打造多元化、多架构、多层次的综合抢险队伍成为当务之急。综合抢险队伍以黄河专业机动抢险队伍为主要班底，他们具备丰富的黄河防洪抢险经验和专业技能，熟悉黄河的水情、工情特点，在应对黄河洪水的特殊险情方面具有独特的优势。例如，黄河专业机动抢险队伍在处理黄河堤防的管涌、漏洞等险情时，能够凭借其专业知识和熟练的操作技术，迅速准确地判断险情的性质和危害程度，采取有效的封堵措施，如采用反滤围井、土工织物铺盖等方法进行管涌抢险，利用塞堵法、盖堵法等处理漏洞险情。

以沿岸地方应急抢险队伍为补充，他们对本地的地理环境、社会情况更为熟悉，能够在洪水防御的地方协调、人员组织等方面发挥重要作用。比如在本地居民疏散过程中，地方应急抢险队伍可以更好地与社区、村庄进行沟通协调，组织居民有序撤离，同时在本地物资筹集和调配方面也能够提供有力的支持。以沿岸驻防部队为扩充，驻防部队具有纪律严明、行动迅速、战斗力强的特点，在重大险情发生时能够迅速投入大规模的人力和物力，承担急难险重的抢险任务，如在洪水决堤后的大规模封堵作业、大型抢险物资的紧急搬运等任务中发挥关键作用。以沿岸群众为辅助，沿岸群众虽然专业技能相对不足，但他们数量众多，对本地情况极为熟悉，在一些简单的辅助性抢险工作如沙袋装填、巡查预警等方面能够发挥积极作用。综合抢险队伍的成立，不仅能发挥黄河专业机动抢险队伍的专业性，也能发挥沿岸地方应急抢险队伍、驻防部队和沿岸群众的广泛性和延展性，各组成部分各司其职、各尽其能，实现了"1+1+1>3"的效果。通过系统的培训和演练，提高综合抢险队伍的整体素质和协同作战能力，为黄河洪水防御工作提供坚实的人力保障。

第八章　黄河流域干旱特征与风险评估

第一节　干旱的定义与分类

一、干旱的定义

干旱作为一种广泛存在且影响深远的自然现象，在全球范围内备受关注。其定义并非单一且固定不变，而是因不同研究者的关注点、各行业与部门的需求差异，呈现出丰富多样的内涵。

（一）干旱概念的多维性

在气象学领域，通常将降水的多年平均状况设定为正常基准。当降水超过这一平均值时，便被界定为涝；反之，低于平均值则被判定为旱。这种基于降水统计数据的界定方式，从宏观气候数据的角度出发，直观地反映了降水偏离常态的状况。这种定义有助于气象学家对大规模气候异常进行初步判断与监测，为进一步研究气候变迁与干旱规律提供了基础数据支持。

Palmer 提出干旱是"一个持续的、异常的水分缺乏"。这一观点强调了干旱不仅仅是简单的降水不足，更突出了其持续性与异常性的特征。持续的水分缺乏意味着干旱并非短暂的、偶发性的降水偏少，而是在一段相对较长的时间内，水分供应始终处于短缺状态。例如，在一些地区可能会经历连续数月甚至数年的降水量低于正常水平，导致土壤水分逐渐亏缺，河流干涸，湖泊水位下降等一系列连锁反应，严重影响生态系统的平衡与稳定。

从农业生产的视角来看，干旱被定义为在作物生长期内，由于降水稀少、河流及其他水资源短缺，致使土壤含水率低，农作物所获得的供水量少于其需水量，进而对正常生长产生不利影响。农业是对水分极为敏感的产业，作物在不同的生长阶段有着特定的水分需求。在关键的生长时期，如播种、抽穗、灌浆等阶段，如果缺乏足够的水分供应，作物的生长发育将会受阻，产量和品质都会大打折扣。例如，在小麦灌浆期，如果遭遇干旱，麦粒无法充分饱满，导致千粒重下降，最终影响粮食产量。张景书也认为干旱是"在一定时期内降水量显著减少，引起土壤水分亏缺，从而不能满足农作物正常生长所需水分的一种气候现象"。这进一步强调了降水量减少与农作物生长受影响之间的紧密联系，明确了干旱在农业领域的核心表现形式。

在水利方面，将河流的多年平均来水量作为衡量标准。若某一年份的来水量超过平均水平,此年即为丰水年(通常与涝年相关联);若低于平均来水量,则被定义为枯水年(一般对应旱年)。这种定义侧重于水资源在水利工程体系中的供给情况,对于水资源的调配、水利设施的规划与管理具有重要意义。例如,在枯水年,水利部门需要更加谨慎地规划水库的蓄水与放水策略,以保障城市供水、农业灌溉以及工业用水等多方面的需求平衡。

众多学者还将干旱描述为在特定时间段内降水的异常短缺,且这种短缺引发了一定的经济影响、社会影响以及环境影响。这一定义拓展了干旱概念的外延,将其从单纯的自然现象上升到与人类社会和生态环境相互关联的层面。当干旱发生时,由于水资源的匮乏,农业减产直接导致农民收入减少,影响农村经济发展;工业生产因用水受限可能面临停产或减产,造成经济损失;社会层面,可能引发用水纠纷、人口迁移等问题;环境方面,河流断流会破坏水生生物的栖息地,土地干旱会加剧土壤侵蚀与沙漠化进程等。

国际气象界一般将干旱定义为"长时期缺乏降水或降水明显短缺"或"降水短缺导致某方面的活动缺水"。这体现了国际上对于干旱现象在降水短缺以及其引发后果方面的共识。我国国家气象局认为干旱是指因水分的收与支或供与求不平衡而形成的持续的水分短缺现象。《中华人民共和国抗旱条例》将干旱灾害定义为由于降水减少、水利工程供水不足引起的用水短缺,并对生活、生产、生态造成危害的事件。世界气象组织(WMO)认为干旱是一种因长期无雨或少雨而导致的土壤和空气的干燥现象。我国行业干旱评估标准定义干旱为:因供水量不足,导致工农业生产和城乡居民生活受到影响,生态环境受到破坏的自然现象。联合国粮食及农业组织(FAD)认为干旱是因为水分减少而造成的农作物减产现象;天气与气候百科全书认为干旱是指某地区在一段时期内(季、年或连续数年)降水量相对于多年平均而偏少的现象。

尽管各行业、部门甚至各地区对干旱的定义有所侧重,研究角度各异,但本质上都认同降水少是引发干旱的主要诱因,主要围绕降水量、来水量的多寡这一自然现象展开论述,在早期的定义中较少涉及各种生物和作物的实际需水量。然而,随着干旱研究的逐步深入以及对国外相关研究成果的借鉴,现代对于干旱的定义已经发生了显著转变,开始全面考量自然与人类活动的相互关系。

(二)干旱概念

在深入了解干旱概念时,准确区分干旱(drought)、水资源短缺(water scarcity)、热浪(heatwave)和干燥(aridity)至关重要。干旱是一种由自然因素主导的现象,主要源于降水减少或气温升高、风速增大导致蒸散发增强等。例如,在某些地区,由于大气环流异常,长时间无法形成有效的降水系统,导致降水量锐减,从而引发干旱。而水资源短缺则是由人类不合理利用水资源(如超采地下水、不合理的调水工程等)、人口过快增长、社会经济高速发展以及水污染等多种人为因素共同作用造成的。比如,一些城市由于过度开采地下水用于工业生产和居民生活,导致地下水位急剧下降,出现水资源短缺的困境,即使当地降水并未明显减少。

热浪虽然也是一种气温高、降水少的异常气象现象,但其持续时间尺度较短,一般仅几个小时到一天。相比之下,干旱的持续时间跨度较大,从几天到数月甚至数年不等。在干旱期间,热浪时有发生,但并非所有热浪都会引发干旱。例如,在某些地区夏季可能会出现短暂的热浪天气，气温骤升且降水稀少，但由于持续时间短，并未对整体的水分平衡产生重大影响，不能认定为干旱。干燥描述的是某一地区长期处于降水少、蒸散发能力强的气候状态，是一种相对稳定的气候特征。而干旱则是在一段时间内水分较多年平均状况偏少的异常现象。干旱可以发生在原本干燥的地区，如我国新疆地区，其本身气候较为干燥，但在降水进一步减少的情况下会加剧干旱程度；也可以出现在湿润地区，像我国东南地区，在降水异常偏少的年份同样会遭受干旱的困扰。

干旱是一种自然现象，是整个旱灾致灾系统的起始因素。旱情是对干旱发展程度的动态评价，它反映了干旱在不同阶段的表现特征，如土壤墒情的恶化程度、河流干涸的范围扩大情况等。旱灾则是干旱作用于人类社会经济系统后所造成的严重后果。例如，当干旱持续发展，导致农作物大面积绝收、城市供水严重不足、工业生产停滞等情况时，就演变成了旱灾。干旱灾害则是指给农业或经济社会造成了重大损失或产生较大影响且程度偏重的干旱事件。从干旱到干旱灾害，关键在于水的亏缺程度以及其对生产、生活需求的影响程度。当水分短缺尚未对正常的生产、生活需求产生实质性影响且水的供应能够在较短时间内恢复时，这种程度的水亏缺可认定为干旱；而当水的短缺极为严重，已无法满足正常的生产、生活需求，并且在相当长的时间内无法恢复水的供应时，便意味着发生了干旱灾害。

二、干旱的分类

(一) 气象干旱

气象干旱作为干旱现象中的关键类型，在全球气候变化的大背景下愈发凸显其复杂性与影响力。它主要是在特定时段内，由于蒸发量和降水量之间的收支失衡，即水分蒸发量显著大于水分收入量，从而引发的异常水分短缺状况。这种不平衡的产生往往源于多种气象因素的综合作用，而其造成的影响则在大气、土壤、水体等多个圈层中逐渐蔓延，形成一系列连锁反应，对生态系统和人类社会产生广泛而深刻的影响。

气象干旱的表征形式丰富多样，其中降水量低于某个数值的日数是一个直观的衡量指标。例如，在某个地区，如果连续多日的降水量都低于历史同期平均降水量的一定比例，如连续10天降水量均不足5毫米，这就可能预示着气象干旱的发生。连续无雨日数也是重要表征之一，长时间的无雨天气会使土壤水分得不到补充，逐渐干涸。若某个区域连续30天滴雨未下，那对于依赖降水灌溉的农业地区来说，无疑是严重的气象干旱信号。降水量距平的异常偏少同样不容忽视，它反映了实际降水量与多年平均降水量之间的偏离程度。当某一年份的降水量距平值为负且绝对值较大时，说明该地区降水远低于正常水平，气象干旱程度加剧。此外，各种大气参数的组合也能体现气象干旱的特征，如空气湿度持续偏低、大气环流形势不利于水汽输送等。在一些干旱地区，空气相对湿度长期低于30%，且大气环流呈现稳定的下沉气流控制，难以形成有效的降水系统，这些大气参数的综合表现都指向气象干旱的存在。

气象干旱在整个干旱体系中处于源头地位，是农业干旱和水文干旱的诱发因素。当气象干旱发生后，降水的偏少与气温的偏高往往相伴而生。在阳光直射和高温的作用下，土壤水分的蒸发速度大大加快，而降水补充又严重不足，导致土壤水消耗急剧增加，土壤水干旱随即出现。此时,土壤的墒情逐渐恶化,变得干燥板结,农作物根系难以从土壤中吸收足够的水分和养分,生长发育受到抑制,叶片发黄、枯萎,农作物的产量和质量都面临严重威胁。随着气象干旱的持续发展,降水的匮乏使得河川径流的水源补给不断减少,河流的流量逐渐变小,湖泊水位也因入湖水量的锐减而持续下降,径流干旱便接踵而至。原本奔腾不息的河流可能变得涓涓细流,甚至干涸断流;湖泊面积不断缩小,一些浅水湖泊可能彻底消失,这不仅破坏了水生生物的栖息环境,也影响了周边地区的水资源供应和生态平衡。若干旱进一步加剧且长时间得不到缓解,地下水位也会因得不到地表水的补给而逐渐下降,引发地下水干旱。地下水干旱的出现意味着更深层次的水资源危机,它会影响到依赖地下水的农业灌溉、城市供水和工业用水等多个方面,使得干旱的危害范围进一步扩大,对社会经济和生态环境的稳定造成更为严重的冲击。

大气环流如同地球的"气候传送带",它决定了水汽的输送路径和分布格局。当大气环流出现异常时,如某些地区的季风减弱或偏离正常路径,原本能够带来充沛降水的水汽输送被阻断,或者在某些高压系统的控制下,盛行下沉气流,空气难以形成垂直上升运动,水汽无法凝结成云致雨,就会导致降水稀少,进而引发气象干旱。例如,在厄尔尼诺现象发生期间,赤道太平洋地区的大气环流发生改变,使得亚洲东部地区的季风减弱,降水减少,许多地区遭受气象干旱的困扰。此外,全球气候变化导致的气温升高也会对大气环流产生影响,进一步增加了气象干旱发生的频率和强度。气温升高使得蒸发量增大,大气中水汽含量分布发生变化,改变了原有的降水形成机制,使得一些地区更容易陷入气象干旱的困境。

(二)农业干旱

农业干旱是农业生产领域中极具危害性的气象灾害,它特指在作物生长的关键时期,因外界环境因素致使土壤水分长时间处于匮乏状态,发生严重的水分亏缺现象,进而导致作物难以正常生长发育,最终造成农作物减产甚至绝收的严峻局面。农业干旱的影响因素错综复杂,涵盖了多个方面。首先,土壤状况在其中扮演着重要角色。土壤的质地、结构以及持水能力等特性直接关联到其对水分的储存与供给能力。例如,沙质土壤保水性较差,水分容易快速下渗和蒸发,难以长时间为作物根系提供充足水分;而黏土质地的土壤虽然保水性相对较强,但透气性欠佳,可能会影响作物根系的呼吸作用,间接影响作物对水分的吸收利用。作物品种的差异也对农业干旱有着显著影响。不同的作物品种具有不同的耐旱特性,一些经过选育的耐旱品种能够在相对干旱的环境下维持一定的生长和产量,它们可能通过发达的根系系统深入土壤深处寻找水源,或者具备特殊的生理机制来减少水分散失,如叶片表面具有较厚的角质层或特殊的气孔调节功能;而一些对水分需求较高、耐旱性较差的品种,在土壤水分稍有不足时,就可能出现生长受阻的情况。

降水量无疑是最为核心的气象要素,降水的多寡、分布的均匀性以及降水的时机都与农业干旱紧密相连。在作物生长的需水高峰期,如小麦的拔节孕穗期、玉米的抽雄吐丝期等,如果降水量稀少,无法满足作物的大量水分需求,就极易引发农业干旱。此外,温度和湿度等大气参数也不容忽视。高温天气会加速土壤水分的蒸发和作物的蒸腾作用,使得土壤水分更快地散失到大气中;而低湿度的空气环境则会进一步促进水分的蒸发,加剧土壤的干旱程度。地形因素对农业干旱的影响也较为明显。在山区,降水容易形成地表径流迅速流失，难以在局部地区形成有效的土壤水补充，而且山区的灌溉条件往往相对有限，这使得位于山坡或高地的农田更容易遭受农业干旱的威胁；在平原地区，如果缺乏有效的灌溉系统，在降水不足时，也会大面积地出现农业干旱现象。

从干旱成因来看，尽管降水量等气象因素对农业干旱灾害起着主导性的影响，但在实际的农业生产场景中，农业干旱与气象干旱并非完全等同。农业干旱除了受到上述各种自然因素的综合作用外，还深深受到人为因素的干扰。作物布局的合理性与否直接关系到农业干旱的发生风险。例如，如果在水资源相对匮乏的地区大规模种植需水量大的作物，而没有合理规划耐旱作物与需水作物的搭配种植，那么在降水不足时，整个区域的农业干旱风险就会显著增加。作物的生长状况也会影响农业干旱的程度。良好的田间管理措施，如及时的中耕除草、合理的施肥等能够促进作物根系的发育和生长，增强作物对土壤水分的吸收利用能力，从而在一定程度上减轻农业干旱的危害；反之，粗放的管理方式可能导致作物生长不良，对干旱的抵抗力下降。人类对水资源的利用方式更是对农业干旱有着深远的影响。过度开采地下水用于农业灌溉可能会导致地下水位下降，使得土壤水的补给源减少，长期下去会加重农业干旱的程度；而不合理的灌溉方式，如大水漫灌不仅浪费水资源，还可能导致土壤板结，降低土壤的保水能力，进一步加剧农业干旱的发生。

（三）水文干旱

水文干旱作为干旱现象在水文领域的体现，深刻反映了降水长期不足所引发的一系列水资源失衡问题。它是指在相当长的一段时间内，由于降水的持续匮乏，导致某一特定区域内地表水与地下水的收支关系陷入严重的不平衡状态，进而出现显著的水分短缺状况，这种短缺直观地表现为河流径流量的锐减、地表水的萎缩、水库蓄水的大量减少以及湖水水位的急剧下降等多种水文特征，其核心本质是在特定的地理面积范围以及特定的时间跨度内，可利用水资源的严重匮乏。

从地表水的角度来看，降水长期短缺直接切断了河流、湖泊等水体的主要水源补给途径。降水通过地表径流的形式源源不断地汇入河流与湖泊，维持着它们的水量平衡与生态功能。然而，当水文干旱发生时，河流的源头来水逐渐减少，上游的涓涓细流难以汇聚成往日的滔滔江河。原本宽阔奔腾的大河可能会变得狭窄而缓慢，甚至在一些极端情况下出现断流现象。例如，在某些干旱频发的地区，一些中小河流在旱季时河床干裂，河底的石块与沙砾裸露在外，昔日生机勃勃的水生生态系统遭受毁灭性打击，鱼类等水生生物失去了生存的基本条件，大量死亡或被迫迁移。湖泊同样面临着严峻考验，降水的不足使得入湖水量远远低于出湖水量（包括蒸发、渗漏等），湖水水位持续下降。一些浅水湖泊可能会逐渐干涸，湖底的淤泥干裂，原本围绕湖泊生存的湿地植被因失去水源而枯萎死亡，依赖湖泊湿地生态系统生存的众多候鸟、珍稀动物等也失去了栖息和觅食之所，导致生物多样性急剧减少。

对于地下水而言，长期的降水短缺使得地下水的补给来源严重不足，地下水主要依靠降水的入渗补给以及地表水的渗漏补给，在水文干旱期间，地表水的减少直接限制了对地下水的补给能力。原本丰富的地下水资源变得日益稀缺。这不仅影响到依赖地下水的农业灌溉，许多农田由于无法抽取到足够的地下水进行灌溉，农作物生长受到严重抑制，导致农业减产甚至绝收；还对城市供水和工业用水产生巨大压力。城市中大量的居民生活用水以及工业企业的生产用水都依赖于地下水开采，地下水位的下降使得供水成本增加，供水难度加大，一些地区甚至出现了居民用水紧张、工业企业被迫限产停产的情况。

水库作为人工修建的重要水利设施，在水文干旱时期也面临着蓄水不足的困境。水库的蓄水主要依靠流域内的降水径流汇集，降水长期短缺使得入库水量大幅减少，而水库在运行过程中又需要持续放水以满足下游的农业、工业、生活等多方面用水需求。水库的蓄水量不断下降，水位逐渐降低。当水库蓄水量低于一定程度时，其调节水资源时空分布的功能就会大打折扣，无法在旱季为下游地区提供足够的水量保障，进一步加剧了区域内的水资源短缺状况。例如，在一些以水库供水为主的地区，水库蓄水不足导致城市供水实行定时定量供应，居民生活受到极大不便，工业生产也因供水不稳定而面临诸多困难。

水文干旱的主要特征——在特定面积、特定时段内可利用水量短缺，深刻反映了其对区域水资源系统的全面冲击。这种短缺不仅仅局限于某一种水体，而是涉及地表水、地下水以及水库蓄水等多个方面的综合水资源体系。在特定的地理区域内，无论是广袤的流域平原，还是相对狭小的山间盆地，都可能遭受水文干旱的侵袭。而且，水文干旱的时间跨度往往较长，可能持续数月甚至数年之久，这使得区域内的水资源短缺问题持续累积，难以在短时间内得到缓解。其影响范围广泛，涉及农业、工业、生态环境以及居民生活等各个领域，严重制约了区域的经济发展和生态平衡稳定。

（四）社会经济干旱

社会经济干旱是干旱现象在自然与人类社会经济交互层面的深刻反映，它被定义为在自然与人类社会经济系统中，由于水资源的供给与需求之间无法达成平衡，从而导致的水分异常短缺状况。这一概念的内涵极为丰富，涉及自然环境中的水资源状况以及人类社会经济活动对水资源的依赖、利用与调配等多方面因素的复杂交织。在干旱的类型体系中，不同类型干旱的发生发展时序存在明显差异。一般而言，气象干旱往往是整个干旱进程的起始触发点。气象干旱主要是由大气环流异常等自然因素引发的降水显著减少或分布不均，其表现形式如长时间无雨、降水量远低于历史同期水平等。由于其直接受制于大气气象条件的变化，所以一旦大气环流出现异常波动，气象干旱就可能迅速形成。例如，在厄尔尼诺现象影响下，某些地区原本稳定的降水模式被打破，降水急剧减少，气象干旱随即降临。而且气象干旱的发展和结束相对较为迅速。当大气环流恢复正常或出现新的天气系统调整时，降水情况可能在较短时间内得到改善，气象干旱也随之缓解或结束。

相比之下，农业干旱的发生通常滞后于气象干旱，尽管气象干旱导致了降水的减少，但土壤中原本储存的水分以及地下水等其他水源在初期仍能在一定程度上维持作物生长所需。只有当气象干旱持续一段时间，土壤水分持续消耗且得不到有效补充，才会逐渐出现农业干旱。此时，农作物因水分亏缺开始表现出叶片发黄、生长缓慢、产量下降等症状。在农业生产依赖自然降水的地区，这种滞后性尤为明显。例如，在一些雨养农业区，即使气象干旱已经发生，但如果前期土壤墒情较好，作物可能在一段时间内还能维持相对正常的生长，不过随着时间推移，农业干旱的影响会逐渐加剧。

而水文干旱的发生则更晚于气象干旱，且其持续时间往往较长，这是因为地表水和地下水系统具有一定的调节和缓冲能力。在气象干旱初期，河流、湖泊等水体依靠自身的蓄水以及地下水的补给，仍能维持相对稳定的流量和水位。但随着气象干旱的持续，降水长期短缺，河流的径流量逐渐减少，湖泊水位不断下降，地下水的补给也日益不足，最终导致水文干旱的出现。并且，即使气象干旱已经结束，降水恢复正常，由于地表水和地下水系统的恢复需要较长时间，水文干旱仍将持续相当长的一段时间。例如，一些大型河流在经历长时间干旱后，即使上游地区降水增加，下游的河流水量恢复也可能需要数月甚至数年的时间，因为河道需要重新被水填充，地下水也需要慢慢回补。

社会经济干旱则是在气象、农业、水文干旱的基础上，进一步考量了人类社会经济系统的因素。当气象干旱引发农业减产、水文干旱导致水资源供应紧张时，人类社会经济系统中的各个部门，如农业、工业、城市居民生活等，都会面临水资源供需不平衡的问题。干旱导致农作物歉收，农民收入减少，农业经济遭受损失；工业生产因用水受限可能不得不减产或停产，影响企业的经济效益和地区的工业发展；城市居民生活也会因供水不足而面临诸多不便，如限时供水、水质下降等问题，甚至可能引发社会不稳定因素。例如，在一些干旱严重的地区，工业企业由于缺乏足够的生产用水，订单无法按时完成，面临违约风险，同时还要承担设备闲置、工人待岗等成本，企业的生存和发展面临巨大挑战；城市居民可能会因为生活用水的紧张而产生不满情绪，对社会秩序造成一定压力。

(五) 生态干旱

随着全球变化研究的持续深入与拓展，干旱对生态系统所产生的影响日益成为科学界关注的焦点。生态干旱作为干旱现象在生态领域的特殊呈现，被定义为由于供水受到限制，而蒸散发大致维持在原有水平，进而引发地下水位不断下降、物种丰度显著降低、群落生物量大幅减少以及湿地面积逐渐萎缩等一系列生态表征的旱象。

生态干旱堪称各类干旱类型中最为复杂的一种，其复杂性主要体现在涉及众多相互关联且相互作用的因素。从气象层面来看，长期的降水不足或降水分布严重不均，即气象干旱的发生，会直接减少生态系统的水分输入来源。例如，在一些干旱半干旱地区，持续的少雨天气使得植被无法获取足够的降水来维持正常生长，从而启动了生态干旱的连锁反应。水文方面，降水短缺导致河流径流量减少、湖泊水位下降以及地下水补给不足，即水文干旱的出现，进一步加剧了生态系统的水分亏缺状况。当河流干涸，依赖河水生存的湿地生态系统首先遭受重创，水生生物失去栖息地，许多物种面临灭绝危险；地下水水位下降则影响到深根系植物的水分吸收，导致其生长不良甚至死亡。土壤条件在生态干旱过程中也起着关键作用，干旱使得土壤水分含量降低，透气性和保水性下降，这不仅不利于植物根系生长，还会影响土壤微生物的活性，进而影响土壤中养分的循环与转化，间接影响植物的养分吸收。植被自身的特性与反应也是生态干旱的重要组成部分，不同植被类型对干旱的耐受能力不同，在干旱胁迫下，植被会通过调整自身的生理生态过程来适应，如减少蒸腾作用、落叶等，但当干旱程度超过其耐受极限，植被就会逐渐枯萎死亡，群落生物量下降，物种丰度也会随之降低。地理因素如地形地貌、海拔高度等会影响水分的分布与再分配，在山地地区，迎风坡和背风坡的降水差异以及水分流失速度不同，导致生态干旱的表现形式和程度也有所不同。社会经济因素同样不可忽视，人类的土地利用方式、水资源开发利用程度以及农业、工业活动等都会对生态系统的水分收支产生影响，例如过度开垦导致植被破坏，减少了蒸腾作用对降水的调节，同时增加了土壤水分蒸发；水资源的过度开采使得生态系统原本可利用的水资源减少，加速了生态干旱的发生。

在生态系统功能方面，水分短缺会导致植物的光合作用减弱，因为水是光合作用的重要原料之一，从而影响整个生态系统的初级生产力。同时，水分不足也会影响生态系统的物质循环，如氮循环、碳循环等，使得生态系统的养分供应和能量流动受阻。从生态系统结构来看，物种丰度下降意味着生物多样性的减少，一些珍稀物种可能因无法适应干旱环境而灭绝，这将破坏生态系统的物种组成完整性。群落生物量下降会改变生态系统的植被覆盖度和层次结构，例如森林生态系统可能从茂密的森林逐渐退化为稀疏的灌丛或草地。湿地面积萎缩更是对湿地生态系统的致命打击，湿地作为生物多样性的富集地和许多珍稀物种的栖息地，其面积的减少会导致大量物种失去生存空间，生态系统的调节功能如洪水调节、水质净化等也会大打折扣。在严重的情况下，生态干旱可能会使整个生态系统崩溃，原本生机勃勃的生态景观可能会变得荒芜，生态服务功能丧失殆尽，对区域乃至全球的生态平衡产生毁灭性的破坏。

目前针对生态系统干旱的研究相对较少，这主要是由于生态干旱涉及的因素众多且复杂，研究难度较大。需要综合运用多学科的理论和方法，如气象学、水文学、土壤学、生态学、地理学以及社会经济学等，才能全面深入地理解生态干旱的发生机制、发展过程以及其对生态系统的影响。但目前各学科之间的交叉融合还不够深入，缺乏系统性的研究框架和方法。此外，生态干旱的监测和评估指标体系尚未完善，难以准确量化生态干旱的程度和范围。数据获取也是一大难题，生态系统的相关数据分布广泛且分散，一些偏远地区的数据采集难度较大，限制了对生态干旱的全面研究。不过，随着全球变化研究的不断推进以及对生态环境保护的日益重视，相信未来生态干旱研究将会得到更多的关注和投入，逐步揭开其神秘的面纱，为生态系统的保护和修复提供有力的科学依据。

（六）各类干旱的关系

在干旱这一复杂的自然现象体系中，气象干旱、农业干旱、水文干旱、社会经济干旱以及生态干旱几种类型之间存在着千丝万缕的联系，同时又有着各自的特征与表现形式，它们相互作用、相互影响，共同构成了干旱现象的多元画卷。

气象干旱无疑是整个干旱链条的起始环节，是其他类型干旱发生发展的基石。其主要源于大气环流异常、降水模式紊乱等气象因素，表现为降水的显著减少或降水分布严重不均。由于农业干旱、水文干旱、社会经济干旱和生态干旱在形成过程中均与地表水和地下水的供应状况紧密相连，而地表水和地下水的补充在很大程度上依赖于降水，所以它们的发生频率相较于气象干旱明显更低。当气象干旱持续一定时长，其影响才会逐渐蔓延至其他干旱类型。例如，只有当气象干旱持续数周甚至数月后，土壤水分在降水匮乏和蒸发消耗的双重作用下开始大量亏缺，农作物、草原和牧场才会逐渐显现出旱象，农业干旱由此滋生。在一些雨养农业地区，如果在作物生长关键期遭遇长时间的气象干旱，且缺乏有效的灌溉设施，作物就会因土壤水分不足而生长受阻，产量大幅下降。

持续数月的气象干旱会对地表水和地下水系统产生严重冲击，导致江河径流减少、湖泊水位下降、水库蓄水量锐减以及地下水位持续降低，水文干旱便接踵而至。水文干旱恰似气象干旱与农业干旱的延伸与过渡，它的出现标志着水分亏缺已经达到极为严重的程度。比如在一些大型河流流域，长时间的气象干旱使得上游来水不断减少，河流逐渐干涸断流，下游依赖河水灌溉的农田失去水源，同时周边的湿地面积也因水源枯竭而大幅萎缩，水生生物大量死亡，生态系统遭受重创。

当水分短缺进一步影响到人类的生活用水供应或经济生产活动中的用水需求时，社会经济干旱便应运而生。工业生产因缺乏足够的水资源而面临限产停产，企业成本增加，经济效益下滑；城市居民生活用水紧张，可能出现限时供水、水质变差等问题，严重影响居民的日常生活质量和社会秩序稳定。而且，一旦发生严重的水文干旱，必然会引发社会经济干旱或生态干旱。因为水文干旱所带来的水资源压力会逐渐累积，最终将干旱的风险转移至社会经济和生态系统的承灾体上。不过，由于地表水与地下水系统的水资源供应还受到人类管理方式的制约，如水资源调配、水利工程设施运行等，这使得降水不足与主要干旱类型之间的直接联系变得更为复杂，也导致水文干旱的发生在滞后若干时间后存在一定的不确定性。

农业干旱发生时，气象干旱和水文干旱未必一定同时发生。在一些灌溉条件良好的地区，即便出现气象干旱，通过及时的灌溉补水，土壤水分能够得到维持，农作物仍可正常生长，从而避免农业干旱的发生。但在灌溉设施匮乏的区域，气象干旱往往是引发农业干旱的关键因素。而一旦发生了农业干旱，由于农业生产与人类社会经济活动的紧密关联，必然会导致社会经济干旱的出现，同时在一定程度上也会诱发生态干旱。因为农业生态系统作为人工化的生态系统，其干旱状况会对周边生态环境产生连锁反应。例如，在农业干旱严重的地区，农作物减产甚至绝收，农村经济衰退，同时为了保障农业灌溉而过度抽取地下水或地表水，可能会导致周边自然植被的生长受到影响，生物多样性下降，引发生态干旱。自然植被相对农业植被而言，具有较强的干旱抵抗能力。然而，在发生严重干旱时，人类为了保障农业生产而进行的大规模取水灌溉活动，会将有限的水资源集中应用于农业领域，这可能导致自然植被因得不到足够的水源而生长受限，从而引发生态干旱，尤其在有灌溉条件的区域。当发生严重水文干旱时，社会经济干旱和生态干旱发生的风险将显著增高。因为此时水资源的短缺已经极为严重，不仅会影响到人类的生产生活，还会对生态系统的结构和功能造成毁灭性打击。

从干旱类型的相互关系来看，社会经济干旱、生态干旱与农业干旱存在着包含关系。农业干旱的发生往往会引发社会经济干旱和生态干旱，而社会经济干旱和生态干旱的范畴更为广泛，涵盖了农业干旱对人类社会和生态系统的多方面影响。但社会经济干旱与气象干旱、水文干旱并不存在包含关系。例如，在发生气象干旱后，如果能够通过有效的水资源管理措施，如及时为农作物提供灌溉、合理调配水资源等，满足作物生长和社会经济活动的用水需求，就能够避免农业干旱和社会经济干旱的形成。

气象干旱、农业干旱、水文干旱及社会经济干旱都有可能直接引发生态干旱，导致草地枯黄、森林死亡等生态破坏现象。随着社会经济的快速发展，人类对水资源的需求日益增加，高强度的取水行为可能会打破水资源的供需平衡，引发水文干旱。而且，在社会经济用水优先的管理模式下，当人类生活生产用水大量挤占生态用水时，会直接导致生态干旱的发生。社会经济干旱发生时，不一定伴随着气象干旱和水文干旱，但在工业用水优先的情况下，必然会导致农业干旱和生态干旱的出现。而生态干旱发生时，则意味着农业干旱、水文干旱和社会经济干旱大概率已经发生，气象干旱有可能存在，也有可能在前期已经结束。

第二节　干旱事件的时空分布与变化趋势

一、黄河干旱事件的时空分布

（一）时间分布

1. 季节变化

黄河流域干旱的季节变化特征显著，不同季节的干旱表现与影响各异，这与流域的气候、地理以及人类活动等多种因素密切相关。春季，黄河流域大部分地区气温回升迅速，但降水相对稀少且蒸发量逐渐增大。这种水热不平衡的状况使得春季成为干旱频发的季节之一。冬小麦等农作物正处于生长关键期，对水分需求较大。然而，由于降水不足，土壤墒情逐渐变差，导致麦苗生长受阻，出现叶片发黄、分蘖减少等现象，严重影响小麦的产量和品质。例如，在某些干旱较为严重的春季，部分地区的冬小麦产量可能会降低30%甚至更多。同时，春季干旱还会对春季造林、牧草返青等产生不利影响，导致植被覆盖度难以有效提升，进一步加剧了生态环境的脆弱性。在黄河上游的一些地区，春季干旱会影响到草原的复苏，使得牲畜的草料供应减少，给畜牧业带来压力。

夏季，本应是黄河流域降水较为集中的季节，但由于季风气候的不稳定性，降水分布极不均匀，部分地区仍可能遭遇干旱。在夏季，农作物进入旺盛生长阶段，需水量极大。若此时降水不足，农业干旱将迅速发展。例如，在黄河流域的一些主要农业产区，如河套平原、汾渭平原等，如果夏季连续多周无有效降水，玉米、棉花等农作物会因缺水而出现植株矮小、果穗发育不良等情况，导致农业经济损失严重。此外，夏季干旱还可能引发河流水量减少，影响到水力发电、工业用水以及居民生活用水供应[1]。一些依赖黄河水进行工业冷却和生产加工的企业，可能会因水量不足而被迫减产或调整生产计划，对地区工业经济造成冲击。同时，夏季干旱与高温天气相伴时，还会加剧土壤水分蒸发和作物蒸腾作用，进一步加重干旱程度，甚至引发森林火灾等次生灾害，威胁生态安全。

秋季，黄河流域的农作物陆续进入收获期和播种期，干旱在这个季节的影响主要体现在两个方面。一方面，秋旱会影响秋收作物的产量和质量。例如，秋季干旱会导致棉花纤维发育不良，果实干瘪，降低棉花的品质等级；对于果树而言，干旱会使果实个头变小，糖分积累不足，口感变差。另一方面，秋旱会影响秋播作物的播种和出苗。土壤墒情不足，使得种子难以发芽或出苗不齐，影响来年夏季作物的种植面积和产量。秋季干旱还可能导致山火风险增加，因为干燥的植被和土壤在遇到火源时极易燃烧，从而破坏森林资源和生态环境。

冬季，蒸发量相对较小，总体上干旱发生的频率和强度相对较弱。但在一些年份，冬季降水稀少，加之积雪覆盖不足，会导致土壤水分储备减少，影响来年春季的土壤墒情。

---

[1] 卓莹莹，赵慧霞，魏敏，等. 近59a黄河流域蒸发量变化规律及影响因素 [J]. 人民黄河，2021，43（07）：28-34+77.

这种情况在黄河上游的高寒地区较为明显，冬季干旱可能会使草原的草根在寒冷和缺水的双重压力下受损，影响来年春季的牧草生长，进而对畜牧业产生连锁反应。此外，冬季干旱还可能对城市供水系统产生一定影响，因为冬季是城市供水设施维护和检修的时期，如果干旱导致水源地水位下降，可能会增加供水设施的运行压力，影响供水的稳定性和水质。

2. 年际变化

黄河流域干旱事件在年际间呈现出复杂的变化规律，这种变化与大气环流、海洋气候以及区域气候系统的长期波动密切相关。从长期的气象数据来看，黄河流域存在干旱频发的时段和相对湿润的时段交替出现的现象。例如，在某些连续的年份里，黄河流域可能会遭受持续的干旱侵袭，如 20 世纪 90 年代至 21 世纪初的一段时间内，黄河流域的降水持续偏少，干旱范围不断扩大，许多地区的河流径流量锐减，湖泊干涸，农业生产面临严峻挑战，大量农田因缺水而减产甚至绝收，农村地区的经济发展受到严重制约。而在另一些时期，降水相对充沛，干旱事件相对较少，如 20 世纪 50-60 年代，黄河流域的水资源相对丰富，农业丰收，水利工程运行良好，为地区经济发展提供了有力支撑。

研究表明，黄河流域的年际干旱变化与厄尔尼诺-南方涛动（ENSO）等全球气候现象存在一定的关联。在厄尔尼诺事件发生期间，赤道东太平洋海温升高，大气环流异常，往往导致黄河流域降水减少，干旱发生的概率增加。例如，在 1997-1998 年的强厄尔尼诺事件中，黄河流域大部分地区出现了严重的干旱，河流水位下降，部分支流断流，对流域内的生态系统和人类社会造成了巨大影响。而在拉尼娜事件发生时，情况则相对复杂，有时会带来较多降水，但也可能因大气环流的异常调整，导致降水分布不均，部分地区仍可能出现干旱。

太阳活动周期、极地涡旋强度等因素也会对黄河流域的年际干旱变化产生影响。在太阳活动较弱的时期，地球气候可能会趋于寒冷干燥，黄河流域的干旱程度可能会加重；而极地涡旋的强弱变化会影响冷空气的南下路径和强度，进而影响黄河流域的降水格局。例如，当极地涡旋减弱时，冷空气更容易南下，可能与暖湿气流在黄河流域交汇，形成降水，但如果冷暖空气势力对比不均衡，也可能导致降水异常，引发干旱或洪涝灾害。黄河流域的水资源开发利用程度不断提高，水利工程建设、农业灌溉、工业用水等人类活动改变了流域的水资源分配格局。水资源的供需矛盾更加突出，而在湿润年份，由于水资源管理不善，可能会出现水资源浪费和水污染等问题，影响到后续年份的水资源可利用量，从而间接影响干旱的发生频率和强度。

（二）空间分布

1. 上中下游差异

黄河上中下游由于地理位置、地形地貌、气候条件以及人类活动强度的不同，干旱的发生情况存在明显差异。黄河上游地区，主要位于青藏高原和内蒙古高原，地势高亢，气候寒冷干燥，降水相对较少。这里的干旱主要表现为草原干旱和河源区的生态干旱。在草原地区，干旱对畜牧业的影响巨大。牧草生长缓慢，产量降低，草地植被覆盖度下降，导致草原生态系统退化。例如，在青海、甘肃等地的黄河上游草原，干旱年份牧草高度可能仅为正常年份的一半左右，牲畜可采食的草料大幅减少，不得不提前出栏或转场，牧民的收入受到严重影响。同时，黄河源区的干旱还会影响到水源涵养功能。冰川、积雪融化量减少，湖泊、湿地萎缩，河流径流量下降，对整个黄河流域的水资源供给产生不利影响。例如，黄河源区的鄂陵湖、扎陵湖在干旱年份水位明显下降，湖面面积缩小，周边的湿地生态系统遭到破坏，许多珍稀鸟类的栖息地减少，生物多样性面临威胁。

黄河中游地区，地处黄土高原，地形破碎，土质疏松。该地区降水集中且多暴雨，但年际和年内变化大，干旱发生频率较高。这里的干旱主要以农业干旱和水土流失导致的水文干旱为主。由于降水时空分布不均，干旱常常影响农作物生长。例如，在陕西、山西等地的黄土高原沟壑区，干旱年份农作物受灾面积可达耕地总面积的30%-50%。而且，由于水土流失严重，土壤蓄水保墒能力差，干旱发生后，土壤水分恢复困难，进一步加重了干旱的危害程度。在水文方面，水库淤积严重，降低了水利工程的调蓄能力。如黄河中游的三门峡水库，由于泥沙淤积，库容减少，在干旱时期难以有效调节河流水量，导致下游地区供水不足。此外，中游地区的干旱还会引发一系列生态问题，如土地沙漠化、植被破坏等，加剧了生态环境的脆弱性。

黄河下游地区，主要为华北平原，地势平坦，人口密集，经济发达，农业灌溉和工业用水需求量大。这里的干旱主要表现为水资源短缺型干旱，对社会经济的影响极为显著。由于黄河下游是地上悬河，河水难以得到地下水补给且流域内降水相对较少，用水需求却不断增加，干旱发生时，城市供水紧张，工业生产受限，农业灌溉困难。例如，在河南、山东等省的黄河下游地区，干旱年份城市居民生活用水可能会实行限时供水或水质下降，工业企业因缺水而停产或减产。同时，农业作为该地区的重要产业，干旱导致农田灌溉不足，农作物产量下降，影响农民收入和农村经济发展。此外，下游地区的干旱还会对生态环境产生影响，如河流断流导致湿地面积减少，水生生物栖息地破坏，生物多样性降低。

2. 流域内局部差异

不同流域和局部地区的干旱情况也各具特色，这与当地的地形、气候、土壤、植被以及人类活动等因素的差异密切相关。渭河流域，作为黄河的重要支流流域，其干旱特征与黄河中南部整体情况有一定相似性，但也存在差异。渭河流域地处关中平原，是重要的农业产区和人口密集区。这里的干旱主要影响农业生产和城市用水。由于流域内降水集中在夏季且年际变化大，干旱年份夏季降水稀少，导致农作物受旱严重。例如，在陕西关中地区的一些县市，干旱年份小麦、玉米等主要农作物产量可能会减少20%-40%。同时，城市用水需求不断增加，干旱时城市供水压力增大。此外，渭河流域的干旱还与水污染问题相互交织，进一步加剧了水资源的短缺。由于工业废水和生活污水排放，河流水质恶化，可利用的水资源量更加有限，不仅影响居民生活用水质量，还对农业灌溉用水产生不利影响，导致土壤板结、农作物生长不良等问题。

金堤河流域，位于黄河下游的豫鲁两省交界处，是一个相对独立的小流域。该流域的干旱情况与黄河下游干流地区有所不同。金堤河流域地势低洼，排水不畅，在降水正常年份，部分地区可能存在内涝问题。但在干旱年份，由于降水稀少，河流径流量减少，加上周边地区的用水竞争，流域内的水资源短缺问题依然突出。例如，在一些干旱年份，金堤河部分河段干涸，周边农田灌溉困难，农民不得不依靠打井抽取地下水进行灌溉，但由于地下水位下降，灌溉成本增加，且可能引发地面沉降等地质问题。同时，金堤河流域的干旱还会影响到当地的生态环境，河流干涸导致水生生物死亡，植被退化，鸟类栖息地减少，生态系统的稳定性受到破坏。

在黄河上游的一些山间盆地，如共和盆地等，干旱的表现形式较为特殊。这些地区四周环山，水汽难以进入，降水稀少，气候干旱。这里的干旱主要影响当地的草原畜牧业和少量的农业生产。由于干旱，草原植被稀疏，载畜量下降，牧民的生活较为艰难。农业方面，主要依靠有限的灌溉水源进行耕种，干旱年份灌溉水源不足，农作物产量极低，甚至可能绝收。而且，这些地区的干旱还会导致土地沙漠化加剧，风沙天气增多，对周边地区的生态环境和居民生活产生不利影响。例如，共和盆地的一些地区，风沙侵蚀农田和村庄，影响居民的居住环境和身体健康，同时也阻碍了当地的经济发展和社会进步。

二、黄河干旱事件的变化趋势

（一）气候因素主导的变化趋势

1. 气温升高与干旱加剧

黄河流域的气温呈现出明显的上升趋势，这一变化对黄河干旱事件产生了极为深远的影响。自20世纪80年代以来，黄河流域的平均气温升高幅度较为显著，这种气温的升高直接导致了蒸发量的增加。据相关研究数据显示，黄河流域部分地区的蒸发量在过去几十年间增加了约10%-20%。气温升高使得冰川消融速度加快，冻土融化范围扩大。原本稳定的冰川和冻土系统是黄河水源涵养的重要保障，它们的变化导致了区域内水资源的重新分配和减少。许多冰川湖泊因冰川融水补给增加而在短期内出现水位上升，但随着冰川消融的持续，后期湖泊又面临萎缩甚至消失的困境。例如，黄河源区的一些小型高山湖泊，在过去几十年间，面积减少了30%-50%，湖水深度也大幅下降。

同时，草原植被因气温升高和水分条件改变而出现退化现象。在高温和干旱的双重压力下，牧草的生长周期发生变化，生长速度减缓，植被覆盖度降低。这不仅影响了当地的畜牧业发展，使得牲畜的饲料资源减少，牧民的经济收入受到冲击，还进一步削弱了草原生态系统的水土保持和水源涵养功能。因为植被覆盖度降低后，土壤更容易受到风蚀和水蚀，土壤中的水分蒸发速度也加快，从而加剧了干旱缺水的状况。从整个黄河流域来看，19世纪90年代以来，干旱程度不断加剧，干旱范围逐渐从局部地区向更大范围扩展。在中下游地区，由于气温升高和降水减少的协同作用，河道萎缩现象愈发严重。部分河段的河床因缺水而干涸裸露，河岸植被死亡，生态系统遭到破坏。而且，干旱导致的地下水位下降还影响了周边地区的农业灌溉和居民生活用水。一些依赖地下水的农田，在干旱年份因水位下降而无法进行有效灌溉，农作物产量大幅下降；农村地区的居民生活用水也面临困难，不得不寻找新的水源或采取节水措施。

2. 降水与径流变化

黄河流域的天然径流量与降水均呈现出减少的趋势且径流减幅大于降水减幅，这一变化趋势对黄河干旱事件的发展起到了关键的推动作用。从降水方面来看，黄河流域的降水在过去几十年间有所减少，尤其是在一些关键的农业生产区域和水资源补给区域。例如，黄河中游的一些地区，年降水量减少了约10%-15%。降水的减少直接导致了地表水的减少，河流、湖泊等水体的水位下降。在黄河上游的一些支流，原本在雨季时水流潺潺的小溪，如今在干旱年份经常出现断流现象。这种降水减少的趋势不仅影响了农业生产，使得农作物在生长过程中得不到充足的水分供应，还影响了生态系统的平衡。许多湿地因降水减少而面积缩小，湿地中的动植物栖息地遭到破坏，生物多样性受到威胁。

而径流量的减少幅度更为明显，这主要是由于降水减少以及人类活动对水资源的过度开发利用等多种因素共同作用的结果。黄河源区20世纪90年代天然径流量为176亿立方米，比多年平均减少15%。径流量的减少使得黄河下游河道萎缩严重，二级悬河迅速发展。下游河道由于缺乏足够的水量冲刷，泥沙淤积更加严重，河床不断抬高，形成了地上悬河的危险局面。这不仅增加了堤防"冲决"和"溃决"的可能性，给沿岸居民的生命财产安全带来巨大隐患，还导致下游河道内湿地萎缩。湿地作为重要的生态系统，具有调节气候、净化水质、提供生物栖息地等多种功能，其萎缩使得这些功能无法正常发挥，水质恶化，生物多样性受到破坏。例如，黄河三角洲湿地，曾经是众多候鸟的迁徙栖息地和多种珍稀动植物的家园，但随着黄河径流量的减少，湿地面积不断缩小，许多候鸟不再在此停留，一些珍稀动植物也面临灭绝的危险。

（二）人类活动影响下的变化趋势

1. 用水需求增加

随着黄河流域人口的持续增长和经济的快速发展，农业、工业和生活用水需求呈现出不断增加的趋势，这对黄河干旱事件产生了显著的影响。黄河流域作为我国重要的农业产区，灌溉用水量一直居高不下。20世纪，灌溉用水量占黄河总流量的比重曾高达90%以上，大量的黄河水被引用于农田灌溉，以满足农作物生长对水分的需求。然而，传统的灌溉方式往往较为粗放，水资源利用率不足40%，大量的水资源在灌溉过程中被浪费。例如，一些地区仍然采用大水漫灌的方式，这种方式不仅使大量的水蒸发和渗漏损失，还可能导致土壤盐碱化等问题，进一步降低了土壤的保水能力和农作物的产量。随着农业种植结构的调整，一些高耗水作物的种植面积不断扩大，如水稻等，这也进一步增加了农业用水需求。农业用水的竞争更加激烈，由于水资源分配不合理，往往导致一些小型农田得不到足够的灌溉用水，农作物受灾严重。

在工业方面，黄河流域的工业规模不断扩大，工业用水需求也随之增加。许多工业企业在生产过程中需要大量的水资源，如化工、钢铁、造纸等行业。这些企业的用水效率参差不齐，部分企业存在水资源浪费现象。一些老旧的工业设备没有进行节水改造，在生产过程中消耗了大量的水资源，而且工业废水的排放也存在问题，未经有效处理的废水排放不仅污染了黄河水资源，还使得可利用的水资源量进一步减少。在生活用水方面，随着城市的扩张和居民生活水平的提高，城市居民的用水量也在不断增加。城市中的洗浴、洗车、绿化等用水需求日益增长，而城市供水系统的管理和节水措施相对滞后，导致生活用水浪费现象较为普遍。例如，一些城市的公共绿化灌溉系统没有采用节水设备，在夏季高温时大量用水灌溉，而部分居民家庭在日常生活中也没有养成良好的节水习惯，长流水现象时有发生。这种人类活动导致的用水需求增加和水资源浪费，加剧了黄河的干旱程度，甚至导致黄河在1972年到1996年期间共计断流19次，给黄河流域的生态、经济和社会发展带来了巨大的冲击。

2. 土地利用与植被变化

土地利用/土地覆盖变化对黄河流域干旱强度和持续时间有着显著的影响。在过去的几十年间，黄河流域的土地利用方式发生了较大的变化。例如，由于人类的乱砍滥伐和过度开垦，导致黄土高原的植被遭到严重破坏。大量的森林和草地被开垦为农田，植被覆盖度急剧下降。植被具有涵养水源、保持水土、调节气候等重要功能，这些功能无法正常发挥。由于缺乏植被的截留和缓冲，雨水直接冲刷地面，导致水土流失严重。大量泥沙被冲入黄河，不仅抬高了河床，减少了黄河的蓄水量，还使得土壤中的水分难以保存，加剧了干旱的发生。据研究，在经历了植被破坏的子流域，水文干旱的严重程度和持续时间有所减少，这是因为植被破坏后，土壤水分蒸发加快，降水更容易形成地表径流流失，导致河流径流量在短期内可能会增加，但这种增加是不可持续的，由于水土流失和水源涵养功能丧失，干旱会更加严重。

相反，在一些开展造林和恢复草地的子流域，水文干旱的严重程度和持续时间却有所增加。这是因为在植被恢复初期，树木和草地需要消耗大量的水分来生长，它们的根系会吸收土壤中的水分，在一定程度上减少了地表径流和河流水量。但从长远来看，随着植被的逐渐成熟，其涵养水源的功能会逐渐显现，能够有效调节流域内的水分循环，减少干旱的发生频率和强度。人类活动还导致了黄河流域城市面积的扩大和农业用地的集约化经营。城市的扩张占用了大量的农田和自然湿地，改变了区域的水循环和热量平衡。城市中的建筑物和道路等不透水面积增加，降水难以渗透到地下，形成地表径流迅速流失，减少了地下水的补给。而农业用地的集约化经营，如大规模的温室种植、养殖等，也改变了局部地区的水热平衡和土壤性质，增加了水分的蒸发和消耗，对黄河流域的干旱状况产生了复杂的影响。

（三）干旱事件自身的周期性与阶段性变化趋势

1. 周期性变化

通过对黄河中游 1575 年以来的干旱指数序列进行深入分析，可以发现黄河流域的干旱变化具有较为显著的周期性。其中，主要周期长度为 5、7、22.5、32、55、69 年和 123 年。这些周期性变化与多种自然因素密切相关。例如，较短周期的 5 年和 7 年周期可能与太阳活动的短期变化有关。太阳活动的强弱变化会影响地球的气候系统，当太阳活动较强时，地球接收到的太阳辐射增加，可能会导致气温升高，降水分布改变，从而影响黄河流域的干旱状况。在太阳活动的 5~7 年周期内，黄河流域的降水可能会出现相应的波动，进而引发干旱事件的周期性变化。

22.5 年和 32 年的周期可能与月球运动的周期变化有关。月球的引力作用对地球的海洋潮汐和大气环流有着一定的影响，这种影响在较长时间尺度上会反映在气候的变化上，包括黄河流域的干旱周期。例如，在月球运动的某些特定阶段，可能会导致大气环流异常，使得黄河流域的水汽输送减少，降水不足。55 年和 69 年的周期则可能与地球的气候变化系统内部的振荡有关，如太平洋年代际振荡（PDO）等。当太平洋年代际振荡处于正位相时，可能会导致黄河流域降水增加，干旱缓解；而当处于负位相时，降水减少，干旱加剧。这种振荡周期大约为几十年，与黄河流域干旱的 55 年和 69 年周期相吻合。123 年的长周期可能与地球轨道参数的变化有关，地球轨道的偏心率、倾角和岁差等参数的变化会影响地球接收到的太阳辐射总量和分布，在数百年的时间尺度上对全球气候产生影响，进而导致黄河流域干旱呈现出 123 年的长周期变化。这些周期性变化的发现有助于我们更好地预测黄河流域干旱事件的发生，提前做好应对准备，减少干旱对人类社会和生态环境的危害。

2. 阶段性变化

近 429 年黄河中游大体经历了 6 个干旱段和 5 个不旱段。在干旱段内，特旱、大旱出现的概率明显高于不旱段。例如，干旱段特旱、大旱出现概率分别是不旱段的 3.3 倍和 2.1 倍。在这些干旱段中，黄河流域的生态环境遭受了严重的破坏，农业生产受到极大的冲击，社会经济发展受到制约。在 17 世纪中叶的一个干旱段内，黄河流域的许多地区连续多年无有效降水，河流干涸，湖泊萎缩，大量农民流离失所，饥荒和疫病频发，人口数量大幅减少。而在不旱段，涝、不旱出现的概率则分别是干旱段的 6.5 倍和 1.8 倍。不旱段内，黄河流域水资源相对丰富，农业丰收，社会稳定，经济繁荣。例如，在 18 世纪的一个不旱段内，黄河流域的农田灌溉充足，农作物产量高，商业贸易发达，城市建设也得到了快速发展。这种阶段性变化反映了黄河流域气候系统的长期演变特征，同时也与人类社会的发展和应对干旱的能力密切相关。在干旱段，由于当时人类的科技水平和应对措施有限，干旱往往会引发一系列的社会经济和生态问题；在不旱段，人类能够更好地利用丰富的水资源，促进社会经济的发展，但也可能会因为过度开发利用水资源而埋下未来干旱的隐患。通过对这些阶段性变化的研究，可以为我们制定长期的黄河流域水资源管理和干旱应对策略提供重要的历史借鉴。

第三节　干旱对水资源与生态的影响

一、干旱对黄河水资源的影响

（一）水量减少

干旱最直接显著的影响便是导致黄河水量的大幅减少。降水是黄河水资源的主要补给来源，而在干旱期间，降水稀少且分布不均，使得黄河流域的天然径流量急剧下降。例如，在一些持续干旱的年份，黄河上游的一些支流径流量可能减少 50% 甚至更多，导致黄河干流的水量也随之锐减。许多原本水流充沛的河段变得干涸或仅剩下涓涓细流，部分小型河流甚至完全断流。像黄河的一些内陆河支流，在严重干旱时，河床干裂，河底的石块和沙砾完全暴露在阳光下，水生生物失去了生存的基本条件，整个河流生态系统遭受毁灭性打击。

黄河源区的冰川和积雪在干旱的影响下，融化量减少，对河流的补给作用减弱。黄河源区的冰川是重要的固态水库，在正常气候条件下，夏季气温升高时冰川缓慢融化，为黄河提供稳定的水源补给。然而，干旱使得气温和降水模式发生改变，冰川积累量减少，融化速度减慢，导致其在关键时期对黄河径流的补给不足。例如，在某些干旱年份，黄河源区冰川融水对河流径流量的贡献率较正常年份下降了 20%-30%，进一步加剧了黄河水量的短缺。同时，干旱还影响了黄河流域的地下水补给。降水减少使得地表水与地下水之间的水力联系减弱，地下水的补给来源受限。长期干旱会导致地下水位持续下降，一些依赖地下水补给的泉水干涸。例如，在黄河流域的一些山间盆地，由于干旱导致地下水位下降，原本常年喷涌的泉水停止出水，周边依赖泉水灌溉和供水的农田和村庄面临严重的水资源危机，湿地生态系统因失去水源而逐渐退化，生物多样性减少。

（二）水质恶化

干旱不仅使黄河水量减少，还对其水质产生了不利影响，导致水质恶化。在干旱条件下，河流水量减少，水体的自净能力显著降低。河流对污染物的稀释和降解能力减弱，使得各类污染物在水中的浓度相对升高。例如，工业废水和生活污水排入黄河后，在正常水量情况下，河流可以通过自身的物理、化学和生物作用对污染物进行一定程度的净化，但在干旱时期，污水在河水中的停留时间延长，污染物难以快速扩散和降解，导致水质变差，化学需氧量（COD）、氨氮等污染物指标超标。

此外，干旱引发的河流生态系统变化也会影响水质。由于水量减少，水生生物的生存环境遭到破坏，许多水生植物和动物死亡，它们的残体在水中分解，消耗大量氧气，导致水中溶解氧含量下降，水质进一步恶化。而且，干旱还可能使河床底泥中的污染物重新释放到水中。在正常水位时，底泥中的污染物被掩埋在河床底部，但随着水位下降，底泥暴露在空气中，在阳光照射和微生物作用下，底泥中的重金属、有机污染物等可能会释放出来，进入水体，加重水质污染。例如，在黄河的某些河段，干旱期间检测到水中的重金属含量明显升高，对水生生物和人类健康构成潜在威胁。

（三）时空分布不均加剧

干旱导致黄河水资源的时空分布不均进一步加剧。从时间分布来看，干旱使得黄河的径流量在年内和年际间的变化更加不稳定。在年内，原本降水相对集中的季节，如夏季，由于干旱的影响，降水可能大幅减少，导致河流径流量在该季节也明显下降，而其他季节的径流量则更低，使得黄河水资源的季节性供需矛盾更加突出。例如，在干旱年份的夏季，黄河下游地区可能因降水不足和上游来水减少，面临严重的农业灌溉用水短缺，而在冬季，河流径流量本就较小，干旱又使其进一步减少，城市供水和工业用水也受到影响。

从年际变化来看，干旱年份与非干旱年份的黄河径流量差异增大。连续的干旱年份会使黄河水资源处于极度匮乏的状态，而在非干旱年份，径流量又可能出现较大波动，难以形成稳定的水资源供应模式。这种年际间的剧烈变化给黄河水资源的规划和管理带来了极大困难，难以制定长期有效的水资源调配方案。

干旱对黄河上中下游的影响程度不同，加剧了水资源空间分布的不均衡性。上游地区干旱导致水源补给减少，影响到整个流域的水资源总量；中游地区由于干旱引发水土流失加剧，河流含沙量增加，同时径流量减少，使得中游地区的水资源利用面临更多挑战；下游地区人口密集、经济发达，对水资源需求大，干旱时下游地区的缺水问题更为严重，而上游来水的减少又使得下游地区的水资源供需矛盾雪上加霜。例如，黄河下游的山东、河南等省的城市和农村地区都面临着严重的用水紧张局面，居民生活用水质量下降，而上游地区虽然也受干旱影响，但相对来说缺水问题的表现形式和影响范围有所不同。

二、干旱对黄河生态的影响

（一）生物多样性受损

干旱对黄河流域生物多样性的影响首当其冲。在水生生物方面，黄河水量的减少和水质的恶化直接导致许多鱼类、两栖类和水生无脊椎动物的生存环境遭到破坏。例如，一些对水质和水量要求较高的珍稀鱼类，如黄河鲤鱼，由于河流径流量锐减，其产卵场和栖息地面积大幅缩小。原本宽阔且水流平缓的浅滩区域，因水位下降而干涸或变得狭窄且水流湍急，使得鲤鱼难以顺利产卵繁殖，幼鱼的成活率也显著降低。同时，水质的恶化，如水中溶解氧含量下降、污染物浓度升高，会导致水生生物中毒或患病，进一步加剧其种群数量的减少。一些依赖特定水生植物为食或栖息的生物，也因干旱引起的水生植物枯萎死亡而失去食物来源和庇护场所，面临生存危机。

在陆生生物方面，干旱对黄河流域的植被产生了严重影响。草原和森林植被因降水不足而生长受限。在黄河上游的草原地区，长期干旱使得牧草生长缓慢、产量锐减，许多草本植物难以完成正常的生长周期，甚至死亡。这不仅影响了以这些牧草为食的食草动物，如牦牛、藏羚羊等的食物供应，导致其种群数量下降，还改变了草原生态系统的食物链结构。食草动物数量的减少，进而影响到以它们为食的食肉动物，如狼、雪豹等的生存和繁殖，使得整个草原生态系统的生物多样性受到严重破坏。在黄河中游的森林地区，干旱导致树木生长不良，树叶枯黄脱落，树木的抗病虫害能力下降，容易遭受病虫害侵袭，一些珍稀树种可能因干旱和病虫害的双重打击而濒临灭绝。森林植被的破坏还会影响到林下生物的生存，许多依赖森林环境生存的鸟类、小型哺乳动物和昆虫等失去了栖息地和食物来源，种群数量大幅减少。

（二）生态系统结构与功能失衡

干旱对黄河生态系统的结构和功能造成了严重破坏，导致其失衡。在生态系统结构上，由于生物多样性的受损，不同生物种群之间的相互关系被打乱。例如，在湿地生态系统中，干旱导致水生植物减少，依赖水生植物生存的浮游生物、底栖生物等也随之减少，进而影响到以这些生物为食的鸟类和鱼类的数量和分布。原本复杂而稳定的湿地食物网变得简单而脆弱，生态系统的稳定性大大降低。

干旱削弱了黄河生态系统的多项重要功能，首先是水源涵养功能，黄河流域的森林、草原和湿地等生态系统在正常情况下能够有效地涵养水源，调节河流水量。然而，干旱使得这些生态系统的植被受损，土壤水分流失加剧，其涵养水源的能力大幅下降。例如，在森林生态系统中，树木根系因干旱而无法正常吸收和储存水分，土壤的入渗能力降低，降水更多地形成地表径流流失，而不是渗入地下补充地下水和河流基流，导致黄河的水源补给减少，径流量不稳定。其次是土壤保持功能，干旱引发的植被破坏使得土壤失去了植被的保护，在降水和风力作用下，本就土质疏松，干旱导致植被覆盖率降低后，水土流失现象更加严重。大量泥沙被冲入黄河，增加了黄河决堤泛滥的风险，还使得黄河水变得浑浊。同时，土壤侵蚀还带走了土壤中的养分，进一步影响植被的生长恢复。再者是气候调节功能，生态系统通过蒸腾作用和光合作用等过程参与气候调节。干旱导致植被生长不良，蒸腾作用减弱，大气中的水汽含量减少，局部地区的气候变得更加干燥炎热，降水进一步减少。例如，在一些原本气候较为湿润的黄河支流流域，长期干旱后，森林植被减少，该地区的气温升高，降水减少，气候逐渐向干旱化转变，生态系统的自我调节能力被严重削弱。

(三) 生态服务价值降低

干旱还使得黄河生态系统提供的生态服务价值显著降低。黄河生态系统原本具有多种重要的生态服务功能，如提供清洁的饮用水、支持农业灌溉、维持渔业资源、调节气候、保护文化遗产等，但干旱对这些功能产生了不同程度的负面影响。在水资源供给方面，干旱导致黄河水量减少，使得其能够提供的饮用水和农业灌溉用水资源大幅减少。许多依赖黄河水的城市和农村地区面临供水紧张的局面，农业生产因灌溉用水不足而遭受损失。例如，在黄河下游的一些农业产区，干旱年份农作物因缺水而产量锐减，同时城市居民的生活用水也受到限制，不得不采取节水措施或寻找其他替代水源。

在渔业资源方面，由于水生生物多样性的下降和河流水量水质的变化，黄河的渔业资源产量和质量都明显降低。原本丰富的渔业资源为当地居民提供了重要的食物来源和经济收入，但干旱使得渔业捕捞量减少，渔民的生计受到影响。同时，一些以渔业资源为基础的相关产业，如水产加工、渔业旅游等也因渔业资源的衰退而受到冲击。在文化遗产保护方面，黄河流域拥有众多与水文化相关的历史遗迹和文化景观，如古老的水利工程、河边的古镇等。干旱导致黄河水位下降，一些原本位于河边或水中的文化遗迹暴露在空气中，受到风化、侵蚀等自然破坏的风险增加。例如，一些古老的渡口遗址、河神庙宇等，因长期暴露在干燥的空气中，建筑结构受损，壁画剥落，其历史文化价值面临严重威胁。

第四节 干旱风险评估与应对措施

一、黄河干旱风险评估

(一) 致险因子分析

1. 气候因素

黄河流域的气候条件在干旱的形成过程中起着关键作用。其大部分区域处于大陆性季风气候的影响之下，这种气候类型的显著特点是降水在时空分布上呈现出极大的不均衡性且年际波动剧烈。降水自东南向西北逐渐递减，东南部地区相对湿润，年降水量可达600~800毫米，而西北部的干旱地区降水量可能不足200毫米。在时间方面，降水主要集中在夏季的几个月内，通常占全年降水量的60%~80%，其他季节则较为干旱。这种集中性降水模式使得在非雨季期间，黄河流域极易面临干旱威胁。例如，在春季，农作物正处于播种和生长初期，需水量逐渐增加，但此时降水稀少，土壤墒情难以得到有效补充，容易引发农业干旱。

随着气温的持续上升，蒸发量呈现出明显加大趋势，据相关研究数据表明，黄河流域部分地区的蒸发量增加了约10%~15%。较高的蒸发率加速了土壤水分和地表水体的散失，进一步加剧了干旱的风险程度。在一些原本水资源相对稳定的地区，由于蒸发量的增加，河流、湖泊的水位下降速度加快，湿地面积不断萎缩。以黄河源区的一些湖泊为例，湖泊的蒸发量超过了补给量，导致湖水面积逐年减小，部分小型湖泊甚至干涸消失，这不仅对当地的生态环境造成了严重破坏，也削弱了区域的水资源调节能力，使得干旱一旦发生，其影响范围和程度都更为严重①。此外，气候变暖还可能导致大气环流异常，使得降水的分布更加难以预测，原本降水相对稳定的地区可能会出现异常的干旱情况，增加了干旱发生的不确定性和风险。

2. 水资源因素

黄河水资源的总量相对有限，且面临着日益增长的用水需求压力，这成为干旱风险的重要致险因子。黄河多年平均天然径流量约为 580 亿立方米，在全国各大江河中处于中等偏下水平。然而，黄河流域是我国重要的农业、工业和人口聚居区域，用水需求极为庞大。此外，水资源的不合理开发利用也导致了黄河流域的一些生态问题。例如，过度开采地下水使得地下水位下降，引发地面沉降、海水倒灌等问题，同时也影响了河流与地下水之间的水力联系，削弱了地下水对河流的补给作用，降低了整个流域的水资源调节能力，使得在干旱时期，水资源的短缺问题更加严峻。

3. 地形地貌因素

黄河流域复杂多样的地形地貌特征对干旱的发生产生了深远影响，并在干旱发生后增加了恢复的难度。黄河上游地区地势高亢，多高原和山地，如青藏高原的部分区域。这里气候寒冷干燥，植被生长环境恶劣。由于植被稀少，土壤的保水能力很差，降水难以在地表长时间停留，大部分降水迅速形成地表径流流失，无法有效渗入地下补充地下水和涵养水源。这种地形地貌条件使得上游地区的水资源储备极为有限，一旦降水减少，河流的径流量会迅速下降，容易引发干旱。而且，由于地势高，水利工程建设难度大，水资源的开发利用和调配也面临诸多挑战。

黄河中游地区流经黄土高原，这里的黄土土质疏松，孔隙度大，水土流失现象极为严重。大量的泥沙被雨水冲刷进入黄河，导致河流含沙量极高。这种水土流失不仅使得土地肥力下降，影响农业生产，还使得土壤的蓄水保墒能力进一步降低。在干旱发生时，由于土壤无法有效储存水分，农作物更容易受到干旱的影响。同时，水土流失还导致河道淤积，河床抬高，河流的行洪能力减弱，在干旱与洪涝灾害交替的年份，更容易引发水患，进一步破坏当地的生态环境和农业基础设施，增加了干旱灾害后的恢复成本和难度。

黄河下游地区主要为华北平原，地势平坦，但由于黄河泥沙的长期淤积，形成了地上悬河的独特地貌。这一地貌特征使得黄河下游的河道稳定性较差，由于上游来水减少，河道水位下降，容易出现断流现象。而且，由于地上悬河的存在，下游地区的地下水补给困难，主要依赖于降水和有限的地表水补给。一旦遭遇干旱，地下水位下降迅速，不仅影响农业灌溉和城市供水，还会导致地面沉降等地质问题，对当地的社会经济和生态环境造成多方面的不利影响。此外，下游平原地区人口密集，城市和农业基础设施众多，受灾面积广，恢复重建工作需要投入大量的人力、物力和财力。

---

① 王煜，郑小康，彭少明，等. 黄河流域水资源配置研究与展望 [J]. 人民黄河，2024，46（09）：18-24.

(二) 承险体分析

1. 农业生产

黄河流域作为我国重要的农业产区，广袤的土地孕育了丰富多样的农作物种植，从上游的河谷农业到中下游的灌溉农业，在我国的粮食生产和农业经济体系中占据着举足轻重的地位。然而，这种高度依赖水资源的农业生产模式也使其成为干旱风险的主要承险体。干旱对农业生产的影响贯穿于农作物生长的各个环节。同时，干旱还会影响农作物的品质。例如，棉花在生长过程中遭遇干旱，纤维会变短变粗，强度降低，影响其纺织性能，降低了农产品的市场竞争力和经济价值。

除了直接影响农作物产量和品质外，干旱还会引发一系列次生农业灾害。由于土壤水分长期不足，土壤的物理性质发生变化，变得更加紧实，透气性变差，这有利于病虫害的滋生和传播。一些原本在湿润环境下受到抑制的害虫，如蚜虫、红蜘蛛等，在干旱条件下会大量繁殖，对农作物造成严重危害。而且，干旱还可能导致农田生态系统失衡，有益生物数量减少，进一步削弱了农业生态系统的自我调节能力和抗灾能力。例如，在一些干旱地区的农田，由于土壤水分缺乏，蚯蚓等土壤有益生物的数量明显减少，使得土壤的肥力转化和结构改良受到影响，不利于农作物的长期生长。

长期的干旱还会对农业基础设施造成破坏。例如，灌溉渠道因长期无水而干裂，水井因地下水位下降而干涸或出水量减少，这些都增加了农业生产恢复的成本和难度。对于农民而言，干旱年份意味着收入的大幅减少，甚至可能导致贫困。许多以农业为生的家庭在遭受干旱后，面临着农作物绝收、生活无以为继的困境，严重影响了农村地区的社会稳定和经济发展。

2. 生态环境

黄河流域的生态环境是一个复杂而脆弱的系统，涵盖了河流、湖泊、湿地、森林、草原等多种生态类型，这些生态系统相互依存、相互影响，共同构成了黄河流域独特的生态景观。然而，干旱作为一种极端的气候事件，对这一生态环境系统产生了广泛而深刻的破坏。河流生态系统是黄河生态环境的核心组成部分，干旱对其影响首当其冲。随着干旱的持续，河流水量不断减少，水位下降，河流的流速减缓，这直接改变了河流的水动力条件。许多原本水流湍急、生机勃勃的河段变得干涸或仅剩下涓涓细流，水生生物的生存空间被严重压缩。对于鱼类来说，河流流量的减少意味着它们的栖息地范围缩小，繁殖场所遭到破坏。一些需要在特定水深和水流速度下产卵的鱼类，由于干旱导致河流条件改变，无法正常产卵繁殖，种群数量急剧下降。同时，河流水量减少还会导致水质恶化。因为水流缓慢使得水体的自净能力降低，水中的污染物难以稀释和扩散，各种有害物质在水中积累，进一步威胁水生生物的生存。例如，一些工业废水和生活污水排入河流后，由于缺乏足够的清洁水稀释，化学需氧量（COD）、氨氮等污染物浓度升高，导致大量水生生物中毒死亡，河流生态系统的生物多样性遭受重创。

湿地是黄河生态环境中的重要生态功能区，具有调节气候、涵养水源、净化水质、保护生物多样性等多种功能。干旱却使得湿地面积大幅萎缩。由于降水减少和上游来水不足，湿地的水源补给被切断，原本水草丰美、候鸟成群的湿地逐渐干涸，变成了干裂的泥地。黄河三角洲湿地就是一个典型的例子，湿地的面积会减少30%-50%，许多珍稀鸟类的栖息地消失，它们不得不迁徙到其他地区寻找适宜的生存环境，这对全球候鸟迁徙路线和生物多样性保护产生了不利影响。湿地植被也因缺水而枯萎死亡，湿地生态系统的食物链被破坏，以湿地植物和小动物为食的鸟类、兽类等生物失去了食物来源，种群数量锐减，整个湿地生态系统的结构和功能遭到严重破坏。

在黄河中游的一些森林地区，干旱年份松材线虫病等病虫害的发病率明显升高，许多树木因病虫害和干旱的双重打击而死亡。森林植被的破坏不仅影响了森林生态系统的生物多样性，还会导致水土流失加剧。草原生态系统在干旱的影响下，牧草生长受到抑制。长期干旱使得优质牧草减少，杂草增多，草原的生产力下降。这不仅影响了以草原为家的畜牧业发展，还会导致土地沙漠化加剧。土壤更容易受到风蚀，大量的沙尘被卷入空中，形成沙尘暴等恶劣天气，进一步破坏周边地区的生态环境和人类生活。

（三）历史干旱灾害分析

1. 干旱发生频率

黄河流域在历史的长河中，干旱灾害频繁肆虐，其发生频率呈现出一定的规律性与复杂性。从长期的历史记录来看，大致平均每3-5年就会发生一次较大规模的干旱事件。这种相对较高的发生频率反映了黄河流域在气候、地理和人类活动等多种因素综合作用下的干旱易发性。

在古代，由于缺乏现代的水利设施和灌溉技术，农业生产基本依赖自然降水，干旱对社会的影响更为显著。例如，在唐朝时期，就有多次关于黄河流域干旱的记载。据史书记载，公元785-786年，黄河中下游地区遭遇严重干旱，连续两年的少雨天气导致河流干涸，农田龟裂，百姓生活困苦不堪，甚至出现了大规模的饥荒和人口迁徙现象。当时的政府虽采取了一些赈灾措施，如开仓放粮、减免赋税等，但由于干旱范围广、程度深，仍难以有效缓解灾情，社会秩序受到极大冲击。

进入近代以后，随着人口的增长和经济的发展，人类对黄河水资源的开发利用程度不断提高，干旱的发生频率似乎并未得到有效遏制。在20世纪初期，1920-1921年的大旱席卷了黄河流域的多个省份。这次干旱持续时间长，涉及河南、山东、河北等省份的大片地区。由于当时的社会动荡不安，战争频繁，政府的救灾能力有限，大量农民失去土地和家园，社会矛盾进一步激化。许多地方出现了抢粮、盗匪横行的现象，给当地的社会稳定和经济发展带来了沉重打击。

20世纪中叶以来，尽管我国在水利工程建设和农业灌溉技术方面取得了长足进步，但黄河流域的干旱依然时有发生。例如，1965年的干旱，使得黄河下游的部分地区农业用水严重短缺，许多村庄的水井干涸，农民不得不长途跋涉寻找水源。农作物受灾面积达数百万亩，粮食产量大幅下降。这次干旱也促使政府加大了对水利设施建设的投入，修建了一系列水库和灌溉渠道，以提高应对干旱的能力。

到了20世纪末和21世纪初，1997-1998年的强厄尔尼诺事件引发了黄河流域的严重干旱。这次干旱不仅影响了农业生产，还对城市供水、工业用水和生态环境造成了多方面的影响。黄河干流及多条支流出现断流现象，河流生态系统遭受严重破坏，许多珍稀鱼类面临灭绝危险。同时，城市居民生活用水实行定量供应，工业企业因缺水而减产或停产，经济损失巨大。

2. 干旱影响范围

黄河流域的干旱灾害其影响范围极为广泛，几乎涵盖了流域内的所有地区，涉及青海、四川、甘肃、宁夏、内蒙古、陕西、山西、河南、山东等多个省（自治区）。无论是黄河干流流经的区域，还是其众多支流辐射的地区，都难以逃脱干旱的魔掌。

尽管地广人稀，但干旱对当地的生态环境和畜牧业产生了深远影响。例如，在青海的黄河源区，干旱导致草原退化，湖泊萎缩，水源涵养能力下降。许多牧民的牲畜因缺乏草料而瘦弱甚至死亡，严重影响了当地牧民的生计和草原生态系统的平衡。同时，黄河源区的干旱还对整个黄河流域的水资源供给产生了连锁反应，减少了下游地区的可用水量。

中游地区作为黄河流域的重要农业产区和人口聚居区，干旱的影响更为显著。陕西、山西等省份的黄土高原地区，由于土质疏松，土壤水分不足，农作物生长受限。同时，干旱还加剧了水土流失，使得土地肥力进一步流失。在一些城市和工业集中的地区，干旱导致水资源短缺，工业企业面临生产用水紧张的局面，不得不采取限产、停产等措施，影响了当地的经济发展。例如，在太原等城市，干旱年份工业用水供应不足，一些高耗水企业的生产受到严重制约，同时城市居民生活用水也受到一定影响，水质下降、供水压力增大等问题时有发生。

下游地区人口密集，经济发达，干旱发生时对社会经济的冲击更为强烈。河南、山东等省份的大片平原地区，是我国重要的粮食生产基地和工业基地。干旱导致农田灌溉用水不足，农作物受灾面积广，粮食产量锐减。例如，在河南的小麦主产区，干旱年份小麦产量可能会减少30%-50%，严重影响国家的粮食安全。同时，工业用水短缺也使得许多企业面临困境，企业的生产成本增加，经济效益下降。城市居民生活用水也面临着供应紧张的局面，一些城市不得不采取限时供水、提高水价等措施来缓解用水压力，这对居民的日常生活和社会稳定产生了一定的影响。从河流生态系统到湿地生态系统，从森林生态系统到草原生态系统，干旱都不同程度地破坏了生态系统的结构和功能，导致生物多样性减少，生态服务价值降低。例如，黄河三角洲湿地在干旱年份，许多候鸟的栖息地遭到破坏。

3. 干旱损失程度

黄河流域干旱所造成的损失是多方面且极其巨大的，涵盖了农作物减产、经济损失、生态破坏等多个维度，对流域内的人类社会和生态环境产生了深远的负面影响。在农作物减产方面，干旱几乎对流域内所有的农作物都造成了严重的打击。以小麦为例，作为黄河流域的主要粮食作物之一，在干旱年，其产量往往大幅下降。在一些严重干旱的地区，小麦产量可能会减少50%以上。例如，在1997年的大旱中，河南、山东等省份的小麦种植区受灾严重，大量麦田因缺水而颗粒无收。玉米、棉花、水稻等其他农作物也未能幸免。玉米在干旱条件下，果穗发育不良，籽粒干瘪，产量和品质都显著降低。棉花则因干旱导致纤维变短、变粗，强度下降，影响了其纺织价值。据统计，黄河流域的农作物受灾面积可达数千万亩甚至上亿亩，粮食减产数量可达数百万吨甚至上千万吨，这对我国的粮食安全构成了严重威胁。

经济损失方面，干旱对农业、工业、城市供水等多个领域都产生了巨大的冲击。农民的收入因农作物减产而大幅减少。许多以农业为生的家庭在干旱年份面临贫困，甚至负债累累。同时，农业基础设施也在干旱中遭受破坏，如灌溉渠道、水井等水利设施因干涸而损坏，修复这些设施需要大量的资金投入。由于水资源短缺，工业企业被迫限产停产，造成了巨大的经济损失。例如，一些高耗水的化工、钢铁、造纸等企业，在干旱期间无法正常生产，不仅企业自身的经济效益受损，还影响了上下游产业链的正常运转，导致整个地区的工业产值下降。干旱使得城市居民生活用水供应紧张，为了保障居民基本生活用水，政府往往需要投入大量资金进行水资源调配、修建应急供水设施等，这也增加了城市的运营成本。据估算，一次严重的黄河流域干旱灾害所造成的直接经济损失可达数百亿元甚至上千亿元。

生态破坏方面，干旱对黄河流域的生态系统造成了难以估量的损失。河流生态系统中，许多鱼类和水生生物因干旱导致的河流断流、水质恶化而灭绝或濒临灭绝。例如，黄河中的一些珍稀鱼类，如北方铜鱼等，由于干旱期间栖息地被破坏，面临着灭绝的危险。湿地生态系统的萎缩更是严重，大量的湿地因干旱而干涸，湿地植被死亡，候鸟栖息地丧失。森林和草原生态系统也在干旱的影响下退化，森林树木死亡，草原植被覆盖度降低，土地沙漠化加剧，这些生态破坏不仅影响了当前的生态环境质量，还对未来的生态恢复和可持续发展带来了巨大的挑战，其潜在的经济和生态价值损失更是无法用具体数字来衡量。

二、黄河干旱应对措施

（一）水资源管理与调配优化

1. 强化水资源统一规划与管理

强化水资源统一规划与管理，是实现可持续发展的重要举措，尤其对于黄河流域这样一个水资源紧缺且生态脆弱的地区而言，具有至关重要的意义。黄河流域的水资源分布极为不均，各省区在水资源的开发和利用上往往存在不同程度的矛盾，严重影响了区域协调发展和生态保护。因此，建立一个科学、系统的水资源统一管理体系，是解决这些问题的关键。建立黄河流域水资源统一管理机构，是实现流域水资源协调管理的基础。这一管理机构应当具备跨区域、跨部门的协调能力，打破传统行政区划的限制，统筹流域内水资源的开发、利用、保护与调配。通过统一的规划和管理，能够有效调节流域内不同区域之间的水资源分配，避免某些地区因水资源过度开发而导致水量短缺，而另一些地区则面临资源浪费的问题。统一管理还可以避免地方政府为了经济利益而过度消耗水资源，从而减少对生态环境的破坏。

在制定水资源规划时，必须依据流域内的自然条件、经济发展需求以及生态保护要求，科学测算水资源的承载能力，合理分配水资源使用指标。这不仅涉及各地区的用水配额，还应根据行业特征和水资源消耗水平，明确不同领域的用水权限。例如，农业、工业和居民生活用水的分配应依据优先级和节水潜力进行优化调整，确保有限的水资源能够得到最大化的利用。为了确保水资源的合理分配与高效利用，严格的监管机制也显得尤为重要。水资源的管理不仅仅停留在规划阶段，更需要通过强有力的法律和行政手段，确保水资源管理措施的有效执行。具体而言，要实施严格的取水许可制度，强化对取水和排水行为的监管，杜绝非法取水和超量用水的现象。对此，管理机构需要加强数据监测与统计，建立水资源使用情况的动态监管系统，及时发现和纠正违法违规行为。同时，对于违法行为，应加大处罚力度，形成强有力的震慑，确保水资源的可持续管理。

除此之外，水资源管理的法治化和制度化也需要同步推进。随着水资源开发利用的日益复杂，传统的管理模式已难以适应新的需求，必须从法律层面上加强保障。例如，可以通过制定地方性水资源管理法规、完善流域水资源保护制度、加强水资源管理人才培养等手段，提升水资源管理的法治水平与专业化程度。通过法律手段的保障，使得水资源管理的规划和制度能够得到长期有效的执行。水资源的管理需要全社会的共同参与。地方政府、企业和公众应当共同关注水资源的合理利用和保护，提升全社会的节水意识，减少不必要的浪费。此外，应积极推广水资源节约型技术和管理模式，特别是在农业灌溉、工业用水和城市生活用水领域，采取节水措施，从源头减少水资源消耗，降低水资源管理的压力。

2. 优化水资源调配方案

优化水资源调配方案是应对黄河流域水资源短缺、分布不均和季节性波动等问题的有效手段。水资源的合理调配能够在满足各类用水需求的基础上，最大化水资源的利用效率，减少资源浪费，保障经济发展、生态保护和社会民生。因此，建立一个智能化、动态化的水资源调配系统，利用现代信息技术进行精准管理和调控，已成为提高水资源管理效能的关键。黄河流域的水资源需求因地区和行业的差异而有所不同。不同地区的气候条件、经济发展水平以及生态保护需求决定了水资源的利用方式。为了应对这一复杂的需求结构，需要构建一个基于大数据、云计算和地理信息系统（GIS）技术的水资源调配模型，实时监测和评估流域内的水资源状况。例如，实时收集降水、径流量、水库蓄水量、地下水水位等数据，并通过数据处理和分析，生成反映水资源状况的综合报告。这些数据不仅能帮助决策者掌握水资源的现状，还能够预测未来的水资源供需趋势，为动态调配方案的制定提供科学依据。优化水资源调配方案的核心目标是实现水资源的高效利用与公平分配。在实际调配过程中，应优先保障居民生活用水和重要农业灌溉区域的用水需求，尤其是在干旱季节或极端天气情况下，必须确保这些基本用水需求得到满足。同时，生态保护区的水资源需求也应当得到充分保障，以确保生态系统的稳定和恢复。相对而言，工业用水和非关键区域的用水可适当削减，通过合理调配，释放出更多的水资源，用于保障优先级更高的用水需求。通过这种精细化调配，可以减少用水冲突，提高流域内水资源的分配公平性和使用效益。

现代信息技术的应用，使得水资源调配更加灵活和智能。通过大数据技术，水资源调配不仅能够基于实时数据进行调整，还能够提前预测水资源的短缺和过剩情况，及时采取预防性措施。例如，水库蓄水量的实时监控可以帮助管理者预测某一流域可能出现的水量不足情况，提前调度上游水库的水量进行补充，避免干旱区域出现更严重的水短缺问题。利用云计算技术，可以将各地的水资源管理信息汇集到统一的平台上，确保各地区之间的水资源调配决策更加透明、及时、准确。此外，水资源调配的智能化还体现在其跨区域、跨季节的调度能力。黄河流域跨越多个省区，各地的水资源状况差异较大，季节性变化亦显著。例如，黄河上游和中游的降水量相对较少，而下游则面临水资源需求量大的压力。通过智能调配系统，可以实现水资源的跨区域调动，根据流域各地的水资源情况和需求变化,进行动态调整。这种调配不仅限于单一时段,还可以跨越季节性变化,提前预测和规划水资源的分配方案,从而提高水资源的整体利用效率,减缓干旱季节的水资源短缺矛盾。

实施优化水资源调配方案,必须加强跨部门、跨区域的合作与协调。水资源调配方案的成功实施需要相关政府部门、地方自治机构及水利管理单位的共同参与。尤其在黄河流域这样一个水资源分布极不均衡的地区,不同地区的政府和管理机构需要在科学决策的基础上,进行水资源调配的协调与执行。这要求各地区水资源管理部门能够共享信息、统一标准,并加强沟通与协作,确保调配方案得到有效执行。通过加强节水宣传,提高全民节水意识,可以从源头减少不必要的水资源消耗。此外,还可以推广节水型技术和设备,如节水灌溉、节水型家电等,以进一步减少水资源的浪费,推动水资源的可持续利用。

3. 推广节水型社会建设

在黄河流域,水资源的短缺问题日益严峻,如何实现水资源的高效利用,已成为区域可持续发展的重要课题。为此,推广节水型社会建设不仅是当务之急,也是推动经济社会发展与生态环境保护双赢的必由之路。要在黄河流域全面推广节水理念,倡导节水型生活方式和生产模式,既需要在农业领域推动技术革新,也需要在城市生活和居民行为上进行改变,从而形成节水的社会风尚。在农业领域,推动节水型灌溉技术的应用是节水的重要突破口。传统的灌溉方式,如大水漫灌,存在水资源浪费严重的问题,尤其是在干旱和半干旱地区,水分蒸发和流失的情况更加严重。为此,发展高效节水灌溉技术成为解决这一问题的关键。滴灌、喷灌和微灌等现代灌溉方式,通过精准控制水量的输送,能够实现水分的直接供给,大大提高水的利用效率。研究表明,滴灌技术能够使水的利用率提高到90%以上,相比传统漫灌方式节水50%-70%。这种高效的灌溉方式,不仅能节约大量水资源,还能确保作物的正常生长,提高农业生产的稳定性与可持续性。

黄河流域属于干旱和半干旱地区,水资源匮乏使得农业用水成为主要矛盾。通过推广耐旱作物品种,如抗旱小麦、玉米、棉花等,可以有效降低对水资源的依赖。同时,优化农业种植模式,采用间作、套种等方式,充分利用不同作物对水资源的需求差异,达到减少用水量、提高土地水分利用率的目的。例如,间作种植能够有效利用降水,减少水分蒸发损失,进一步提升水资源的利用效率。通过这种多方面的技术和模式创新,可以在保障农业生产的同时,有效减少水资源的消耗。随着城市化进程的推进,城市生活用水需求日益增大,而不少城市却面临着水资源的紧张局面。因此,提升居民节水意识,加强节水设施的建设和管理,显得尤为迫切。为了实现这一目标,首先需要加强节水宣传教育,使居民了解水资源的稀缺性和节水的重要性。通过开展各类节水宣传活动,普及节水知识,激发全社会节水的主动性。

现代化节水设备,如节水马桶、节水水龙头、节水淋浴头等,能够显著减少水的浪费。例如,节水马桶的使用可减少每次冲洗的用水量,而节水水龙头则能够调节水流量,从而降低不必要的水浪费。通过大力推广这些节水器具,城市居民的用水量能够得到有效控制。与此同时,加强管道维护和修复,减少跑冒滴漏现象,也能进一步降低水资源的损失。通过这些综合措施的实施,可以大幅度减少城市生活中的水资源消耗。政府应加大对节水型社会建设的政策支持和引导,出台相应的法律法规,推动节水设施的普及与应用。

例如，可以通过对节水型设备的补贴政策，激励居民和企业使用节水设备。同时，鼓励企业开展节水技术研发与应用，推动节水型产品的市场化和普及。此外，建立水资源合理定价机制，实行差别化水价，进一步调动居民和企业节水的积极性，推动社会整体水资源的节约与合理利用。

（二）加大生态保护与修复力度

1. 加强水源涵养林建设与保护

在黄河流域的上游地区和重要水源地，加强水源涵养林的建设与保护，对于保障水资源的可持续利用、应对气候变化带来的干旱压力至关重要。水源涵养林不仅可以通过增加土壤水分和改善水文循环来稳定水源，还能有效减少水土流失、保护生态环境。因此，加大植树造林力度、扩大水源涵养林的面积，是黄河流域生态建设中的一项重要任务。水源涵养林的建设应根据黄河流域上游地区的气候和土壤条件，选择适合的树种。由于黄河上游地区属于干旱、半干旱的气候带，因此在植树造林时，需要选择耐旱、抗风沙、根系发达的树种。例如，油松、云杉和侧柏等树种，因其具有较强的水分吸收和固土能力，能够在较为干旱的环境中生长。通过合理选择树种，可以提高森林生态系统的稳定性和水源涵养功能，最大化地发挥森林的生态效益。植树造林的同时，要注重构建多层次、多功能的森林生态系统，既能提高水源涵养能力，又能增强生物多样性，进一步促进生态平衡。

加强对现有森林资源的保护，是确保水源涵养林功能得以持续发挥的关键措施。黄河上游地区的森林资源往往较为脆弱，受到过度采伐、非法盗伐等威胁。为了有效保护森林资源，必须严格控制森林采伐量，建立森林资源的可持续管理机制。通过法律法规的约束和监管手段，加强对盗伐滥伐行为的打击，确保森林资源不被过度开发。此外，加强对森林病虫害的防治工作，也是保护森林资源的重要方面。定期开展森林病虫害的监测与治理，防止病虫害的蔓延破坏森林生态系统的健康。同时，森林防火工作也应纳入重点管理范畴，尤其是在干旱季节，加强防火巡查与火源管控，防止因人为或自然因素引发森林火灾，确保森林的安全和水源涵养功能的持续发挥。森林通过其茂密的树冠和发达的根系系统，有效增加降水的入渗量，减少地表径流。降水落到森林地面后，部分水分通过树冠和地表植被的拦截作用得以滞留，缓解了强降雨时迅速汇集的水流问题，从而减轻了地表径流的压力。此外，森林的根系系统能深深扎根于土壤，通过物理和化学的方式，提高土壤的蓄水能力。这一过程不仅能改善土壤的水分保持能力，还能在雨季储存水分，为干旱季节提供源源不断的水源补给，从而缓解干旱对河流径流量的影响。黄河流域的水源涵养林，作为水循环系统中的重要一环，能够有效提升水源的稳定性，为流域内的生态安全和经济发展提供有力保障。

随着全球气候变暖，黄河流域的降水模式和水文循环发生了明显变化，干旱和极端天气事件频发，给水资源的稳定性带来了巨大挑战。通过扩展和修复水源涵养林，能够在一定程度上调节局部气候，增加降水的入渗和存储能力，从而有效缓解因气候变化导致的水资源短缺问题。水源涵养林通过提高生态系统的韧性，不仅能为黄河提供稳定的水源补给，还能增强自然环境对极端天气的适应能力，为未来的气候变化适应提供支持。此外，水源涵养林建设与保护还具有重要的社会经济价值。随着黄河流域生态环境保护的不断推进，水源涵养林的效益逐渐显现。通过改善水源和水质，能够保障流域内农业、工业等领域的用水需求，推动区域经济的可持续发展。同时，水源涵养林的建设和保护还为地方创造了大量的就业机会，促进了生态旅游和绿色产业的发展，提升了民众的环保意识。通过加强水源涵养林的建设，不仅有助于黄河流域生态系统的恢复与保护，还能推动区域经济的绿色转型，实现经济发展与环境保护的双赢。

2. 开展水土保持工作

黄河流域中游地区，因其特殊的地理和气候条件，长期面临着水土流失的严峻问题。水土流失不仅导致了大量的泥沙沉积，也加剧了土壤贫瘠化，严重影响了农业生产和生态环境。因此，开展大规模的水土保持工作，实施综合治理已成为解决这一问题的关键。水土保持工作不仅有助于恢复土壤的肥力，改善水土条件，还能有效保护黄河流域的生态环境，增强农业的可持续发展能力。修建梯田、鱼鳞坑和谷坊等设施，是对陡坡地区坡面径流的有效控制手段。梯田的修建能够有效截留水流，减少水土的冲刷和流失，特别是在干旱半干旱地区，梯田可以有效储水并提高土壤的水分保持能力。鱼鳞坑和谷坊则通过设置拦水、蓄水结构，在雨季能够有效减少水流的速度，增加水的渗透量，防止土壤因剧烈冲刷而遭受侵蚀。这些工程措施通过物理手段有效缓解了水土流失问题，为土地的长期恢复创造了有利条件。

通过种植草类、灌木和树木等植物，能够显著提高地表植被覆盖度，增强土壤的抗蚀能力。植物的根系能够深深扎入土壤，不仅增加了土壤的稳定性，还能减少水流对土壤的冲刷。特别是在坡度较大的地区，生物措施发挥着至关重要的作用。草类植物不仅可以防止表土流失，还能起到保水和改善土壤结构的作用。种植树木和灌木则能够通过增加根系深度，进一步固定土壤，防止因雨水冲刷造成的表土流失。通过增加地表植被的覆盖，生物措施在水土保持中起到了非常有效的保护作用。农业技术措施是水土保持工作的另一重要方向，尤其是在农业生产密集的地区，通过采用合理的耕作方法来改善土壤结构，减少土壤扰动，可以显著提高水土保持效果。合理耕作是指根据土壤和气候条件的不同，选择合适的耕作方式，如等高种植和免耕少耕等技术。等高种植通过沿等高线进行种植，能够减少水流对土壤的冲刷，有效保护土壤的结构不被破坏。免耕和少耕则通过减少耕作过程中的土壤扰动，保护土壤的有机质，避免因过度耕作导致的土壤退化。在黄河流域的干旱和半干旱地区，这些农业技术措施能够帮助农田保持较好的水分和土壤结构，增强农业生产的抗旱能力。

通过这些综合措施的实施，可以显著降低黄河流域中游地区的水土流失问题，改善土壤的水分状况和生产力。水土保持工作的核心目标是减少河流中的泥沙含量。黄河的泥沙问题一直是影响其水质和行洪能力的重要因素。通过有效的水土保持措施，能够显著减少上游的泥沙流入黄河，有助于保护黄河的河道生态环境，维护其行洪和输水能力。与此同时，土壤水分的改善能够提升农田的水利条件，在旱季保持较高的水分储备，缓解干旱对农业生产的不利影响，提高农业的抗旱能力。此外，水土保持工作还能够改善流域内的生态环境，增加生物多样性。通过植树造林和草地恢复等生物措施，不仅能够提供栖息地，增加动植物种类，还能提高生态系统的整体稳定性。特别是在流域的上游和山区，水土保持措施的实施不仅有助于生态修复，还能改善当地居民的生产和生活条件，推动区域生态经济的协调发展。在政策层面，政府应加大对水土保持项目的资金支持和技术推广力度，鼓励地方政府和农民积极参与水土保持工作。通过政策引导和财政支持，能够推动水土保持技术的普及与应用，提升全社会的水土保持意识和能力。同时，要加强水土保持工作的监测与评估，确保措施的有效性和持续性，避免出现治理效果不显著或资源浪费的情况。

3. 保护和恢复湿地生态系统

黄河流域的湿地生态系统是重要的生态屏障，具有调节气候、净化水质、调蓄洪水等多重功能。然而，由于过度开发、污染和气候变化的影响，黄河流域的湿地正面临严重的生态退化问题。为了恢复湿地的生态功能和生物多样性，必须加强湿地保护与恢复工作，采取一系列有效的措施，确保湿地生态系统的可持续性。黄河流域应重视湿地保护的法律和政策建设，特别是建立湿地自然保护区和湿地公园。这些保护区和公园不仅为湿地提供了法律保障，还能够加强生态管理和科研监测。通过划定湿地保护范围，避免湿地遭受不当开发，可以有效控制湿地面积的减少。同时，湿地自然保护区的设立还可以吸引科研机构和社会组织的参与，开展湿地生态修复、物种保护和环境教育等多方面的工作，提升湿地保护的社会认知度和参与度。此外，加强对湿地资源的监测与管理，定期对湿地生态状况进行评估，及时发现生态问题并采取有效应对措施，也有助于确保湿地资源的可持续利用。

为了更好地保护湿地，必须严格控制湿地周边的开发建设活动，防止湿地资源的侵占和破坏。随着经济的快速发展，许多湿地地区面临着城市化、工业化和农业扩展的压力，湿地面积逐渐被侵占，水体污染和生物栖息地破坏加剧。因此，必须加强对湿地周边开发活动的管理，实施生态红线政策，严禁在湿地核心区进行工业化、城市化开发，同时限制农业活动对湿地的过度干扰。对于已经受到破坏的湿地，必须采取有针对性的恢复措施，逐步修复湿地的生态功能。河流域的湿地，尤其是内陆湿地，往往受季节性水源变化的影响，湿地水位波动较大，严重影响湿地生态的稳定性。为了恢复湿地的生态功能，定期进行生态补水至关重要。利用黄河水进行定期补水，能够有效恢复湿地的水位，维持湿地水体的生态平衡。在进行生态补水时，需要科学调度水量，确保补水的时机、流量和水质适宜湿地植被和水生生物的生长。适时的生态补水，不仅能够恢复湿地的水位，还能促进湿地植物的生长和繁殖，为湿地内的动植物提供适宜的生境。生态补水作为一种可持续的湿地修复手段，能够大幅提升湿地的生态质量和生物多样性。

湿地植物不仅是湿地生态系统的基础，也是湿地调蓄洪水、净化水质、固碳和调节气候的核心组成部分。通过人工种植湿地植物、恢复自然植被群落等方式，可以有效改善湿地的生态结构和功能。例如，可以种植水生植物、芦苇和湿生草类等，以恢复湿地的生态多样性，并增强湿地的水土保持能力。湿地植物的根系可以固定土壤，减少水土流失，增强湿地的抗旱能力和生态恢复能力。植被的恢复不仅有助于提升湿地的生态质量，还能为湿地中的珍稀动植物提供栖息地，推动湿地生态系统的自我修复。恢复湿地生态功能，不仅能够为湿地内的动植物提供栖息地，还能提升湿地的生态服务功能。湿地是自然的水质净化器，通过吸附和降解水中的污染物质，改善水质，保障下游水资源的质量。湿地还具有显著的洪水调蓄能力，能够在暴雨季节通过储存水量，减轻下游的洪水压力。湿地的恢复还能在一定程度上调节区域气候，增加空气湿度，缓解干旱带来的不利影响。

湿地生态系统提供的生态服务对农业、渔业等产业具有直接影响。通过改善湿地水质和水源条件，不仅可以提高农田灌溉水的质量和数量，还能够促进渔业资源的恢复与发展。湿地内丰富的水生物种可以为渔业提供宝贵的资源，也为周边社区提供就业和收入来源。同时，恢复后的湿地还能促进生态旅游的发展，吸引游客前来观光、摄影和研究，带动地方经济的发展。为了确保湿地生态系统的可持续恢复，政府应加强政策支持，增加对湿地保护和修复项目的资金投入。通过政策引导和科技支持，推动湿地修复技术的创新与应用，提升湿地生态修复的效率和效果。与此同时，加强公众的湿地保护意识，鼓励社会力量参与湿地保护与恢复工作，共同维护湿地生态系统的健康和稳定。

（三）定期进行水利工程建设与维护

1. 新建与扩建水库工程

黄河流域作为中国的母亲河，承载着重要的生态、社会和经济功能。然而，由于其流域内的气候变化和水资源不均衡，尤其在干旱时期，水资源的短缺问题时常困扰着黄河流域的社会经济发展和生态保护。为了解决这一问题，合理规划新建与扩建水库工程，提升水资源的调节能力，成为一种行之有效的措施。通过水库建设，不仅能够在丰水期蓄水、缓解干旱时期的水资源短缺，还能在一定程度上促进黄河流域的社会经济发展和生态修复。黄河流域水资源的分布极为不均，尤其是上游和中游地区的水资源较为丰富，但下游却常面临严重的水资源匮乏。在这种背景下，新建与扩建水库工程有助于实现水资源的跨时空调配。通过建设新的大型水库，可以在丰水期将多余的水量储存起来，在干旱季节或水量短缺时，将储存的水源调节放出，为下游地区提供稳定的水源供应。这种水资源的调节与补充，不仅能够缓解黄河流域尤其是下游地区的干旱问题，还能为农业灌溉、工业用水和居民生活用水提供保障。

特别是在黄河流域的上游和支流地区，新建具有多年调节能力的水库尤为重要。例如，在一些支流区域，建设水库能够利用丰水期的水量储备，为干旱年份提供水源补给。这类水库的设计可以根据流域的具体水文条件，建设具有长期调节能力的工程设施，通过蓄水和调节水流，缓解短期内的水资源紧张状况。同时，大型水库的建设还能有效缓解下游水域的洪水风险，发挥防洪、调水、供水等综合功能，降低自然灾害带来的损失。在水库建设过程中，如何平衡水资源的调配与生态环境的保护，是一个重要的课题。水库的建设不可避免地会对周边的生态环境产生影响，特别是对河流生态系统的干扰。因此，在进行水库规划与建设时，必须充分考虑生态保护措施，减少对生态环境的负面影响。例如，在水库建设过程中，可以建设鱼道、生态放水设施等，保障水生物的正常迁徙和栖息环境。鱼道的建设可以帮助水域中的鱼类等水生生物绕过水库，避免因水库的水位变化和水流控制造成的生物栖息地破坏。此外，生态放水设施可以根据生态需求，在合适的时机和水量释放水源，促进生态环境的自我修复。通过这些措施，可以有效减小水库对生态系统的影响，实现水资源开发与生态保护的双赢局面。

许多现有的水库在建成初期未能充分考虑到水资源的长期需求和流域生态保护的需要，随着时间的推移，水库的蓄水能力和调节功能可能存在一定的不足。因此，适时对现有水库进行加固和扩建，是提升水资源调配能力的有效途径。水库的扩建不仅能够提高其蓄水能力，还能优化水库的调度管理系统，提升水库的应急调节能力和长效保障能力。在扩建过程中，也应当充分评估水库所在区域的生态环境状况，采取必要的生态保护措施，确保水库扩建过程中不会造成生态环境的严重破坏。除了水库的功能性作用外，水库的建设还能够带动地方经济发展。大型水库工程的建设和运行，往往需要大量的基础设施建设、技术支持和劳动投入，这能够促进区域经济的增长。同时，水库工程也为当地提供了重要的水源保障，促进了农业、工业和城市发展的用水需求，推动社会经济的可持续发展。此外，水库建设和水资源调配工作还可能带动相关产业的发展，如水电、渔业、旅游等，进一步促进地方经济的繁荣。在水库建设的管理和运营过程中，政府应当加强监管，确保水库设施的安全运营和生态环境的持续保护。定期对水库的蓄水情况、水质、生态状况进行监测，及时调整水库的调水策略，确保水资源的合理利用。政府还应当加强与地方社区、企业和生态保护组织的合作，推动公众参与水资源管理和生态保护工作，形成多方合作的良好局面。

2. 完善灌溉水利设施

黄河流域的农业生产面临着长期的水资源短缺问题，尤其在干旱和半干旱地区，灌溉水利设施的建设与完善对于提高农业水资源利用效率、保障粮食生产安全至关重要。为了解决这一问题，需要全面加强灌溉水利设施的建设与更新，提升农业灌溉保障水平，从而促进黄河流域农业的可持续发展。黄河流域的灌溉水利设施多为老旧设施，很多灌溉渠道和泵站已存在多年，存在严重的老化和损坏问题，这对水资源的利用效率和灌溉水的供给保障产生了直接影响。因此，修复和更新老化损坏的灌溉设施至关重要。对于那些损坏严重、无法再利用的灌溉渠道，应当进行彻底的修复或重新建设，确保灌溉系统的畅通和高效运行。同时，对于一些老旧泵站，也应考虑更换或升级设备，提升泵站的抽水能力和节能效率。这不仅能够减少水资源的浪费，提高灌溉水的输送效率，还能够降低灌溉过程中由于设施故障导致的生产中断和损失。

在设施更新的同时，推广先进的灌溉管理技术是提升灌溉效率的重要途径。随着科技的不断进步，智能化灌溉系统已成为提高农业灌溉效率的关键技术。智能灌溉系统可以根据土壤墒情、作物的需水情况以及气象条件，自动调节灌溉水量和灌溉时间，避免人为操作带来的水资源浪费。通过实时监测土壤湿度和天气变化，智能灌溉系统可以精确控制每个灌溉环节，确保作物获得所需的水分。尤其是在干旱或少雨的年份，智能化灌溉系统能够根据精准的数据反馈，合理调配有限的水资源，达到最大程度的节水效果，同时确保作物的生长需求得到满足。此外，智能化技术的推广还能够降低农业灌溉的人工成本，提高管理效率，为农民提供更加便捷、科学的灌溉手段。除了更新和智能化管理系统，农田水利基础设施的配套建设也是灌溉体系完善的一个重要方面。例如，修建田间蓄水池、水窖等小型蓄水设施，能够在降水量充足时收集雨水，用于干旱时节的农业灌溉。水池和水窖可以为农田储备水源，在旱季提供可靠的水源保障，减少对大规模灌溉系统的依赖。这些小型蓄水设施不仅可以提高农田的蓄水能力，还能有效缓解灌溉水源不足的压力，特别是在黄河流域的偏远地区和灌溉设施不完善的地方，具有重要意义。通过加强农田水利基础设施的配套建设，可以为农民提供更多的水源选择和调度方式，提高农业生产应对干旱的能力。

在水资源有限的地区，过度的灌溉往往会导致地下水位下降、土壤盐碱化等环境问题。因此，在推进灌溉设施建设和灌溉技术升级的同时，必须强调灌溉水的合理利用，确保水资源的可持续使用。为此，应推广节水型灌溉技术，如滴灌、喷灌等高效灌溉方式，替代传统的大水漫灌。滴灌和喷灌技术能够精准将水分输送到作物根部，减少水分蒸发和地表流失，极大地提高了水资源的利用效率。特别是在黄河流域的干旱地区，节水灌溉不仅能够降低用水成本，还能保护土壤，避免因过度灌溉引发的水资源浪费和生态破坏。水利设施的正常运行离不开日常的维护和管理，特别是对一些偏远地区的灌溉系统，需要定期检查和及时修复故障设施。为此，政府可以加强水利管理部门的培训，提高其设施管理和维护的专业性和技术水平。同时，也可以推动农民参与到灌溉水利设施的管理中，通过提高农民的水利设施管理意识，促使其更加自觉地进行设施维护和水资源的节约使用。

3. 加强河道整治与维护

黄河是中国的母亲河，对于流域内的经济发展、生态环境保护和人民生计有着至关重要的作用。然而，黄河流域的特殊自然条件和人为活动，使得黄河的河道经常面临淤泥淤积、垃圾堆积、河岸坍塌等问题。为确保黄河的水流畅通、生态环境健康以及防洪安全，加强河道整治与维护工作显得尤为重要。通过科学的整治与管理，可以有效提升黄河的水利功能和生态服务，保障流域的可持续发展。黄河河道的淤泥积存、垃圾和障碍物的清除，是确保河道输水畅通的基础工作。由于长期的水流携带沉积物，黄河河道中常常堆积大量的淤泥和杂物，尤其是某些低洼地区的河床抬升，使得河流的流动性受到了严重影响。这不仅降低了河道的输水能力，还可能导致洪水期的河道阻塞，增加了灾害的发生风险。因此，定期清理河道中的淤泥和障碍物，恢复河道的通水能力，成为一项必不可少的工作。通过水利部门的持续投入和技术支持，可以有效提升河道的输水效率，避免水流过于滞缓或者受到阻碍，确保下游地区的水资源供给和防洪安全。

黄河作为季节性变化大、流量变化剧烈的河流，长期以来存在着河道冲刷和河岸坍塌的风险。尤其是在水流较急的部分，河道的形态可能发生变化，进而导致原有河堤的稳定性下降。为了提高河道的防洪能力和抗冲刷能力，需要对黄河大堤和河岸防护工程进行加固，特别是在防洪风险较大的区域，加强堤防建设与维护。通过加强堤坝、护岸设施的建设，可以有效提高黄河的抗灾能力，降低洪水期间堤防决口和水土流失的风险。同时，合理利用现代技术，开展河堤加固工程的评估和优化设计，确保其能够适应黄河流域复杂多变的自然条件和流域经济发展需求。黄河流域的水资源紧张，尤其是下游地区常常面临水资源不足的问题。为了确保各地区的用水需求，合理利用河道内的蓄水空间具有重要意义。在丰水期，通过科学调度可以将水源集中储存在河道的关键部位，避免过度浪费水资源；在干旱季节，这些储存的水源可以及时释放，以保障农业、工业和居民的用水需求。通过完善的水资源调度体系，能够更好地管理和分配黄河流域的水资源，减少因水资源短缺而带来的影响，提升水资源的利用效率。

黄河流域的生态系统十分脆弱，河道周边的湿地、植被和水生物种群承载着重要的生态功能。然而，在过去的河道治理过程中，过度开发、非法采砂和人为破坏导致了一些生态问题的出现。例如，过度开采河沙导致河床下降，植物种群退化，水质污染等问题也影响了河道生态系统的稳定。因此，在河道整治与维护中，应当充分考虑生态环境保护的因素，避免过度开发和破坏。通过设立河道生态保护区，限制破坏性活动，严格执行环保法规，保护湿地、植被和水生生物的栖息环境。此外，通过水生态修复工程，恢复受损的生态系统，推动生态环境的自我修复和长效保护。为了实现黄河流域河道治理的可持续发展，政府、社会和科研机构需要紧密合作。政府应加强对河道整治工作的组织领导和资金投入，确保整治工程的顺利推进，并制定科学合理的政策，优化水资源管理。社会公众的环保意识也需要逐步提高，避免人为因素对河道生态系统的进一步破坏。同时，科研机构应提供技术支持和创新方案，推动河道治理与生态修复技术的进步，确保治理工程的科学性和高效性。

第九章 黄河流域泥沙特性与水沙关系

第一节 泥沙的来源与输移过程

一、黄河泥沙的来源

(一) 人类活动

黄河泥沙的状况与人类活动之间存在着千丝万缕的紧密联系，尤其是在1986年之后，这种关联所产生的影响愈发凸显，深刻地改变了黄河泥沙的诸多特性。自1986年起，上游刘家峡和龙羊峡大型水库的联合运用成为影响黄河泥沙的关键因素。这两座大型水库如同巨大的"调节器"，对黄河的径流过程进行了有效干预。在水库的调控下，水流的速度、流量以及水位等要素都发生了显著变化。原本自然状态下较为湍急且流量变化较大的河水，在水库的调节作用下，变得相对平缓且流量更为稳定。这种径流过程的改变直接影响了泥沙的输移规律。在水库蓄水期间，大量河水被蓄积起来，水流速度骤减，泥沙便有了更多的机会在库区内沉淀。例如，在刘家峡水库，当水库水位升高时，河水携带的泥沙会逐渐在库底淤积，使得出库水流中的泥沙含量明显降低。

与此同时，水土保持综合治理措施在这一时期也逐渐发挥出了强大的减沙效能。在中游的黄土高原地区，大规模的植树造林活动广泛开展。无数的树木扎根于这片广袤而又脆弱的土地，它们的根系如同细密的网络，牢牢地固定住土壤颗粒，极大地增强了土壤的抗侵蚀能力[1]。曾经因为植被稀少而在降雨时泥沙俱下的坡面，如今在树木植被的保护下，能够有效抵御雨滴的击溅和地表径流的冲刷。梯田建设也是水土保持的重要举措之一。通过修筑梯田，改变了坡面的地形地貌，减缓了水流速度，让雨水能够更多地渗入地下，而不是迅速形成强大的地表径流裹挟泥沙流入黄河。此外，种草等植被恢复措施也在同步推进，草地植被覆盖在地表，不仅能够减少土壤水分蒸发，还能在降水过程中缓冲水流对土壤的侵蚀力。这些水土保持措施的综合作用，使得黄河流域的土壤侵蚀量大幅减少，从而导致黄河的来沙量显著降低。

然而，黄河沙量的减少并非呈现出稳定不变的态势，在一般降雨条件下，由于水库的

---

[1] 陈仕豪，门宝辉，庞金凤，等. 黄河流域非平稳气象干旱特征的重构及时空演变规律[J]. 水力发电学报，2024，43(07)：1-13.

调节和水土保持措施的双重作用，减沙效果确实较为显著。但一旦遭遇强暴雨天气，情况就会变得复杂起来。强暴雨所带来的巨大降水量会在短时间内形成极为强大的地表径流，其冲刷力远远超过普通降雨。尽管有水库和植被的阻挡，但仍会有大量泥沙被冲入黄河，使得沙量迅速增大。从时间来看，9 月下旬至 10 月期间的沙量减幅较大，甚至接近非汛期的特征。这主要是因为在这个时间段内，降雨相对较少，且前期的水土保持工作和水库调节作用在此时能够更好地体现出来。但需要注意的是，由于三门峡水库"蓄清排浑"运用方式的存在，使得汛期进入下游的沙量依然占据了年沙量的 90% 以上。在汛期，黄河水量大增，虽然有部分泥沙在水库中淤积，但仍有大量泥沙随着湍急的水流奔腾而下，给下游河道带来了巨大的泥沙淤积压力。

以往，随着含沙量的增大，悬移质泥沙组成会变粗。但自 1986 年以来，由于沙量的减少，悬移质泥沙组成呈现出细化的趋势，中数粒径略变细。这是因为在沙量减少的情况下，较粗颗粒的泥沙更容易在水库和流域内沉淀，而相对较细的泥沙则更容易被水流携带，从而导致了悬移质泥沙组成的变化。这种变化虽然在一定程度上减轻了泥沙对河道的淤积危害，但也给黄河的生态和水利工程带来了一些新的问题。例如，细颗粒泥沙可能会对水质产生影响，影响水生生物的生存环境；同时，在水利工程设施中，细颗粒泥沙的淤积可能会影响工程的正常运行和使用寿命。

（二）多沙粗泥沙来源区（河口镇至龙门区间、马莲河和北洛河）

黄河泥沙来源具有显著的区域性特征，其中河口镇至龙门区间、马莲河和北洛河所在区域是极为关键的多沙粗泥沙来源地，对黄河整体的泥沙状况以及河道演变产生着极为深远且复杂的影响。河口镇至龙门区间堪称黄河泥沙的核心策源地，这一区域内广泛分布着黄土丘陵沟壑区，其黄土土质极为疏松，孔隙度大且垂直肌理发育。这种特殊的土质结构使得其抗侵蚀能力极度脆弱，在自然降水和地表径流的作用下，土壤颗粒极易被剥离和搬运。每当降雨来临，雨滴对地表的击溅作用首先破坏黄土的表层结构，使得细小颗粒悬浮于水中，随后形成的坡面径流迅速汇聚力量，裹挟着大量泥沙沿着沟壑奔腾而下，源源不断地汇入黄河干流。该区间内支流众多且水系发达，众多支流犹如毛细血管般将各个角落的泥沙收集起来，最终集中输送至黄河，极大地增加了黄河的泥沙含量。例如，皇甫川、窟野河等支流，在汛期时河水汹涌，携带的泥沙量常常令人触目惊心，其含沙量可高达每立方米数百千克甚至更高。

马莲河作为黄河的重要支流，也是多沙粗泥沙的重要产区。其流域内的地形地貌以黄土高原丘陵沟壑为主，植被覆盖状况较差。降水在该地区多呈现集中性特点，且常伴有暴雨天气。在暴雨的冲刷下，缺乏植被有效保护的黄土坡面迅速被侵蚀，大量泥沙被冲入河道。而且，马莲河流域的土壤侵蚀类型多样，不仅有坡面水力侵蚀，还存在着沟道重力侵蚀等现象。在一些沟道地区，由于黄土的不稳定性，在水流和重力的双重作用下，土体崩塌、滑落，形成大量的粗泥沙物质进入河流。这些粗泥沙颗粒较大，在河流输移过程中不易被长距离搬运，往往会在中下游河道逐渐淤积，对河道形态和行洪能力产生严重影响。

北洛河流经区域的地质条件和生态环境使得泥沙产生量较大。北洛河上游地区地势起伏较大，水流湍急，对河床和河岸的冲刷作用强烈，不断侵蚀周边的岩石和土壤，产生大量泥沙。在中游和下游地区，随着地势逐渐平缓，河道变宽，泥沙开始逐渐淤积，但在汛期大流量水流的冲击下,这些淤积的泥沙又会被重新搬运起来,继续向下游输移,最终汇入黄河。北洛河所携带的泥沙中,粗泥沙比例较高,这些粗泥沙在黄河下游河道的淤积过程中,容易形成较为坚硬的淤积层,增加了河道清淤和治理的难度。

这一多沙粗泥沙来源区所产生的泥沙,尤其是粗泥沙,对黄河下游河道的危害极大。粗泥沙颗粒较大,在水流作用下不易被携带至较远的海域,而是在黄河下游河道中大量淤积。长期以来,这种淤积作用使得黄河下游河床逐年抬高,逐渐形成了举世闻名的"地上悬河"。"地上悬河"的存在严重威胁着黄河下游地区的防洪安全,一旦遭遇洪水,河水极易漫堤决口,淹没周边大片农田和城镇,给人民生命财产带来巨大损失。同时,泥沙的淤积还会影响黄河的水资源利用和生态环境。大量泥沙淤积在河道和水库中,减少了水库的有效库容,影响了水资源的合理配置和高效利用。泥沙的变化会改变河道的水沙条件,影响水生生物的栖息环境和繁殖条件,对生物多样性产生不利影响。

(三) 多沙细泥沙来源区(除马莲河以外的泾河干支流、渭河上游、汾河)

在黄河泥沙的来源体系中,除马莲河以外的泾河干支流、渭河上游、汾河所构成的多沙细泥沙来源区,它们以其独特的地理环境、气候条件及人类活动影响模式,源源不断地为黄河贡献着数量可观的细泥沙,深刻影响着黄河的水沙特性与生态演变进程。泾河干支流流域,其大部分区域位于黄土高原之上,这里的黄土质地相对细腻,虽然相较于河口镇至龙门区间的黄土抗侵蚀能力稍强,但在长期的自然侵蚀作用下,仍然是泥沙的重要产地。泾河的支流众多,如汭河、黑河等,它们如同毛细血管般遍布整个流域。雨水冲刷着地表,将细小的黄土颗粒带入河流。由于泾河流域的降水分布不均,夏季降水集中且多以小雨、中雨形式出现,这种相对缓和但持续的降水,在缺乏植被充分保护的坡面,持续地对土壤进行侵蚀,使得大量细泥沙缓缓流入河道。同时,泾河流域的地形起伏较大,坡面较长,这也为泥沙的产生提供了有利条件。水流在坡面上汇聚、加速,不断地裹挟着更多的细泥沙,最终汇入泾河干流,并进一步流入黄河。据统计,泾河每年输入黄河的泥沙量数以千万吨计,其中细泥沙占比较大,这些细泥沙在黄河中能够被水流携带较长距离,对黄河下游的河道淤积产生了长期而潜移默化的影响。

渭河上游地区同样是黄河细泥沙的重要来源地之一,其源头及上游部分区域处于青藏高原边缘与黄土高原的过渡地带,地质条件复杂多样,既有岩石山体,也有黄土覆盖区域。这里的气候较为湿润,降水与高山冰雪融水共同构成了河流的水源补给。在河流的侵蚀作用下,黄土区域的土壤被逐渐剥离。由于水流速度相对较缓且河道周边多有草地、灌丛等植被覆盖,在一定程度上减缓了泥沙的产生速度,但无法完全阻止。在汛期,大量降水形成的地表径流会携带大量细泥沙进入渭河。渭河上游的一些支流,如榜沙河、散渡河等,在流经黄土丘陵沟壑区时,也会将沿途的细泥沙带入主河道。这些细泥沙随着渭河水流一路向东,在汇入黄河后,成为黄河泥沙的重要组成部分。而且,随着人类活动在该地区的逐渐增多,如农业开垦、道路建设等,对地表植被的破坏在一定程度上加剧了水土流失,使得渭河上游的细泥沙产量有增无减。

汾河流域地处黄土高原东部,流域内覆盖着厚厚的黄土层。这里的降水主要集中在夏季,且多暴雨。在暴雨的冲击下,坡面土壤被迅速侵蚀,形成含沙水流。汾河河道相对较为宽阔,水流在流经不同地形地貌时,会不断地调整流速和搬运能力。在山区,水流湍急，能够携带较大颗粒的泥沙，但随着河流进入平原地区，流速减缓，较大颗粒的泥沙逐渐沉积，而细泥沙则继续随着水流前行。汾河流域的人类活动历史悠久，农业开发程度较高，长期的农耕活动使得流域内的植被覆盖度有所下降。例如，一些坡耕地在雨水冲刷下，细泥沙大量流失，进入汾河。此外，汾河流域的城市建设、工业发展等也对流域生态环境产生了一定影响，如污水排放导致水质变差，影响了水生生物对泥沙的吸附和沉降作用，使得更多的细泥沙能够顺利地流入黄河。

这些多沙细泥沙来源区所产生的细泥沙，在黄河的水沙运动过程中有着独特的作用。由于细泥沙颗粒较小，其在水中的悬浮性较好，能够随着水流长途跋涉，在黄河下游河道中逐渐淤积。虽然细泥沙的淤积速度相对较慢，也会导致河床抬高。同时，细泥沙还会影响黄河的水质和生态环境。大量细泥沙的存在使得黄河水变得浑浊，降低了水体的透明度，影响了水生植物的光合作用，进而影响整个水生生态系统的平衡。此外，细泥沙在河道中的淤积还会对水利工程设施产生影响，如附着在水轮机叶片上，降低水轮机的效率，增加维修成本等。

（四）少沙区（河口镇以上、渭河南山支流、伊洛河和沁河）

在黄河泥沙来源的复杂拼图中，河口镇以上、渭河南山支流、伊洛河和沁河所在区域构成了少沙区，尽管其产沙量相对较少，但在黄河整体泥沙体系以及流域生态格局中仍有着独特的地位和不可忽视的作用，它们各自凭借不同的地理、地质和生态特征，展现出与多沙区截然不同的泥沙产生与输移模式。

河口镇以上区域处于黄河上游，这里地域辽阔，包含了高山、草原、湿地等多种地貌类型。其水源补给主要依赖于高山冰雪融水和部分降水。高山地区的冰川和积雪在气温升高时缓慢融化，这些水流清澈且含沙量极低。例如，在黄河源区的一些冰川湖泊周边，湖水清澈见底，流出的溪流在初始阶段几乎不含泥沙。该区域的植被覆盖情况相对较好，特别是在草原和湿地地带，茂密的植被如同绿色的屏障，有效地固定了土壤，减少了水土流失的可能性。虽然在局部地区也会因降水和风力作用产生少量泥沙，但与黄河中下游的多沙区相比，其数量微乎其微。而且，由于地势较高且河道坡度较大，水流速度较快，即使有少量泥沙产生，也能够被迅速带走，难以在河道中大量淤积，从而使得这一区域向黄河输入的泥沙量极为有限。

渭河南山支流所在区域的地质条件和生态环境对泥沙产生有着重要的限制作用。这里多山地丘陵，岩石构成以较为坚硬的花岗岩、石灰岩等为主，土壤层相对较薄。与黄土高原的疏松黄土不同，这种地质结构使得土壤不易被侵蚀。南山支流的降水分布相对较为均匀，且多以小雨、中雨形式出现，降水强度较小，难以形成强大的地表径流对土壤进行大规模冲刷。同时，该区域植被丰富，森林覆盖率较高。大部分雨水会被植被截留，然后缓慢地渗入地下，仅有少量形成地表径流，且在流经植被覆盖的地表时，所携带的泥沙量极少。例如，秦岭山脉中的一些溪流，它们清澈见底，即使在雨季，河水的浑浊度也很低，流入渭河后，对渭河的泥沙贡献非常小，进而对黄河的整体泥沙量影响也不大。

伊洛河流域地势起伏较大，上游多山地，下游逐渐过渡为平原。其水源补给较为多元，包括降水、地下水和部分山区的小支流汇聚。该流域的植被状况良好，森林和草地广泛分布，在水土保持方面发挥着积极作用。降水在该区域的侵蚀作用相对较弱，因为植被能够有效地缓冲雨滴对地表的击溅，并减缓地表径流的速度。即使在汛期，伊洛河的含沙量也相对较低，所携带的泥沙多为一些细小的颗粒，且总量有限。沁河则发源于太行山，流域内同样有着较好的植被覆盖，而且河流在流经过程中，河道相对稳定，水流平稳，没有大规模的水土流失现象发生。沁河的水质较为清澈，其输入黄河的泥沙量在黄河泥沙总量中所占比例极小。这两条河流在黄河流域的生态系统中，更多地扮演着清水补给的角色，它们为黄河下游带来了相对清洁的水源，有助于稀释黄河的泥沙浓度，在一定程度上改善了黄河下游的水质和生态环境。

二、黄河泥沙的输移过程

（一）黄河泥沙的源头

黄河泥沙的源头地区，主要是中游的黄土高原，这里的泥沙输移起始于降雨对地表的侵蚀作用。黄土高原土质疏松，孔隙大且垂直节理发育，在降水尤其是集中性的暴雨作用下，雨滴的击溅力使土壤颗粒迅速分离，形成坡面径流。这些坡面径流携带着泥沙开始向地势较低处流动，最初的含沙量相对较低，但随着径流的汇聚和流程的增加，含沙量逐渐上升。众多细小的坡面径流逐渐汇集到各级沟道中，沟道水流由于流量和流速的增大，其挟沙能力也显著增强。泥沙呈现出不同的运动形式，细小的颗粒如粉砂和黏土能够在水流中长时间悬浮，形成悬移质，它们随着水流可以被搬运较长的距离；而相对较大的颗粒如砂粒等则主要以推移质的形式在河底滚动、跳跃前进。

（二）携带泥沙的支流汇入黄河干流

当携带泥沙的支流汇入黄河干流后，泥沙的输移进入了一个更为复杂的阶段。黄河干流河道形态多变，在不同的河段具有不同的水流特性。在峡谷河段，如河口镇至龙门区间以及潼关至小浪底区间，河道狭窄，水流湍急，水的势能转化为强大的动能，使得水流具有较高的挟沙能力，能够将大量泥沙快速向下游输移。然而，在一些宽浅河段，如龙门至潼关河段，水流速度相对减缓，泥沙输移过程变得复杂多变。由于流速降低，水流的挟沙能力下降，部分泥沙开始沉积在河床，导致河床逐渐抬高，河道形态也随之发生改变，变得宽浅散乱。但这种沉积并不是永久性的，在汛期，当上游来水来沙量大幅增加时，水流动力增强，又会将前期淤积的泥沙重新冲刷起来，继续向下游搬运，形成了泥沙的"冲淤交替"现象。

（三）黄河下游的泥沙输移

由于大量泥沙的持续输入，而下游河道地势平坦，水流速度逐渐减缓，泥沙淤积现象极为严重。河床逐年抬高，形成了举世闻名的"地上悬河"。在下游河道中，泥沙的输移和淤积受到多种因素的综合影响。一方面，水流的流量和流速决定了其挟沙能力，当流量较大、流速较快时，如汛期洪水期间，能够将更多的泥沙向下游输送；另一方面，河道的边界条件，如河道的宽窄、深浅、弯曲程度等也会影响泥沙的运动轨迹和沉积分布。例如，在河道弯曲处，由于水流的离心力作用，凹岸受到冲刷，泥沙被搬运到凸岸淤积，导致河道不断发生横向变形。

（四）黄河河口的泥沙输移

在黄河的河口地区，泥沙输移与海洋动力相互作用，呈现出独特的过程。当黄河携带泥沙注入渤海时，首先会受到海水的顶托作用，这使得水流速度迅速降低，泥沙大量沉积在河口附近，逐渐形成河口三角洲。河口三角洲的形成和发展是黄河泥沙输移的一个重要结果，它不仅改变了河口地区的地貌形态，还对当地的生态环境、经济发展等产生了深远影响。同时，海洋中的潮汐、海浪等动力因素也会对黄河泥沙的输移产生作用。潮汐的涨落会使河口地区的水位和水流速度发生周期性变化，在涨潮时，海水携带泥沙向河口内涌进，而在落潮时，部分泥沙又会被带回海中；海浪的冲刷和搬运作用则会使河口附近的泥沙在一定范围内重新分布，一些泥沙可能被搬运到更远的海域，而另一些则可能被卷回河口重新沉积。

第二节　流域泥沙分布特征与变化规律

一、流域泥沙分布特征

（一）黄河泥沙的地区分布

黄河泥沙在流域内呈现出显著的地区分布差异，这种差异深刻影响着黄河的水沙特性以及河道的演变和治理策略。河口镇以上的黄河上游区域，水量颇为丰富，约占全河水量的54%左右，然而沙量相对较少，仅占9%。这一区域地势较高，多山脉和高原，水源补给主要源于高山冰雪融水和降水。其河道相对较为清澈，河水在流淌过程中对河床和河岸的侵蚀作用有限，所携带的泥沙量较少。例如，在青海、甘肃等地的上游河段，河流穿梭于高山峡谷之间，水流虽急，但因周边地质条件相对稳定，植被覆盖度在部分地区尚可，能够起到一定的固土作用，使得泥沙产生量较低。而三门峡以下的黄河下游河段，水量大幅减少，约占10%，沙量更是稀少，仅占2%。这是由于下游河道地势平缓，河水含沙量逐渐降低。

河口镇至龙门河段以及龙门至潼关河段则呈现出截然不同的特征，水少沙多。河口镇至龙门河段水量仅占14%，但沙量却高达55%。该河段流经黄土高原的核心区域，这里是黄河泥沙的主要策源地。黄土高原广袤无垠，土质极为疏松，加之降水集中且多暴雨，在雨滴的击溅和地表径流的冲刷下，大量泥沙被卷入河流。龙门至潼关河段水量占21%，沙量占34%，同样深受黄土高原泥沙的影响。每逢暴雨季节，黄河水瞬间变得浑浊不堪，携带着数以亿吨计的泥沙奔腾而下，使得黄河成为世界上含沙量最高的河流之一。

从中游地区的黄土分布来看，其分布范围广泛且泥沙粗细分布具有明显的分带性。在西北地区，泥沙颗粒较粗，而东南地区的泥沙则相对较细。这种差异与地质地貌、气候条件以及土壤侵蚀方式等因素密切相关。粒径大于0.05mm的粗泥沙在各水文测站的占比也有所不同，河口镇为20%，吴堡为37%，龙门为32%，渭河为23%。其中，黄河的粗泥沙对河道的淤积危害极大，而其总量中约有74%来自河口镇至龙门河段。进一步细分，黄河粗泥沙主要源自两个特定区域：一是皇甫川到秃尾河间各条支流的中下游地区，这里的粗泥沙模数高达10000t/（km·a），表明单位面积内产生的粗泥沙量极为可观。该地区的地质构造和土壤特性使得在水流侵蚀作用下，粗泥沙更容易被剥离和搬运。二是无定河中下游地区及广义的白宇山河源区，包括无定河、清涧河、延水、北洛河及泾河支流马莲河的河源地区，其粗泥沙模数分别为 6000-8000t/（km·a）和 6000t/（km·a）左右。这些区域的生态环境较为脆弱，植被覆盖不足，大量粗泥沙源源不断地汇入黄河。

从泥沙来源的整体格局来看，约有 3/4 的泥沙以及粗泥沙来自中下游的 10 万-11 万 km^2 的黄土丘陵沟壑区，约有 1/2 来自其中的 4 万-5 万 km^2，这充分体现了泥沙来源地区集中的显著特点。基于此，可将黄河泥沙来源分为三大区：一是多沙粗泥沙来源区，即河口镇至龙门区间、马莲河和北洛河。这一区域的粗泥沙产量高，对黄河下游河道的淤积作用强烈，是治理黄河泥沙问题的重点关注区域。二是多沙细泥沙来源区，涵盖除马莲河以外的泾河干支流、渭河上游、汾河。这些地区的泥沙虽然相对较细，但总量依然不容小觑，它们在黄河泥沙组成中也占有重要地位，对河道的影响更多体现在长期的淤积和河床抬升过程中。三是少沙区，包括河口镇以上、渭河南山支流、伊洛河和沁河。这些区域的泥沙产生量较少，对黄河整体的沙量贡献相对较小，但在局部地区仍可能对水生态环境产生一定影响，并且在黄河泥沙治理过程中可作为相对稳定的对比区域或生态保护的重点区域，以维持黄河流域整体生态的平衡与稳定①。

（二）泥沙的时间分布

黄河泥沙在时间维度上展现出极为显著的不均匀性，无论是年际之间的巨大差异，还是往年内各时段的集中程度，均呈现出独特的规律与特征，这些特点深刻反映了黄河流域复杂的自然环境条件以及水沙相互作用的动态过程。黄河泥沙具有丰、枯相间的周期性变化趋势，丰、枯水时段和丰、枯水年交替出现，呈现出明显的波动性。

在往年内的分配方面，黄河泥沙的不均匀性同样表现得淋漓尽致。水沙量主要集中在汛期（7-10 月），这一时期成为黄河泥沙输移的关键时段。汛期水量通常占年水量的 60% 左右，而汛期沙量的集中程度更为突出，占年沙量的 85% 以上，并且往往集中于几场暴雨洪水。以干流三门峡站为例，洪水期最大 5d 沙量占年沙量的 31%，而水量仅占 4.4%，这意味着在极短的时间内，大量的泥沙被迅速输送，形成了高浓度的含沙水流。支流的沙量集中程度相较于干流有过之而无不及，无定河川口站最大 5d 沙量占年沙量的 42%，窟野河温家川站更是高达 75%。这种高度集中的泥沙输移现象使得黄河在汛期常常出现浓度很大的高含沙量洪水。高含沙量洪水不仅对黄河河道冲淤变化产生了巨大影响，塑造了独特的河道地貌，如河床的淤积抬高、河道的游荡摆动等，而且对黄河流域的水利工程设施、生态环境以及人类的防洪减灾等工作都带来了极为严峻的挑战。例如，高含沙量洪水对水库的淤积作用会降低水库的库容和使用寿命，对河道堤防的冲刷可能导致堤防决口等灾害，对水生生物的生存环境也会造成严重破坏，改变了河流的生态平衡。

（三）洪峰与沙峰的差异性分布

黄河流域不同地区的自然地理条件存在着极大的差异，尤其是植被覆盖状况与水土流失程度，这些差异在洪峰与沙峰的形成与分布过程中扮演着极为关键的角色，造就了二者之间复杂多样的差异性分布特征。黄河中游地区是泥沙的主要来源地，这里支流众多且流域面积大小不一，情况各异。在流域面积不大的支流区域，由于其空间范围相对有限，局

---

① 尹作堂. 黄河流域土壤水蚀时空分异特征及驱动因素分析 [D]. 山东师范大学，2024.

部的自然因素对水沙关系的影响更为显著，常常会出现洪峰与沙峰不同步的奇特现象。例如，一些支流所处的区域可能植被稀少，水土流失极为严重，当遭遇暴雨侵袭时，即使降雨量并非特别巨大，也会因为地表缺乏植被的有效保护，大量泥沙瞬间被冲入河流，从而形成沙峰大而洪峰相对较小的情况。相反，若某一支流所在区域的土壤质地相对紧实，抗侵蚀能力较强，或者前期的降水已经使土壤含水量较高，在一次较大规模的暴雨作用下，可能会先形成较大的洪峰，而泥沙的产生与输移相对滞后或量较少，导致洪峰大、沙峰小的现象出现。这种洪峰与沙峰的不同步性反映了小流域内水沙产生机制的复杂性与敏感性，局部的地形地貌、土壤特性以及植被覆盖的微小变化都可能对二者的关系产生决定性的影响。

由于其控制的流域范围广阔，来水来沙在经过较长河段的流动过程中，会经历一系列的沿程调整作用。不同支流的来水来沙相互混合、补充与调节。例如，当某一支流出现沙峰大、洪峰小的情况时，其输出的高含沙水流在与其他支流的水流汇聚后，可能会被稀释或被其他洪峰较大的水流携带，从而使得整个流域的水沙关系逐渐趋于平衡与同步。同样，若某一支流产生了洪峰大、沙峰小的水流，在长距离的流动过程中，也会有机会裹挟沿途的泥沙，使沙峰逐渐增大，最终实现洪峰与沙峰在一定程度上的大小同步。这种沿程调整作用是大流域水沙系统自我平衡与协调的一种表现，它使得大流域的水沙过程相对更为稳定与可预测，但同时也增加了对其进行精确模拟与调控的难度。

每年汛前，黄河流域往往经历了一段较为干旱的时期，长时间的少雨使得地表物质变得疏松干燥，土壤颗粒之间的黏结力减弱，一旦汛期来临，最初的几场降水尤其是暴雨，极易将地表的松散土壤冲走，大量泥沙随之进入河流，导致这一时期的洪水含沙量较大。例如，在每年6月底至7月初的初次暴雨后，黄河支流的河水常常会迅速变得浑浊不堪，含沙量显著升高。随着汛期的推进，后续的降水虽然仍会带来一定量的泥沙，但由于前期地表已经被冲刷过一部分，土壤的可侵蚀性降低，同时河流中的水流也在一定程度上对河床进行了冲刷与调整，使得继之而来的洪水含沙量逐渐减小。一般而言，7-8月期间，由于降水较为集中且前期土壤冲刷尚未完成，洪水含沙量相对较大，而到了9-10月，随着流域内土壤条件的变化以及降水强度与频率的降低，洪水含沙量也随之变小。

不同时间相同流量的含沙量变幅很大，一般能够达到10倍左右。这主要是因为在不同的时期，黄河流域的水沙来源与输移条件存在着巨大差异。在丰水期且前期土壤侵蚀严重时，相同流量下的含沙量可能会非常高；而在枯水期或者经过了长时间的水土治理后，即使流量相同，含沙量也会显著降低。例如，在实施了大规模植树造林与水土保持工程的区域，当河流流量与以往未治理时相近时，其含沙量可能仅为过去的十分之一。这种含沙量变幅大的特点进一步说明了黄河水沙关系的复杂性与动态性，也为黄河的水资源管理、防洪减灾以及泥沙治理等工作带来了巨大的挑战与不确定性。

二、黄河流域泥沙变化规律

（一）泥沙粒径变化规律

黄河流域泥沙粒径的变化呈现出复杂且多维度的规律，这一规律不仅与流域的地质地貌条件紧密相连，还受到水流动力、人类活动等多种因素的综合影响。黄河泥沙粒径在空间分布上具有显著的差异和分带性特征。从源头至下游，不同河段的泥沙粒径呈现出规律性的变化。在黄河上游，如青海、甘肃等地的河源段，泥沙粒径相对较细。这主要是因为该区域的河流多流经高山峡谷，地表物质以岩石风化物为主，且水流较为清澈，搬运能力相对较弱，所携带的泥沙颗粒较小。例如，黄河在青海境内的部分河段，泥沙的中值粒径多在 0.02~0.05 毫米之间。

随着黄河流经中游的黄土高原地区，泥沙粒径发生了明显的变化。黄土高原广袤的黄土覆盖层成为泥沙的主要来源地，由于黄土的土质疏松，易于被侵蚀，加之该地区降雨集中且多暴雨，强大的水流冲刷作用使得大量泥沙被带入黄河。这一区域的泥沙粒径明显增大，尤其是在一些主要支流，如皇甫川、窟野河、无定河等流域，泥沙粒径粗化现象更为突出。其中，窟野河的泥沙中值粒径可达 0.1-0.5 毫米，甚至更粗。这些粗泥沙颗粒在水流的搬运下，使得黄河在中游河段的含沙量急剧上升，成为黄河泥沙的主要贡献区域。从河口镇至龙门河段，随着众多支流泥沙的汇入，泥沙粒径呈现出逐渐变粗的趋势，这一河段的泥沙特性对黄河下游河道的淤积和演变产生了极为关键的影响。而到了黄河下游地区，由于河道地势趋于平缓，泥沙逐渐淤积。在淤积过程中，较粗的泥沙颗粒首先沉降，而相对较细的泥沙则会被搬运至更远的下游。因此，黄河下游的泥沙粒径总体上呈现出沿程变细的趋势。在一些特殊的洪水时期，当上游来沙量过大且水流动力较强时，仍可能会有较大粒径的泥沙被输送至下游地区，对下游河道的行洪安全和河床演变造成复杂的影响。

黄河泥沙粒径也并非一成不变。在不同的季节和年际变化中，泥沙粒径会因水流条件和泥沙来源的变化而有所波动。在汛期，由于降雨强度大，坡面侵蚀和沟道冲刷作用强烈，大量新的泥沙被卷入河流，此时黄河的泥沙粒径相对较粗。而在非汛期，河流主要以基流为主，水流较为平稳，所携带的泥沙多为前期淤积在河道中的细颗粒物质。在降水较为充沛、水土流失严重的年份，黄河的泥沙粒径会明显变粗，反之则可能相对变细。例如，在连续干旱的年份，由于地表侵蚀减弱，黄河的泥沙粒径和含沙量都会有所降低。

人类活动对黄河流域泥沙粒径的变化也产生了不可忽视的影响。近几十年来，黄土高原地区大规模开展了水土保持工作，包括植树造林、修建梯田、淤地坝建设等措施。这些措施有效地减少了坡面和沟道的水土流失，使得进入黄河的泥沙量显著减少，同时泥沙粒径也逐渐变细。例如，一些小流域经过综合治理后，河流中的粗泥沙含量明显降低，细泥沙的比例相对增加。此外，水利工程的建设也对泥沙粒径产生了一定的调节作用。大型水库的蓄水拦沙功能，使得粗泥沙在水库内淤积，出库水流中的泥沙粒径变细。但在水库泄洪排沙时，又可能会将部分粗泥沙排出，导致下游河道泥沙粒径出现短期的变化。黄河流域泥沙粒径的变化规律是多种自然和人为因素相互交织、共同作用的结果。深入研究这一变化规律，对于黄河的治理开发、防洪减淤以及生态保护等工作具有极为重要的意义，能够为科学合理地制定相关政策和工程措施提供坚实的理论依据。

（二）特殊泥沙运动现象

黄河流域存在着一些特殊的泥沙运动现象，这些现象独特而复杂，对黄河的河道演变、防洪工程以及水资源利用等方面都产生着深刻的影响，其中"揭河底"现象尤为引人注目。

1. "揭河底"现象

当特定条件的高含沙洪峰通过时,这一区域的河床会在短时间内遭受极为剧烈的冲刷作用。原本淤积在河底的泥沙,并非以常规的分散颗粒形式被水流逐渐带走,而是成块、成片地像卷起地毯一样被水流掀起,然后在强大水流的冲击下迅速冲散并被搬运走。河床在几小时至几十小时内能够被冲深数米甚至十几米。这种现象的发生需要满足一系列严格的条件。首先,洪峰的含沙量必须达到一个较高的水平,一般来说,含沙量需要超过每立方米数百千克甚至更高。高含沙量使得水流的密度增大,从而具备了更强的冲刷和挟带能力。其次,水流的流速和流量也需要达到一定的阈值。只有当流速足够快、流量足够大时,才能够产生足以掀起河底淤积物的强大动力。例如,在龙门水文站观测到的发生"揭河底"现象的洪峰,其流速往往超过每秒 2-3 米,流量也处于较大的量级。

在洪峰来临之际,随着水流的不断增强,河底的泥沙开始出现松动迹象。随后,大片的泥沙块逐渐被水流抬起,起初可能是局部的小面积泥沙块被掀起,随着水流动力的持续增加,越来越多、越来越大的泥沙块被卷入水流之中。这些被掀起的泥沙块在水流中翻滚、碰撞,不仅对河床本身造成了严重的冲刷和破坏,使得河床形态在短时间内发生巨大改变,而且对河道中的水利工程设施,如桥梁桥墩、河岸防护堤等构成了极大的威胁。曾经在一些"揭河底"事件发生后,河岸防护堤出现局部坍塌,桥梁基础受到严重冲刷,对周边地区的防洪安全和交通基础设施带来了巨大的挑战。

从形成机制来看,"揭河底"现象是水流动力与河床泥沙相互作用的结果。黄河小北干流及渭河河段的河床泥沙组成较为特殊,多为淤积多年黏性泥沙,这些泥沙在长期的沉积过程中形成了相对稳定的结构。当高含沙洪峰通过时,水流的强大剪切作用于河底泥沙,由于高含沙水流的黏性和密度特性,使得水流能够对河底泥沙施加更大的拖拽力。当这种拖拽力超过了泥沙颗粒之间的黏结力以及河床的抗冲能力时,泥沙块就会被整体掀起。同时,水流中的漩涡和紊动也在这一过程中起到了重要的辅助作用,它们加剧了对泥沙块的扰动和冲刷,促进了"揭河底"现象的发生和发展。

2. "浆河"等特殊泥沙运动现象

"浆河"现象通常出现在黄河支流的一些沟道中,当洪水携带大量泥沙时,由于泥沙含量过高,水流的黏性增大,导致泥沙的沉降速度加快。在某些河段,泥沙会在短时间内大量淤积,使得河道内的水流变得像泥浆一样缓慢流动甚至停滞,形成所谓的"浆河"。这种现象会导致河道的行洪能力急剧下降,容易引发洪水漫溢等灾害,对周边地区的生命财产安全造成严重威胁。

黄河流域的这些特殊泥沙运动现象是黄河泥沙运动复杂性的重要体现。深入研究这些现象的发生条件、形成机制和演变规律,对于提高黄河流域的防洪减灾能力、保障水利工程安全运行以及合理开发利用黄河水资源具有至关重要的意义。通过建立完善的监测系统、开展数值模拟研究和物理模型试验等手段,科学家们不断努力探索这些特殊泥沙运动现象的奥秘,以期为黄河的科学治理和可持续发展提供更加精准的决策依据。

第三节 水沙关系对河道形态的影响

一、黄河水沙关系概述

黄河的水主要来源于大气降水以及高山冰雪融水。上游地区，如青海、甘肃等地，河流发源于青藏高原，水源补给以高山冰雪融水和部分降水为主。这里的水流在源头段相对清澈，水量较为稳定，但随着流域面积的逐渐扩大，沿途接纳了众多支流的汇入，水量逐步增加。中游地区，流经黄土高原，降水成为主要的水源补给形式。这一区域的降水特点是集中在夏季，且多暴雨，降水强度大，短时间内大量降水汇入黄河，使得黄河水量在汛期迅速上升，而非汛期则水量相对减少，年际间水量变化幅度较大。

黄河的沙主要源于中游的黄土高原。这片广袤的区域覆盖着深厚的黄土层，其土质疏松，抗侵蚀能力弱。据统计，黄河泥沙量的约90%来自中游地区。其中，一些支流如皇甫川、窟野河、无定河等，由于流域内水土流失严重，成为黄河泥沙的重要来源支流。这些支流的泥沙颗粒大小不一，既有较细的粉沙，也有粗颗粒的沙砾，粗泥沙在黄河下游河道淤积等问题中扮演着关键角色。

在丰水丰沙年，如遇到降水充沛且强度大的年份，黄河的水量和沙量都会大幅增加。例如历史上的一些特大洪水年份，黄河的径流量和输沙量都达到了极高的数值。而在枯水枯沙年，降水稀少，黄河水量锐减，泥沙量也随之降低。年内变化方面，黄河水沙集中于汛期。每年的7-10月，夏季风带来大量降水，大量泥沙随着洪水进入黄河。这期间的沙量往往能占到全年沙量的80%以上，而水量也在汛期占据了全年水量的较大比例。但汛期的水沙搭配并非均匀，往往几场暴雨洪水就决定了全年大部分的沙量，这种集中性使得黄河水沙关系在汛期极为复杂且不稳定。

从空间分布而言，黄河河口镇以上河段，由于流经区域植被相对较好，水土流失较轻，水量相对较丰沛，但沙量较少，水沙关系呈现水多沙少的特点。河口镇至龙门河段以及龙门至潼关河段，地处黄土高原核心区域，泥沙大量汇入，水量虽有一定增加但相对有限，水沙关系表现为水少沙多。特别是在一些粗泥沙集中来源区，如皇甫川到秃尾河之间的区域，泥沙的汇入对黄河下游河道的淤积和形态塑造产生了极为关键的影响。

近年来，在黄土高原地区广泛开展的水土保持工作，如植树造林、修建梯田、淤地坝建设等，有效地减少了泥沙的入河量。众多小流域经过综合治理后，水土流失得到明显遏制，黄河的输沙量呈现出下降趋势。同时，黄河干支流上修建的一系列水利工程，如刘家峡、小浪底等水库，对黄河的水沙过程进行了人为调控。水库在蓄水期间拦截泥沙，改变了天然的水沙搭配比例，在泄洪排沙时又能按照一定的调度方案调节水沙出库，以达到冲刷下游河道、减轻淤积等目的。然而，人类活动的干预也使得黄河水沙关系变得更加复杂多样，需要不断深入研究和科学管理，以实现黄河的长治久安和流域的可持续发展。

二、水沙协调对黄河河道形态的影响

水沙协调是维持黄河河道健康稳定形态的关键因素，对黄河的整个生态系统和周边人类社会经济活动有着深远且多维度的影响。

(一) 河道输沙方面表现出良好的特性

适度的水流速度与含沙量相匹配，使得泥沙能够以一种相对稳定且有序的方式在河道内输移。例如，在水流动力足够但不过于强劲的情况下，泥沙颗粒能够随着水流顺利前行，不会在局部河段产生大量淤积。这种稳定的输沙过程有助于保持河道纵剖面的相对均衡。河道不会因为泥沙过度堆积而出现急剧的河床抬升或凹陷，其比降能够维持在一个较为合理的范围内，从而保障了水流的顺畅通行，使得河流在较长时间内能够保持一定的行洪能力，减少洪水泛滥的风险。

从河道的横断面来看，水沙协调有利于塑造和维持自然合理的形态。在水沙平衡的条件下，河岸的侵蚀与淤积处于动态平衡之中。一方面，水流不会因含沙量过低而过度冲刷河岸，导致河岸崩塌后退；另一方面，也不会因泥沙过多而在岸边大量淤积，使河道变窄变浅。河漫滩作为黄河河道生态系统的重要组成部分，在水沙协调时能够正常发育。合适的水沙条件促进了主槽与河漫滩之间的物质交换，洪水期带来的泥沙在河漫滩上沉积，丰富了河漫滩的土壤肥力，为植被生长提供了良好基础。而植被的根系又反过来加固河岸和河漫滩，进一步稳定了河道形态。河漫滩上丰富的植被还为众多生物提供了栖息地和食物来源，促进了生物多样性的发展，使得黄河河道生态系统呈现出繁荣稳定的景象。

(二) 水沙协调对黄河下游的"地上悬河"问题也有着积极的缓解作用

在长期水沙协调的过程中，下游河道的淤积速度会显著减缓。虽然黄河下游由于历史原因已经形成了高悬的河床，但通过持续维持水沙协调，可以避免河床进一步快速抬高。例如，通过合理的水沙调控措施，让上游来沙能够在一定程度上被水流搬运至更广阔的海域，减少在下游河道的沉积，从而降低了堤防决口等洪水灾害的风险，保障了黄河下游广大地区人民的生命财产安全和社会经济的稳定发展。

(三) 水沙协调下的黄河河道形态更有利于水资源的合理利用

稳定的河道形态和水流条件使得黄河水能够被有效地用于灌溉、工业用水以及城市供水等方面。例如，在河道形态稳定的河段，引水工程能够更加安全可靠地运行，不会因为河道的频繁变动而遭受破坏或影响引水效率。同时，良好的河道生态环境也有助于水质的净化和保护，使得黄河水资源在满足人类需求的同时，能够维持一定的生态需水要求，促进整个流域的可持续发展。

三、水沙失调-泥沙淤积对黄河河道形态的影响

(一) 泥沙淤积导致黄河河床的显著抬高

由于黄河中游水土流失严重，大量泥沙随水流进入河道，而当水流输沙能力不足以搬运这些泥沙时，泥沙便在河道内逐渐沉积。特别是在黄河下游，这种淤积现象最为突出，经过长期积累，形成了举世闻名的"地上悬河"。例如，在开封段，河床已高出地面数米甚至十几米。河床的抬高极大地改变了河道的纵剖面形态，原本较为合理的河道比降逐渐变缓。这使得水流速度进一步降低，因为根据水力学原理，流速与比降密切相关，比降减小，水流动力减弱，进而导致泥沙淤积的速度加快。黄河下游的防洪压力陡然增大，为了防止洪水泛滥，人们不得不修筑高大的堤防来约束河水。然而，堤防的存在又进一步限制

了河道的自然摆动和泥沙的扩散,使得泥沙更多地在堤内淤积,河床继续抬升。

(二)泥沙淤积使河道不断拓宽变浅

大量泥沙在河底堆积,使得河床高程上升,为了容纳相同流量的河水,河道必然要向两侧扩展。许多原本的河漫滩被泥沙淹没,逐渐成为主槽的一部分,河漫滩的生态功能遭到严重破坏。同时,由于河道变浅,水流分散,在洪水期容易出现漫滩现象,进一步加剧了河道周边地区的洪涝灾害风险。而且,随着河道的拓宽,水流的流速分布也发生变化,靠近岸边的流速减小,更容易导致泥沙的二次淤积,使得河道形态变得更加复杂和不稳定。

(三)泥沙淤积对黄河河口地区产生深远影响

由于泥沙在河口大量堆积,河口不断向海洋延伸。一方面,这改变了河口地区的地貌形态,原本的海洋生态环境逐渐被陆地生态环境所取代,许多海洋生物的栖息地被破坏。另一方面,河口的延伸使得河道的比降进一步减小,溯源淤积现象加剧,影响到整个黄河下游的水沙运动和河道演变。例如,黄河三角洲的快速增长就是泥沙淤积的结果,但这种增长如果得不到合理控制,将会对沿海地区的港口建设、海洋渔业、湿地生态等诸多方面产生不利影响。

(四)泥沙淤积对黄河流域的水利工程设施造成巨大威胁

众多桥梁、涵闸、泵站等工程建在黄河河道上或周边,随着河床的抬高和河道形态的改变,这些工程面临着被泥沙掩埋、基础淘空等风险。例如,一些桥梁的桥墩由于河床淤积导致相对高度降低,在洪水期受到更大的冲击力,其稳定性受到严重考验;涵闸和泵站的进出口也容易被泥沙堵塞,影响其正常的引水、排水和防洪功能,从而降低了水利工程设施的效益,增加了维护成本和难度,制约了黄河流域水资源的合理开发和利用以及经济社会的可持续发展。

第四节 水沙调控的实践与展望

一、黄河水沙调控的实践

(一)黄河水沙调控面临的主要问题

1. 黄河上游河道淤积萎缩与新"悬河"问题

黄河上游宁蒙河段独特的地理构成,包括峡谷河段与平原河段,其中巴彦高勒至头道拐的内蒙古河段作为典型的平原冲积性河段,在黄河水沙体系中扮演着极为关键的角色。自20世纪80年代起,这一河段的主要冲积区域面临着严峻的淤积萎缩状况。原本相对稳定的河床生态逐渐失衡,河床平均高出背河地面4至6米,这种高度差的形成使得内蒙古河段主槽的过流能力大打折扣。在这样的背景下,先后出现了6次凌汛决口以及1次汛期决口事件,给当地的防凌防洪工作带来了前所未有的巨大压力,其形势可谓万分危急。

为了有效缓解黄河流域日益尖锐的水资源供需矛盾,一系列大型控制性水库在黄河上游拔地而起,如龙羊峡水库于1986年汛后开始下闸蓄水,刘家峡水库更是早在1968年汛后便已投入运行。这些水库的建成与使用,从根本上改变了黄河上游的水沙运动轨迹。它们通过蓄丰补枯的运作模式,在调节水资源时间分配的同时,也深刻影响了水沙的年内分布格局。其中,最为显著的变化便是汛期有利于输沙的大流量过程急剧减少。以黄河上游兰州断面为例,在 1968 年刘家峡水库蓄水运用之前,其汛期与非汛期水量比呈现 6:4 的状态,这意味着汛期有着较为充沛的水量来推动泥沙的输移。然而,到了 1986 年龙羊峡水库蓄水运用之后,这一比例倒置为 4:6,汛期水量大幅下降。进一步分析流量过程数据可知,兰州断面年均大流量过程(大于 2000 立方米/秒)的天数发生了惊人的变化。在 1985 年之前,平均每年有 29.5 天处于大流量过程之中,这为泥沙的顺利输送提供了有力保障。但随着水库群的相继运行,1986—1999 年期间,大流量过程天数锐减至 3.7 天,而到了 2000—2017 年,兰州断面几乎难以再出现大流量过程。

进入宁蒙河段的大流量过程的减少,直接导致水流输沙动力严重不足。由于缺乏足够的水流能量来搬运泥沙,内蒙古河段的淤积问题愈发严重,河道逐渐萎缩。从内蒙古河段泥沙冲淤过程的详细数据及图表分析中可以清晰地看到这一演变趋势。在 1986 年龙羊峡水库下闸蓄水之前,内蒙古河段总体能够维持冲淤平衡的状态,这得益于当时相对合理的水沙搭配以及自然的水流动力条件。但自 1987 年起,情况急转直下,该河段开始持续淤积萎缩。据统计,在 1987—2020 年的漫长时间段内,黄河内蒙古河段累计淤积泥沙量高达约 1.75×10^9 吨,年均淤积量约为 0.51×10^8 吨。如此庞大的淤积量,不可避免地对河道形态和行洪能力产生了深远影响。与之紧密相关的是三湖河口断面的平滩流量变化,从 1986 年的 4400 立方米/秒一路下滑至 2020 年的 1600 立方米/秒。平滩流量的大幅降低意味着河道在相同水位下能够通过的水量显著减少,进一步加剧了洪水泛滥的风险,同时也使得河道的生态功能遭到严重破坏。这一系列连锁反应不仅对黄河上游地区的生态环境、水利设施以及沿岸居民的生命财产安全构成了严重威胁,也为整个黄河流域的水沙调控工作带来了极为棘手的难题,迫切需要深入研究并制定科学合理的应对策略,以实现黄河上游河道的稳定与可持续发展。

2. 黄河下游滩区治理策略与高质量发展要求不适应

黄河下游独特的地理形态是长期泥沙淤积和堤防建设共同作用的结果,在两岸大堤之间形成了广袤的滩区,其面积达 3154 平方千米。这片滩区在黄河的生态与社会体系中具有双重重要意义。一方面,它是黄河应对洪水的天然缓冲带,当洪水汹涌而至时,滩区承担着行洪、滞洪以及沉沙的关键使命,是黄河防洪体系不可或缺的重要组成部分。另一方面,它也是近 190 万滩区百姓世世代代赖以生存和发展的家园,承载着丰富的农业生产、乡村生活以及地域文化传承等活动。

然而,当前黄河滩区治理策略在实施过程中遭遇重重困境,与黄河流域高质量发展的要求形成了鲜明的矛盾。在滩区治理的总体思路中,滩区百姓外迁安置被视为一项重要举措。但这一举措在实际推行时面临诸多阻碍,资金的短缺使得大规模的搬迁工程难以顺利开展,相关政策在具体落实过程中存在诸多细节问题尚未完善,而最为关键的是滩区百姓自身的意愿。许多百姓在滩区生活已久,对这片土地有着深厚的情感和依赖,同时对搬迁后的生活存在诸多顾虑,这些因素综合起来导致滩区百姓搬迁困难重重,使得他们长期处于黄河水患的阴影之下,生命财产安全时刻面临着威胁。

黄河下游河道防洪与滩区治理始终是黄河治理工作的重中之重，其中"宽河固堤"与"窄河固堤"两种治理策略的争议长期存在。这一争议的核心焦点集中在对未来进入黄河下游沙量的预测上。2013年国务院发布的《黄河流域综合规划》基于当时的研究和预估，提出到2030年水土保持措施年均可减少入黄泥沙约6×10^8-6.5×10^8吨，而入黄泥沙仍有9×10^8-1×10^9吨。以此为依据，确定了以"宽河固堤"为基本格局的下游河道治理策略，并计划逐步拆除生产堤以实现滩区治理目标。"宽河固堤"策略旨在通过拓宽河道、加固堤防来增强黄河下游的防洪能力，为洪水的宣泄提供更广阔的空间，同时利用滩区的沉沙作用减少河道淤积。

但随着研究的深入和对黄河水沙情况的进一步监测与分析，新的预测数据表明，未来50年潼关断面年均输沙量约为3×10^8吨，仅为《黄河流域综合规划》采用值的1/3。这一巨大的差异使得原本以"宽河固堤"为基本格局的治理策略与未来实际来沙量出现了严重的不匹配情况。如果继续按照原计划实施，可能会导致资源的浪费和治理效果的不理想。例如，过度拓宽的河道可能会占用大量的土地资源，而这些土地原本可以用于农业生产或其他经济发展用途；同时，加固堤防所需的大量人力、物力和财力投入可能会超出实际需求，增加不必要的财政负担。

拆除生产堤这一举措涉及到一系列复杂且亟待解决的问题，首先是滩区的安全建设必须到位，要确保在生产堤拆除后，滩区在洪水来临时能够有效地发挥蓄洪滞洪作用，同时保障滩区百姓的生命财产安全。这需要建设完善的防洪设施、预警系统以及应急救援机制等。其次，补偿政策的落实至关重要。生产堤拆除后，滩区百姓的生产生活将受到直接影响，如农田可能被淹没、农业设施可能被损坏等，因此需要合理的补偿措施来弥补他们的损失，保障他们的基本生活权益。最后，群众的安全意识和应对洪水的能力也需要进一步提高，需要通过广泛的宣传教育和培训来实现。

若滩区安全建设未能妥善解决，蓄洪滞洪效果不佳，那么滩区将频繁遭受洪水侵袭，滩区百姓的生活将陷入困境，农业生产无法正常开展，经济发展停滞不前。这将与黄河流域高质量发展所倡导的生态良好、经济繁荣、人民幸福的目标背道而驰，严重制约整个黄河流域的可持续发展进程。因此，重新审视和调整黄河下游滩区治理策略，使其与未来黄河水沙情况相适应，并充分满足黄河流域高质量发展的要求，已成为当前黄河治理工作中亟待解决的重要课题。

3. 黄土高原水土流失治理区域不均衡

（1）部分区域人工植被覆盖度过高，引发了土壤干旱化问题。植树造林作为黄土高原水土流失治理中植被恢复的核心手段，在半湿润、半干旱过渡带的黄土高原地区，其实施效果与土壤水分状况紧密相连。由于土壤水分是植被生长的直接且关键的水分来源，一旦人工植被覆盖度超出特定阈值，植被长期大量消耗土壤水分，而降水补给又难以满足其需求时，土壤环境干旱化以及大面积植被衰退现象便接踵而至。相关研究表明，黄土高原整体植被恢复潜力（覆盖度）大致为70%。至2020年，黄土高原植被覆盖度达65%，其中东南部的子午岭、黄龙山林区等区域植被覆盖度更是高达90%以上，已接近甚至超过该地区所能承载的最大恢复潜力。降水条件在黄土高原植被恢复过程中起着主导性的限制作用，这就要求植被恢复策略必须紧密结合当地降水实际，做到"因水制宜"。但当前实际情况却是，部分地区在植被恢复措施的制定与实施过程中，未能充分考量当地降水条件，在本应以封禁措施为主的区域盲目开展大规模植树造林活动，最终导致"年年种树不见树"以及"小老头树"等尴尬且低效的现象频繁出现，极大地浪费了人力、物力和财力资源，也未能有效实现预期的植被恢复与水土流失治理目标。

（2）现有黄土高原治理格局呈现出空间不均衡的态势，亟待进行优化调整。依据区域自然特征与侵蚀环境的差异，黄土高原被精准划分为黄土丘陵沟壑区、黄土高塬沟壑区、风沙区等九大类型区，不同区域因其独特的自然条件，适宜采用各异的水土流失治理措施。然而，目前黄土高原水土流失治理在目标设定及具体施行措施方面，明显缺乏分区分类的统筹规划与合理安排。例如，在一些适宜封禁恢复草灌植被的区域，却过度依赖植树造林，忽视了当地自然条件对植被类型的限制；在本应着重平衡人粮矛盾、合理规划梯田建设的地区，梯田化程度却严重不足，未能充分发挥梯田在改善农业生产条件与减少水土流失方面的双重作用；在那些需要重点开展拦沙减蚀工程的流域，淤地坝工程数量匮乏，无法有效拦截泥沙，减轻水土流失危害；而在城镇化率较高、土地利用方式已发生较大转变的地区，却仍大规模推行坡改梯工程，造成资源的不合理配置与浪费；甚至在一些生态环境已然趋好的流域，沟系布坝过密，不仅破坏了原有生态平衡，还可能引发新的生态问题。这种区域治理的不平衡状况，严重影响了黄土高原水土流失治理的整体效果与效率，不利于实现区域生态环境的可持续发展。

（3）"两山"理论转化的配套措施制度尚不完善，致使水土流失治理难以实现提质增效。多年来，黄土高原以小流域为单元的综合治理模式成效显著，有力地减少了入黄泥沙量，为黄河流域生态保护做出了巨大贡献。但与此同时，也暴露出一些不容忽视的问题，如与当地富民生态产业的结合不够紧密，未能充分发挥水土流失治理在促进农民增收、推动区域经济发展方面的潜力。山区放牧、退耕还林反弹现象时有发生，这不仅对已取得的水土保持成果构成威胁，也反映出当前治理模式在可持续性方面的薄弱环节。水土保持成果巩固任务艰巨，传统的以减缓水土流失和增加粮食供给能力为主要目标的治理模式，存在目标单一、与社会经济发展融合度不足等明显短板。水土流失治理对农民收入增长的贡献比例偏低，导致农民在这一过程中的获得感不强，难以充分调动广大农民参与水土流失治理的积极性与主动性。这一系列问题表明，当前的水土流失治理模式与黄河流域高质量发展的要求仍存在较大差距，迫切需要探索一条既能有效保护生态环境、实现"绿水青山"，又能充分带动经济发展、创造"金山银山"的高质量发展路径，以实现生态效益、经济效益与社会效益的有机统一。

（二）黄河水沙关键调控策略

1. 完善黄河水沙调控体系

在黄河水沙调控面临诸多严峻挑战的当下，构建并完善水沙调控体系成为新时期黄河治理的核心与首要策略。通过对水量、沙量及其过程的精准调控，确保黄河干流河道拥有基本的输水输沙通道规模与能力，这对于维持黄河的健康生命和流域的生态稳定、经济发展意义非凡。

控制性水库在黄河水沙调控体系中占据着关键地位，是实现调控目标的主要手段。然而，当前黄河水沙调控工程体系存在明显短板。在黄河上游，刘家峡水库至头道拐断面长达 1440 千米的河段内，缺乏一座能够有效衔接上下游、充分发挥调控枢纽作用的控制性水库。这一缺失使得该河段在水沙调节过程中难以形成连贯性和协同性的运作机制，无法对水沙过程进行精细化的管理与引导。与此同时，黄河中下游的重要水利枢纽——小浪底水库，到 2020 年汛末，其库区总淤积量已占据水库设计拦沙库容的 42.8%。随着淤积情况的不断加剧，小浪底水库面临着调水调沙动力严重不足的困境。这不仅影响其自身对黄河下游水沙关系的调节效能，更对黄河下游的防洪、生态和供水安全构成了潜在威胁。因此，进一步完善黄河水沙调控工程体系迫在眉睫。

（1）应大力加强黄河上游黑山峡河段治理工程的前期论证工作。黑山峡河段地处黄河上游甘肃与宁夏交界处，其独特的地理位置和地质条件赋予了其优越的建库潜力。在黑山峡河段建设一座控制性水利工程，能够与黄河上游已有的龙羊峡、刘家峡水库形成联合调水调沙的有机整体。通过科学合理的调度与协同运作，可以塑造出有利于宁蒙河段输沙的水沙过程。从数据和实际需求来看，这一举措有望将内蒙古河段平滩流量恢复并长期维持在 2000-2500 立方米/秒的理想范围。如此一来，宁蒙河段"悬河"的淤积萎缩速度将得到有效减缓，该河段的防洪防凌安全风险也会随之显著降低。更为重要的是，黑山峡水利工程的建设还能够为中游骨干水库的调水调沙以及有效库容的恢复提供强大的水流动力支持，从而实现黄河上中下游在水沙调控方面的有效联动与协同治理。尽管黑山峡河段治理工程的论证工作已经持续了数十年之久，但在工程功能定位、建设方案等关键的前期论证环节上进展相对缓慢。鉴于其对黄河整体治理的重要性以及与南水北调西线工程和黄河水沙调控体系的紧密关联性，建议相关部门整合各方资源，加大投入力度，结合当前黄河流域的新情况、新需求，加快推进黑山峡河段治理工程的前期论证工作，尽早确定科学合理、切实可行的工程方案。

（2）针对黄河中游的水沙调控需求，应优化古贤水利枢纽的开发目标与建设规模，并尽快启动工程建设。小浪底水库作为黄河中下游目前唯一能够进行水沙综合调节运用的水利枢纽，其库容资源极为珍贵，它犹如黄河下游防洪、生态和供水安全的"守护神"，直接关系到黄河下游广大地区人民的生命财产安全和生态环境的稳定。然而，随着时间的推移和泥沙的不断淤积，小浪底水库的拦沙库容正逐渐逼近极限。为了在小浪底水库拦沙库容淤满之前，确保黄河中游的水沙调控能力得以延续和加强，在黄河中游干流建设一座控制性水库显得尤为必要。规划中的黄河中游古贤水利枢纽工程恰好具备良好的建设条件，且已经历了近 70 年的论证过程。其设计的多年平均来沙量为 7.73×10^8 吨，总库容为 1.29×10^{10} 立方米，其中拦沙库容高达 9.342×10^9 立方米。该工程一旦建成，将对黄河小北干流河段的持续淤积局面产生根本性的扭转作用，有助于降低黄河中游潼关高程，改善黄河中游的水沙关系和河道形态。同时，古贤水库与小浪底水库的联合调度，能够有效解决小浪底水库调水调沙后续动力不足的难题，从而长期维持下游河道河槽的行洪输沙功能，缓解"二级悬河"这一不利态势对黄河下游带来的潜在风险。但从对黄河来水来沙量趋势的深入研判结果来看，未来古贤水利枢纽坝址断面以上的实际来沙量预计要远小于规划所采用的数值。这就意味着原规划的水库拦沙库容明显偏大，如果按照原设计方案建设，可能会造成资源的浪费和工程效益的降低。因此，建议相关部门基于黄河未来可能的水沙条件变化趋势，运用先进的科学技术和研究方法，进一步深入优化古贤水利枢纽的开发目标和建设规模，使其能够更加精准地适应黄河中游水沙调控的实际需求。在完成优化工作后，应尽快启动古贤水利枢纽工程建设，确保其能够早日投入运行，为黄河中游乃至整个流域的水沙调控和生态保护发挥关键作用。

2. 开展黄河下游滩区的分区治理，彻底解决滩区防洪运用与高质量发展之间的矛盾

黄河下游滩区的治理一直是黄河治理体系中的关键环节，随着黄河中游一系列如古贤、东庄等控制性水库逐步建成并投入运用，黄河下游的水沙情势将发生更为深刻的变革。其中，最为显著的变化便是进入黄河下游的泥沙量进一步减少，洪峰流量大幅锐减，这直接导致洪水漫滩的发生概率将被压缩到极低水平。这种新的水沙条件和洪水特性为黄河下游滩区开展分区治理创造了前所未有的契机，使得滩区有望在保障防洪安全的同时，实现与高质量发展需求的有机融合。

(1) 因地制宜试点滩区分区治理是开启黄河下游滩区科学治理新模式的重要探索

在整个治理过程中，黄河大堤作为防洪的核心防线，其现状必须得到稳固维持，这是保障大堤外广大区域防洪安全的根本所在。在此基础上，精心挑选适宜的河段开展滩区分区治理试点工作。在自然滩区内，充分挖掘和利用既有的生产堤等防洪工程设施，同时根据实际需求修建一定高度和强度的防洪子堤，通过二者的有机结合，构建起相对封闭的蓄滞洪区。这一蓄滞洪区将成为应对黄河洪水的重要缓冲地带，在洪水来临时发挥关键的分洪、滞洪和沉沙作用。为了实现洪水的精准调控与有序疏导，在防洪子堤及其上、下游的适宜位置合理布设分洪和退水设施。这些设施如同"开关"与"通道"，能够依据防洪保安的严格要求以及实时洪水的具体情况，灵活、选择性地进行分洪、滞洪和沉沙操作。而分蓄洪区以外的滩区，则被赋予了新的功能与使命，即作为群众安置和生产生活用地。这不仅能够保障滩区居民的基本生活需求，还为滩区的经济发展和社会稳定奠定了基础。例如，可以在这些区域发展特色农业、生态旅游等产业，在保障防洪安全的前提下，促进滩区居民增收致富，逐步提升滩区的发展质量。

(2) 改造下游河道，释放部分滩区是实现黄河下游滩区可持续发展的长远战略

这一举措需要在对黄河下游未来水沙条件进行持续、深入的观测和精准研判的基础上稳步推进。随着对黄河水沙规律认识的不断加深以及滩区分区治理试点经验的逐步积累，逐步扩大滩区分区治理试点范围将成为必然趋势。最终，在黄河滩区内巧妙利用已建生产堤和控导工程等水利设施，建设两道坚固且布局合理的防洪导堤。通过这两道防洪导堤的约束作用，将黄河下游河道缩窄成为宽度在3-5千米、能够安全通过8000-10000立方米/秒流量的通道。这种缩窄河道的设计并非简单地限制黄河的行洪能力，而是在充分考虑黄河水沙关系变化以及防洪安全需求的基础上，对河道进行的优化与重塑。在防洪导堤与黄河大堤之间的滩区上，利用隔堤和公路等基础设施，精心打造一定规模的滞洪区。这一滞洪区将专门用于分滞超过10000立方米/秒的洪水，从而进一步提升黄河下游的防洪能力与洪水调控精度。而释放除新建滞洪区以外的滩区，并将其转变为永久安全区，则是这一治理策略的核心目标之一。在永久安全区内，滩区居民可以安心地进行生产生活建设，不再受到洪水的长期威胁。政府和社会可以加大对这些区域的投入，建设现代化的基础设施、发展高端产业、提升公共服务水平，从而彻底解决黄河下游滩区防洪运用与高质量发展需求之间的矛盾。例如，可以规划建设现代化的城镇社区、产业园区，吸引外部投资，

促进人口集聚和产业升级，将滩区打造成黄河流域生态保护与高质量发展的新亮点和新样板。

（三）调整黄土高原治理格局，协同推进生态保护和乡村振兴

黄土高原的水土保持工作在过去几十年间取得了显著成效，退耕还林还草政策以及淤地坝建设等相关举措发挥了极为关键的作用，并且在未来仍需长期坚持与深入推进。然而，不可忽视的是，当前黄土高原治理过程中逐渐暴露出一系列亟待解决的问题。

在治理措施实施方面，存在着部分区域盲目强调植树种草的现象，却未能充分遵循自然规律。不同区域的自然地理条件千差万别，如土壤类型、降水分布、地形地貌等因素都对水土保持措施有着严格的适配性要求。但实际操作中，区域性措施与当地自然条件不匹配的情况时有发生，导致治理效果大打折扣且出现治理不均衡的局面。同时，在治理过程中往往侧重于工程措施的实施，而对后续管理重视不足。工程建设完成后，缺乏有效的维护、监测与管理机制，使得部分工程设施难以长期稳定发挥作用，甚至出现损坏、失效等情况，造成资源的浪费与前期投入的低效利用。更为关键的是，当前的治理目标和模式对乡村振兴的带动性明显不足。水土保持工作多聚焦于生态效益的获取，而未能充分与当地乡村产业发展、农民增收、农村基础设施改善等乡村振兴的核心目标紧密结合，导致农民参与治理的积极性不高，治理成果难以转化为乡村发展的内生动力。

（1）科学确定黄土高原水土流失治理度，并依据区域差异分区分类调整水土保持措施。黄土高原在水土流失治理与生态建设进程中，林草植被、梯田及淤地坝等各项措施在减沙方面均存在着临界效应。从客观实际来看，完全消除黄河泥沙既不现实也不符合黄河流域整体生态系统的运行规律，因为一定量的泥沙对于维持黄河中下游河道及河口的生态平衡具有不可或缺的作用。例如，若中游水土保持措施过度有效，致使入黄泥沙极少甚至接近清水状态，黄河中下游河道将会因缺乏泥沙补给而面临剧烈冲刷，这将引发河床下切、畸形河湾大量发育等一系列严重威胁防洪安全的问题。同时，黄河河口地区也会由于泥沙量锐减而遭受海岸蚀退、海水入侵等生态环境灾难，严重破坏河口地区的生态稳定与生物多样性。因此，从整个黄河流域和河道系统的宏观角度出发，黄土高原水土流失治理必须寻求一个合理的"度"，以达成流域产沙与河道输沙的相对平衡。具体而言，建议深入研究黄土高原九大类型区各自独特的自然特点，综合考量不同区域水土保持效果的临界状态阈值，运用科学严谨的方法精准确定分区域的水土流失治理度。并结合各区域当前的水土保持现状，遵循因地制宜的基本原则，对黄土高原现有的治理格局进行全面、细致的调整。对于植被覆盖度过高且已接近或超过地区水分承载力阈值的区域，适当减少植树造林规模，增加封禁保护和草灌修复措施；在适宜梯田建设但梯田化不足的地区，加大梯田建设力度并优化梯田设计与布局，提高土地利用效率与水土保持效果；针对淤地坝工程缺失或布局不合理的流域，科学规划淤地坝建设方案，充分发挥淤地坝在拦沙减蚀、淤地造田方面的双重功效。

（2）创新生态治理与乡村振兴融合发展模式。为了突破当前治理资金来源单一、治理效益转化不足等困境，应进一步探索建立多渠道、多元化的水土流失治理投入机制。在国家层面，持续加大中央投资力度，为黄土高原水土保持工作提供坚实的资金保障。同时，将水土保持生态建设资金全面纳入地方各级政府公共财政框架，明确地方政府在水土保持

工作中的财政责任与投入比例,确保地方政府积极主动参与到治理工作中来。此外,充分发挥市场机制的作用,鼓励社会力量通过多种灵活形式参与水土保持工程建设。例如,引导民间资本以承包、租赁、股份合作等形式投身于水土流失治理项目之中,吸引企业参与到生态产业开发、生态旅游建设等与水土保持相关的领域。通过这种方式,不仅能够有效缓解治理资金压力,还能充分调动社会各界的积极性与创造力,提高治理效益。在产业发展方面,结合黄土高原的地域特色与资源优势,培育和发展生态农业、特色林业、乡村旅游等绿色产业。利用水土保持工程改善的土地条件和生态环境,种植经济价值较高的农作物、林果产品,打造生态观光旅游线路与景点,促进农村一二三产业融合发展,增加农民收入来源。在农村基础设施建设与人居环境改善方面,将水土保持工作与乡村道路修建、饮水安全保障、垃圾污水处理等相结合,打造宜居宜业的美丽乡村。例如,利用淤地坝建设形成的坝地发展灌溉农业,同时改善周边村庄的灌溉条件;通过植树造林美化乡村环境,提升乡村生态品质。通过这些举措,使水土保持治理成果能够实实在在地惠及广大群众,实现生态保护与乡村振兴的协同共进,让黄土高原地区在生态环境持续改善的同时,乡村经济蓬勃发展,农民生活水平显著提高,最终达成黄河流域生态与经济社会的可持续发展目标。

二、黄河水沙调控的展望

(一) 生态保护与可持续发展的融合

黄河流域的生态保护与可持续发展是水沙调控的核心目标与长远愿景。在未来的水沙调控进程中,生态保护将贯穿始终,与流域的经济、社会发展深度融合。

,在水土流失治理方面,黄土高原作为黄河泥沙的主要来源地,其治理成效直接关系到黄河水沙状况。应持续加大退耕还林还草力度,依据不同区域的自然条件和植被恢复潜力,精准规划林草种植布局。例如,在半湿润地区可适当增加乔木种植比例,而在干旱半干旱地区则侧重于耐旱的灌木和草本植物,提高植被覆盖率的同时确保其稳定性与可持续性。淤地坝建设也需进一步优化,不仅注重数量的增加,更要提升其质量与功能多样性,通过科学设计与合理布局,使其在拦沙减蚀的基础上,更好地发挥蓄水灌溉、改善局部小气候等作用,促进区域生态系统的良性循环。

在调水调沙过程中,充分考虑河流生态系统的需求,避免因过度追求某一目标而对生态环境造成破坏。例如,在确定调水流量和时间时,预留足够的生态基流,保障河道内水生生物的生存繁衍以及河岸带植被的正常生长。对于黄河河口地区,要依据其独特的生态特点,合理调配水沙资源,维持河口湿地的生态平衡。湿地作为众多候鸟的栖息地和鱼类的繁殖场所,稳定的水沙供应有助于保持其适宜的水深、盐度和底质条件,促进生物多样性的维持与发展。

在水资源利用上,推广高效节水技术,提高农业灌溉水利用系数,发展工业循环用水,保障城市生活用水的同时,兼顾生态用水需求。例如,通过实施精准灌溉技术,如滴灌、喷灌等,减少农业用水浪费,确保有限的水资源在满足粮食生产等经济需求的同时,为河流生态系统提供必要的支撑。对于泥沙资源,探索多元化的利用途径,除了传统的淤地造田外,可将泥沙用于建筑材料生产、土地改良等领域,变废为宝,提高资源利用效率，减少泥沙淤积对河道的压力，实现经济、生态效益的双赢。

(二) 水沙监测与预测技术的提升

随着科技的迅猛发展，黄河水沙监测与预测技术迎来了前所未有的提升机遇，这将为黄河水沙调控提供更为精准、高效的决策依据。

在水沙监测方面，在黄河河道及主要支流的关键节点布设高精度的流量、含沙量传感器，能够实时、连续地获取水沙数据，其监测精度和频率将远超传统监测手段。例如，声学多普勒流速剖面仪 (ADCP) 可在不扰动水流的情况下快速准确地测量流速和流量，激光粒度仪能精确测定泥沙颗粒的粒径分布，这些先进设备的组合应用将构建起全方位、多层次的水沙监测网络。同时，卫星遥感技术将在宏观层面发挥重要作用，通过高分辨率卫星影像，可以对黄河流域的地形地貌变化、植被覆盖情况以及水体面积和泥沙分布进行大面积、周期性的监测，及时发现流域内的水土流失热点区域和河道形态的变化趋势。无人机航测技术则可对局部重点区域进行精细化监测，补充卫星遥感在微观尺度上的不足，如对河岸侵蚀、小型支流入河口的水沙变化进行详细勘查。

在水沙预测方面，大数据分析技术将深度挖掘历史水沙数据中的潜在规律。通过收集整理黄河流域数十年甚至上百年的水沙观测资料，结合气象数据、流域土地利用变化数据等多源信息，利用大数据分析算法构建水沙预测模型。这种基于大数据的模型能够考虑到更多的影响因素及其复杂的相互关系，提高预测的准确性和可靠性。人工智能技术，如人工神经网络、深度学习等，将在水沙预测中展现出强大的优势。它们可以自动学习水沙数据中的非线性特征和动态变化模式，对未来的水沙过程进行智能预测。例如，利用神经网络模型对不同来水来沙条件下黄河下游河道的冲淤变化进行预测，为河道整治和防洪决策提供前瞻性的信息。数值模拟技术也将不断发展，通过建立更加精细的黄河流域水沙运动数学模型，模拟不同水沙调控方案下河流的水流运动、泥沙输移和河道演变过程，为方案的优化比选提供量化的依据。

(三) 跨区域合作与协同治理

黄河流域地跨多个省份，其水沙调控是一项复杂的系统工程，迫切需要跨区域合作与协同治理，以实现流域的整体最优发展。

流域内各省份之间应建立更为紧密的协同合作机制。在上游地区，青海、甘肃等省份应加强水源涵养林建设和水土保持工作的协同，共同保护黄河上游的水资源和生态环境。例如，通过联合开展生态修复项目，统一规划林草种植和封禁治理区域，提高上游地区的水源涵养能力，减少泥沙入河量。中游地区的陕西、山西等省份在水土流失治理和水沙调控工程建设方面要加强协作，共享治理经验和技术成果。比如，在淤地坝建设、小流域综合治理等方面开展联合技术攻关，提高工程建设质量和效益。下游地区的河南、山东等省份则需在防洪减灾和水资源利用方面协同作战，共同应对黄河下游的洪水威胁和水资源短缺问题。例如，在汛期联合进行洪水调度，合理安排分洪、滞洪区的运用，保障下游地区人民生命财产安全；在非汛期共同协商水资源分配方案，提高水资源利用效率。

水利部门作为水沙调控的主要责任部门，应与环保部门紧密合作，在水沙调控过程中充分考虑生态环境保护要求，确保各项调控措施符合环保标准。例如，水利工程的建设和运行要经过环保部门的严格环评，避免对生态环境造成负面影响。农业部门要与水利部门协同推进节水农业发展，推广高效节水灌溉技术，减少农业用水浪费，降低农业面源污染对黄河水质的影响。交通部门在河道航运开发过程中，要与水利部门协商确定合理的航道规划和水位控制方案，保障航运安全的同时不影响水沙调控和防洪功能。此外，科技部门应加大对黄河水沙调控相关科研项目的支持力度，为水沙监测与预测技术的提升、水沙调控模型的建立等提供技术研发支持；财政部门要合理安排资金，保障水沙调控工程建设、生态保护项目实施等所需资金的足额拨付和有效使用。

通过建立健全跨区域、跨部门的合作与协同治理机制，打破行政壁垒和部门分割，形成黄河水沙调控的强大合力，实现黄河流域的长治久安和可持续发展。

第十章 黄河流域的生态水文特征

第一节 生态水文的基本理论与研究方法

一、生态水文的基本理论

(一) 生态水文系统

在广袤而复杂的生态系统之中,生命要素与环境要素相互交织,构成了一个庞大而精密的网络。其中,水作为一种核心要素,扮演着无可替代的关键角色。无论是各类生物的生存繁衍,还是环境要素的稳定维持,都与水有着千丝万缕的联系。正是在这样的背景下,生态学与水文学的有机结合成为学界瞩目的焦点,引发了一场广泛而深入的大讨论,并收获了累累硕果。

然而,由于不同学者在定义、研究侧重点以及切入角度等方面存在差异,这一领域逐渐衍生出众多研究分支,各种不同概念也如雨后春笋般涌现。在借鉴冯国章关于水文生态系统提法的基础上,生态水文系统概念得以提出。二者的区别主要体现在,生态水文系统将研究的重心更多地放置于水文系统所展现出的生态信息层面,并且致力于探索以此为导向的调控策略与手段。生态水文系统是由水文系统与生态系统相互交融、有机复合而成的一个高度复杂的巨系统。它将水文循环、水文过程、生态进化历程及其特征,以及它们所处的共同自然环境与人工环境整合为一体。从研究方法的视角来看,生态水文系统倾向于借助水文学的途径与方法,着力探究流域或区域水文循环进程中生态与水文之间相互作用、相互影响的内在机理,以及河道内水生生态系统对河流水文过程的响应规律。其最终目标在于能够通过人为干预水文过程,实现对生态系统状态的积极改善与优化。生态水文系统的理论基石是生态水文学,其研究尺度侧重于中大尺度范围,旨在从宏观层面把握生态与水文之间的关联与互动。

生态水文系统所涉及的范畴远非仅仅局限于水本身,而是深入到水在生态系统中循环转化的基本规律以及水循环的各个环节和一系列水文要素。由这些水文要素所构建而成的系统,固然首先具备水文系统的基本属性,但水文循环及水文过程中实则蕴含着海量有关生态系统的环境要素和生命要素的关键信息,它们既是生态系统不可或缺的重要组成部分,也是生态系统外在表现的一种直观形式。因此,生态水文系统的研究对象并非单纯的水文过程,更为关键的是挖掘这些水文过程背后所承载的深刻生态内涵与意义。

需要强调的是，生态水文系统是人为划定的一种系统，其中蕴含着人类基于自身需求所赋予它的特定服务功能或研究目的。与冯国章所定义的水文生态系统观的基本要义相契合，在生态水文系统的框架内，应秉持大自然观和复合生态系统观。一方面，要明确人类在生态水文系统中占据着主导性的支配地位；另一方面，也要清醒地认识到人类自身同样是生态水文系统中的普通一员。人类固然能够借助人为措施对原有的生态水文过程施加改变或干扰，但在这一过程中，必须始终遵循人与自然和谐发展、有序进化、持续发展的核心理念，坚守人水和谐的基本原则，妥善处理好人与水、人与自然之间的微妙关系。唯有如此，才能确保生态水文系统的稳定运行与可持续发展，实现生态效益、经济效益与社会效益的多赢局面，为地球家园的繁荣与安宁奠定坚实基础。

（二）生态调度的理论

在当代河流管理与生态保护的领域中，生态调度作为一项关键的河流生态修复举措应运而生。在国际范围内，诸多国家已积极投身于生态调度的实践探索之旅。以美国为例，田纳西流域的生态调度堪称典范，通过科学合理的调度策略，在保障流域水资源综合利用的同时，致力于恢复和维护河流生态系统的健康与稳定。克罗拉多河格伦峡谷大坝的适应性管理则展现出一种动态灵活的生态调度模式，依据河流生态系统的实时反馈与变化情况，不断调整大坝的运行方式，力求在人类开发利用与生态保护之间达成精妙的平衡。澳大利亚墨累达令河的生态调度实践同样引人注目，其通过对河流水资源的精细调配，有效缓解了因水资源开发导致的生态压力，为干旱半干旱地区河流生态修复提供了宝贵经验。在众多国家的探索实践中，美国和澳大利亚等西方发达国家凭借其雄厚的科研实力与丰富的实践经验，在生态调度研究领域占据领先地位，其研究成果为全球河流生态调度实践提供了重要的理论借鉴与技术支撑。

生态调度在国外尚未有明确统一的概念界定，通常被视作综合调度范畴内的一种特殊处理方式，旨在协调河流开发利用过程中的多种目标与生态系统需求之间的关系。而在我国，随着对河流生态保护重视程度不断提升，生态调度概念在近年来与河流健康理念相伴而生，并迅速成为河流生态修复和维持河流健康的重要非工程手段，受到广泛关注与深入研究。

我国众多学者从不同视角对生态调度给出了丰富多样的定义，深刻诠释了这一概念的多元内涵。董哲仁提出，水库多目标生态调度即在实现防洪、发电、供水、灌溉、航运等社会经济多种目标的同时，充分考量河流生态系统的需求，将生态保护纳入水库调度决策体系之中，使水库调度方案在保障人类社会经济利益的基础上，尽可能减少对河流生态系统的不利影响。蔡其华所定义的水库生态调度则强调在满足坝下游生态保护和库区水环境保护要求的根基上，全面发挥水库的各项功能，如防洪减灾、水力发电、农业灌溉、城乡供水、内河航运以及旅游休闲等，并且通过科学调度将水库对坝下游生态和库区水环境造成的负面影响严格控制在可承受范围之内，进而逐步推动生态与环境系统的修复与改善。程根伟认为，水库生态调度需充分考量水库自身的调节性能以及河道的输送特性，巧妙利用水库库容这一关键资源，精准把握时机蓄存或泄放径流，对天然水沙过程进行有效调整，促使原本不协调的水沙过程趋于协调，从而全方位改善库区和下游的河流水环境条件，助力河流健康水平的提升。夏自强、余文公则将水库生态调度视为一个复杂的均衡优化问题，以防洪、发电、航运、生态需水、灌溉、给水、养殖、旅游文娱、冲污等多方面需求为约束条件，通过协调各兴利因子之间的关系，寻求最佳的调度方案，以实现综合效益的最大化与生态系统影响的最小化。胡和平指出，水库生态调度的核心要义在于确保基本生态环境目标得以实现的前提下，充分发挥水库的社会经济效益，而这一切的大前提是坚定不移地保障人民群众的生命财产安全和正常生活秩序，体现了生态、经济与社会多方面效益的有机统一与平衡。梅亚东进一步对生态与环境调度进行概念区分，提出环境调度以水质改善为主要靶向，而生态调度则聚焦于水库工程建设运行过程中的生态补偿，二者相互关联又各有侧重，共同构成了河流生态调度的重要组成部分，为更精准地实施生态调度提供了理论细分与实践指导。

二、生态水文的研究方法

（一）野外监测法

野外监测是获取生态水文数据的基础手段。在河流、湖泊、湿地以及不同类型的陆地生态系统中设置监测站点，安装各类专业仪器设备，对水文要素（如水位、流量、流速、水温、降水、蒸发等）和生态要素（如植被覆盖度、生物多样性指标、土壤湿度、水质参数等）进行长期、连续的观测。例如，在河流断面安装流速仪和水位计，可精确记录水流的动态变化；在森林生态系统中设置土壤水分传感器网络，实时监测土壤水分含量在不同季节和降水条件下的波动情况。通过对这些大量实测数据的整理、分析和对比，可以直观地了解生态系统与水文过程在时间和空间上的变化规律以及它们之间的相互关联，为进一步的研究提供丰富而详细的数据支持。

（二）模型模拟法

1. 概念模型

概念模型是一种用于简化和抽象生态水文系统的工具，它通过对生态水文过程的基本理解和认知，将系统的主要组成部分、相互作用关系和物质能量流动路径进行概括和描述。概念模型的核心目的在于帮助研究人员快速理解和把握复杂生态系统的基本结构与功能，同时为后续的定量分析和建模提供理论基础。通过建立简化的概念模型，研究人员可以对生态系统中的水文过程进行有效的框架化展示，从而为进一步的深入研究和决策支持提供重要的理论依据。概念模型的构建通常是基于对目标生态系统水文过程的全面理解。这一过程包括了降水、蒸发、蒸腾、地表径流、土壤渗透等多个水文环节，而这些环节之间相互交织，形成一个复杂的水文循环系统。在生态水文系统中，水分的输入、输出及其在各个水文过程中的转化和流动对于生态环境的健康至关重要。通过构建生态水文系统的概念模型，能够揭示出降水量如何通过蒸发、蒸腾等过程流失，同时如何通过地表径流和渗透等途径进入土壤或地下水系统，从而为水资源的管理与生态保护提供清晰的框架和思路。

概念模型的表达方式有很多种，可以采用文字描述、图表示意或数学表达式等形式。文字描述通常用于对生态系统的主要组成部分及其相互关系进行简要总结，而图表则能够通过形象的方式展示系统中各环节的作用和联系，使得模型的理解更加直观。例如，可以使用流动图展示降水如何进入土壤并通过蒸发与蒸腾流失的过程，进一步通过图示明确水分在生态系统中的转移与循环路径。这种图形化的展示方式不仅能够帮助研究人员迅速理解系统的基本结构，还能够清晰地指出关键环节和潜在的瓶颈。此外，概念模型还可以借助数学表达式来对水文过程进行定量化的描述，帮助研究人员深入分析各个过程之间的关系。例如，利用水分收支方程来描述降水、蒸发、蒸腾、地表径流等各个水文环节的水分流动情况。通过建立数学方程，研究人员可以定量分析不同环境条件下水分的变化趋势，进而评估不同因素对生态水文系统的影响。与定性描述不同，数学模型能够更加精确地揭示出各个环节之间的相互作用，为水资源的调配、生态环境的修复等工作提供更加精细的理论支持。

在实际应用中，概念模型往往被用作进一步构建复杂系统模型的基础。由于生态水文系统具有高度的复杂性，全面和精确的建模往往需要大量的数据支持和复杂的计算。而概念模型通过简化和抽象，能够帮助研究人员在初期阶段快速识别系统的主要特征和关键问题，为后续的模型构建和数据分析提供清晰的思路。尤其是在对不同生态系统进行比较研究时，概念模型能够作为一种通用的框架，帮助研究人员统一分析方法，并根据具体的环境条件进行适当的调整。另外，概念模型不仅在科研中具有重要意义，对于生态水文系统的实际管理与决策同样具有重要的应用价值。在水资源管理、生态保护、灾害预警等领域，决策者可以通过概念模型迅速了解系统的基本运作机制，从而制定更为科学的政策和措施。通过对概念模型的不断完善和优化，能够为决策者提供一种简洁而有效的工具，帮助其在复杂的环境中做出合理的决策。

2. 物理模型

物理模型是通过一定比例缩小或放大的方式，构建与实际生态水文系统相似的实物模型。在生态水文研究中，物理模型为研究人员提供了一种直观的实验平台，能够模拟自然界中的各种水文现象。与理论模型和概念模型不同，物理模型不仅关注系统的抽象关系和理论框架，更侧重于通过实物模拟和实际测量来探讨生态水文系统中各类现象的发生机制。物理模型可以在实验室或特定的试验场地中进行构建，帮助研究人员深入分析生态水文过程中的细节问题，从而为水资源管理、环境保护等提供更加精确的数据支持。物理模型能够通过模拟河流、水流及相关水文过程，展现出水流形态与河床演变之间的内在联系。例如，通过在实验室中构建河流渠道模型，研究人员可以对河流的流速、流向、流态等特征进行定量分析，观察不同流量和流速条件下，河床如何发生变形，泥沙如何沉积或搬运。这种实验模拟能够帮助研究人员更清楚地理解水流对河床的侵蚀与沉积过程，为河道治理、洪水防控等实际问题提供理论依据。通过精准的模型控制，研究人员能够在不同的水流条件下测量各种相关参数，如水深、流速、泥沙浓度等，进而分析水流与河床演变之间的相互作用。

物理模型的另一个重要应用是在研究水土流失过程中，植物覆盖对水文过程的影响。通过人工降雨装置，研究人员可以模拟不同的降雨强度和时间，观察在不同植被覆盖条件下，坡面径流的产生情况，以及泥沙的输移过程。在自然环境中，植被对水文过程有着重要的调节作用。通过建立物理模型，研究人员可以在控制实验条件下，准确地测量径流量、泥沙含量等指标，分析植被类型、根系结构以及植物覆盖度等因素对水土保持的影响机制。这不仅有助于揭示植被在水土流失中的关键作用，还能为植被恢复、坡面治理等提供科学依据。此外，物理模型还可以用于研究其他生态水文现象，如地下水渗流、蒸发蒸腾、土壤水分迁移等过程。通过设置特定的实验装置，模拟地下水位变化、土壤渗透性等影响因素，研究人员能够直观地观察地下水与地表水的相互作用，从而了解地下水补给和排泄过程。这对于研究干旱地区的水资源利用和地下水保护，尤其具有重要的现实意义。物理模型能够将复杂的地下水流动过程简化为易于理解和操作的实验条件，帮助研究人员精确测量地下水位变化、流动速度以及渗透深度等关键参数，进而为水资源的合理利用提供决策支持。

物理模型在生态水文系统的实验研究中具有较强的可操作性和高精度。相比理论模型和概念模型，物理模型通过真实的实验操作和数据测量，能够为研究人员提供更具实用性的结果。通过物理模型，研究人员能够在控制变量的情况下，准确地探究单个或多个因素对生态水文系统的影响效应。这种实验方式为研究提供了更为可靠的实证数据，有助于提高水文过程预测的精确度。物理模型往往需要消耗大量的资金、设备和人工成本，尤其是在大规模实验时，实验条件的搭建和维护会占用大量资源。物理模型虽然可以高度还原水文过程，但由于其存在比例缩放和实验环境的局限性，往往无法完美模拟现实中的复杂环境和极端情况。尽管如此，物理模型在生态水文研究中的应用依然具有不可替代的重要作用，尤其是在需要对水文过程进行直观展示和精确测量的情况下，物理模型为研究人员提供了极具价值的实验平台。

3. 数学模型

数学模型是一种通过数学语言和算法来描述生态水文系统动态变化过程的重要工具。它通过对生态水文系统中各个环节的定量化分析，能够模拟不同气候条件、土地利用变化和人类活动对生态水文过程的影响。数学模型通过对大量实测数据的参数分析和验证，能够精确预测流域的水资源状况、生态环境变化和人类活动的潜在影响，从而为水资源管理、环境保护和可持续发展提供科学依据。常见的生态水文数学模型包括水文模型（如SWAT模型、HSPF模型等）、生态模型（如基于个体的生态模型、生态系统动力学模型等），以及耦合模型（如将水文模型与植被生长模型耦合）等。这些模型通过综合考虑水文过程、生态过程以及人类活动等多重因素，为研究人员提供了一个综合评估和预测生态水文系统响应的工具。水文模型在生态水文研究中具有广泛的应用。以SWAT（Soil and Water Assessment Tool）模型为例，它是一种基于流域尺度的水文模型，能够模拟降水、径流产生、土壤侵蚀、养分循环、作物生长等多个水文和生态过程。SWAT模型通过将流域分为多个子区，考虑不同土地利用类型、气候条件和土地管理措施，模拟每个子区的水文响应，进而预测流域整体的水资源量、水质变化以及生态环境的动态演变。该模型不仅可以评估不同气候情景和土地利用变化对流域水文的影响，还可以通过对土壤侵蚀和养分流失的模拟，为农业水土保持和水资源管理提供科学支持。例如，在预测气候变化对流域水资源的影响时，SWAT模型可以模拟不同温度和降水模式下流域的水资源变化，帮助制定应对气候变化的水资源管理策略。

HSPF（Hydrological Simulation Program—Fortran）模型是另一种常用的水文模型，广泛应用于流域尺度的水资源管理中。HSPF模型不仅能够模拟径流和水质变化，还能对降水、蒸发、蒸腾等多种水文过程进行详细的模拟。通过对流域内的地形、土壤、植被以及人类活动等因素进行详细描述，HSPF 模型能够为流域的水资源调度、洪水预测以及水质保护提供有效的决策支持。与 SWAT 模型类似，HSPF 模型也具有较强的空间分辨率和时间尺度，能够为流域内不同区域的水文响应提供精准的预测。除了水文模型，生态模型在生态水文研究中同样发挥着重要作用。生态模型可以帮助研究人员深入理解生态系统中各个生物群落、物种和环境因子之间的相互作用，尤其是在气候变化和人类活动影响下，生态系统如何响应和变化。例如，基于个体的生态模型（Individual-based Models，IBM）能够模拟个体在生态系统中的生长、繁殖和死亡过程，以及个体间的相互作用。这些模型通过精确模拟物种的生物学特征、生态位和栖息地条件，能够为物种保护和生态恢复提供理论支持。此外，生态系统动力学模型（Ecosystem Dynamics Models，EDM）则更关注生态系统各组成部分（如植物、动物、微生物等）之间的能量和物质流动，模拟生态系统的长期演变过程，研究气候变化、污染和土地利用变化对生态系统结构和功能的影响。

更为复杂的是耦合模型，它将水文模型和生态模型相结合，能够同时考虑水文过程和生态过程的相互作用。例如，将水文模型与植被生长模型耦合，能够模拟水分、养分和能量在水文与生态系统中的流动和转化。通过这种模型，可以研究降水、蒸发和径流等水文过程如何影响植被的生长和分布，进而分析生态环境的变化。耦合模型的优势在于它能同时考虑多种因素和多重过程的互动，使得研究人员能够更加全面地理解生态水文系统的复杂性，进行更为精准的预测和决策。数学模型在生态水文研究中的应用不仅限于水资源管理和生态保护，它还在气候变化适应、污染治理和灾害预警等方面发挥着重要作用。通过模拟不同情景下的水文响应，数学模型能够帮助预测极端气候事件（如洪水、干旱）对水资源的影响，评估土地利用变化和污染排放对水质的影响，并为政府和相关机构提供决策支持。此外，数学模型的可扩展性使其能够应用于不同规模和不同类型的水文系统，从小流域到大流域，从山区到平原，不同地域的水文特征都可以通过适当调整模型参数进行模拟和预测。数学模型也存在一定的局限性。模型的准确性依赖于大量的实测数据和对系统参数的精确估算，这要求有充足的现场数据支持。尽管现代数学模型已经能够模拟许多复杂的生态水文过程，但由于系统本身的复杂性，许多非线性和突发性过程仍难以完全预测。此外，模型的参数化、边界条件设定以及验证过程也可能影响最终的预测结果。因此，在实际应用中，数学模型需要结合现场实验、现场监测数据以及专家经验，进行适当的调整和验证，才能确保其可靠性和实用性。

（三）实验研究法

1. 控制实验

控制实验作为生态水文研究中的一种重要实验方法，通过人为控制和设定特定的环境变量，帮助研究人员深入理解不同因素对生态水文过程的影响。通过对实验条件的精确调控，控制实验能够揭示生态水文系统中因果关系，为水资源管理、生态保护和气候变化适应等方面的决策提供科学依据。控制实验的应用范围涵盖了植物蒸腾、土壤水分传输、降水入渗等多个水文过程，不仅能够定量分析单一因素对水文系统的影响，还能够探讨多重因素交互作用的机制。在植物蒸腾实验中，控制实验通过控制温室或人工气候箱中的环境条件，研究植物蒸腾速率与外部环境之间的关系。通过设定不同的光照强度、温度、湿度和土壤水分条件，研究人员可以定量分析这些环境因素对植物蒸腾速率的影响。例如，在温室中设置不同光照强度，可以观察到植物在充足光照下与在弱光照条件下的蒸腾速率变化。通过控制温度和湿度，研究人员能够进一步揭示植物在干旱、潮湿等不同气候条件下的水分利用效率，从而探索植物生理特性对水文过程的调节作用。这种实验方法不仅有助于理解植物在水循环中的角色，还能够为农业生产、林业管理和水资源规划提供基础数据。

在野外实验场地中，控制实验能够通过对不同植被类型或覆盖度的设置，研究其对水文过程的调节作用。在相同降水条件下，研究人员可以设置不同的植被样地，如草地、林地、农田等，比较它们对地表径流、土壤入渗、蒸发等水文过程的影响。例如，在一个草地和一个林地的样地中，分别设置相同的降水强度，并监测土壤水分变化、径流产生和水分蒸发速率。通过对比分析，研究人员能够揭示不同植被类型对土壤水分保持和水分流失的调节作用。在林地中，树木的根系系统通常能够增加土壤的渗透性，减少表面径流，而在草地中，植物的蒸腾作用则可能减少土壤水分的蒸发量。这样的实验能够帮助研究人员理解植被覆盖对水文循环中各个环节的影响，并为森林恢复、水土保持等提供理论支持。通过设置不同土壤类型（如沙土、黏土、壤土等）和不同土壤水分条件（如干旱、湿润等），研究人员可以观察土壤水分在不同条件下的入渗速率和深度。例如，在相同降水条件下，研究人员可以设置多个土壤样本，利用渗水试验分析不同土壤的入渗能力，并结合土壤物理性质，揭示水分在不同土壤类型中的传输特性。通过控制实验，研究人员不仅能够更好地理解土壤对水文循环的影响，还能够为农业灌溉、地下水补给等实际问题提供数据支持。

控制实验的优势在于其高度的可操作性和精确的变量控制。通过精确调控实验环境，研究人员能够有效地隔离出各个因素对水文过程的独立影响，避免了自然环境中多因素交织带来的复杂性。相比其他实验方法，控制实验能够提供更加明确的因果关系，从而为生态水文理论的研究提供更为可靠的证据。尽管实验能够在受控条件下揭示各个因素的作用机制，但实验室或小范围的野外实验往往无法完全模拟自然环境中的复杂性。自然环境中的生态系统包含了大量的相互作用和非线性反馈，而控制实验的设定往往无法充分捕捉这些复杂的生态过程。控制实验通常需要精确的设备和大量的时间、人力成本，尤其是在大规模的野外实验中，可能需要大量的监测设备和持续的现场数据收集。因此，控制实验的实施在实践中可能会面临资源和资金的限制。尽管如此，控制实验在生态水文研究中仍然具有不可替代的重要性。通过在控制条件下进行实验，研究人员能够更加清晰地理解生态水文系统中各个因素的作用机制，揭示复杂的水文现象背后的因果关系。通过与其他实验方法（如物理模型、数学模型）相结合，控制实验能够为生态水文研究提供更为全面、准确的理论支持。在水资源管理、气候变化应对和生态修复等领域，控制实验的成果不仅能够推动科学进步，还能够为政策制定和实践提供重要的决策依据。

2. 对比实验

对比实验是一种通过比较不同生态特征或水文条件区域的实验设计，以揭示不同环境变量对水文过程的影响的研究方法。这种实验方法通过对比分析不同生态系统、地形、土地利用类型等因素对水文过程的调节作用，能够深入了解生态系统在水资源管理中的功能和作用，为生态修复、流域管理和气候变化适应等领域提供理论依据。在生态水文研究中，对比实验尤其能够帮助我们理解不同生态系统对水循环过程的差异，并为有效的生态保护与修复提供科学支持。森林生态系统中的植被结构复杂，树木的根系深度较大，能够显著增加土壤的水分渗透能力，减少地表径流，促进地下水的补给。与之相比，草原生态系统虽然植被覆盖较好，但其根系较浅，土壤水分渗透能力相对较低，地表径流的产生量较大。通过对比实验，研究人员可以在相同气候条件下对比分析这两种生态系统在降水截留、径流系数和地下水补给等方面的差异。例如，可以在相同降水强度下，在森林和草原区域设置多个样地，监测降水的入渗、径流量及土壤湿度变化，揭示不同生态系统对水分的截留和利用差异。通过这样的对比实验，研究人员能够明确不同生态系统类型对水文过程的独特作用，为未来的生态修复、植物恢复和水土保持提供依据。

在河流研究中，对比实验也能够揭示不同河段的水文生态特征差异。由于地形、土地利用以及上游与下游的水文条件不同，同一条河流的不同段落往往呈现出截然不同的水质特征、水生生物群落结构及其对水流的调节作用。例如，在黄河流域的上游地区，由于地形较为复杂，水流较急，水体的流速较快，水质常常较为清洁，且水生植物的生长空间有限；而在下游地区，水流较为平缓，流域内的农业灌溉、工业用水及城市排水等因素对水质产生较大影响。通过对比实验，研究人员可以分析同一河流在不同段落的水文生态变化，了解水质、水生物群落结构及水流动力学特征的差异，从而为河流的生态修复和水资源的可持续利用提供相应的管理策略。对比实验有助于发现上游与下游之间的生态效应传播和水资源利用的相互影响，为流域综合管理提供系统性的信息。另外，对比实验还可以帮助揭示不同土地利用类型对水文过程的影响。在城市化迅速发展的地区，城市化进程常常伴随着土地利用方式的剧烈变化，如大规模的农田转变为城市用地，这对水文过程带来了显著影响。例如，城市化进程中的硬化地面（如水泥路面、建筑物等）增加了地表径流量，减少了水分入渗，导致洪水发生频率增加。而在农村地区，土地多以农业用地为主，水分的渗透性较强，径流量相对较小。通过在城市化地区与农村地区设置对比样地，研究人员能够监测降水后的径流量、土壤水分、地下水补给等水文变化，揭示土地利用类型与水文过程之间的密切关系。这些实验结果为土地规划和水资源管理提供了重要的科学依据，能够帮助决策者设计更为合理的土地利用和水资源分配方案。

对比实验在实际应用中，除了能够揭示不同生态环境和土地利用类型对水文过程的不同影响外，还能够帮助研究人员进一步理解环境变化（如气候变化、人类活动、土地利用变化等）对水资源系统的潜在影响。通过对比分析不同情景下的生态水文反应，研究人员可以提前预判未来可能面临的水资源危机，为制定有效的应对策略提供科学支持。尤其是在面临全球气候变化和水资源日益紧张的背景下，生态水文对比实验能够为各类生态修复与保护项目提供关键的理论依据，为更好地应对水资源短缺和生态退化等问题奠定基础。尽管对比实验能够为生态水文研究提供丰富的信息，但其实施也面临一定的挑战。首先，对比实验需要较长的时间和较高的成本，因为生态系统的响应往往需要经过较长时间的监测才能收集到足够的数据。此外，对比实验可能受到外界因素的干扰，如突发的气候事件、极端天气等，这些因素可能导致实验结果的不确定性。因此，在设计对比实验时，研究人员需要谨慎考虑实验的可操作性，并尽量减少外部干扰因素的影响。

（四）遥感与地理信息系统（GIS）技术应用法

1. 遥感技术

遥感技术在生态水文研究中的应用日益广泛，特别是在大尺度环境监测和动态变化分析方面。通过卫星、航空飞行器等平台搭载的传感器，遥感技术能够获取广泛的地球表面信息，包括植被覆盖度、土地利用变化、水体分布、土壤湿度等关键变量，极大地提升了生态水文研究的空间分辨率和时间精度。与传统的地面调查相比，遥感技术具有快速、覆盖广泛、无损和高效等优点，能够在大尺度上进行实时监测，为水文生态过程的定量分析提供了可靠的支持。植被是水文过程中的关键因素，它通过蒸腾作用影响区域的水分循环。遥感影像中的植被指数（如 NDVI，归一化差异植被指数）广泛用于监测植被的生长状况、覆盖度及其动态变化。通过对比不同时期的植被指数，研究人员可以分析植被的时空变化及其与气候变化、土地利用变化的关系。此外，遥感影像还可以结合气象数据（如降水量、温度等）对生态水文过程进行分析，研究降水、植被与水文过程之间的相互作用。例如，在干旱地区，植被指数可以帮助评估土壤水分状况和植被恢复情况，为干旱监测和生态恢复提供重要的信息。

水体是水文循环中的重要组成部分，遥感影像能够高效地提供大范围的水体分布信息。通过利用遥感影像中的水体识别技术，研究人员可以监测水库、河流、湖泊等水体的面积变化和水位波动，从而评估水资源的变化趋势。例如，遥感影像可用于监测黄河流域及其支流的水体状况，评估水资源的时空变化和流域内的水量分配。这对于流域水资源管理、洪水预警、生态修复等具有重要的意义。与传统地面观测相比，遥感技术可以跨越地理障碍，实时获取多源、多时相的水体信息，为决策者提供更加精准的水资源评估数据。此外，遥感技术在土壤湿度监测方面的应用也为生态水文研究提供了有力的支持。土壤湿度是水文循环中的关键参数，直接影响植物的生长、地下水补给及地表径流的形成。传统的土壤湿度监测多依赖地面观测，且覆盖范围和时间精度有限。而遥感技术则能够通过热红外和微波遥感数据，估算大尺度区域的土壤湿度分布。通过分析遥感数据，研究人员可以获得不同时期和不同地区的土壤湿度状况，进而分析降水、蒸发、植被等因素对土壤水分的影响。遥感技术在土壤湿度监测中的应用，不仅提高了数据采集的空间分辨率和时间分辨率，还为生态水文模型提供了重要的输入数据，推动了水资源管理和水文预测的精确化。

遥感技术的另一个重要应用是在地表蒸散发量估算方面。地表蒸散发是水文循环的重要组成部分，影响着区域水资源的变化。通过利用遥感技术中的热红外数据，研究人员能够估算地表的蒸散发量，尤其是在水资源较为紧张的地区，蒸散发的精确估算对于水资源平衡和气候变化研究至关重要。通过遥感数据与气象数据结合，科学家可以评估区域蒸散发的时空变化，并进一步分析气候变化、土地利用等因素对蒸散发过程的影响，为流域水资源管理和气候变化适应提供决策支持。遥感技术的优势在于其能够覆盖大范围、多尺度的地表信息，具有高效、实时、无损的特点，这使得它在生态水文研究中具有不可替代的作用。通过遥感影像，研究人员可以在没有过多依赖地面调查的情况下，获得流域、区域甚至全球范围内的生态水文数据，帮助全面了解水文循环的过程和变化趋势。此外，遥感技术还能够与 GIS、遥感数据处理软件和水文模型等技术结合，形成一体化的生态水文监测系统，推动精准水资源管理与生态保护。尽管遥感技术在生态水文研究中有诸多优势，但其应用仍面临一些挑战。遥感数据的处理和分析需要强大的计算平台和专业技术支持，尤其是在数据量庞大的情况下，如何快速、准确地处理和提取有价值的信息是一个技术难题。遥感数据的获取和应用受到一定的时空分辨率的限制,特别是在极端天气或复杂地形条件下,遥感技术可能存在一定的偏差。因此,在实际应用中,遥感技术应与地面监测、模型模拟等手段结合,以提高其精度和可靠性。

2. 地理信息系统(GIS)技术

地理信息系统(GIS)技术在生态水文研究中具有重要的作用,尤其在数据存储、管理、分析和可视化方面,能够为研究人员提供强大的空间分析能力。GIS 技术通过集成和处理各种来源的数据,包括野外监测数据、遥感数据、气象数据、流域模型模拟数据等,形成综合的空间数据库,帮助揭示生态水文系统的动态变化和空间规律。通过空间分析和可视化展示,GIS 不仅能够揭示水文过程的时空特征,还能为水资源管理和生态保护提供科学的决策支持。GIS 技术通过建立地理空间数据库,将水文站点、河流网络、流域边界、土地利用类型、生态保护区等信息有效整合在一起。这样,研究人员能够以空间为基础,进行水文过程的深入分析。例如,GIS 能够将不同来源的水文数据叠加在同一地图上,通过空间重叠分析,揭示不同因素对水文过程的影响。GIS 技术的优势在于能够整合来自不同监测系统、模型模拟和遥感观测的数据,为生态水文研究提供全面而精确的信息支持。

通过分析流域的地形特征,研究人员能够深入了解地形因子对水文过程的影响。例如,通过对流域坡度、坡向、地形起伏度等地形因子的计算,GIS 技术能够揭示地形对降水、径流形成和汇流路径的影响。坡度较大的地区通常容易产生较强的径流,而地形起伏度较大的区域则可能导致水流的不均匀分布。通过这种空间分析,研究人员能够确定不同地形对水文过程的关键影响,进而为流域水资源调配和防洪减灾提供依据。通过将水质监测数据与流域的土地利用图层进行叠加分析,GIS 可以帮助研究人员揭示土地利用变化与水质恶化之间的空间关系。例如,城市化进程中的土地覆盖变化往往伴随着水体污染的加剧,土地利用的类型和分布直接影响着流域的水质状况。通过这种空间分析,GIS 可以帮助判断污染源的分布和污染物的扩散路径,为水质监控和流域治理提供直观的决策支持工具。

通过分析流域范围内的生态保护区、湿地分布、植被覆盖等信息,GIS 技术能够帮助研究人员评估生态保护措施的实施效果。例如,通过对流域内不同植被类型的分布进行空间分析,GIS 能够揭示植被覆盖的变化对水文过程的影响,进一步为生态恢复和水资源保护提供科学指导。此外,GIS 还能够帮助决策者确定优先保护的生态敏感区,进行有效的生态规划和管理。GIS 技术的空间可视化功能为生态水文研究提供了直观的展示平台。通过将空间分析的结果以地图、图表等形式呈现,研究人员可以清晰地看到水文过程和生态系统的空间分布和变化趋势。这种可视化工具不仅能够帮助科研人员理解复杂的水文生态过程,也能为政策制定者提供便捷的决策支持。例如,在水资源管理和流域治理中,GIS 可通过地图直观展示不同地区的水资源状况,帮助决策者了解区域水资源分配的合理性,优化水资源的利用和调配。

(五)同位素示踪法

同位素示踪法是一种在生态水文研究中日益重要的技术,它利用稳定同位素(如氢同位素、氧同位素、碳同位素等)或放射性同位素在水文系统中的自然分布特征来追踪水分和物质的来源、迁移路径、转化过程及其停留时间等信息。与传统的水文测量方法相比，同位素示踪法能提供更为精细的微观层面数据，揭示水文和生态系统过程中的细节和内在机制，具有极高的应用价值。同位素示踪法在水源组成的研究中具有显著的优势。在流域水文研究中，了解水源的组成是解决水资源分配和管理的关键问题。通过分析河水、地下水、降水、冰川融水等不同水源的氢氧同位素比例，可以精确地确定各类水源在水体中的贡献率。例如，通过对河水中氢同位素（如 δD）和氧同位素（如 $\delta 18O$）的分析，研究人员可以分辨降水、地下水和其他水源的混合情况，这为流域水资源的合理调配提供了科学依据。在一些干旱地区，地下水与地表水的互动十分复杂，利用同位素技术可以有效识别地下水的补给来源和水流方向，帮助评估地下水的可持续利用潜力。

水分在土壤中的垂直运动和扩散是水文循环的重要组成部分，对农田水利、生态恢复等领域至关重要。传统的土壤水分研究往往难以深入到水分的微观流动机制，而同位素示踪法可以克服这一难题。通过使用含有特定同位素标记的水进行灌溉实验，研究人员可以追踪水分在土壤中的运动轨迹，监测不同土层深度的水分含量变化。通过分析不同深度层次的同位素浓度，能够确定水分的垂直运动速度、土壤水分的滞留时间及其扩散范围，揭示土壤水分在不同地质和气候条件下的迁移规律，这为农业灌溉管理和土壤水分调控提供了理论支持。碳同位素技术（如 13C 和 14C）是研究植物光合作用和土壤微生物活动的一种有效手段。植物在光合作用过程中固定的碳经过不同途径进入植物体、土壤和大气，而这些过程的时空分布和相互作用影响着生态系统的碳收支。在生态水文研究中，利用碳同位素标记植物光合作用的碳，可以追踪植物体内碳的流动和转化路径，揭示碳在植物-土壤-大气系统中的交换机制。例如，通过分析不同植物种类对碳同位素的吸收与转化情况，研究人员可以了解不同植物类型对碳的固定能力及其对土壤碳库的影响。这对于研究全球变化背景下生态系统的碳收支和温室气体排放具有重要意义。

同位素示踪法还可以用于研究水文过程中的微观层面影响，尤其是在水-土-气相互作用的研究中。例如，在地下水与表层水的交换过程中，通过监测地下水的氢氧同位素变化，研究人员可以揭示地下水和地表水之间的相互作用机制，分析水体交换的动态过程。通过这些细致的追踪和分析，同位素示踪法帮助研究人员从微观尺度上理解生态水文过程中的物质和能量交换，进一步提高对生态系统动态变化的理解。同位素标记实验通常需要较高的技术和设备支持，尤其是在野外条件下进行长期追踪时，需要解决技术实施的可行性问题。数据分析和解释过程中，往往需要对大量的实验数据进行复杂的统计和模型化处理，这对研究人员的专业水平提出了较高的要求。此外，同位素示踪法也受到自然背景噪声的影响，如何排除干扰因素，提高数据的精确度，也是当前研究中的一大难题。

第二节　流域生态需水的时空特征

一、时间特征

黄河流域生态需水在时间维度上呈现出复杂且规律的变化模式，这一变化与流域的气候、地理、生态系统类型以及人类活动等诸多因素密切相关，深刻影响着黄河流域生态系统的健康与稳定以及水资源的合理配置与管理。

（一）春季

春季（3-5月）在黄河流域的生态需水进程中具有独特的地位与特征。春季通常是黄河流域的枯水期，降水稀少，河流主要依赖于地下水补给和前期的蓄水维持一定的流量。此时，生态需水的核心目标之一是保障河道内水生生物的基本生存条件。许多鱼类在春季进入繁殖期，需要特定的水温、水流速度和水深等水文条件，例如一些冷水性鱼类适宜在水温较低且相对稳定的环境中产卵，而一定的水流速度有助于鱼卵的扩散和孵化，维持河道内不低于某一阈值的基流就显得尤为关键。此外，春季也是部分河岸带植被开始复苏的时期，虽然植被生长速度相对较慢，但仍需一定量的土壤水分支持根系的活动和营养物质的吸收，以启动新一年的生长周期。在黄河上游的一些河源地区，春季的生态需水对于维持湿地生态系统的稳定同样不可或缺。湿地作为众多候鸟的迁徙停歇地和繁殖场所，其水位的稳定和水质的适宜性直接关系到候鸟的生存与繁衍。尽管春季生态需水总量相对较少，但由于来水有限，生态缺水现象在部分地区较为常见，这对生态系统的压力不容忽视[①]。

（二）夏季

随着夏季（6-8月）的来临，黄河流域进入雨季，降水显著增加，河流水量迅速上升。这一时期的生态需水呈现出多方面的强烈需求。首先，植被蒸腾作用在夏季达到高峰。黄河流域广泛分布的森林、草原、农田等植被类型在高温和充足光照条件下，通过蒸腾作用大量消耗水分。以森林植被为例，高大的树木根系发达，能够吸收深层土壤水分并通过叶片气孔将水分蒸腾到大气中，这不仅是植被自身生长代谢的需要，也对区域气候调节、水汽循环产生重要影响。其次，夏季也是土壤水分补充的关键时期。降水的大量入渗有助于补充春季以来因植被生长和蒸发消耗而减少的土壤水分，维持土壤的肥力和结构稳定性，为植被在后续生长季节的持续生长提供保障。夏季充沛的降水和合理的灌溉（其中一部分来自黄河水的调配）满足了农作物生长旺盛期对水分的大量需求，保障了粮食产量。再者，黄河流域众多的湿地生态系统在夏季迎来了生物多样性最为丰富的时期。湿地水位的上升扩大了水域面积，为各种水生生物提供了更为广阔的生存空间，同时也为大量候鸟提供了丰富的食物资源和适宜的栖息环境。例如，黄河三角洲湿地在夏季汇聚了众多珍稀鸟类，它们在这里觅食、筑巢、育雏，形成了独特而壮观的生态景象。此时，维持湿地生态系统的健康与稳定需要大量的水资源，包括合适的水位、水质以及水流交换条件，以满足湿地植物生长、微生物分解、鱼类繁殖等多种生态过程的需求。

（三）秋季

秋季（9-11月），黄河流域降水逐渐减少，河流水量开始回落，但生态需水的重要性并未减弱。一方面，河流的自净能力在这一时期面临着考验。夏季的降水往往会携带大量的面源污染物进入河流，如农业化肥、农药残留以及地表冲刷的泥沙等。秋季需要维持一定的河流水量，以保证水体的稀释、扩散和净化能力，防止污染物在河道内积累，保护河

---

① 张金良，李达. 黄河流域泥沙系统治理科学研究与工程实践[J]. 中国水利，2024（05）：11-16+23.

流生态系统的健康。例如，一些对水质要求较高的水生生物，如某些珍稀鱼类和水生昆虫，其生存环境依赖于相对清洁的水质，秋季的生态需水能够为它们提供适宜的生存条件。另一方面，秋季是许多植物的果实成熟和种子传播季节，部分植物种子需要借助水流进行传播扩散，这就要求河流保持一定的流量和流速。同时，秋季植被生长速度虽然放缓，但仍需要一定的水分维持其生理活动，为冬季的休眠做好准备，如积累足够的营养物质、增强抗寒能力等。在一些河岸带植被群落中，秋季的水分供应还影响着植被群落的演替和结构调整，合适的水分条件有助于一些先锋植物的定居和繁殖，为下一年度植被群落的发展奠定基础。

（四）冬季

冬季（12-次年2月），黄河流域大部分地区气温较低，生态系统进入相对休眠或缓慢生长状态。此时，生态需水主要聚焦于维持河流的基本生态流量，防止河道断流。河道断流会对河流生态系统造成严重破坏，破坏水生生物的栖息地连续性，导致鱼类等生物因缺氧、搁浅等原因死亡，还会影响河流与地下水的水力联系，破坏河岸带生态系统的稳定性。即使在冰期，河流冰层下的水流也为一些耐寒生物提供了生存空间，维持一定的基流能够保证冰层下的水温、水质相对稳定，为这些生物的越冬创造条件。例如，一些冷水性鱼类能够在低温的冰下水中存活，它们依赖于缓慢流动的水流获取氧气和食物资源。此外，冬季的生态需水对于保持河道形态和河床稳定性也具有重要意义。一定的水流能够冲刷河床，防止泥沙过度淤积，维持河道的输水输沙能力，为来年春季河流生态系统的复苏奠定基础。

（五）年际变化

在丰水年，降水充沛，河流水量丰富，生态需水在总量上相对容易得到满足，但也需要合理调配水资源，避免因洪水等灾害对生态系统造成破坏，如控制洪水水位以保护河岸带植被和湿地生态系统免受淹没和冲刷。在枯水年，降水稀少，生态需水的缺口增大，此时如何在保障人类基本用水需求的前提下，优先满足生态系统的关键需水环节，成为水资源管理的重要挑战。例如，通过制定严格的用水配额制度，限制非必要的用水活动，确保河流生态基流的维持和重要湿地生态系统的补水等。长期来看，随着气候变化导致的降水模式改变、气温升高以及极端气候事件频率增加，黄河流域生态需水的年际变化幅度可能进一步增大，这对流域生态系统的适应性和水资源管理的灵活性提出了更高的要求。

二、空间特征

黄河流域在地理空间上跨越了多个不同的自然区域，从河源区的高原草甸到上游的峡谷地带，从中游的黄土高原到下游的冲积平原，不同区域的地形、地貌、气候、土壤以及生态系统类型差异巨大，这使得黄河流域生态需水在空间分布上呈现出鲜明的特征，反映了不同区域生态系统对水资源的独特需求和依赖关系。

（一）黄河上游

河源区分布着众多的湖泊湿地，如扎陵湖、鄂陵湖等，这些湖泊湿地是黄河流域重要的水源涵养地和生物多样性富集区。其生态需水主要用于维持湖泊湿地的水位稳定、水质净化以及周边草原草甸植被的生长。湖泊湿地的水位对于候鸟栖息和繁殖至关重要，稳定的水位能够提供适宜的水深和水域面积，满足不同候鸟的觅食和筑巢需求。例如，每年春季，大量的候鸟如黑颈鹤、斑头雁等迁徙至此，在湖泊湿地中栖息繁衍，它们依赖于丰富的水生生物资源和适宜的栖息环境，而这一切都与湖泊湿地的生态需水密切相关。同时，周边的草原草甸植被作为水源涵养的重要载体，其生长需水对于保持土壤水分、减少水土流失以及调节河川径流具有关键作用。这些植被通过根系吸收土壤水分，降低地表径流速度，增加入渗，从而有效地涵养了水源，为黄河的稳定径流提供了保障。在峡谷地带，水流湍急，生态需水主要体现在维持河流的生态基流，保障水生生物的生存空间和洄游通道。一些冷水性鱼类如裂腹鱼等在峡谷河流中生存，它们适应了特定的水流速度、水温以及水质条件，生态需水的满足能够确保这些鱼类种群的稳定和繁衍。

（二）黄河中游地区

该区域的生态需水在满足河道内生态功能的基础上，着重于水土保持和生态修复。通过植树造林、种草等植被建设措施以及梯田修筑等工程措施来减少水土流失，这就需要大量的水分支持植被生长和土壤稳定。在植被建设方面，不同类型的植被对水分需求各异。例如，乔木林在生长初期需要较多的水分来扎根和建立树冠，而灌木林和草地相对耐旱，但在生长旺季也需要一定的水分供应。合理配置生态用水，根据植被类型和生长阶段进行灌溉和水分管理，能够提高植被覆盖率，增强植被对土壤的固持能力。同时，梯田的修筑改变了坡面径流的路径和速度，增加了土壤入渗，减少了水土流失，但梯田的土壤水分保持也需要一定的生态需水支持，以维持土壤肥力和作物生长。在一些支流流域，如汾河、渭河等，生态需水还与城市生态建设和农业灌溉密切相关。城市生态景观用水、公园湖泊补水等需求逐渐增加，需要在保障河流生态基流的前提下，合理调配水资源满足城市生态需求。而农业灌溉作为中游地区水资源的主要消耗领域，在满足农作物生长需水的同时，也要注重农业节水和水资源的循环利用，避免过度开采地下水和浪费黄河水，以维持农业生态系统的可持续发展和河流生态系统的健康。

（三）黄河下游地区

下游地处冲积平原，人口密集、经济发达，生态需水面临着与人类活动用水竞争激烈的局面，这里的生态需水首先要确保河道生态基流，维持河流的连通性和水生生物生存环境。黄河下游河道是众多水生生物的栖息地，如鲤鱼、鲫鱼等常见鱼类以及一些珍稀水生动物，稳定的生态基流能够保证水温、水质、水深等水文条件满足水生生物的生存需求，防止河道断流导致水生生物栖息地丧失和种群数量下降。同时，黄河三角洲地区作为黄河流域的重要生态区域，其生态需水对于维持河口湿地生态系统的稳定和生物多样性具有不可替代的作用。河口湿地是多种生物的繁殖地和迁徙中转站，每年吸引着大量的候鸟在此停歇和越冬。湿地生态需水包括维持适宜的水位、盐度、水质以及水流交换条件等。例如，合适的盐度范围能够保证湿地植物的生长和浮游生物的繁殖，为鸟类和鱼类提供丰富的食物资源；水流交换能够促进营养物质的循环和泥沙的淤积，维持湿地的地形地貌和生态功能。此外，下游地区的生态需水还需兼顾区域经济社会发展用水，如城市生活用水、工业用水以及农业灌溉用水等。在一些城市，如济南、郑州等，城市生态景观用水需求日益增长，河流、湖泊的补水对于改善城市生态环境、提升居民生活质量具有重要意义。通过合理的水资源调配和水权管理，在保障人类基本用水权益的同时，实现生态需水的优先满足和高效利用,是黄河下游地区水资源管理和生态保护面临的重要任务。例如,利用污水处理厂的再生水补充城市景观水体和部分工业用水,节约黄河水用于生态基流保障和河口湿地补水等,实现水资源的循环利用和生态与经济社会的协调发展。

第三节 水文变化对生态系统的影响

一、河道形态改变对生态系统的影响

水文变化在黄河生态系统中对河道形态有着极为关键且多维度的影响。黄河作为我国重要的河流,其径流量和水位的波动犹如一双无形的大手,时刻塑造着河道的模样。在丰水期,黄河水奔腾而下,较大的流量裹挟着大量泥沙汹涌前行。这一时期,水流具有强大的动力,能够将上游冲刷而来的泥沙较为顺畅地搬运至下游,从而有助于维持河道的一定深度和宽度,保障河道的输水输沙能力处于相对稳定的状态,有效防止河道因泥沙淤积而过度变浅变窄,或者因泥沙不足而出现萎缩的现象。例如,当黄河上游地区迎来丰沛的降水,众多支流汇聚大量来水时,下游河道能够在较长时间内保持较为宽阔和深邃的形态,使得河水能够按照自然规律流淌,维持整个流域的水沙平衡。

然而,与之形成鲜明对比的是枯水期。此时,黄河的径流量显著减少,水流变得缓慢而微弱,其携带泥沙的能力也大打折扣。泥沙大量淤积在河道底部。河槽会变得越来越浅,越来越窄,严重影响河道的行洪能力。一旦遭遇暴雨等极端天气,河水水位迅速上升,但由于河道变窄变浅,无法容纳过多的水量,洪水就极易溢出河道,淹没周边地区,给沿岸居民的生命财产安全带来巨大威胁。同时,狭窄的河道也会对航运功能造成阻碍,大型船只难以通行,限制了水上运输业的发展,影响区域经济的交流与合作。此外,长期的水文变化还可能导致河道的弯曲度发生改变。在水流动力不均衡的情况下,河水对河岸的冲刷作用在不同位置有所差异,可能使得原本较为顺直的河道逐渐变得弯曲,甚至形成河曲。而河曲的进一步发展可能会引发裁弯取直现象,这一系列的变化都会对河道周边的生态环境产生深远的影响,改变水流的速度分布、泥沙的沉积位置以及水生生物的栖息环境等。

二、河岸带生态变化对生态系统的影响

河岸带作为水陆交错的特殊生态区域,其生态稳定性与水文条件紧密相连,水位的变化是其中最为显著的影响因素。在高水位时期,河水大量漫溢至河岸带区域,可能会将大片的河岸植被淹没。对于一些不耐水淹的植物种类而言,长时间的浸泡会导致其根系缺氧,进而影响植物的正常生长甚至导致死亡。例如,一些草本植物在被洪水淹没数日后,叶片会逐渐发黄枯萎,根系腐烂,最终从河岸带消失。即使是一些相对耐淹的植物,在高水位的持续冲击下,也可能会受到不同程度的损害,如树枝折断、树皮受损等。

由于缺乏河水的补给,土壤逐渐变得干燥,这对于河岸植被的生长极为不利。许多植物因无法获取足够的水分而生长缓慢,一些浅根系的植物甚至会因为干旱而死亡。随着河

岸植被的退化，河岸带的生态功能也会逐渐减弱。植被原本能够起到固土护坡的作用，其根系可以牢牢地固定土壤颗粒，防止河岸土壤被水流冲刷侵蚀。但当植被减少后，河岸的稳定性下降，在水流和风力的作用下，河岸土壤容易被侵蚀搬运，导致河岸崩塌、后退。河岸崩塌不仅会破坏河岸带原有的生态景观，还会使大量的泥沙进入河道，进一步影响河道的形态和水质。同时，河岸带生态系统的退化还会对周边的陆地生态系统产生连锁反应。例如，河岸带是许多鸟类和小动物的栖息地和觅食场所，当河岸植被减少后，这些生物的生存空间被压缩，食物资源也变得匮乏，它们不得不迁移到其他地区寻找适宜的生存环境，从而影响了整个区域的生物多样性分布。

三、湿地面积与植被分布变化对生态系统的影响

黄河流域的湿地生态系统对水文变化极为敏感，其中湿地面积与植被分布首当其冲受到影响。水位的高低直接决定了湿地的面积大小和淹没深度，进而深刻地改变着湿地植被的分布格局。在丰水期，黄河水量充沛，大量河水涌入湿地，使得湿地被水淹没的面积显著增大。此时，一些原本处于湿地边缘或地势较高区域的陆地逐渐被水淹没，形成了新的水生环境。这种变化为水生植物提供了更为广阔的生长空间，许多适应水生环境的植物如芦苇、香蒲等得以迅速扩张其分布范围。它们在浅水区大量繁殖，形成茂密的植被群落，不仅为众多水生生物提供了栖息场所和食物来源，还对湿地的水质净化、土壤保持等生态功能起到了重要的促进作用。例如，芦苇的根系发达，能够有效地固定土壤，防止湿地土壤被水流冲刷，同时其茎叶可以吸收水中的营养物质和污染物，起到净化水质的作用。

由于来水减少，湿地水位迅速下降，原本被水淹没的区域逐渐露出水面。湿地的面积不断缩小，一些原本生长在浅水区的水生植物因失去了适宜的水生环境而逐渐死亡。例如，一些浮叶植物和沉水植物由于水位下降，无法维持其正常的生长和繁殖，叶片枯萎，植株逐渐消亡。而在湿地边缘的一些湿生植物，虽然能够在一定程度上耐受干旱，但长期的低水位也会对其生长产生抑制作用。它们的生长速度减缓，植株变得矮小，分布范围也逐渐收缩。湿地植被分布的这种变化直接影响了依赖湿地生存的动物群落。许多鸟类和水禽以湿地植被的种子、根茎、嫩叶等为食，当植被减少时，它们的食物来源变得匮乏，不得不迁徙到其他湿地或水域寻找食物和栖息地。此外，湿地植被的减少还会影响湿地的生态功能，如削弱湿地对洪水的调蓄能力、降低湿地对气候变化的缓冲作用等，对整个黄河流域的生态平衡产生不利影响。

四、水生生物多样性改变对生态系统的影响

黄河作为众多水生生物的家园，其水温、水流速度、水位以及水质等水文要素的任何变化都可能引发水生生物生存环境的改变，进而影响水生生物的多样性。鱼类作为黄河水生生物的重要组成部分，其繁殖行为与水文条件密切相关。许多鱼类在春季繁殖季节，对水温、水流速度和水位有着极为苛刻的要求。例如，一些土著鱼类需要水温逐渐上升至特定范围，同时依赖适度增加的水流刺激来启动产卵活动。当水文条件发生异常变化，如水温异常升高或降低、水流速度过快或过慢时，这些鱼类的繁殖行为就会受到严重干扰。水温过高可能导致鱼卵发育异常，甚至死亡；而水流速度不当则可能使鱼卵无法顺利附着在

合适的基质上，或者使幼鱼在孵化后难以找到适宜的栖息和觅食场所，从而导致鱼卵孵化率降低，幼鱼成活率下降。长此以往，这些鱼类的种群数量必然会受到影响，种群结构也可能发生改变，一些珍稀鱼类甚至可能面临濒危或灭绝的危险。

除了繁殖方面，河流的连通性也是影响水生生物多样性的关键因素，而水文变化常常会破坏这种连通性。随着黄河流域水利工程的大规模建设，如水库、水坝的修建，河流的水文过程被人为改变。水库的蓄水和放水调度如果不合理，就可能导致下游河道出现断流或水流不畅的情况。这对于那些需要在河流中进行洄游的鱼类来说，无疑是一场灾难。许多鱼类需要洄游到特定的上游产卵场进行繁殖，或者在不同的季节在河流的不同河段寻找适宜的栖息和觅食场所。当河道断流或水流受阻时，它们的洄游通道被切断，无法完成正常的生活史，种群数量必然会急剧减少。例如，黄河中的一些洄游性鱼类，如中华鲟等，由于水坝的阻隔，其洄游路线被截断，导致其在黄河中的种群数量锐减，甚至在某些河段已经难觅踪迹。此外，水文变化还会影响水生生物的栖息地环境。水位和流量的变动会改变河流水深、流速、水温等物理参数，从而使不同水生生物的适宜栖息地范围发生变化。一些喜急流的水生昆虫和鱼类可能会因为水流减缓而失去适宜的生境，而一些适应静水环境的生物可能会因为水位上升而被淹没。这种栖息地的改变会导致水生生物群落结构发生变化，一些敏感物种可能会因为无法适应新的环境而逐渐消失，而一些耐受物种则可能会趁机扩张其种群范围。水生生物多样性会呈现出下降的趋势，生态系统的稳定性也会因此而受到削弱，影响整个黄河生态系统的健康和可持续发展。

第四节　生态水文恢复的措施与实践

一、黄河生态水文恢复的措施

（一）流域生态空间系统性：开展上中下游系统协同治理

黄河流域生态系统犹如一张巨大而复杂的网，各个区域相互关联又独具特性。上游地区那雄伟的高原冰川、广袤的草原草甸以及闻名遐迩的三江源、祁连山，犹如生态屏障的关键基石，主要承担着涵养水源这一至关重要的生态功能。这里的冰川积雪在阳光照耀下慢慢融化，涓涓细流汇聚成江河的源头，草原草甸则像巨大的海绵，吸纳降水并缓慢释放，保障了黄河水资源的稳定补给。然而，其生态环境恰似精美而脆弱的瓷器，一旦遭受破坏，恶劣的气候条件、脆弱的生态结构以及漫长的生态演替周期，都使得恢复工作举步维艰，甚至可能成为难以逆转的伤痛。

中游的黄土高原，由于长期的人类活动与特殊的地质地貌条件相互作用，水土流失问题极为严重。大量泥沙被雨水冲刷进黄河，使得黄河水变得浑浊不堪，不仅增加了河道淤积的风险，也严重影响了整个流域的生态平衡。下游的黄河三角洲，作为人类经济活动的密集区域，承载着众多的人口、农业生产、工业制造以及城市建设等活动。高强度的人为干扰如同一把双刃剑，在推动区域经济快速发展的同时，也给当地的生态环境带来了沉重的压力，生物栖息地遭受破坏，生物多样性面临严峻挑战。

面对如此复杂且严峻的黄河流域生态困境，必须摒弃传统的碎片化治理思维，从系统性与整体性的宏观视角出发，深刻认识到黄河生态系统是一个有机整体，各区域间相互依存、相互影响。牢固树立"一盘棋"思想，将黄河流域视为一个协同发展的生态共同体。充分重视黄河流域地理环境的差异性，上游的高海拔、寒冷气候与中下游的平原地貌、相对温和气候形成鲜明对比，不同区域的生态系统结构和功能也大相径庭[①]。基于这种差异，强化上中下游治理的协同性，打破行政区域的限制，构建起黄河流域上中下游联动治理的崭新格局。

黄河流域上中下游的联动核心在于生态供体受体关系。上游地区作为生态供体，通过物质、能量和信息的传输，为中下游地区提供了不可或缺的生态支持。例如，上游的清洁水源沿着河道奔腾而下，为中下游的农业灌溉、工业用水和居民生活用水提供了保障；其涵养的水源还维持了中下游河道的基本生态流量，确保了水生生物的生存繁衍。中下游地区则作为生态受体，在接收上游生态产品和服务的同时，也通过自身的生态系统进行消纳、转化和反馈。中下游的湿地能够过滤和净化上游来水，森林植被可以调节局部气候、减少水土流失，这些都是对上游生态输出的积极响应。

为了深入剖析这种生态供体受体关系，需要清晰地解析流域上游生态供体与流域中下游生态受体之间物质、能量、信息传输的生态过程。运用科学的研究方法和先进的监测技术，深入探究流域内生态供体区与受体区之间生态产品、生态服务消纳、流转等供受关系。例如，研究上游植被变化对降水截留、土壤侵蚀以及水源涵养的影响机制，以及这些变化如何通过河流系统传导至中下游地区，影响其水量、水质和生态系统结构。构建生态服务、产品流转模型，从上下游之间的供需平衡角度，精准评估流域发展健康程度。通过该模型，可以定量地分析不同区域生态服务的供给与需求状况，及时发现生态系统中的薄弱环节和潜在风险，为科学合理的生态修复和管理决策提供有力支撑。

依据黄河流域上中下游的立地条件，制定具有针对性的系统修复治理方案，分区施策，全面提升流域生态服务供给能力。聚焦三江源、祁连山、甘南等重点区域，大力实施一系列生态修复举措。加强对高原冰川的保护与监测，限制人类活动对冰川的直接干扰，减缓冰川退缩速度；加大草原草甸的保护力度，推行退牧还草政策，建设草原围栏，开展人工种草工程，提高草原植被覆盖率，增强其水源涵养能力，确保水源的稳定供给。中游地区针对水蚀风蚀严重的区域，全面实施山水林田湖草保护项目等综合性生态治理工程。大规模植树造林、种草护坡，增加地表植被覆盖，有效减少水土流失；在黄土高原的沟壑地带，精心修建梯田、淤地坝等水土保持工程，拦截泥沙，降低黄河含沙量；合理调整农业产业结构，推广节水灌溉技术和生态农业模式，减少农业面源污染，提升土地资源利用效率和生态系统自我修复能力，强化水土保持功能。下游地区除了通过建立生态补偿机制反哺上游地区，促进上游生态保护与修复外，着重保护滩区生态空间。科学规划滩区土地利用；构建功能完备的湿地公园体系，通过湿地植被恢复、生态补水、栖息地营造等措施，全力保护和恢复湿地生态系统的结构与功能，为众多珍稀鸟类、鱼类等生物提供安全

---

① 刘慧，柴朵雄，李长明，等．黄河泥沙物化特性与改性利用研究进展［J］．人民黄河，2023，45（05）：41-45+50.

的栖息、繁殖和觅食场所，切实保护生物多样性。同时，依据生态服务供受关系，在《黄河流域生态环境保护规划》提出的黄河流域生态保护"一带五区多点"空间布局基础上，精心架构生态廊道保护网络。通过建设河岸带植被廊道、湿地廊道等生态廊道，将黄河流域上中下游的各类生态斑块有机连接起来，打通生态服务供给通道，促进生态要素在流域内的自由流动和优化配置，提高整个流域生态系统的连通性和稳定性，为黄河生态水文的全面恢复和可持续发展奠定坚实基础。

（二）流域生态要素系统性：优化山水林田湖草沙配置

黄河流域的生态修复工作意义深远且任务艰巨，其核心在于立足生态系统的整体性思维，深刻认识到山水林田湖草沙作为生态系统不可或缺的重要生态要素，彼此之间相互依存、相互影响，共同构成了一个有机的生命共同体。在国家顶层设计层面，必须突破传统行政区划的局限与束缚，以相对完整的自然地理单元作为生态修复的基本对象。这意味着要摒弃过去那种以地方行政区域为界限的零散治理模式，从整个黄河流域的宏观视角出发，进行统一的规划设计与战略部署。例如，对于跨越多个省份的黄河上游水源涵养区域，应整合各方资源，制定全面且协调一致的生态修复工程方案，确保整个区域的生态系统能够得到系统性的修复与保护。始终秉持保护优先、自然恢复为主的基本原则，充分尊重自然生态系统的自我修复能力和演替规律，避免过度的人为干预对生态系统造成二次伤害。同时，积极推动跨区域的协同合作，打破地方保护主义的壁垒，形成区域间资源共享、责任共担、协同治理的良好局面，有效减少因局部治理而导致的工程碎片化问题，避免出现"头痛医头、脚痛医脚"的片面治理现象，从而实现整个黄河流域生态修复的整体性和连贯性。

在具体的生态修复方案制定与实施过程中，针对不同类型的重点地理单元区域，如三江源、祁连山、若尔盖等水源涵养区，这些地区作为黄河流域的"水塔"，其生态系统的稳定与否直接关系到整个流域的水资源供应。在修复过程中，需充分考虑当地的气候条件，如高寒缺氧的气候特点对植被生长和水源涵养的影响；深入分析生态系统本底状况，包括土壤类型、植被覆盖度、生物多样性等；明确其主导生态功能为水源涵养，并评估当前的生态退化程度，如冰川退缩、草原退化等问题的严重性。基于这些综合因素，设定科学合理的生态修复目标，如提高水源涵养量、恢复草原植被覆盖度等。然后，优化配置山水林田湖草沙的生态修复模式，例如在水源涵养区，通过加强对冰川的保护与监测，合理规划草地的放牧强度与方式，开展植树造林工程以增加森林覆盖率，同时注重湖泊湿地的保护与修复，提高其对水资源的调蓄和净化能力，从而构建起一个全方位、多层次的生态修复体系。

对于宁夏中部等荒漠化防治区，要着重考虑干旱少雨、风沙肆虐的气候特征以及土地沙化严重的生态本底现状，其主导生态功能为防风固沙。在生态修复中，通过种植耐旱抗沙的植被品种，如沙棘、梭梭等，构建防风固沙林带；改良土壤结构，提高土壤保水保肥能力；合理规划农田布局；加强湖泊湿地的保护，利用其调节局部气候、涵养水源的功能，共同抵御风沙侵袭，逐步遏制荒漠化的蔓延趋势。

在黄土高原水土保持区，依据其水土流失严重的特点，综合考虑降水集中、地形破碎等气候与地形条件，以及植被稀疏、土壤侵蚀严重的生态本底状况，明确水土保持为其主导生态功能。通过修建梯田、淤地坝等水土保持工程措施，有效拦截泥沙；开展大规模的植树种草活动，减少雨水对土壤的直接冲刷；合理调整土地利用结构，优化山水林田湖草沙的配置比例，提高生态系统的水土保持能力，减轻黄河泥沙含量，改善流域生态环境。

对于乌梁素海等重点河湖水污染防治区，充分考虑其作为流域内重要水体的生态功能和当前面临的水质污染问题，如工业废水排放、农业面源污染等。通过加强污水处理设施建设，提高污水排放标准；推广生态农业模式，减少农药化肥使用量；开展湖泊生态修复工程，如种植水生植物净化水质、投放有益微生物改善水体生态环境等，恢复河湖水生态系统的健康与活力。

在黄河三角洲湿地生态保护区，结合其位于黄河入海口的独特地理位置，以及丰富的生物多样性和重要的生态服务功能，如鸟类栖息地、渔业资源繁殖场所等。在生态修复过程中，注重湿地植被的恢复与保护，合理调控黄河水沙资源，保证湿地的生态用水需求，维持湿地的生态平衡与稳定；加强对珍稀鸟类和水生生物的保护与监测，建立自然保护区和生态廊道，为生物多样性的保护和繁衍创造良好的生态条件。同时，在优化配置山水林田湖草沙生态修复模式的过程中，注重通过水沙调控手段，在满足生态用水需求的基础上，避免因过度人工修复而引发的一系列生态问题，如植被过度生长导致水耗增加，进而引起地表径流减少等生态不平衡现象。通过科学合理的规划与管理，提高整个生态系统的自稳定性与自维持力，使黄河流域的生态系统能够在自然与人工的协同作用下，逐步实现健康、稳定、可持续的发展，为黄河流域的生态安全和经济社会发展奠定坚实的基础。

（三）生态产品价值系统性：提升生态修复下生态产品价值转化路径

在黄河生态水文恢复的宏伟蓝图中，生态修复与生态产品价值的协同共进是实现"绿水青山就是金山银山"这一美好愿景的关键所在，唯有达成互利共赢的生态保护局面，才能真正实现黄河流域生态系统的可持续发展与繁荣。传统的生态修复往往侧重于技术层面的操作，然而，要想充分挖掘生态修复过程中所蕴含的生态产品价值，单纯的技术模式已难以满足需求，必须向系统性调控修复模式转变。这种调控修复模式犹如一个精密的生态修复机器，它集技术、管理、政策三个核心方面于一体，通过多维度的协同作用来推动生态修复工作的深入开展。例如，在替代生计方面，可以引导黄河流域的居民从传统的依赖资源消耗型产业，如过度放牧、粗放式农业等，转向生态友好型的新兴产业。比如，鼓励牧民从事生态旅游服务、特色手工艺品制作等，既减少了对草原生态的破坏，又为他们开辟了新的收入来源，实现了生态保护与民生改善的双赢。

通过建立健全的生态产品交易制度，明确各类生态产品的价值核算标准，对黄河流域丰富的水资源、清洁的空气、优美的自然风光等生态产品进行合理定价与交易。例如，下游地区的城市可以向上游地区的生态保护者购买优质的水源涵养服务，以保障城市的饮用水安全；企业可以购买碳汇额度来抵消自身的碳排放，从而激励上游地区的森林植被保护与恢复。产业结构调整也是不可或缺的一环，推动黄河流域的传统产业向绿色、低碳、循环方向转型。在中游的工业区域，加大对污染企业的整治力度，鼓励发展清洁能源、环保材料等新兴产业，降低对环境的压力，同时提高产业的附加值和生态效益。

充分挖掘生态修复下生态产品的生态价值、经济价值和社会价值，是实现"绿水青山就是金山银山"的重要前提。黄河流域拥有得天独厚的生态资源，其生态价值体现在对气候调节、水源涵养、生物多样性保护等方面的重要贡献。例如，黄河三角洲的湿地生态系统不仅是众多珍稀鸟类的栖息地，还在净化水质、防洪减灾等方面发挥着不可替代的作用。从经济价值来看，生态旅游、生态农业、生态渔业等绿色产业的发展潜力巨大。游客们被黄河流域的壮丽自然风光、悠久历史文化所吸引，前来观光旅游，带动了当地餐饮、住宿、交通等相关产业的发展。社会价值方面，良好的生态环境提升了居民的生活质量，增强了人们对家乡的归属感和自豪感，促进了社会的和谐稳定。

为了实现生态产品价值的有效转化，需要完善一系列的制度和机制。建立科学合理的生态产品价值核算体系，准确评估各类生态产品的价值量，为其交易和定价提供依据。自然资产确权登记工作也至关重要，明确生态资源的产权归属，保障所有者的合法权益，增强他们对生态保护和价值开发的积极性。构建完善的生态产品交易制度和市场机制，打破地域限制和行业壁垒，促进生态产品的自由流通和公平交易。例如，建立线上线下相结合的生态产品交易平台，方便买卖双方进行信息交流和交易对接。同时，畅通社会资本投资和获益渠道，通过制定优惠政策、提供风险担保等方式，激发社会资本参与黄河流域生态修复和生态产品价值开发的动力。例如，鼓励企业投资建设生态产业园、生态修复项目，在享受税收优惠、土地政策支持的同时，获得长期稳定的投资回报。

进一步探索黄河流域基于生态产品转化的生态修复新模式，鼓励实施基于EOD（以生态为导向的开发）理念的生态环保产业项目。在项目规划与实施过程中，将生态保护与产业开发有机结合，实现生态效益与经济效益的最大化。例如，在黄河岸边建设生态湿地公园的同时，周边配套发展生态休闲度假产业、健康养生服务业等，形成相互促进的产业发展格局。积极推进生态修复的社会参与，构建"政府-企业-公众"耦合联动的合作机制。政府发挥政策引导、监管执法的主导作用，企业凭借资金、技术、管理经验等优势成为生态修复和产业开发的主力军，公众则通过参与环保志愿活动、监督举报环境违法行为等方式，为黄河生态保护贡献自己的力量。最终形成"自然资源-修复主体-修复模式-修复空间-价值链条"五个维度协同的生态修复下生态产品价值转换的复合系统，实现黄河流域生态、经济、社会的全面协调发展，让黄河成为造福人民的幸福河。

（四）流域生态监管系统性：构建监测-评估-监督-管理系统

黄河生态水文的恢复离不开一套完善且具有高度系统性的生态监管体系，其核心目标是恢复黄河流域的主导生态功能，确保整个生态修复工程能够科学、高效、有序地推进，并取得长期稳定的成效。针对黄河流域内不同类型的生态修复项目，如矿山恢复、滩区治理、林草地恢复以及水蚀风蚀区治理等，构建一套全面且细致的生态保护修复监测-评估-监督-管理系列标准和政策至关重要。这一系列标准和政策应贯穿黄河流域生态修复工程的设计阶段、实施过程阶段以及后期管理维护阶段的全过程。在设计阶段，依据不同区域的生态现状、修复目标和潜在风险，制定出科学合理、具有针对性的工程设计方案和监测评估指标体系，确保修复工程从一开始就有章可循、有据可依。例如，在矿山恢复设计中，明确规定对矿山废弃物处理、土地复垦坡度控制、植被恢复种类选择等方面的具体标准，并确定相应的监测点位和评估周期。

严格按照既定标准和政策对各项修复工作进行实时监测与动态评估。从监管制度层面，建立健全黄河流域生态监管标准体系与规范，明确各参与方的责任与义务，规范监管流程和操作方法。例如，制定详细的生态修复工程施工规范，对施工过程中的环境保护措施、资源利用效率、工程质量控制等方面提出明确要求，确保施工活动不会对周边生态环境造成新的破坏。同时，完善生态修复监测体系，整合各方资源，建立"天空地"一体化的生态监测站网。通过天基卫星的宏观监测，可以获取黄河流域大范围的生态环境变化信息，如土地利用变化、植被覆盖动态等；空基遥感能够提供中等分辨率的图像数据，用于监测特定区域的生态要素变化，如湿地面积变化、河流廊道生态状况等；航空无人机则可对局部重点区域进行高精度、高频率的监测，如矿山修复区的植被生长情况、滩区的地形地貌变化等；移动监测车能够在地面进行灵活的巡回监测，采集水质、土壤等样本数据；地面观测站则负责对特定生态要素进行长期定点监测，如气象数据、地下水位变化等。针对重点监管地区，采用新型的"五基"协同生态环境立体遥感监测体系，充分发挥各监测手段的优势，实现全方位、多层次、高分辨率的生态监测。规范监测流程，确保数据采集的准确性、及时性和完整性，使其能够满足业务化运行的需求，为生态修复工程的实施提供可靠的数据支持和决策依据。

在后期管理维护阶段，完善的评估体系不可或缺。除了考虑生态系统的面积、质量、功能等传统指标外，还应将生态管理措施的有效性、生态产品所取得的经济效益等纳入成效评估标准体系中。例如，评估林草地恢复项目时，不仅要考察植被覆盖度、物种多样性等生态指标，还要分析其对当地畜牧业发展、水土保持服务价值提升等方面的经济贡献；在评估滩区治理成效时，除关注湿地面积恢复、生物栖息地改善等情况外，还要考量其对周边地区生态旅游产业发展的带动作用。通过对"山水林田湖草"生态保护修复工程等重大生态修复工程的实施成效进行全面评估，总结生态修复过程中存在的问题及成功的经验模式。依据生态保护修复成效结果以及生态环境保护督查问题是否整改落实等情况，建立健全奖惩机制。对于成效显著、符合或超出预期目标的生态修复项目，给予资金奖励、政策扶持等激励措施，鼓励更多的地区和项目借鉴其成功经验；对于未达标的项目，责令限期整改，并根据情节轻重给予相应的处罚，如削减资金支持、暂停项目实施等，以确保生态修复工程的质量和效果。

基于水资源承载力和生态承载力，构建生态系统评价预警体系，提升监督管理能力。通过建立科学的模型和指标体系，对黄河流域的水资源利用状况、生态系统承载能力进行实时评估和预测。例如，根据不同地区的水资源可利用量、生态系统的自我修复能力和环境容量等因素，设定预警阈值。当监测数据显示水资源开发利用接近或超过承载能力，或者生态系统受到的压力超出其自我调节范围时，以便采取相应的调控措施，如调整水资源分配方案、限制某些高耗水产业的发展、加大生态保护力度等，避免生态系统进一步恶化，保障黄河流域生态水文恢复工作的顺利进行和生态系统的可持续发展。

二、黄河生态水文恢复的实践效果

黄河生态水文状况的恢复对于整个流域乃至全国的生态安全与经济社会可持续发展具有不可估量的意义。近年来，通过一系列综合措施的实施，黄河流域生态修复已取得了显著的阶段性成效。

（一）水沙调节改善了黄河的水沙关系

在水沙调节方面，相关工程与策略的推进有效改善了黄河的水沙关系。例如，通过科学合理的水库调度以及河道整治工程,在一定程度上实现了对水沙过程的优化。水库在汛期蓄水拦沙,非汛期泄水排沙,使得黄河泥沙的淤积得到了一定程度的控制,同时也保障了下游河道的基本行洪能力。这一举措为黄河流域的生态稳定奠定了重要基础,减少了因泥沙淤积导致的河床抬高、河道变迁等问题对周边生态环境的冲击。

(二) 生态修复林草覆盖率显著提高

经过多年持续努力,黄河流域的林草覆盖率显著提高,提升幅度高达40多个百分点。这一成果不仅直观地改变了黄河流域的地表景观,更重要的是,它极大地增强了植被的水土保持功能、水源涵养能力以及对局部气候的调节作用。茂密的林草植被能够有效拦截降雨,减少雨滴对土壤的直接冲击,从而降低土壤侵蚀的强度。同时,植被根系深入土壤,能够固定土壤颗粒,防止水土流失。此外,林草植被通过蒸腾作用向大气中释放水汽,有助于增加局部地区的空气湿度,促进降水的形成与循环,进一步改善了黄河流域的生态小气候。

(三) 水土流失治理成效显著

水土流失治理工程同样成效显著,黄河流域水土流失面积较水土流失最严重的年份减少了近50%。通过修建梯田、淤地坝等一系列水土保持工程措施,以及植被恢复等生物措施的综合运用,有效控制了坡面径流和泥沙的流失。梯田的建设改变了坡面的地形地貌,使雨水能够更多地渗入土壤,减少了地表径流的产生。淤地坝则像一座座"小型水库",拦截了大量泥沙,不仅减少了泥沙进入黄河主干道的数量,还在坝内淤积出肥沃的土地,可用于农业生产或生态恢复。这些工程措施与生物措施相互配合,形成了较为完善的水土流失防治体系,有力地保护了黄河流域的土地资源和生态环境。

(四) 黄河生态流量逐步提高

在水资源管理与利用方面,通过加强管理和优化配置,黄河生态流量逐步提高,黄河干流已连续22年未出现断流现象。这一成果对于维护黄河流域的水生生态系统具有至关重要的意义。稳定的生态流量确保了河道内水生生物的生存繁衍所需的基本水量和水质条件。鱼类等水生生物能够在适宜的水流速度、水深和水温等环境中正常生活、繁殖和洄游。同时,充足的生态流量也有利于维持河流的自净能力,促进水体中污染物的稀释和降解,保持河水的清洁,为整个黄河流域的生态平衡提供了有力保障。

(五) 存在的问题

黄河流域本身具有水少沙多、生态脆弱敏感的特点,这使得生态修复工作难度极大。已有的工程实施大多仅局限于局部区域,流域上中下游工程措施之间缺乏有效的协调与整合。例如,上游地区的水源涵养工程可能未能与中游的水土保持工程以及下游的湿地保护工程形成有机的联动机制,导致整体生态修复效果未能达到最佳。而且,以往的治理往往未将山水林田湖草沙作为一个完整的生态系统整体开展系统治理,各生态要素之间的协同作用未能充分发挥。

从数据来看,水土流失仍然是当前黄河流域极为突出的主要生态问题。据《2020年黄河流域水土保持公报》统计,黄河流域水土流失面积仍高达26.27万平方千米,占黄河流域总面积的33.05%。其中,内蒙古自治区、陕西省和甘肃省的水土流失问题尤为严重,分别占流域水土流失总面积的25.54%、18.35%、17.93%。这反映出在部分地区,生态修复工作仍需进一步加大力度，深入推进。

经济社会的快速发展也给黄河流域带来了巨大压力。2020年城镇面积较2000年增长64.5%，大规模的城镇建设侵占了大量土地资源，改变了原有的生态格局。同时，水资源开发利用率高达80%，远远超过了水资源开发生态警戒线（一般认为40%左右），这导致了水资源的过度开发与不合理利用，引发了一系列诸如地下水位下降、河流生态基流不足等问题。此外，水污染呈现复合型和结构性特点，工业废水、生活污水以及农业面源污染相互交织，使得黄河流域的水环境质量面临严峻考验。

城镇扩张与矿产开采不仅挤占了黄河流域宝贵的生态空间，还导致生态空间破碎化。许多原本连续的生态斑块被分割成孤立的小块，生物的栖息地遭到破坏，物种之间的交流与迁徙受到阻碍，这直接导致了生物多样性的降低。水资源、水环境、水生态问题相互关联、相互影响，形成了一个复杂的生态问题网络，日益突出的问题严重威胁着黄河流域的生态安全。

由于黄河流域上中下游未能实现统筹协同保护，出现了一系列区域性生态问题。上游地区由于过度放牧、不合理的水资源开发等原因，水源涵养功能有所降低，影响了整个流域的水资源供应稳定性。中游地区水土流失加剧，大量泥沙继续输入黄河，增加了下游河道的淤积风险。下游地区河口湿地萎缩，湿地生态系统的功能如生物多样性保护、水质净化、洪水调蓄等功能逐渐减弱，对沿海地区的生态安全也产生了一定的负面影响。

因此，在"共同抓好大保护，协同推进大治理"的系统思路指引下，必须将黄河流域视为一个完整的、独立的自然区域，摒弃以往碎片化的治理模式，更加注重保护和治理的系统性、整体性、协同性。生态修复作为黄河流域保护与治理的重要举措，其系统性至关重要。科研工作者和管理者近期高度关注生态修复系统性包含的各个方面以及如何在实践中充分体现。通过深入梳理黄河流域生态特征以及新中国成立以来黄河流域生态修复的演进历程，明晰现有生态修复工作中存在的问题，进而提出科学合理的生态修复系统性框架，并制定相应的对策建议，这对于指引黄河流域实现高水平保护，恢复黄河流域生态水文系统的健康稳定，让黄河重新成为造福人民的幸福河具有极为关键的意义。

第十一章 气候变化对黄河流域水文的影响

第一节 气候变化对降水的直接影响

一、强降水事件增多

黄河流域的降水模式正经历着显著的转变，其中强降水事件的增多尤为突出。随着地球气候系统的变暖，大气的热力学性质发生了深刻变化。气温的升高使得海洋和陆地表面的水分蒸发速率加快，大量的水汽被输送到大气中，为降水的形成提供了更为充足的物质基础。黄河流域作为一个受多种气候因素交互影响的区域，也不可避免地受到了这一趋势的冲击。从水利工程角度来看，现有的水库、堤坝等水利设施在设计之初大多是基于以往的降水数据和洪水频率进行规划建设的。然而，强降水事件的增多使得这些设施面临着超出设计标准的洪水压力。例如，黄河上的一些大型水库，在遭遇强降水时，入库水量会在短时间内急剧增加，这就对水库的蓄水能力、泄洪设施以及大坝的稳定性提出了更高的要求。如果水库不能及时有效地调节水位，一旦发生漫坝或溃坝事故，将会对下游地区造成毁灭性的灾难，淹没大片农田、城镇，危及无数居民的生命安全。

强降水事件往往伴随着高强度的地表径流，这些径流在短时间内携带大量泥沙冲入黄河，不仅增加了黄河的含沙量，还会对河流生态系统造成严重破坏。大量泥沙淤积在河道中，改变了河床的形态和水流的特性，使得水生生物的栖息地遭到破坏。一些鱼类的繁殖场所可能被泥沙掩埋，导致鱼类繁殖率下降，种群数量减少。此外，强降水引发的洪水还可能淹没河岸带的植被，破坏植被群落的结构和功能，影响河岸带生态系统对河流的缓冲和过滤作用，进而降低整个流域生态系统的稳定性和生物多样性。从农业生产的角度而言，强降水事件增多带来了诸多不利影响，一方面，强降水可能导致农田积水严重，尤其是在一些地势低洼的地区，长时间的积水会使农作物根系缺氧，引发烂根现象，从而影响农作物的生长发育，甚至导致绝收。例如，黄河流域的一些平原地区，如河南、山东等地的部分农田，在遭遇强降水后，玉米、小麦等农作物受灾严重。另一方面，强降水还可能引发水土流失，肥沃的土壤被冲走，降低了农业生产的可持续性。

城市的排水系统在面对超出设计标准的强降水时，往往会出现排水不畅的情况，导致城市内涝。街道被淹没，交通瘫痪，居民出行困难，同时也会对城市的电力、通信等基础设施造成损坏，影响居民的正常生活秩序。此外，强降水还可能引发山体滑坡、泥石流等地质灾害，对山区居民的生命财产安全构成严重威胁。

二、降水过程集中

降水过程集中意味着在较短的时间内有大量的降水发生，而降水间隔期则相对延长。这使得黄河流域的水资源在时间分布上更加不均衡。在降水集中期，河流的径流量会迅速增加，可能导致洪水泛滥，给流域内的防洪工作带来巨大压力。例如，在夏季的雨季，黄河的某些河段可能会出现洪峰水位急剧上升的情况，威胁到沿岸居民的安全和基础设施的正常运行。而在降水稀少的时期，可能出现断流现象，这对于依赖黄河水资源的农业、工业和城市生活用水等方面都会产生严重的影响。农业灌溉可能因缺水而无法正常进行，导致农作物产量下降；工业生产可能不得不削减规模或停产；城市居民的生活用水也会面临紧张局面，影响居民的生活质量。

大量的雨水迅速形成地表径流，来不及充分下渗和被土壤吸收，这使得土壤水分的涵养和保持变得困难。土壤中的水分含量在短时间内大幅波动，不利于植被的稳定生长。一些浅根系的植物可能会因为无法适应这种快速变化的土壤水分条件而生长不良甚至死亡，进而影响整个植被群落的结构和功能。对于湿地生态系统而言，降水集中可能导致湿地水位在短时间内大幅上升，淹没过多的植被，破坏湿地生态系统的原有平衡。湿地中的鸟类、鱼类等生物的栖息地也会受到影响，它们可能会因为栖息地的改变而被迫迁移或面临生存危机，从而导致湿地生物多样性的下降。降水过程集中给水资源的合理调配和高效利用带来了极大的挑战。由于降水集中在短时间内，大量的水资源可能会白白流失，无法得到有效的储存和利用。传统的水利工程设施如水库、水窖等在调节这种集中降水时可能存在局限性，难以完全满足水资源的存储和调配需求。同时，降水过程集中也使得水资源的水质管理变得更加复杂。在降水初期，大量的地表污染物可能会随着径流被冲入河流，导致河水水质变差，增加了水处理的难度和成本。

在农业生产中，除了面临水资源短缺和洪涝灾害的双重风险外，农民还需要在降水集中期及时采取防洪排涝措施，在降水稀少期寻找替代水源或采取节水灌溉技术，这无疑增加了农业生产的成本和管理难度。在城市建设方面，需要建设更加完善的排水系统和防洪设施来应对降水集中带来的内涝和洪水风险，这需要大量的资金投入和长期的规划建设。工业企业也需要调整生产计划和用水策略，以适应水资源时间分布的不均衡，这可能会影响企业的生产效率和经济效益。

三、降水季节性变化

气候变化对黄河流域降水的季节性变化产生了显著的影响，这种影响在春季、秋季等季节表现得尤为突出，并且对流域的农业生产、生态环境以及水资源管理等方面带来了一系列连锁反应。春季是黄河流域农业生产的关键时期，传统上春季降水相对较少，春旱现象较为常见。然而，随着气候变化的影响，春季部分地区降水略有增加。这一变化在一定程度上对农业生产有着积极的意义。增加的降水为农作物的播种和早期生长提供了更为有利的水分条件。例如，在黄河流域的一些小麦种植区，春季降水的适量增加有助于小麦的顺利出苗和初期生长，使得小麦能够更好地扎根，增强其对后期干旱等不利气候条件的抵御能力。同时，对于一些春季播种的蔬菜、水果等农作物，降水的增加也有利于种子发芽和幼苗生长，提高了农作物的成活率和生长质量。从生态环境角度来看，春季降水的增加有助于改善土壤墒情，促进植被的复苏和生长。一些草地和林地在春季得到更多的水分补给后，这不仅有利于固定土壤，还为野生动物提供了更多的食物资源和栖息场所，促进了生态系统的生物多样性恢复和生态平衡的维持。

然而，秋季降水的变化则呈现出较大的不确定性，这种不确定性给黄河流域带来了诸多不利影响。秋季出现秋雨连绵的情况。过多的降水导致土壤过湿，这对秋季农作物的收获和晾晒造成了极大的困扰。例如，玉米、高粱等农作物在成熟后需要及时收获和晾晒，但秋雨使得田间湿度增大，农作物容易发霉变质，降低了农产品的质量和产量。同时，土壤过湿还会影响农业机械的作业，增加了收获的难度和成本。从生态角度来看，秋季降水过多会导致河流径流量增加，这可能会对河流生态系统中的水生生物产生不利影响。一些鱼类在秋季需要寻找合适的产卵场所，但湍急的水流可能会破坏它们的产卵环境，影响鱼类的繁殖。此外，过多的降水还可能引发水土流失，尤其是在一些山区和丘陵地区，土壤在雨水的冲刷下大量流失，不仅破坏了当地的生态景观，还会导致河流含沙量增加，加重下游河道的淤积。

而在另一些年份，秋季降水又明显减少。这种降水减少的情况不利于土壤水分的补充和冬小麦等越冬作物的播种与前期生长。冬小麦在播种后需要一定的土壤水分来保证其顺利出苗和越冬，秋季降水不足会导致土壤墒情较差，农民需要进行灌溉来补充水分，这增加了农业用水的压力和生产成本。同时，秋季降水减少也会影响到一些林地和草地的生态系统。植被在秋季生长后期需要一定的水分来积累养分和增强抗寒能力，降水不足可能会导致植被生长不良，影响其冬季的抗寒能力和来年春季的复苏生长，进而对整个生态系统的稳定性和生物多样性产生负面影响。

四、降水空间分布改变

气候变化导致黄河流域降水的空间分布发生了显著改变，这种改变呈现出山区降水增加与平原及干旱半干旱地区降水减少的不同趋势，对流域内不同区域的生态系统、水资源利用以及社会经济发展产生了截然不同的影响。在山区如祁连山等山脉地区，由于气温升高引发的一系列连锁反应，降水呈现出增加的趋势。气温升高加速了冰川融化，冰川融水增加了山区的水资源量，同时也使得局部地区的水汽循环增强。更多的水汽在山区地形的抬升作用下。这种降水增加对山区生态系统的稳定和水资源涵养有着积极的意义。山区植被在得到更多降水补给后，生长更加茂盛。更多的植被为野生动物提供了丰富的食物资源和栖息场所，使得山区的生态系统更加繁荣。同时，降水增加有助于山区水资源的涵养，增加了地下水的补给量，使得山区的河流、湖泊等水体能够保持相对稳定的水位和水量，为周边地区提供了更为可靠的水资源保障。例如，祁连山地区的降水增加有利于黑河等河流的水源补给，保障了下游地区的农业灌溉和生态用水需求。

然而，在黄河流域的一些平原地区或干旱半干旱地区，如宁夏平原、河套平原等，降水却呈现出减少的趋势。这些地区原本就依赖黄河水灌溉来维持农业生产和社会经济发展，降水减少进一步加剧了当地的水资源短缺状况。降水减少使得农作物生长面临更大的水分胁迫。例如，在宁夏平原的水稻种植区，降水不足导致水稻生长所需的水分供应紧张，农民不得不增加灌溉水量和频率。此外，降水减少还可能导致土地沙漠化加剧，沙尘暴等自然灾害频发，影响当地居民的生活质量和社会经济的可持续发展。例如，河套平原周边的一些沙漠边缘地区，土地逐渐沙化，对当地的生态安全构成了严重威胁。

这种降水空间分布的改变还对黄河流域的水资源调配和区域协调发展提出了新的挑战。山区降水增加但水资源利用相对有限，而平原及干旱半干旱地区水资源短缺却需求巨大，如何合理调配山区和平原地区的水资源，实现流域内水资源的优化配置，成为亟待解决的问题。同时，降水空间分布的改变也可能导致区域之间的经济发展差距进一步拉大，山区可能因水资源丰富而在生态旅游等绿色产业方面迎来新的发展机遇，而平原及干旱半干旱地区则可能因水资源短缺而在农业、工业等传统产业上受到限制，需要探索新的发展模式和产业转型路径，以实现黄河流域的区域协调发展。

五、对流域整体降水的影响

气候变化对黄河流域整体降水产生了多维度的深刻影响，这些影响相互交织，共同重塑了黄河流域的降水格局，进而对流域的水文循环、生态系统以及社会经济发展产生了广泛而复杂的效应。原本一些稳定的大气环流系统可能被削弱或偏移，导致来自海洋等外部水汽源地的水汽输送量和方向发生改变。例如，影响黄河流域降水的东亚季风系统，其强度和持续时间在气候变化背景下出现波动。当季风减弱时，从太平洋输送至黄河流域的水汽量减少，使得流域内降水相应减少；反之，当季风异常增强时，可能会带来过多的水汽，引发强降水事件。同时，大气环流的变化还会影响黄河流域内部的水汽循环。局部地区的热力差异和地形因素与大气环流相互作用，可能导致水汽在某些区域的聚集或分散，从而改变降水的分布格局。在山区，地形抬升作用与变化的大气环流配合，可能促使更多的水汽凝结形成降水，而在一些平原地区，由于缺乏有效的水汽抬升机制，降水可能减少。

气温上升使得黄河流域的蒸发量增大，更多的水分从陆地表面和水体进入大气。这在一定程度上增加了大气中的水汽含量，为降水的形成提供了更多的物质基础。然而，这种关系并非简单的促进作用。尽管蒸发量增加使得水汽含量上升，但由于大气环流和其他气象条件的限制，这些水汽并不能有效地形成降水，反而导致空气湿度增加，形成一种"桑拿天"的闷热气候状态。在另一些地区，蒸发量的增加可能超过了降水的增加幅度，使得水分收支不平衡加剧，导致干旱风险进一步上升。例如，在黄河流域的一些干旱半干旱地区，原本降水就较少，随着气温升高蒸发量增大，土壤水分更快地散失，植被生长受到抑制，土地荒漠化风险增加，进而影响区域的降水形成机制。因为植被减少会削弱地表的蒸腾作用，降低水汽反馈到大气中的量，进一步减少降水的可能性。

强降水事件增多的同时，平均降水可能并没有显著的增加趋势，甚至在某些地区有所减少。这意味着黄河流域的降水分布更加不均匀，极端性更强。这种变化对流域的水资源管理和防洪减灾提出了更高的要求。由于降水的不均匀性，难以依靠传统的水资源调配方式满足不同季节和地区的用水需求。在防洪减灾方面，强降水事件的增多使得洪水发生的频率和强度增加，而平均降水的变化又使得防洪工程的规划和设计面临新的挑战。例如，基于过去平均降水数据设计的防洪堤、排水系统等可能无法有效应对如今极端降水事件带来的洪水冲击，需要重新评估和升级防洪设施，以保障流域内居民的生命财产安全和生态环境的稳定。

第二节 温度升高对径流与蒸散的影响

一、温度升高对黄河径流影响

(一) 蒸发增强导致径流减少

温度升高在黄河流域引发了一系列复杂的水文变化，其中蒸发增强导致径流减少是一个极为关键的方面。随着全球气候变暖趋势的加剧，黄河流域的气温也呈现出明显的上升态势。这种温度的升高直接作用于流域内的水体和陆地表面，显著加快了蒸发过程。黄河流域存在着众多的河流、湖泊、湿地以及广袤的农田和裸露土地。对于水体而言，温度升高使得水分子的动能增大，其挣脱水面束缚进入大气的能力增强。以黄河干流为例，较高的气温使得河水的蒸发速度大幅提升。据相关研究估算，在气温每升高1℃的情况下，黄河部分河段的水面蒸发量可能会增加5%-10%。在漫长的流域范围内，这种因温度升高而增加的蒸发量累积起来是相当可观的。原本可以顺流而下形成径流的一部分水量，在高温的作用下被蒸发散失到大气中，从而直接减少了黄河的径流量。

陆地表面的情况同样不容乐观，黄河流域的农业生产活动广泛，大量的农田在温度升高时，土壤中的水分以更快的速度蒸发。例如在黄河中下游的平原地区，春夏季气温升高时，田间土壤水分迅速减少。农民为了保证农作物的生长，往往需要增加灌溉水量，但灌溉水在进入土壤后又会因高温而较快地蒸发，形成了一种恶性循环。这种土壤水分的大量蒸发不仅影响了农业用水的效率，也使得原本可以通过土壤渗透补充到地下含水层，进而成为河流基流一部分的水量大大减少。

黄河流域还有许多湿地和湖泊，温度升高导致这些湿地和湖泊的蒸发量显著增加，使得其水位下降，蓄水量减少。像黄河三角洲的湿地，由于温度上升，湿地水面的蒸发加剧，湿地面积逐渐萎缩。而这些湿地原本可以在洪水期储存大量的水分，然后在枯水期缓慢释放，补给黄河径流。如今随着湿地蓄水量的减少，其对黄河径流的调节作用也被削弱，进一步加剧了径流减少的趋势。

从更宏观的角度来看，蒸发增强还会改变流域内的水汽循环和能量平衡。大量水分蒸发进入大气后，会使局部地区的空气湿度增加，云层形成和降水模式也可能发生改变。但这种改变往往是复杂且不确定的，在某种情况下，可能会导致降水在时间和空间上的分布更加不均匀，进一步影响黄河径流的稳定性。例如，一些原本降水较为均匀分布在季节和地域上的区域，可能会出现降水集中在少数几场暴雨中，而其他时段降水稀少的情况[①]。这样一来，在降水稀少时段，径流因缺乏水源补充而减少；在降水集中时段，又由于短时间内大量降水形成的地表径流快速下泄，无法被充分利用和储存，也不能有效增加黄河的长期径流量。

(二) 冰川融化导致径流增加

在黄河流域的上游地区，分布着众多的冰川，如祁连山冰川等，它们是黄河重要的水源补给。温度升高对这些冰川产生了极为显著的影响，其中最直接的表现就是冰川融化速度加快，进而导致黄河径流在短期内呈现出增加的趋势。黄河上游地区的气温持续上升，冰川的物质平衡被打破。冰川作为一种巨大的固体水库，在温度相对稳定的时期，其积累和消融处于一种动态平衡状态。然而，当温度升高时，冰川的消融量开始大幅超过积累量。原本缓慢融化的冰川开始加速释放大量的融水，这些融水沿着山谷溪流汇聚到黄河干流，使得黄河上游的径流量显著增加。例如，祁连山冰川的融水大量涌入黄河支流，导致这些支流的水位迅速上升，水流湍急，进而带动黄河上游的径流量在短期内出现高峰值。

近年来，随着温度升高，黄河上游部分监测站点观测到的径流量在冰川融化季有明显的上升趋势。据统计，在一些受冰川融水影响较大的区域，径流量在过去几十年间的特定时段内增加了20%-30%。这种因冰川融化导致的径流增加现象在短期内看似为黄河提供了更多的水资源，但实际上隐藏着诸多潜在风险和长期问题。

随着冰川储量的不断减少，其在未来能够为黄河提供的融水补给量必然会逐渐下降。一旦冰川消融殆尽，黄河将失去这一重要的水源补给来源，这对黄河流域的水资源长期稳定供应构成了严重威胁。其次，冰川融化速度过快还可能引发一系列的地质灾害和生态问题。例如，冰川融水的大量增加可能导致山区河流的水位暴涨，引发洪水灾害，冲毁沿途的基础设施、农田和村庄。同时，冰川退缩还会改变周边地区的生态环境，影响依赖冰川融水生存的动植物群落的分布和生存状态。一些适应寒冷环境的珍稀物种可能会因为栖息地的丧失而面临灭绝的危险。

由于冰川融水的径流量在时间和空间上的分布具有较强的不确定性，难以准确预测和合理规划利用。冰川融水可能会在短时间内集中释放，导致下游地区面临洪水风险；而在其他年份，由于气候条件的变化，冰川融水补给量又可能大幅减少，造成下游地区的水资源短缺。这就要求流域管理部门必须加强对冰川融化情况的监测和研究，制定更加科学合理的水资源管理和调配策略，以应对冰川融化带来的复杂影响。

(三) 极端降水事件增多径流流速变化

黄河流域的大气环流和水汽循环发生了变化，导致极端降水事件的频率和强度都有所增加。黄河流域经历了更多的暴雨、特大暴雨等极端降水天气过程。这些极端降水事件往往在短时间内降下大量的雨水，使得地表径流迅速形成并汇聚。例如，原本较为温和的降水模式逐渐被打破，夏季暴雨的次数明显增多。一场暴雨可能在几个小时内降下以往数天甚至数周的降水量，大量的雨水迅速在地表形成径流，使得河流的流量在短时间内急剧上

[①] 汤秋鸿, 徐锡蒙, 贺莉, 等. 黄河中游生态水文模型及洪旱灾害风险评估 [J]. 地理学报, 2023, 78 (07): 1666-1676.

升。这种因极端降水事件增多导致的径流变化对黄河径流流速产生了直接的影响。在极端降水发生时,大量的地表径流快速涌入黄河河道,使得河水的流速瞬间增大。原本较为平缓流淌的黄河水在短时间内变得汹涌澎湃,流速可能会增加数倍甚至更多。在遭遇极端降水引发的洪水时,河水的流速可能从平时的每秒数米迅速增加到每秒十几米甚至更高。这种高速的水流对黄河河道的冲刷能力增强,会导致河床被侵蚀、河岸崩塌等问题。大量的泥沙被水流裹挟,这不仅影响了黄河的水质,还会改变河道的形态和水流的特性。同时,极端降水事件的增多还使得黄河径流流速的变化更加不稳定和难以预测。由于极端降水在时间和空间上的分布具有较强的随机性,黄河径流流速也随之呈现出较大的波动性。这种不稳定的流速变化对黄河流域的水利工程设施、防洪减灾工作以及生态环境都带来了巨大的挑战。

对于水利工程设施而言,如黄河上的大坝、桥梁等,频繁变化且高速的径流流速会增加其受到的水流冲击力,对工程设施的结构稳定性构成威胁。大坝需要承受更大的水压和水流冲刷力,其泄洪设施、闸门等部件也需要具备更高的可靠性和耐久性。桥梁的桥墩在高速水流的冲击下可能会发生基础松动、侵蚀等问题,影响桥梁的安全使用。由于径流流速的不确定性增加,难以准确预测洪水的到达时间、峰值流速和水位高度,使得防洪预警和应急处置工作变得更加困难。例如,在一些城市位于黄河岸边的地区,难以提前做好足够的防洪准备措施,一旦遭遇极端降水引发的高速径流洪水,可能会导致城市内涝、居民区被淹等严重后果。径流流速的快速变化会对黄河流域的水生生物和河岸带生态系统造成破坏。高速的水流会冲毁鱼类等水生生物的栖息地和繁殖场所,使得水生生物的生存面临威胁。一些鱼类可能会因为水流过急而无法正常洄游产卵,导致种群数量减少。河岸带生态系统也会受到严重影响,高速水流会侵蚀河岸植被的根系,导致植被倒伏、死亡,破坏河岸带的生态稳定性和生物多样性。

二、温度升高对黄河蒸散的影响

(一)陆地表面蒸散增加

1. 土壤水分蒸发加剧

随着气温的上升,土壤表面获得的能量增多,水分子在土壤颗粒间的运动加剧,使得土壤水分的蒸发速度大大加快。尤其在黄河流域广袤的农业用地和裸地区域,温度升高对水分蒸发的影响更加明显。在黄河中下游地区,气温上升使得土壤表层的水分迅速从液态转化为气态,进而进入大气,这一过程加速了土壤水分的流失,显著降低了土壤中的有效水分含量。在这种情况下,水分的减少直接影响了植被的生长和生理功能。植被的生长依赖于从土壤中吸收水分,水分的短缺会导致植被遭遇水分胁迫,影响其正常的生理活动。尤其是在干旱和半干旱地区,土壤水分的减少对农业生产构成了严峻的挑战。在黄河流域的农田中,由于水分的过度蒸发,土壤水分的供应难以满足作物的需水量,可能导致作物生长缓慢,甚至出现干旱灾害。

为了应对水分胁迫,植被可能会通过调节其生理机制进行适应。比如,植物可能减少气孔的开度,从而减少水分的蒸腾。然而,这种适应机制也带来了另一种困境:气孔的减少虽然有助于保持水分,但也会影响植被的蒸腾作用。蒸腾作用不仅是植物水分调节的重要手段,还在植物体内输送养分和水分的过程中发挥着关键作用。气孔关闭后,植被的光合作用效率可能降低,生长速度受到影响,甚至可能出现水分供应不足导致的死亡风险。此外,土壤水分减少还可能引发土壤结构的变化,进一步影响土壤的保水能力和通气性。土壤中的水分蒸发加剧,容易导致土壤表层的干裂,形成土壤表层的硬化层,从而减少水分的渗透和入渗能力。随着土壤表层干燥,土壤颗粒之间的孔隙度减少,土壤的通气性和透水性下降,进一步加剧了水分的流失,并可能影响土壤微生物群落的稳定性。土壤微生物是土壤生态系统中的重要组成部分,它们不仅参与土壤养分的循环,也对水分的保持起着重要作用。土壤微生物群落的变化可能会使土壤水分的保持能力进一步下降,加剧水分蒸发的负面效应。

为了应对温度升高引发的土壤水分蒸发加剧问题,采取有效的土地管理措施显得尤为重要。首先,可以通过改良农业灌溉技术,提高水资源利用效率,减少不必要的水分浪费。例如,滴灌技术能够在减少蒸发损失的同时,精确控制水分供给,避免过度灌溉造成的水分流失。此外,增加植被覆盖度也是减少土壤水分蒸发的重要手段。通过种植适应性强的耐旱作物和覆盖作物,可以有效提高土壤表层的湿度,减少水分蒸发。与此同时,实施土壤保湿措施,如覆盖地膜或使用有机肥料,也有助于减少水分蒸发。通过覆盖地膜,可以有效降低土壤表面的温度,减少水分蒸发的速度;而有机肥料的使用则有助于改善土壤结构,提高土壤的保水能力,减少水分流失。综合这些措施,可以在一定程度上缓解土壤水分蒸发加剧对农业生产和生态环境的负面影响。

2. **植被蒸腾作用变化**

气温是影响植被蒸腾作用的重要因素,尤其在黄河流域这样干旱和半干旱地区,气温的变化对植被的水分散失和生态系统功能有着显著影响。随着气温的升高,蒸腾作用的强度通常会发生变化,初期可能会由于温度升高提供更多的能量,促进蒸腾作用,但当温度达到一定阈值时,过高的温度则会对植被的生理活动造成压力,导致蒸腾作用的减弱或停滞。具体来说,温度升高会加剧蒸腾作用的发生,因为高温使得植物叶片内外的水汽压差增大,水分更容易通过叶片的气孔蒸发到大气中。这一过程中,植物需要消耗一定的能量来驱动水分从根部通过植物体内的传导路径到达叶片,再通过气孔蒸发。气温升高时,水分的蒸发速度加快,蒸腾量也随之增加。例如,在黄河流域的森林和草地植被中,随着气温的升高,蒸腾速率会呈现出增加的趋势,这意味着植物通过蒸腾作用加速水分的散失。

当气温进一步升高时,过高的温度对植物产生的影响不再是线性增长的。极端高温会导致植物的水分失去过快,进而影响植物的生理状态和生长发育。在这种情况下,植物会采取一些自我保护机制来应对高温胁迫,减少水分的散失。最常见的应对策略就是通过关闭部分气孔来减缓水分的蒸发,降低蒸腾作用的强度。这种调节机制有助于防止植物在极端高温下过度失水,从而维持水分平衡,避免因缺水导致的生理损伤。尽管如此,长期的高温和水分胁迫会对植被的生长和生理机能造成不可逆的影响。高温可能损害植物的根系吸水能力,降低其对水分的吸收效率,从而间接影响蒸腾作用。此外,高温还会影响植物的光合作用,尤其是叶片的光合效率,光合作用减少意味着植物的生长和水分需求也会受到影响。这种生理变化会导致蒸腾作用的减弱,影响植被的水分消耗和整体水文循环。

在极端天气条件下,黄河流域的部分地区植被可能会出现叶片枯黄、脱落等现象,这些现象进一步减少了植物的蒸腾面积，降低了蒸腾作用的总量。例如，在持续高温的情况下，植被的蒸腾作用不仅受到温度的直接影响，还与土壤水分的变化密切相关。随着气温升高，土壤水分的蒸发加剧，土壤湿度逐渐降低，植物可能会因此面临更严重的水分短缺，进一步影响其生理功能。因此，温度升高对植被蒸腾作用的影响是复杂的，既有积极的促进作用，也存在消极的抑制机制。在黄河流域这种干旱脆弱的地区，温度升高带来的蒸腾变化不仅会影响植被的生长和生理功能，还可能导致水资源的过度消耗和生态系统的失衡。因此，如何调控气温升高对植被蒸腾作用的影响，采取适当的生态保护措施，如增加植被的水分供应、提升土壤保湿能力等，已成为解决区域水资源短缺问题和维护生态系统稳定的重要途径。

（二）水体蒸散增强

1. 河流湖泊蒸发量增大

随着气温升高，黄河及其支流和湖泊的水面蒸发量显著增加，这一变化在干旱地区尤为明显。水面蒸发是一个受温度驱动的过程，气温的升高使得水体表面分子的动能增加，导致更多水分子能够克服表面张力，进入大气，造成更多水分的蒸发。对于黄河流域来说，尤其是在河流、湖泊等水体中，温度升高引起的蒸发增强，不仅影响了局部水量，还会对区域水资源的整体平衡造成深远影响。在黄河流域，湖泊水面蒸发的增加对水资源的影响尤为显著。以青海湖为例，温度升高导致的蒸发加剧可能会直接导致湖泊水位下降。这种变化不仅影响湖泊自身的水量，还可能改变湖泊的生态环境。湖泊水位的下降使得水体面积缩小，从而直接影响到湖泊周边的生物栖息地、湿地生态系统及水质情况。水位下降可能使得湖泊的水温升高，水体的自净能力减弱，进而加剧水质恶化，影响水生生物的生存条件。不仅如此，湖泊水位的下降还会对湖泊周边地区的小气候产生重要影响。湖泊本身作为水汽的源头，水面蒸发会带来一定的水汽输入，影响周围地区的空气湿度和降水模式。水汽供应减少，空气湿度降低，可能会导致周边地区出现干旱加剧的现象，进一步影响农业生产和生态环境的稳定。例如，湖泊面积缩小导致的水汽供应不足，可能会使得周边植被缺乏足够的水分，生长受到抑制。随着植物生长的减缓，局部降水量的减少可能加剧局部气候的干旱程度，形成恶性循环。

在温暖的气候条件下，湖泊的蒸发量增加会使得局部的水汽量大幅减少，进而影响到降水模式的变化。黄河流域属于半干旱地区，水资源本就紧张，蒸发量的增加无疑会进一步加剧水资源短缺的问题。特别是在汛期过后，湖泊水位下降导致的蒸发损失，可能使得下游的水资源供应进一步紧张，对下游农业灌溉和居民用水带来压力。蒸发增强不仅影响水体的水量，也对区域气候模式产生潜在的深远影响。水面蒸发不仅是水循环中的一环，它还直接影响到热量的分布，进而影响到局部气候的变化。例如，湖泊水面蒸发增多使得湖区的水汽量减少，可能使得该区域的气温升高，空气湿度降低，局地气候趋于干旱，改变了降水的分布特征。

2. 湿地蒸散变化

温度升高对黄河流域湿地生态系统的影响，尤其是湿地的蒸散变化，成为当前研究的重点问题。湿地生态系统在水文循环中发挥着至关重要的作用，它不仅涵养水源、净化水质，还为大量动植物提供栖息地。然而，随着气温升高，湿地蒸散过程发生了显著变化，这直接影响了湿地的水分平衡和生态功能。在黄河流域，湿地的蒸散过程主要由两个部分组成：水面蒸发和湿地植被的蒸腾。水面蒸发是由水体表面的热量驱动的，温度的升高使得水分子运动加剧，从而加速水分的蒸发。湿地植被的蒸腾则是植物通过叶片释放水分的过程，通常会在一定的温度和水分条件下保持平衡。随着气温升高，这两个过程的强度都会增加，导致湿地的整体蒸散量增加。特别是在黄河三角洲等湿地区域，温度升高会导致芦苇等湿地植物的蒸腾作用增强，而水面蒸发的加剧也加快了湿地水分的消耗。

湿地生态系统的稳定性高度依赖于土壤中的水分含量，土壤水分的变化直接影响湿地植物的生长和分布。过度的蒸散量使得土壤水分逐渐流失，导致湿地土壤干旱化，从而影响到植物的生长条件，进而改变湿地植物群落的结构。在一些高温干旱的年份，湿地的水源可能无法得到及时补充，导致植被生长受限，甚至出现植被死亡的现象。这种变化不仅会影响植物的生长，还可能减少湿地提供栖息地的能力，进而影响湿地中栖息的水鸟、昆虫等动物的生存环境。湿地的生态功能，包括水质净化和生物栖息地提供，依赖于适当的土壤水分条件。土壤水分减少会破坏湿地生态系统的物质循环过程。例如，湿地土壤中的微生物群落与水体中的有机物质相互作用，进行生物降解和转化，以净化水质。土壤水分减少可能影响微生物的活动，降低水质净化的效率。与此同时，湿地植物通过根系吸收水分和养分，提供生物栖息地和食物来源。湿地水分的减少将使这些植物的生长受到抑制，影响植物对动物栖息和食物供应的功能，最终导致湿地生物多样性的下降。湿地蒸散不仅影响湿地本身的水分平衡，也对局地气候产生影响。蒸发和蒸腾作用将水汽释放到大气中，进而可能影响到周围地区的湿度和降水模式。湿地水分的减少会导致局部区域空气湿度的降低，进一步加剧干旱条件。由于湿地在区域水文循环中具有重要的调节作用，湿地的水分减少将导致更为严重的水资源短缺问题。

（三）大气环流反馈与蒸散

1. 水汽输送和循环改变

温度升高导致的蒸散量增加对黄河流域水汽输送和大气环流的影响，已经成为气候变化研究中的重要议题。黄河流域作为中国北方的干旱半干旱地区，水资源供给依赖于复杂的水汽循环和大气环流，而温度的升高通过改变蒸散过程，必然会对区域水汽的输送和大气环流模式产生深远的影响。温度升高会直接增加蒸发和蒸腾作用，从而显著提高大气中的水汽含量。黄河流域的蒸散增加，使得大量的水汽释放到大气中。这些增加的水汽会改变流域内的湿度和气压分布，进而对局地气候产生影响。在局地范围内，温度升高引发的蒸散增多会导致湿度上升，局部气压降低，从而影响风向和大气环流模式。例如，局部区域的湿度增加可能会使得夏季风的强度和水汽输送路径发生变化，改变降水的时空分布。在黄河流域，季风系统是主要的降水来源之一，因此，当局地蒸散量过大时，可能会导致夏季风带来的水汽分布发生改变。这种变化可能会导致本应补充流域水分的水汽被输送到其他地区，进而加剧水汽净损失，削弱流域的降水补给。

在这种情况下，水汽的流动不仅仅受到本地蒸散量的影响，还与大气环流的变化紧密相关。温度升高后的蒸散作用增加，可能导致黄河流域水汽的"外流"，即水汽被输送到流域以外的区域。如果水汽的外流量过大，流域内的水汽供给将出现负平衡，进一步加剧干旱和水资源短缺问题。这一过程与区域性气候变化密切相关，可能会影响流域的水资源管理策略和应对气候变化的行动计划。在黄河流域，蒸散量的增加还可能在本地形成新的降水过程。然而，这种降水并不是均匀分布的，可能会与蒸散的时空分布不匹配。具体来说，在某些区域，蒸散量可能会在短期内大大超过降水量，导致水分供给不足，形成干旱加剧的局面。而在其他区域，尽管有降水的补充，但降水的量和时空分布也未必能有效满足生态和农业用水需求。例如，在黄河中下游部分地区，即使局部地区因蒸散增加而形成了降水，降水量的集中出现仍可能导致水资源的分布不均匀，进一步加剧流域内水资源短缺的问题。

2. 能量平衡调整

温度升高对蒸散过程的影响，不仅直接改变了黄河流域的水文特征，还对地表的能量平衡产生了复杂的反馈作用。蒸散过程在生态水文循环中扮演着重要角色，尤其是在黄河流域这样气候脆弱的地区。随着气温上升，蒸散作用的增强能够带走更多的潜热，这种变化有助于缓解局地温度的进一步升高。然而，蒸散对能量平衡的调整是多层次的，其与大气辐射、对流等气象因素的相互作用决定了其复杂性和多维性。蒸散过程通过将水分从地表转化为水蒸气，消耗了大量的潜热。潜热的释放和吸收是调节地表温度的关键因素。在温度升高的背景下，蒸散增加意味着地表表面有更多的能量被用来驱动水分的蒸发和植物的蒸腾作用。这样，尽管地表温度的升高推动了蒸散的增加，但同时也会在一定程度上减少了地表温度的进一步上升。蒸散带走的热量起到了一定的冷却作用，这对于缓解温度升高的趋势有着显著的调节作用。

蒸散过程中水汽的释放并非单纯的热量消耗。水汽作为温室气体，它在大气中对长波辐射的吸收和释放同样影响着地球表面的能量平衡。蒸散增加带来的水汽，特别是在黄河流域的干旱和半干旱地区，会在大气中起到增强温室效应的作用。当水蒸气在大气中上升时，它吸收来自地表的长波辐射并将其重新辐射到地表，这种辐射反馈会进一步抑制地表热量的散失。与此同时，水蒸气的增加也可能导致局部气温的上升，形成一个正反馈环路，从而在某些情况下加剧温度升高的效应。此外，水汽的增加可能影响云层的形成和分布。水汽在大气中的上升过程，会遇到冷空气并凝结成云。当云层厚度增大时，它们对太阳辐射的反射作用加强，降低了到达地表的太阳辐射量，从而抑制了局部的地表加热。然而，云层的存在也可能增加地表长波辐射的回射效应，带来更多的能量回到地表。因此，云层的形成与分布不仅受温度升高的影响，还受到蒸散等因素的反馈作用，进一步影响了黄河流域的气候和蒸散过程。蒸散增加并非是单向的冷却效应，其对能量平衡的作用是复杂且多变的。在黄河流域，蒸散增量的变化可能在不同的季节、不同的土地利用类型以及不同的气象条件下表现出不同的效果。例如，森林、湿地和农田等不同的生态系统对蒸散的响应不同，蒸散过程所带来的热量消耗和水汽输送也有很大的差异。这些差异使得蒸散对黄河流域能量平衡的调整呈现出多样性。

第三节 气候变化与极端水文事件的关联

一、蒸发与降水平衡失调

气候变化对黄河流域的一个显著影响是气温升高，这直接导致了蒸发量的增加。黄河流域的平均气温呈现出上升的趋势，陆地和水体表面的水分子获得了更多的能量，其运动速度加快，从而更易从液态转变为气态进入大气。在黄河流域广袤的土地上，众多的河流、湖泊、湿地以及大面积的农田和裸露土壤都受到了影响。对于河流和湖泊而言，较高的温度使得水面蒸发加剧，例如，黄河干流及其支流的水面在气温升高时，蒸发速度明显加快。据研究，在一些黄河流域的观测站点，气温每升高1℃，水面蒸发量可能会增加5%–10%。这意味着大量原本可以参与径流形成和维持河流生态系统的水资源被散失到大气中。以黄河下游的某一河段为例，由于蒸发量的大幅增加，河水水位在没有其他明显耗水因素影响下，仍会出现较为明显的下降趋势，这直接减少了河流的径流量，影响了河流的输水能力和生态基流的保障。

黄河流域的农业用地广泛，农田中的土壤水分在高温下迅速蒸发。在中下游的平原农业区，农民们常常面临着土壤墒情快速下降的问题。为了保证农作物的生长，不得不增加灌溉次数和灌溉水量，但灌溉水进入土壤后又很快被蒸发。这与此同时，大气环流和水汽输送过程也因气候变化而发生改变，导致降水分布出现异常。一些地区原本较为均匀的降水模式被打破，可能出现降水集中且强度增大的情况。在黄河流域的部分山区，由于地形的抬升作用，暖湿气流更容易在这里形成强烈的垂直运动，从而产生暴雨等极端降水事件[1]。例如，在某次强降水过程中，某山区站点的降水量在短短几个小时内就达到了以往数天甚至数周的降水量之和，大量的雨水迅速在山区形成地表径流，汇聚到河流中。

在黄河流域的西北部一些地区，由于气候变化导致的大气环流改变，来自海洋的水汽输送减少，降水频率和降水量都明显下降。河流的补给水源不足，径流量持续减少，甚至出现断流现象。这种蒸发与降水的失衡，使得黄河流域的水资源分布更加不均匀，极端水文事件的发生频率和强度都有所增加，无论是洪涝还是干旱，都给流域内的生态系统、农业生产、城市供水以及居民生活等带来了巨大的挑战和威胁。

二、海水倒灌与河口地区洪水风险增加

海平面上升是一个显著的现象，这对黄河河口地区的水文状况产生了极为深刻的影响，其中海水倒灌与河口地区洪水风险增加尤为突出。随着冰川融化和海水热膨胀，全球海平面呈现出上升的趋势，黄河河口地区也面临着这一严峻挑战。海平面的上升使得黄河河口处的水位相对升高，海水与河水之间的水位差减小。黄河河水在重力作用下向海洋流动，但当海平面上升到一定程度时，在潮汐等因素的作用下，海水就更容易倒灌进入黄河下游河道。

当大潮与海平面上升叠加时，海水会沿着黄河河道向上游推进。例如，在黄河入海口附近的一些区域，原本在高潮位时海水可能仅在河口附近徘徊，但随着海平面上升，海水倒灌的范围明显扩大，可能会深入内陆数公里甚至更远。这种海水倒灌不仅会使河口地区的河水盐度升高，改变当地的水生生态环境，影响淡水生物的生存和繁殖，还会对河口地区的农业灌溉用水产生严重影响。因为盐度升高的河水不适宜直接用于灌溉，可能导致沿

---

[1] 王艳芬，陈怡平，王厚杰，等. 黄河流域生态系统变化及其生态水文效应[J]. 中国科学基金，2021，35(04)：520-528.

海农田的土壤盐碱化加重，农作物生长受到抑制，甚至绝收。当黄河流域遭遇强降水时，海水倒灌与陆地径流相互叠加，会极大地抬高河口地区的水位，引发严重的洪水灾害。强降水使得黄河上游的径流量迅速增加，大量的河水奔腾而下汇聚到河口地区。而此时，由于海平面上升导致的海水倒灌，海水在河口处形成了一道"屏障"，阻碍了河水的顺利入海。河水无法及时宣泄，只能在河口地区不断积聚，水位急剧上升。例如，在某次暴雨与天文大潮相遇的情况下，黄河河口地区的水位在短时间内上涨了数米，淹没了沿海的城市街区、农田、湿地等。城市中的低洼地区被洪水淹没，居民的生命财产安全受到严重威胁，基础设施如道路、桥梁、电力设施等遭到破坏，交通瘫痪，通信中断。农田被淹没后，农作物被浸泡在海水中，大量死亡，农民遭受巨大的经济损失。湿地生态系统也遭到严重破坏，许多珍稀鸟类的栖息地被淹没，湿地植被被破坏。

海水和洪水的冲刷力使得河岸和沿海土地的土壤被大量冲走，导致土地流失，海岸线后退。这不仅破坏了当地的自然景观，还使得沿海地区的防护堤岸等基础设施面临更大的压力，需要不断加固和维护，进一步增加了经济成本和社会负担。

三、气候变暖与冰川融化

当冰川快速融化时，由于冰川内部结构的变化以及周围山体地质条件的改变，容易引发山体滑坡和泥石流等地质灾害。在黄河上游的山区，冰川融化使得山体的稳定性受到威胁。例如，冰川融水渗入山体的岩石裂隙中，在寒冷的季节里，这些水会结冰膨胀，进一步破坏岩石结构。当气温升高，冰体融化，岩石在重力作用下就容易发生崩塌和滑落。大量的土石碎屑物随着滑坡和泥石流冲入河流，瞬间增加河流的含沙量和固体径流。

这些泥沙和固体物质进入河流后，会堵塞河道，改变河流的水流形态和流速分布。在一些狭窄的河段，泥石流带来的大量泥沙可能会堆积形成堰塞湖。堰塞湖的形成使得上游水位迅速上升，淹没大片区域，对周边的生态环境和居民点造成严重威胁。一旦堰塞湖溃决，又会引发下游地区的洪水灾害，洪水携带着大量的泥沙汹涌而下，对下游的水利工程设施、交通线路以及农田等造成巨大的破坏。例如，某一次冰川融化引发的泥石流在黄河的一条支流中形成了堰塞湖，经过数天的蓄水后，堰塞湖突然溃决，洪水在短时间内席卷了下游数十公里的区域，冲毁了多座桥梁、灌溉渠道以及大量的农田，导致当地的农业生产遭受重创，交通中断数月之久。

长期来看，这些因冰川融化引发的次生灾害所带来的泥沙在河道内淤积，会降低河流的行洪能力和输水效率。大量的泥沙堆积在河床底部，使得河床逐渐抬高，河道变浅变窄。这不仅增加了河流在洪水期的泛滥风险，也使得在枯水期河流的输水能力下降，影响了水资源的合理调配和利用。同时，泥沙的淤积还会改变河流的水沙关系，影响河流的生态系统。例如，泥沙含量的增加可能会影响水生生物的栖息环境，一些鱼类的繁殖场所可能会被泥沙掩埋，导致鱼类种群数量减少。此外，泥沙的淤积还可能会影响河流与地下水的相互作用，改变地下水位和水质，对周边地区的生态环境和人类活动产生间接的影响。

四、季风系统变化与降水极端化

随着气候变化，东亚季风的强度和路径均发生了显著变化。在强度方面，当季风增强时，它能够携带更多的水汽从海洋向陆地输送。对于黄河流域来说，这意味着更多的暖湿气流能够深入内陆地区。在夏季，这种增强的季风气流在黄河流域遇到合适的地形抬升作用时，如在山脉迎风坡，就容易形成强降水。例如，在某次强季风影响下，黄河中游的某山区地区降水量在短时间内大幅增加，出现了暴雨甚至特大暴雨天气。而当季风减弱时，水汽输送量减少，黄河流域降水随之减少，干旱事件频发。由于季风减弱，黄河流域的部分地区降水量远低于常年平均水平，径流量持续下降，导致土地干裂、农作物枯萎，农业生产遭受严重打击，居民生活用水紧张，生态系统也因缺水而面临崩溃的危险。

如果季风北界北推，黄河流域的北部地区可能会接收到更多的水汽，降水增加，而南部地区则可能相对减少。反之，若季风北界南移，南部地区降水增多，北部地区降水减少。这种降水分布的不均匀变化使得黄河流域不同地区面临不同的极端水文事件风险。例如，当季风北界北移时，黄河流域北部原本干旱的地区可能会突然遭遇暴雨袭击，由于当地缺乏完善的防洪排涝设施，容易引发严重的洪涝灾害；而南部地区则可能因降水减少而陷入干旱，影响农业灌溉和城市供水。

气候变化还导致季风的稳定性下降，使得降水在时间和空间上的分布更加不均匀。降水的集中性增强，即降水更多地集中在少数几场暴雨中，而不是均匀分布在整个雨季。这使得黄河流域在雨季时面临更高的洪水风险，因为短时间内大量的降水无法及时被河流和土壤吸收，只能形成地表径流迅速汇入河流。而在旱季，又由于降水稀少，出现枯水期延长、水位过低等问题，影响了水资源的合理利用与调配，也对依赖河流生态系统的生物生存造成威胁。例如，在黄河下游的一些城市，由于降水集中在夏季的几场暴雨中，城市排水系统在暴雨期间面临巨大压力，经常出现内涝现象；而在冬季和春季，又因降水不足，需要依赖黄河水的调蓄和外来水源的补充来满足城市用水需求。

第四节 适应气候变化的水文管理策略

一、气候变化对黄河水文水资源的影响

(一) 气候变化对水文循环的影响

1. 气候变化对海平面水位变化和蒸发、散发的影响

气候变化对水文环境的影响是多方面且深远的，其中对水文循环的干扰尤为关键。水循环作为气候系统不可或缺的重要组成部分，同时也是深入探究气候变化对水资源影响的核心基石。在全球气候变暖这一宏大背景之下，海平面上升已成为一个极为严峻且显著的现象。其主要根源在于冰川、冰帽等固态水体在气温升高的胁迫下逐渐融化。这种融化过程所带来的影响绝不仅仅局限于海平面数值的单纯上升，其衍生的连锁反应足以对沿海地区的生态与人类社会造成灾难性的打击。当冰川和冰帽大规模融化时，大量的冰川融水涌入海洋，会导致海平面急剧上升，这将显著增加沿海地区遭受海啸灾难的风险。一旦海啸发生，其强大的冲击力能够瞬间摧毁沿海的城市、村庄、港口以及各类基础设施，造成大量的人员伤亡和财产损失。而且，海平面上升还会加剧土地的盐渍化和淡水盐化问题。海

水倒灌使得沿海地区的地下水位上升，土壤中的盐分随着水分蒸发而逐渐积累在地表，导致土地盐渍化加重，原本肥沃的土地变得贫瘠，不再适宜农作物生长。同时，海水入侵河流、湖泊以及地下水层，使得淡水资源被咸化，严重影响了居民的饮用水安全和农业、工业用水的质量，进一步压缩了可供人类利用的淡水资源空间。因此，在深入研究气候变化对水文循环影响的进程中，务必着重关注海平面水位变化以及与之紧密相关的蒸发环节。海洋和陆地表面的蒸发量均呈现出上升趋势。对于海洋而言，更高的温度赋予了水分子更多的动能，使其更容易挣脱水面进入大气，从而增加了海洋向大气输送的水汽量。在陆地方面，无论是广袤的森林、草原，还是大片的农田以及城市中的绿地、水体等，蒸发速率都在加快。这不仅改变了局部地区的水汽平衡，也对全球的水文循环格局产生了深远的扰动。例如，在一些沿海湿地地区，由于海平面上升和蒸发量增加的双重影响，湿地的水分收支状况发生了巨大变化。湿地原本的淡水生态系统逐渐被咸水生态系统所取代，许多依赖淡水环境生存的动植物面临栖息地丧失和生存危机，湿地的生态服务功能如水质净化、洪水调节、生物多样性维护等也大打折扣。

2. 气候变化对降水分布和降水强度的影响

从全球范围的宏观视角审视，全球海洋平均降水变化的精确分析因缺乏充足且可靠的海平面观测资料的有力支持，而难以实现对降水情况全面、客观、科学且真实的评估。在我国国内，降水分布的格局也正经历着显著的变化。近几年来，华北地区、西北地区的降水量呈现出逐渐下降的发展趋势。在华北地区，降水的减少导致河流径流量不断降低，许多河流出现断流现象，湖泊干涸。这不仅严重影响了当地的农业生产，使得农作物因缺水而减产甚至绝收，也对城市的供水安全构成了巨大威胁。工业用水的紧张限制了企业的生产规模和发展速度，居民生活用水的短缺则给日常生活带来诸多不便。干旱的气候进一步加剧，沙漠化进程加快。原本就脆弱的生态环境在降水减少的冲击下更加不堪一击，植被覆盖率持续下降。而与之形成鲜明对比的是，西南地区的年降水量却在不断增加。过多的降水引发了一系列的问题，如洪涝灾害、山体滑坡、泥石流等地质灾害频繁发生。大量雨水在短时间内汇聚，超过了河流的承载能力，河水泛滥，冲毁道路、桥梁等基础设施，给当地人民的生命财产安全带来了极大的损失。同时，降水的长期浸泡使得山体土壤饱和，容易引发山体滑坡和泥石流，这些灾害不仅直接破坏了当地的生态环境，还会对下游地区造成二次灾害的威胁。

经深入分析发现，我国西部地区降水量、降水强度呈现出增长的发展趋势。在西部地区的一些山区，强降水事件增多，短时间内大量的雨水倾泻而下，容易引发山洪暴发。山洪沿着山谷奔腾而下，具有强大的破坏力，能够冲毁沿途的一切障碍物，包括房屋、农田、森林等。而且，由于西部地区地形复杂，地势落差大，降水形成的径流流速快，对土壤的侵蚀作用强烈，使得河流的含沙量增加，进一步影响了河流的生态系统和水资源的利用。例如，黄河上游地区的部分支流，由于降水强度增加，河水变得浑浊，泥沙淤积在河道中，降低了河道的行洪能力，增加了洪水灾害的风险。而在东部地区，降水强度呈现降低的趋势。然而，这并不意味着东部地区的降水问题就可以被忽视。虽然降水强度有所下降，但由于东部地区人口密集、经济发达，水资源的需求量巨大，且受到蒸发量大、水资源浪费、渗透等多因素的综合影响，导致西部地区的水资源利用率无法得到有效提升。在城市中，大量的水资源被用于工业生产、居民生活和景观用水等，但由于节水意识淡薄和节水技术落后。同时，城市建设中的硬化地面增加，减少了雨水的渗透，使得雨水更多地形成地表径流迅速流失，无法有效地补充地下水。在农业生产方面，传统的灌溉方式如大水漫灌等，也造成了大量水资源的浪费。这些问题的交织，使得东部地区尽管降水强度有所降低，但水资源短缺的压力依然巨大，对地区的可持续发展构成了严重的制约。

（二）气候变化对冰川消融的影响

在全球气候变化的宏大背景之下，冰川消融已成为一个极为突出且对全球气候和环境具有深远影响的关键因素。冰川作为地球上巨大的淡水储存库和气候调节系统的重要组成部分，其状态的改变正深刻地重塑着地球的生态格局与水文循环。黄河流域冰川消融现象带来的影响是多方面且错综复杂的。从河流径流量的角度来看，黄河的水源补给在一定程度上依赖于流域内的冰川融水，尤其是在上游地区。众多的冰川犹如天然的固态水库，在过去的漫长岁月里，以较为稳定的速率为黄河提供着持续的水源补充。然而，如今冰川消融加速，短期内似乎增加了河流的径流量，在某些季节或年份，会出现河水流量增大的情况。但从长远的视角审视，这实则是一种不可持续的水源补充模式。因为随着冰川的不断融化，其储量在逐渐减少，终有一日将难以为继，届时以冰川水作为补充的黄河径流量必然会大幅削减。例如，以往夏季的流量高峰部分得益于冰川融水的汇入，可如今随着冰川的快速消融，这些支流在未来可能面临流量锐减甚至干涸的风险，这将严重影响到流域内的水资源分配与利用，对依赖黄河水的农业灌溉、工业生产以及居民生活用水等方面构成巨大挑战。

冰川消融所产生的影响远不止于河流径流量的改变，其对我国水循环系统的干扰更是不容小觑。正常情况下，水循环在大气圈、水圈、岩石圈和生物圈之间有条不紊地进行着，各个环节相互依存、相互制约，维持着地球生态系统的平衡与稳定。然而，冰川消融的加剧打破了这种原有的平衡。当大量冰川在短时间内迅速融化时，大量的融水涌入陆地水系，使得局部地区的水量在短期内急剧增加，这无疑会对原有的水循环路径和水量分配产生强烈的冲击。在一些原本降水相对均衡、水资源分配较为稳定的区域，冰川融水的过量注入可能会导致河流泛滥。例如，在黄河流经的某些地势较为低洼的地区，如果遭遇大规模冰川融水与降水叠加的情况，洪水可能会淹没周边的农田、村庄和城镇，给当地人民的生命财产安全带来严重威胁，同时也会对农业生产、工业发展以及生态环境造成极大的破坏。

相反，由于冰川消融改变了区域的水汽循环和热量平衡，可能会导致降水模式发生变化，降水减少或降水分布更加不均匀，从而增加干旱发生的可能性。比如在黄河流域的部分干旱半干旱地区，原本就依靠有限的降水和冰川融水维持着脆弱的生态平衡和农业生产。随着冰川的消融，水汽来源和大气环流模式发生改变，可能使得这些地区的降水进一步减少，干旱程度加剧。土地干裂、农作物枯萎、牲畜饮水困难等问题将接踵而至，严重影响当地的生态系统稳定和经济社会发展。而且，干旱的加剧还可能引发一系列次生灾害，如土地沙漠化、沙尘暴等，这些灾害不仅会对当地造成直接的破坏，还可能通过大气环流将沙尘等污染物传输到其他地区，对更大范围的生态环境和人类健康产生负面影响。

冰川周边的生态环境是一个独特而脆弱的生态系统，许多珍稀动植物物种依赖于冰川的存在而生存。随着冰川的退缩，这些物种的栖息地将逐渐丧失，它们面临着生存空间被压缩、食物资源减少等困境，种群数量可能会急剧减少甚至濒临灭绝。例如，某些适应寒冷环境的高山植物和动物，它们在长期的进化过程中已经适应了冰川附近的低温、高海拔环境，冰川消融使得它们的生存环境发生了巨大变化，无法及时适应新环境的物种将逐渐被淘汰。同时，冰川融水携带的大量泥沙和矿物质进入河流，也会改变河流的水质和水生态环境，影响水生生物的生存和繁殖。一些对水质要求较高的鱼类和水生植物可能会因为水质的变化而死亡或迁移，从而打破河流生态系统的原有平衡，导致生物多样性下降。

（三）气候变化对生存环境演变和北方干旱化的影响

水生态环境变化是气候变化作用于水资源体系所引发的诸多影响中极为关键的一个方面。在全球气候变暖日益加剧的大趋势下，我国众多地区的湖泊、河流水温呈现出持续上升的态势，这一现象看似只是水体温度的简单改变，实则犹如一颗投入平静湖面的石子，在整个生态环境的大湖中激起了层层涟漪，带来了一系列连锁反应，对人们的日常生活产生了深远且广泛的影响。

随着水温升高，水中溶解氧的含量会逐渐降低。这对于依赖溶解氧生存的水生生物来说无疑是一场生存危机。许多鱼类和其他水生动物在低氧环境下，其呼吸和新陈代谢功能受到严重抑制，繁殖能力下降，甚至可能导致大量死亡。例如，黄河中的某些珍稀鱼类品种，它们对水质和水温有着较为严格的适应范围，水温的异常升高可能使它们失去适宜的生存环境，种群数量逐渐减少，这不仅是生物多样性的损失，也对黄河流域的渔业资源和生态旅游等相关产业造成了冲击。

同时，水温上升还会加速水体中化学反应的速率，促进水中各种物质的分解和转化。我国水质遭到破坏的问题愈发凸显。一方面，一些原本稳定存在于水体中的污染物，如重金属离子、有机农药残留等，在高温环境下更容易释放出来，进入水生态系统的食物链循环。这些有毒有害物质会在水生生物体内逐渐富集，当人类食用这些受污染的水产品时，就会将这些有害物质摄入体内，对人体健康造成慢性损害，如损害肝脏、肾脏功能，影响神经系统发育等，严重威胁人们的日常生活质量和健康水平。另一方面，河流径流量的持续减少也是气候变化带来的一个显著影响。黄河流域降水模式的改变、蒸发量的增加以及冰川融水补给的不稳定等因素共同作用，使得黄河的径流量在某些时段和区域出现明显下降。径流量的减少意味着水体的自净能力被削弱。河流通过自身的流动，可以将污染物稀释、扩散，并在微生物和水生植物的作用下进行分解和转化。然而，当径流量减少时，水体中的污染物浓度相对升高，净化过程变得缓慢且不充分。

由于径流量减少和水质变差，水域中出现了有毒有害物质的积累和相互作用。这些物质为浮游生物和藻类的生长提供了"温床"。一些浮游生物和藻类在适宜的温度、营养物质丰富（因污染物释放）的环境下，会出现爆发式增长，形成水华现象。水华的出现不仅会使水体变得浑浊、发臭，影响水体的美观和景观价值，还会进一步消耗水中的溶解氧。当水中溶解氧被大量消耗后，其他水生生物会因缺氧而死亡，严重威胁到我国生态环境建设的整体进程。在黄河流域的一些湖泊和河湾地区，水华现象已经成为一个亟待解决的环境问题。它不仅破坏了当地的水生生态系统，还对周边居民的生活用水供应、农业灌溉用水质量产生了负面影响。

气候变化还在很大程度上推动了北方干旱化的进程，这对黄河流域的生存环境演变产生了极为深刻的影响。北方地区原本就属于干旱半干旱气候带，降水量相对较少。北方地区的降水模式发生了改变，降水总量减少且降水分布更加不均匀，干旱发生的频率和强度都有所增加。在黄河流域的北部地区，干旱化使得土地沙漠化和荒漠化趋势加剧。大量的草地和农田因缺水而逐渐退化。沙尘天气频繁发生，不仅对当地居民的生活和健康造成了严重影响，如呼吸道疾病发病率上升等，还通过大气环流将沙尘输送到其他地区，对更大范围的空气质量和生态环境产生了负面影响。而且，干旱化还导致地下水位下降，许多依赖地下水的地区面临水源枯竭的困境。这不仅影响了居民的生活用水供应，也对农业生产和工业发展造成了极大的限制。例如，一些农村地区的水井干涸，农民不得不花费更多的成本寻找新的水源或采用节水灌溉技术，但这些措施往往难以完全满足农业生产的需求。工业企业也因水资源短缺而面临生产规模受限、生产成本增加等问题，对当地的经济发展形成了严重的制约。

(四) 气候变化对水资源管理和供给的影响

在当今时代，全范围、多角度地深入剖析与探究气候环境对水文水资源所施加的影响，已然成为我国乃至全球范围内众多专业人士亟待思考并着力解决的核心课题之一。尤其是在当前水资源供应愈发匮乏的严峻背景之下，如何有效地协调不同地区之间用水的不均衡状况以及应对普遍存在的水资源短缺困境，更是相关从业者所面临的重大挑战与关键使命。通过严谨且深入的分析研究可以清晰地发现，导致水资源减少的关键因素主要涵盖了水资源利用方式的不合理以及水资源在地域分布上的严重不均衡。在气候变化的大框架下，气候条件对水循环的固有节奏与模式产生了极为显著的干扰与重塑，进而直接改变了水资源的总量与分布格局。例如，气温升高促使蒸发量大幅增加，降水分布的异常变化使得部分地区降水锐减而其他地区降水骤增且集中，导致河流径流量呈现出不稳定且总体减少的趋势。这种变化在无形之中极大地加剧了水资源管理与利用的复杂程度与艰难程度。

我国诸多地区，尤其是一些少数民族聚居地区以及特定的地理区域，如西北、陕西、山西等地，民众的用水问题已经逐渐演变为制约当地经济社会全面发展的关键瓶颈。干旱缺水的状况日益严峻，河流干涸、湖泊萎缩、地下水位持续下降等现象屡见不鲜。以西北地区为例，原本就相对脆弱的生态环境在水资源短缺的重压之下更是雪上加霜。广袤的草原因得不到充足的水源灌溉而逐渐退化，植被覆盖率急剧下降，土地沙漠化进程不断加速，沙尘暴等恶劣天气频发，不仅严重破坏了当地的生态景观与生态平衡，还对当地民众的身体健康构成了直接威胁，呼吸道疾病等发病率显著上升。在农业生产领域，缺水导致农作物生长受限，产量锐减，农民收入大幅减少，农村经济发展陷入困境。许多村庄面临着人畜饮水困难的窘迫局面，村民们不得不长途跋涉去寻找水源，这不仅耗费了大量的时间和精力，也严重影响了他们的生活质量和生产积极性。

为了能够切实有效地降低气候变化对水文水资源所带来的诸多不利影响，相关领域的专业人员迫切需要从多个层面入手，全面完善水文分析管理工作体系，从而为水文水环境管理提供具有实际可操作性的建设性意见与坚实有力的技术支持。首先，在监测层面，应大力加强水文水资源监测网络的建设与优化，广泛应用先进的监测技术与设备，如高精度的水位计、流量计、水质监测仪以及卫星遥感、地理信息系统等技术手段，实现对黄河流域及其他相关区域的水资源状况进行全方位、实时化、高精度的动态监测。通过获取海量的准确监测数据，能够及时、精准地掌握水资源的变化趋势、分布特征以及水质状况等关键信息，为后续的水资源管理决策提供科学依据。

在管理层面，必须进一步完善水资源管理体制与机制，打破地域之间的行政壁垒与部门之间的条块分割，建立起统一协调、高效运转的水资源管理机构与协同机制。加强流域内不同地区之间的沟通与协作，实现水资源的统筹规划、合理调配与优化利用。例如，通过实施跨流域调水工程、修建大型水利枢纽工程以及推广节水灌溉技术等措施，在丰水期将多余的水资源储存起来，在枯水期则进行合理调配，优先保障居民生活用水、农业灌溉用水以及生态环境用水等基本需求，提高水资源的利用效率与效益。同时，还应加强水资源的需求管理，制定科学合理的用水定额与水价政策，通过经济杠杆引导社会各界树立节水意识，减少水资源的浪费现象。

在研究层面，加大对气候变化与水文水资源关系的基础研究与应用研究投入力度，鼓励科研机构、高校以及企业等各方力量积极参与到相关研究工作中来。深入研究气候变化对降水、蒸发、径流、水质等水文水资源要素的影响机制与量化关系，建立更加精准、可靠的气候变化情景下的水文水资源预测模型与评估体系。通过开展数值模拟实验、实地观测研究以及案例分析等多种研究方法相结合的方式，不断提高对气候变化影响的认知水平与预测能力，为水资源管理决策提供更加科学、准确的技术支撑。

在公众参与层面，积极开展广泛的水资源保护与节水宣传教育活动，提高公众对气候变化与水资源危机的认识与关注度，增强公众的环保意识与节水意识。鼓励公众积极参与到水资源管理与保护工作中来，如通过举报违法排污行为、参与节水型社会建设等方式，形成全社会共同关注、共同参与水资源管理与保护的良好氛围。只有通过多层面、全方位的协同努力，才能够在一定程度上有效应对气候变化对水文水资源带来的严峻挑战，保障我国水资源的可持续利用与生态环境的可持续发展。

二、适应气候变化的黄河水文管理策略

（一）加快实现植树造林，实施人工降雨

植树造林作为一项基础性且具有深远意义的生态工程，对于改善黄河流域的水文状况有着不可替代的作用。通过大规模且有规划地开展植树造林活动，能够显著增加植被的覆盖率。植被在涵养水土方面扮演着天然守护者的角色。其根系如同细密的网络，深入土壤之中。在气候干旱、水资源相对匮乏的黄河流域部分地区，植被更是发挥着提升土壤含水量的重要功能。树木和植被的枝叶能够截留一部分降水，减少雨水对地面的直接冲击，从而减缓地表径流的形成速度。被截留的雨水一部分会通过蒸发重新进入大气水循环，而另一部分则会沿着枝干缓缓滴落到地面，逐渐渗透进土壤，补充土壤水分，进而丰富地下水资源。例如，过去由于植被稀少，每逢降雨，大量泥沙便会随着湍急的水流冲入黄河，导致河水含沙量急剧上升，河道淤积严重。而随着植树造林工程的持续推进，如今这些地区的植被逐渐茂密起来，不仅土壤侵蚀得到了有效遏制，而且地下水位也有了一定程度的回升，河流的径流量和水质在长期来看也有望得到改善。

然而，仅仅依靠植树造林在某些极端干旱的情况下可能难以完全满足用水需求，此时

实施人工降雨则可作为一项重要的辅助手段。人工降雨是通过人为干预的方式，在适宜的气象条件下，向云层中播撒催化剂，促使云层中的水汽凝结成雨滴并降落地面，从而为干旱地区补充急需的水资源。长时间的少雨或无雨使得农业生产面临严重困境，居民生活用水也极为紧张。借助现代气象科技手段实施人工降雨，能够在一定程度上缓解旱情，满足当地的用水基本需求。例如，在春季农作物播种关键时期或夏季农作物生长需水高峰期，如果出现持续干旱，通过精准的气象监测和分析，抓住有利的云层条件实施人工降雨，可以为农田及时补充水分，确保农作物的正常生长发育，减少因干旱导致的农业减产损失。同时，人工降雨也能为城市居民生活用水和工业生产用水提供一定的补充，维持社会经济的正常运转。

人工降雨并非在任何时候、任何地点都能实施，它对云层条件、气象环境等有着较为严格的要求。而且，人工降雨只是一种应急性和补充性的手段，不能从根本上解决黄河流域的水资源短缺问题。因此，在实施人工降雨的同时，必须始终坚定不移地推进植树造林工程，两者相辅相成，共同为适应气候变化、改善黄河水文水环境而努力。此外，还应加强对人工降雨技术的研究与创新，提高人工降雨的精准度和有效性，降低实施成本，同时加强对植树造林的科学规划与管理，选择适宜的树种和造林方式，提高植被的成活率和生态效益，以实现黄河流域水文水资源的可持续管理与利用，构建更加稳定、健康的黄河流域生态系统。

（二）强化气象服务和农田水利设施建设的科学研究

在应对气候变化给黄河水文环境带来的复杂挑战中，强化气象服务和农田水利设施建设的科学研究具有极为关键的意义，是实现水资源高效管理与生态系统稳定的重要支撑。强化气象服务能够显著提升水资源的综合利用率并增强天气预报的精准度，从而最大程度地削减气候变化对水文水环境的负面影响。精准且及时的气象预报可为黄河流域的水资源调配提供前瞻性依据。例如，通过对降水时空分布的精确预测，水利部门可提前规划水库的蓄水与放水策略，在丰水期合理拦蓄洪水，减少洪涝灾害风险的同时储备水资源；在枯水期则能依据预报有计划地放水，保障农业灌溉、工业生产与居民生活用水需求，使有限的水资源得到充分、合理利用。同时，深入的气象服务研究有助于深入理解气候变化规律，提前预警极端气候事件，如暴雨、干旱等，以便相关部门及时启动应急预案，降低灾害损失。

农业用水占据了相当大的比重，完善的农田水利设施能有效调控水资源在农业领域的分配与利用。科学规划与建设灌溉渠道、排水系统以及节水灌溉设施等，可根据作物需水特性与土壤墒情精准供水，提高灌溉效率。例如，滴灌、喷灌技术的应用能在保证作物生长所需水分的同时，避免传统大水漫灌造成的水资源蒸发、渗漏损失以及土壤板结等问题。此外，良好的农田水利设施还能增强农业应对气候变化的能力，在干旱时期保障农田基本用水，在洪涝时及时排水防涝，维持农业生产的稳定性与可持续性。

为了确保气象服务和农田水利设施建设取得实效，必须紧跟时代发展步伐，全方位调动积极力量给予持续性的资金、制度和政策支持。政府应加大财政投入，设立专项基金用于气象观测设备的更新换代、气象科研项目的开展以及农田水利设施的新建与维护。同时，出台优惠政策鼓励社会资本参与，形成多元化的投入机制。在制度层面，建立健全气象服务与农田水利设施建设的管理规范与标准，明确各部门职责，加强部门间的协同合作，避免职能交叉与管理空白，提高建设与运营效率。

从事气候、水文水资源研究的工作人员在这一过程中肩负着重要使命，他们需要聚焦人工降雨等关键技术领域深入研究，为气象服务的优化提供技术突破。加大对人工降雨的云雾物理机制、催化剂效果评估、作业条件优化等方面的研究力度，提高人工降雨的成功率与增雨效果的精准控制。为此，要全力保障研究工作所需的人力、物力和财力资源。吸引和培养高素质的专业人才，组建跨学科的研究团队，涵盖气象学、水文学、农学、工程学等多领域专家，形成强大的智力支撑。配备先进的气象观测仪器、水文监测设备、实验室分析仪器以及高性能计算机模拟系统等工具，为深入开展气候影响水文水资源研究工作打造坚实的硬件平台，从而为黄河流域适应气候变化的水文管理策略提供科学依据与技术保障，推动黄河流域生态保护与高质量发展迈向新的台阶。

（三）强化对气候变化情景生成技术的研究

在应对气候变化给黄河水文管理带来的复杂挑战时，强化对气候变化情景生成技术的研究显得尤为关键。气候变化情景生成技术借助先进的信息数字技术，犹如一把精准的钥匙，开启深入探究气候变化奥秘之门，为黄河水文水资源的科学管理提供有力支撑。该技术的核心在于能够精准地分析并设定固定的气候参数，在面对温度、湿度、降雨量等关键参数持续不断变化的复杂气候环境时，它依然可以确保气候分析模式的稳定可靠运行。这一特性使得研究人员能够在动态变化的气候海洋中找到相对稳定的分析"锚点"，进而深入剖析气候系统的内在规律。例如，通过设定特定的温度阈值范围、湿度梯度以及降雨量量级等参数，构建起一个相对稳定的气候分析框架，即使在实际气候数据出现较大波动的情况下，也能够依据此框架进行有效的数据对比与趋势分析，从而清晰地洞察气候变化的细微脉络与宏观走向。

在强大的技术支持下，气候变化情景生成技术能够对气候变化模型和下垫层境因素进行全面综合的分析与评估。气候变化模型是对地球气候系统复杂相互作用的数学描述与模拟，它涵盖了大气环流、海洋环流、陆地生态系统等众多子系统之间的能量交换与物质循环过程。通过深入研究这些模型，结合黄河流域独特的下垫层境因素，如地形地貌、植被覆盖、土壤类型等，能够更加精准地预测气候变化在黄河流域的具体表现形式。例如，黄河流域广袤的黄土高原地区，其特殊的土壤质地与地形特征会对降水的产流、汇流过程产生显著影响。利用该技术对这些因素进行综合考量，可以构建出更贴合黄河实际情况的气候变化情景，为后续制定针对性的水文水资源管理措施奠定坚实基础。

基于情景分析技术，在固定的时间段内采用动态实时性监督控制方法，能够对黄河流域某区域范围内的径流量、气温、降水量等关键要素进行全面、系统的整理与深入分析。通过在黄河流域不同地段设置密集的监测站点网络，借助卫星遥感、地面传感器等先进监测手段，实时获取海量的气象与水文数据，并及时传输至数据处理中心。运用情景生成技术对这些数据进行快速分析处理，能够绘制出清晰的气候变化与水文要素变化关系曲线，直观地展现出各要素之间的动态关联。例如，通过长期的数据分析，可以发现黄河上游地区气温升高与冰川融水增加导致径流量变化的具体量化关系，以及中游地区降水强度变化与河流泥沙含量波动之间的内在联系等。依据这些深入的分析结果，能够更好地把握黄河流域气候变化规律，提前预测可能出现的水文水资源变化趋势，从而在源头上制定科学合理的应对策略，最大限度地降低气候变化对黄河水文水资源利用的不利影响。例如，根据径流量变化预测，提前调整水库的蓄水与放水计划；依据降水趋势预报，合理安排农业灌溉时间与灌溉量，提高水资源利用效率等。

第十二章 人类活动对黄河流域水文的影响

第一节 土地利用变化对水文的影响

一、土地利用变化对径流量的影响

草地相较于裸地具有更好的截留降水和保持水土的能力，草地的植被覆盖能够减缓雨水的流速，使更多的降水有机会渗入土壤，转化为地下径流或被植被蒸腾消耗，从而减少了直接形成地表径流的水量。而当草地转变为裸地后，降水的截留和下渗作用大幅减弱，更多的雨水迅速汇聚形成地表径流，导致径流量显著增加。与之相反，窟野河和秃尾河的径流量均出现了减少的情况。窟野河的年均径流减少了 3.78 mm·a^{-1}，减少率为 15.44%，秃尾河年均径流更是锐减 21.65 mm·a^{-1}，减少率达到 40.28%。这些流域的土地利用变化主要表现为裸地转为草地。这充分表明了草地在调节径流方面的积极作用。草地的根系能够深入土壤，增强土壤的团聚性和孔隙度，提高土壤的渗透能力，使得降水能够更好地被土壤吸收和储存，进而减少了地表径流的产生。同时，草地的植被覆盖还能降低雨滴对地面的冲击力，减少土壤侵蚀，避免因泥沙淤积河道而影响河流的输水能力，间接维持了径流量的稳定。无定河流域呈现出以草地转为裸地为主的土地利用变化特征，其径流量相应增加了 2.32 mm·a^{-1}，进一步验证了草地与裸地转换对径流量的影响规律。而在其余流域，径流量则未出现明显变化，这可能是由于这些流域内土地利用变化的幅度相对较小，或者存在多种土地利用变化相互抵消的情况。

从整个河龙区间来看，年均径流量减少了 0.59 mm·a^{-1}，该区域土地利用变化主要体现为耕地转化为草地。这一结果深刻揭示了在河龙区间推行的退耕还草政策对河川径流量的影响。退耕还草使得区域内植被覆盖度提高，土壤的蓄水保水能力增强，降水更多地被土壤涵养，转化为地下水或被植被利用，而不是直接形成地表径流汇入河流。这不仅有利于减少洪水发生的频率和强度，还能在枯水期为河流提供较为稳定的基流补给，对维持黄河水文系统的平衡和稳定具有重要意义。

二、土地利用变化对应的蒸散发变化

裸地与草地之间的相互转化在春、夏季对蒸散发产生了较大的影响，当裸地转变为草

地时,春、夏季的蒸散发分别增加 48.26 mm 和 53.32 mm。这主要归因于草地植被的存在。草地在春季开始复苏生长,其叶片逐渐展开,增加了与大气接触的表面积,使得植被蒸腾作用得以增强。同时,草地的根系在土壤中生长发育,改善了土壤结构,提高了土壤的持水能力,进而促进了土壤水分的蒸发。在夏季,草地生长茂盛,植被的蒸腾和土壤蒸发共同作用,使得蒸散发大幅增加。相比之下,裸地由于缺乏植被覆盖,土壤直接暴露在大气中,降水容易快速流失,土壤水分含量较低,蒸散发量相对较少。

除冬季外,草地转为常绿针叶林会使蒸散发增加 4.08~6.10 mm。常绿针叶林具有较大的冠层面积,其针叶能够更有效地截留降水,并且叶面蒸腾作用更为强烈。针叶林的树冠结构复杂,能够阻挡部分太阳辐射,降低林内风速,从而为蒸散发创造了有利的微环境。然而,草地转为落叶阔叶林时,蒸散发变化呈现出明显的季节性差异。春季蒸散发增加 1.52 mm,但在夏、秋、冬季则减少,其中秋季减少量最多,达 9.47 mm。这与草地和落叶阔叶林的特性密切相关。该区域草地的覆盖程度较高,可达 50% 以上,生长较为茂密,在春季能够快速响应气温回升,开始生长并进行蒸腾作用。而落叶阔叶林可能郁闭程度较低,在夏季高温时,其遮阴效果不如草地,土壤水分蒸发相对较快;秋季叶片枯萎凋落,减少了植被蒸腾面积,同时落叶覆盖在地面上一定程度上抑制了土壤蒸发,导致蒸散发量大幅下降。在河龙区间,常绿针叶林主要为较高的松树林,落叶乔木叶片之间的空隙较大,秋天叶片枯萎凋落,这些因素都在一定程度上降低了蒸散发。

相同的土地利用变化在不同季节对蒸散发的影响截然不同。例如,耕地向草地的转换在春季使蒸散发增加,这是因为河龙区间的耕地种植玉米,在苗期(春季)玉米冠层较小,叶面积指数较低,对水分的截留能力弱,而草地植被在春季开始生长,植被蒸腾作用逐渐增强。但在夏季和秋季,耕地向草地的转换却使蒸散发分别减少 15.77 mm 和 5.42 mm。随着玉米生长,其叶片出芽和扩张,叶面积指数逐渐增加,在拔节期(7月份)开始快速增加,一直延续到9月份,叶片面积不断增大,叶片表面的水分蒸发到空气中,使耕地整体的蒸散量显著增加,而此时草地的蒸散发相对稳定或略有下降。耕地向落叶阔叶林的转换情况与此类似,春季增加蒸散发,夏、秋则减少蒸散发。

草地向灌丛的转换在春季和夏季使蒸散发分别减少。这可能是由于草地转为灌丛的地区,草地主要为高盖度草地,覆盖度高于 50%,其植被蒸腾作用较强,而灌丛的郁闭程度较低,仅为 20%,植被覆盖相对稀疏,对降水的截留和蒸腾作用较弱。但与转为落叶乔木不同的是,秋、冬季草地转为灌丛时,蒸散发增加。因为在秋冬季节植被休眠,植被蒸腾作用大幅下降,蒸散发以土壤蒸发为主,而灌丛在春、夏季已在土壤深层储存了更多的水分,此时这些储存的水分通过土壤蒸发释放出来,导致蒸散发增加。

稀疏灌丛转为落叶阔叶林时,在春、夏季使蒸散发增加,这是由于春季和夏季落叶乔木的覆盖度大于 60%,高于灌丛,其植被蒸腾和遮荫作用更显著。在秋、冬季使蒸散发减少,原因与前面所述落叶阔叶林在秋冬季节的特性一致,叶片凋落,植被蒸腾减弱,且落叶覆盖地面抑制土壤蒸发。

在年值变化上,耕地和裸地转为草地均使年蒸散发值增加,退耕还草使年蒸散发值增加,而裸地转为草地使年蒸散发值增加。土地利用变化与其相反方向的变化对蒸散发的响应并不匹配。例如,河龙区间的耕地转为落叶阔叶林时,年蒸散发减少,但是落叶阔叶林转为耕地时，年蒸散发增加；草地转为常绿针叶林时，年蒸散发增加，而常绿针叶林转为草地时年蒸散发减少。这表明砍伐植被上覆的林地对蒸散发的影响要强于在草地上植树造林对蒸散发的影响，这与相关研究结果一致。灌丛向草地和落叶阔叶林的转换使年蒸散发增加，同样是由于稀疏灌丛郁闭程度较低所致。

三、土地利用变化对应的土壤水分变化

当耕地转为草地时，土壤水分在春季和夏季呈现出明显减少趋势，分耕地原本有着相对规律的种植与灌溉模式，其土壤水分的消耗与补充处于一种相对稳定的动态平衡。而转变为草地后，草地植被的根系在春季开始复苏生长并逐渐深入土壤，夏季更是生长旺盛，其根系的吸水与蒸腾作用显著增强。相比之下，耕地在这两个季节的作物覆盖度与植被根系对土壤水分的摄取强度不及草地，从而导致土壤水分含量降低。

耕地转为落叶阔叶林时，土壤水分减少幅度更为显著，在 16.56~45.42 mm 之间，且夏季减少量最大。夏季是草地和落叶乔木生长的旺季，落叶乔木的根系更为发达且深入，其强大的蒸腾作用需要从土壤中汲取大量水分以维持生长与生理代谢。相较于耕地，乔木庞大的根系体系能够深入到更深的土壤层吸收水分，使得土壤水分的下降率显著提高。例如，原本种植农作物的耕地转变为落叶阔叶林后，由于树木的生长需求，土壤深层的水分被大量抽取，导致原本相对湿润的土壤层逐渐变得干燥，这与 Yang 等学者的研究结论高度吻合。

草地转为常绿针叶林土壤水分减少 4.93~13.82 mm，尤其在夏季和秋季更为明显。常绿针叶林在夏季枝叶繁茂，生长活跃，其对土壤水分的需求较大。林地覆盖度较高时，冠层截留了部分降水，减少了雨水直接进入土壤的量，同时根系的吸水作用持续消耗土壤水分。已有研究表明，大量种植人工的松林这类常绿针叶林，会在黄河流域中游导致土壤水分的剧烈下降，加速干土层的形成。因为其根系在土壤中的分布与吸水特性，使得土壤水分难以得到有效的补充与储存，进而改变了土壤的水分平衡状态。

草地转为落叶阔叶林出现了春、秋、冬季土壤水分增加的特殊情况，这可能是由于所转变的落叶阔叶林郁闭度较低所致。在这些季节，较低郁闭度的落叶阔叶林对降水的截留作用相对较弱，更多的降水能够直接渗入土壤，同时其植被蒸腾作用也相对较小，使得土壤水分有一定的积累。

裸地转为草地时，土壤水分大幅减少，裸地原本缺乏植被覆盖，土壤水分蒸发相对较为直接和快速，但整体的水分消耗途径相对单一。当覆盖上草地后，植被的蒸腾耗水成为新的重要水分消耗方式。草地植被通过根系从土壤中吸收水分，再通过叶片蒸腾到大气中，这种蒸腾耗水作用的增强，尤其是对深层土壤水分的摄取，使得土壤水分含量急剧下降。

在各季节草地转换为灌丛时，土壤水分增加，灌丛的植被结构与草地有所不同，其能够在土壤深层储存更多的水分，并且灌丛中水分入渗到土壤的速率要快于草地。灌丛的根系分布与生长特性有利于雨水的快速下渗与储存，减少了地表径流与蒸发损失，使得土壤水分得以积累。当灌丛转为落叶阔叶林时，在夏季土壤水分减少 27.28mm，这是由于夏季林地的郁闭程度要高于灌丛，树木的蒸腾作用和冠层截留作用更为强烈，大量消耗土壤水

分且减少了降水入渗。在冬季和春季，土壤水分则略有增加，幅度在 2.72-2.82mm 之间，这是因为冬季树木生长缓慢且春季降水相对较多，在一定程度上补充了土壤水分。

第二节　水利工程对水文过程的干扰

一、改变径流的时空分布

（一）在时间分布方面，水利工程重塑黄河径流的时间序列特征

在汛期来临之前，水利工程依据气象预报和流域水情监测数据，提前预留出一定的库容空间，以便在洪水汹涌而至时能够有效地拦蓄洪水。以小浪底水库为例，其巨大的库容能够容纳海量的洪水，当上游洪水奔腾而下时，水库如同一座坚固的屏障，将洪峰流量削减，使得下游河道在洪水期间的流量峰值大幅降低，从而极大地减轻了下游地区的洪涝灾害风险。这一过程不仅保障了沿岸居民的生命财产安全，也使得黄河下游的防洪压力得到了有效缓解。而在枯水季节，水库则依据下游用水需求，适时地开闸放水，将储存的水资源有计划地释放到下游河道中。这种放水操作使得原本在枯水期可能出现干涸或流量极低的河道重新恢复生机，保障了农业灌溉用水的稳定供应，确保了农作物在生长关键时期能够得到充足的水分滋养。同时，也为城市居民生活用水和工业生产用水提供了可靠的水源保障，维持了社会经济的正常运转[①]。此外，对生态系统而言，枯水期的放水能够维持河流生态系统的基本流量需求，为水生生物提供适宜的生存环境，促进了生态系统的稳定与生物多样性的保护。通过这样的蓄放调节机制，黄河的径流过程线由原本因降水和自然地理条件所决定的剧烈波动状态，转变为相对平缓且可人为调控的曲线，极大地提高了水资源的利用效率和时间分配的合理性。

（二）在空间分布上，黄河水利工程的建设打破了原有的径流自然分配格局

跨流域调水工程作为其中的典型代表，如引黄济青工程，将黄河水从其原本的流域河道中引出，通过人工渠道和输水设施，长途跋涉地输送到其他缺水的流域地区。这一举措在满足调入区域用水迫切需求的同时，不可避免地减少了黄河本流域内调出区域的径流量。在调出区，河道水位可能会因水量的减少而有所下降，周边的湿地生态系统可能会面临水源补给不足的困境，导致湿地面积萎缩，依赖湿地生存的动植物栖息地遭到破坏。而在调入区，黄河水的注入为当地的经济社会发展注入了新的活力。农业生产得以扩大规模，原本因缺水而荒芜的土地重新变得肥沃，农作物产量大幅提高；城市的供水紧张局面得到缓解，居民生活质量得到改善，工业企业也因有了充足的水源保障而能够稳定生产，促进了区域经济的快速发展。然而，这种跨流域的水资源调配也需要谨慎规划和科学管理，以避免对调出区和调入区以及整个黄河流域的生态环境和社会经济造成不可逆转的负面影响，确保在实现水资源空间优化配置的同时，实现流域的可持续发展。

---

① 谢京凯. 气候变异和人类活动对黄河流域水储量变化的影响[D]. 浙江大学, 2020.

二、影响泥沙输移与淤积

(一) 拦截泥沙导致河道冲刷与淤积变化

黄河以其高含沙量而闻名于世，水利工程的存在对黄河泥沙的输移过程产生了极为深刻且复杂的影响，其中拦截泥沙所引发的河道冲刷与淤积变化尤为突出。

当黄河水携带着大量泥沙奔腾进入水库时，由于水库内部相对平静的水域环境以及较大的库容空间，水流速度迅速减缓，泥沙颗粒在重力作用下逐渐沉淀淤积在库底。例如小浪底水库，自建成运行以来，在其库区内淤积了数量可观的泥沙。这种泥沙淤积现象在一定程度上具有积极意义，它有效地减少了向下游河道输送的泥沙量，使得黄河下游河道长期以来面临的泥沙淤积问题得到了一定程度的缓解。下游河道因泥沙输入量的减少，水流的挟沙能力相对过剩，原本被泥沙淤积抬高的河床开始出现冲刷现象。在冲刷过程中，河床的形态逐渐发生改变，一些原本因泥沙淤积而形成的浅滩和沙洲被逐渐冲刷侵蚀，河道的输水能力得到了提高，水位流量关系也发生了相应的变化。例如，相同流量下的水位较之前有所降低，这有利于提高河道的行洪能力，减少洪水漫溢的风险。然而，河道冲刷也并非全然有利。过度的冲刷可能会导致河岸的稳定性受到威胁，河岸崩塌现象时有发生，这不仅会破坏沿岸的基础设施，如桥梁、堤坝、码头等，还会使得大量的泥沙重新进入河道，影响河道的水沙平衡。而且，水库内部淤积的泥沙量不断增加，库容逐渐减小，其蓄水和调节径流的能力也会随之下降，这就需要采取一系列的泥沙调度措施，如定期的冲沙减淤操作，以维持水库的正常运行功能和对下游河道水沙关系的有效调控。

(二) 改变河口地区泥沙沉积与海岸演变

黄河携带的泥沙在河口地区的沉积过程对于河口海岸地貌的塑造以及整个区域的生态环境和经济发展都具有举足轻重的地位，而水利工程的运行则深刻地改变了这一自然过程。在过去，黄河每年携带的大量泥沙在河口地区源源不断地沉积，使得河口三角洲以较快的速度向海洋推进，不断拓展陆地面积。然而，随着黄河流域上游一系列水利工程的相继建成并投入运行，黄河入海泥沙量发生了显著的变化。由于水利工程对泥沙的拦截和调控，黄河入海泥沙量大幅减少。这一变化直接导致了河口地区泥沙沉积速率的急剧下降，原本不断淤涨的河口三角洲逐渐放缓了扩张的脚步，甚至在一些区域出现了侵蚀后退的现象。例如，在黄河三角洲的某些海岸地段，曾经因泥沙淤积而形成的新陆地如今正面临着被海水侵蚀的威胁，海岸线不断后退，陆地面积逐渐缩小。这种变化对河口地区的湿地生态环境产生了深远的影响。河口湿地作为众多珍稀鸟类和海洋生物的重要栖息地，其生态系统的稳定性依赖于特定的水文和地貌条件。泥沙沉积量的减少使得湿地的面积萎缩，湿地的水深、盐度等环境因子也发生了改变，许多依赖特定湿地环境生存的生物物种面临着栖息地丧失和食物资源减少的双重困境，生物多样性受到了严重的威胁。此外，河口地区泥沙沉积的变化还对沿海地区的海岸防护、港口航道维护等方面产生了一系列连锁反应。由于泥沙供应不足，海岸的抗侵蚀能力减弱，需要投入更多的人力、物力和财力来建设和维护海岸防护工程。对于港口航道而言，泥沙量的减少虽然在一定程度上减少了航道淤积的风险，但也可能导致航道水深变化不稳定，影响船舶的航行安全和港口的运营效率，需要更加精细的航道疏浚和管理措施来保障海上交通的顺畅。

三、改变水温与水质

（一）水温分层与下泄水温变化影响生态

大型水利工程设施，尤其是水库的建设与运行，对黄河水温状况产生了显著的干扰，其中水温分层现象以及下泄水温的变化对河流生态系统产生了多方面的深刻影响。当黄河水被蓄积在水库中时，由于水库水体体积庞大且深度较大，在太阳辐射和热量交换的作用下，水体内部逐渐形成了明显的水温分层结构。一般而言，水库表层水在阳光的直接照射下吸收大量热量，升温速度较快，形成了相对温暖的水层；而底层水由于受到上层水的阻隔，热量传递相对缓慢，水温较低且保持相对稳定。这种水温分层现象在不同季节表现出不同的特征。在夏季，水温分层更为明显，表层水温度较高，而底层水温度较低，两者之间形成了一个较大的温差梯度。在冬季，虽然整体水温较低，但分层现象依然存在。当水库进行放水操作时，不同层次的水按照一定的顺序下泄到下游河道中，从而改变了下游河道的水温自然变化规律。在春季，对于许多鱼类和水生生物来说，是繁殖和生长的关键时期，它们的繁殖行为往往与水温密切相关。然而，由于水库下泄的冷水，下游河流的水温回升速度减缓，这可能会延迟水生生物的繁殖周期，使得它们错过最佳的繁殖时机，进而影响到种群数量的增长和生态系统的结构与功能。例如，某些鱼类需要在特定的水温范围内才能顺利产卵，水温过低会抑制它们的繁殖行为，导致鱼卵孵化率降低。在冬季，相对温暖的下泄水又可能改变下游河道的水温状况，使得原本适应低温环境的水生生物面临新的生存挑战。一些水生昆虫和微生物的生理活动可能会因水温的异常升高而受到干扰，影响到整个生态链的正常运转。此外，水温的变化还会对河流中的溶解氧含量产生影响。水温升高时，水中的溶解氧含量会降低，这对于依赖溶解氧生存的水生生物来说是一个不利因素，可能会导致水生生物缺氧窒息死亡，进一步破坏生态系统的平衡。

（二）水质变化与富营养化风险增加

水利工程的建设使得黄河部分河段的水流速度明显减缓，尤其是在水库等蓄水区域。水流速度的减缓导致水体的自净能力大幅下降。在自然状态下，河流的流动能够促进水体与大气之间的氧气交换，使得水中溶解氧含量保持在一定水平，有利于水中污染物的氧化分解。同时，水流还能够将污染物稀释并携带至下游，降低局部区域的污染浓度。然而，在水库中，缓慢的水流使得污染物难以快速扩散和降解，容易在局部区域积累。例如，农业面源污染带来的氮、磷等营养物质在水库中容易积聚，为藻类等浮游生物的生长提供了丰富的营养源。藻类大量繁殖，消耗水中大量的溶解氧，产生富营养化问题。而且，水利工程运行过程中，还会引入一些其他的污染源。例如，大坝的建设与维护过程中可能会有石油类物质、重金属等污染物进入水体。大坝上的机械设备在运行过程中可能会发生漏油现象，这些石油类物质进入水中后会在水面形成一层油膜，阻碍水体与大气的氧气交换，进一步降低溶解氧含量，同时也会对水生生物的呼吸系统造成损害。船只在水库和河道中的航行也会产生一定的污染，如船舶排放的污水和垃圾等。此外，水库蓄水还可能淹没一些原本的陆地生态系统，如农田、草地和森林等。这些被淹没的陆地植被在水中逐渐腐烂分解，消耗大量的溶解氧，并释放出各种有机物质和营养元素，进一步加剧了水质的恶化和富营养化风险。水质的恶化不仅影响到黄河水的直接利用，如农业灌溉、工业生产和居民生活用水等,还对水生生物的生存环境构成了严重威胁,导致许多水生生物数量减少甚至灭绝,破坏了河流生态系统的生物多样性和生态平衡。

四、对地下水文过程的影响

(一) 改变地下水补给与排泄关系

黄河水利工程通过改变河道水位与周边地下水位之间的关系,对地下水的补给与排泄过程产生了显著的干扰,进而影响了整个流域的地下水文循环。水库水位逐渐上升,形成了一个局部的高水位区域,这种高水位状态会促使水库周边地区的地下水得到更多的补给。由于地下水与地表水之间存在着水力联系,当水库水位高于周边地下水位时,在水头差的作用下,地表水会通过土壤孔隙和岩石裂隙等通道向地下渗透,从而补充地下水。在一些靠近水库的地区,地下水位因此而上升,这对于周边地区的植被生长具有积极的促进作用。例如,原本因地下水位较低而生长受限的树木和草地,在得到充足的地下水补给后,生长状况得到明显改善,植被覆盖度增加,有利于减少水土流失,改善区域生态环境。然而,如果水库蓄水水位过高或持续时间过长,可能会导致周边地区地下水位过高,引发一系列的问题。在一些地势较低洼的地区,过高的地下水位可能会使土壤长期处于饱和状态,导致土壤沼泽化。土壤沼泽化会影响农作物的生长,使得农作物根系缺氧,生长不良甚至死亡。同时,地下水中的盐分也可能会随着水分蒸发而在土壤表层积聚,导致土壤盐碱化。土壤盐碱化会破坏土壤结构,降低土壤肥力,使得土地逐渐退化,无法进行正常的农业生产。在下游河道区域,由于水利工程对径流的调控,河道水位变化频繁且幅度较大。当河道水位升高时,河水可能会补给地下水;而当河道水位下降时,地下水又可能会向河道排泄。这种频繁的补给与排泄转换会影响地下水的正常排泄规律,导致局部地区地下水水位异常波动。地下水水位可能会因河道水位的快速下降而下降过快,导致地下水资源的过度开采和利用,影响地下水资源的可持续性,同时也可能会引起地面沉降等地质问题,对地面建筑物和基础设施的安全造成威胁。

(二) 影响河岸带与湿地的地下水文过程

在枯水期,水利工程的放水操作能够维持河岸带和湿地的一定水位,确保了地下水与地表水之间的交换得以持续进行。放水使得湿地能够保持一定的水深,为湿地植物的根系提供了适宜的水分环境。湿地植物的根系在吸收水分的同时,也会与地下水进行物质交换,如吸收地下水中的养分,同时将自身产生的有机物质释放到地下水中,促进了地下水生态系统的物质循环。对于河岸带植物来说,稳定的地下水位有助于它们在枯水期维持正常的生长和生理活动。一些河岸带树木的根系能够深入地下,在枯水期依靠地下水的补给存活下来,并在丰水期到来时重新焕发生机。然而,如果水利工程在枯水期的放水时间和水量控制不当,可能会对河岸带和湿地的地下水文过程产生不利影响。例如,放水过多可能会导致湿地地下水水位过高,使得湿地土壤过于潮湿,不利于一些喜干植物的生长,甚至会导致这些植物死亡。同时,过高的地下水水位也可能会使湿地的生态演替过程发生改变,一些原本适应特定水位条件的植物群落可能会被其他植物群落所取代,影响湿地生态系统的生物多样性。放水过少则可能会导致湿地地下水水位过低,湿地植物因缺水而生长不良,湿地面积可能会因干涸而缩小。在河岸带,地下水位过低可能会导致河岸崩塌,因为河岸带土壤在失去地下水的支撑后，其稳定性下降，在水流冲刷和重力作用下容易发生崩塌现象。河岸崩塌不仅会破坏河岸带的生态景观，还会影响河流的河道形态和水流特性，进而对整个河流生态系统产生连锁反应。此外，河岸带和湿地的地下水文过程还与许多动物的生存和繁殖密切相关。例如，一些鸟类在湿地中筑巢繁殖，它们需要适宜的水深和地下水位条件来寻找食物和保护幼鸟。如果地下水文过程被干扰，这些鸟类的生存和繁殖也会受到影响，进一步破坏了河岸带和湿地生态系统的生态平衡。

第三节 城市化对流域水资源的压力

一、用水需求剧增

(一) 生活用水需求攀升

随着城市化进程在黄河流域的高歌猛进，城市人口呈现出迅猛增长的态势。这种人口的急剧聚集带来的最直接影响便是生活用水需求的节节攀升。在城市中，居民的日常生活活动高度依赖水资源，从最基本的饮用、烹饪，到日常的洗涤、卫生清洁等，每一个环节都离不开水的支撑。如今，现代化的住宅小区如繁星般点缀在黄河流域的各个城市，这些小区内配备了各种各样的用水器具，如洗衣机、洗碗机、智能马桶等，它们的广泛使用使得家庭人均日用水量相较于传统农村生活方式有了显著的提高。以一个普通的三口之家为例，在城市中每天的用水量可能达到数百升，而在农村地区可能仅需几十升。而且，城市居民对于生活用水的质量要求也在不断提升，除了满足基本的清洁需求外，还追求高品质的饮用水，这进一步增加了对水资源的索取。例如，许多家庭安装了净水器，在原水供应的基础上进行二次处理，这一过程中也伴随着一定量的水资源浪费。同时，城市的公共生活用水需求也不容小觑，如学校、医院、商场、酒店等场所的日常运营都需要消耗大量的水资源。学校里学生的日常洗漱、食堂用水以及校园清洁等；医院中病人的护理用水、医疗设备清洗用水等；商场的卫生间用水、空调系统补水以及公共区域清洁用水等；酒店的客房用水、餐饮用水以及泳池、温泉等休闲设施用水等，这些都构成了庞大的生活用水需求体系，给黄河流域本就有限的水资源供应带来了前所未有的巨大压力。

(二) 工业用水消耗量大

城市化的浪潮推动了黄河流域工业的蓬勃兴起与快速发展，而工业生产过程往往伴随着大量水资源的消耗。众多类型的工厂在城市中落地生根，其中钢铁工业、化工产业、纺织业等堪称用水大户。在钢铁生产的复杂工艺流程中，从最初的铁矿石烧结环节开始，就需要大量的水来控制温度和湿度，以确保烧结过程的顺利进行。进入炼铁阶段，高温的铁水需要水来进行冷却，防止炉体受损并保证铁水的质量和流动性。炼钢环节同样离不开水的参与，无论是转炉炼钢还是电炉炼钢，水都被用于冷却设备和处理废气。而在最后的轧钢工序，钢材的轧制和冷却也需要大量的水资源。例如，一座中等规模的钢铁厂，每天的工业用水量可能高达数万吨。化工产业更是如此，其生产过程中涉及众多的化学反应，许多反应需要在特定的温度和溶剂环境下进行，水常常被用作溶剂、冷却剂或反应物。例如，在石油化工行业，原油的提炼、各种化工产品的合成等都需要消耗大量的水，并且对水质有着严格的要求，需要经过预处理和循环利用等复杂系统来保障生产。纺织业在纤维的清洗、染色、整理等工序中也消耗大量的水资源，而且随着纺织工艺的不断升级和对产品质量要求的提高，水资源的消耗量并没有明显下降的趋势。这些工业用水的大量消耗，不仅直接削减了黄河流域可用于农业灌溉、居民生活以及生态维护等其他方面的水资源总量，而且工业生产过程中产生的废水往往含有大量的污染物，其排放会对黄河的水质造成严重污染，进一步降低了水资源的可利用性和生态价值，使得水资源的供需矛盾更加尖锐。

（三）城市公共设施用水需求

城市的公共设施建设与运营在城市化进程中日益完善，然而这背后也伴随着大量水资源的消耗，给黄河流域水资源带来了不小的压力。城市的道路洒水降尘作业是保障城市空气质量和环境卫生的重要措施。尤其是在黄河流域的一些北方城市，干旱季节较长且沙尘天气时有发生，为了减少扬尘污染，保持道路清洁和空气清新，洒水车需要频繁地在城市道路上作业。一条繁忙的城市主干道，每天可能需要多次洒水，每次洒水的用水量都颇为可观。城市中的绿化灌溉也是水资源消耗的重要方面。随着城市对生态环境和景观建设的重视，城市公园、街头绿地、住宅小区绿化等面积不断扩大。这些植被需要定期灌溉才能保持生长和美观，特别是在夏季高温干旱时期，绿化灌溉的用水量会大幅增加。例如，一个大型城市公园的绿化灌溉系统，在夏季高峰期每天可能消耗数百立方米的水。此外，城市中的其他公共设施，如喷泉、人工湖等景观用水也在持续消耗水资源。这些景观设施虽然在一定程度上美化了城市环境，提升了城市形象，但它们的存在也使得水资源的需求进一步增大。一些城市为了打造大型的水景景观，不惜耗费大量的水资源来维持其运行，而这些水往往在蒸发、渗漏等过程中损失掉，并没有得到有效的循环利用，从而加重了黄河流域水资源的负担，使得水资源在城市公共设施需求方面面临着严峻的挑战。

二、水资源污染加剧

（一）生活污水排放

城市化的快速发展使得黄河流域城市人口高度密集，而这一现象直接导致了生活污水排放量的大幅激增。城市居民的日常生活产生了种类繁多且数量庞大的生活污水，其中包含了大量的有机物、氮、磷等营养物质以及各种病原体。在城市的各个角落，家庭、学校、医院、商场、酒店等场所每天都在源源不断地产生生活污水。例如，家庭厨房中的洗菜水、洗碗水富含油脂和食物残渣；卫生间的污水含有粪便、尿液等人体排泄物，其中携带了大量的细菌、病毒和寄生虫卵；洗衣房的废水则含有洗涤剂等化学物质。这些生活污水如果未能得到有效收集和处理，直接排放到黄河及其支流中，将会引发一系列严重的环境问题。由于污水中含有丰富的营养物质，一旦进入水体，会导致水体富营养化现象的发生。在适宜的温度、光照等条件下，藻类等浮游生物会迅速繁殖，大量的藻类会在水面形成一层厚厚的"绿膜"，这不仅影响水体的美观，还会阻碍阳光穿透水体，使得水下植物无法进行光合作用，导致水中溶解氧含量急剧降低。随着溶解氧的减少，水生生物的生存环境遭到严重破坏，鱼类等水生动物会因缺氧而死亡，进而影响整个黄河流域水生态系统的平衡与稳定，使得原本清澈、富有生机的河流逐渐变成散发恶臭、生物多样性锐减的"死河"。

（二）工业废水污染

城市中的工业企业作为经济发展的重要力量，却也是黄河流域水资源污染的关键源头之一。工业废水的成分极为复杂，通常含有重金属离子、有毒有害物质、化学需氧量（COD）和生化需氧量（BOD）等多种污染物。不同类型的工业企业由于其生产工艺和产品的差异，所排放的废水性质也截然不同。例如，电镀厂在电镀过程中，为了在金属表面形成一层金属镀层，会使用大量含有铬、镍、镉等重金属的电镀液，这些电镀液在使用后随废水排出，如果未经严格处理，其中的重金属离子会在水体中积累，对水生生物和人体健康造成极大的危害。重金属离子可以通过食物链的富集作用，在水生生物体内不断积累，最终进入人体，损害人体的神经系统、肾脏、肝脏等重要器官。化工企业的生产过程更是涉及各种各样的化学反应，其排放的废水中可能含有苯系物、酚类、氰化物等剧毒有机化合物。这些物质具有很强的毒性和持久性，即使在极低的浓度下也可能对水生生物产生致命的影响。例如，酚类化合物会使鱼类的鳃部受损，导致呼吸困难，最终死亡；氰化物则会抑制细胞呼吸酶的活性，使生物体内的细胞无法正常呼吸，迅速导致生物死亡。这些工业废水如果不经过严格的处理达到排放标准就排放到黄河流域的水体中，将会使原本可利用的水资源遭受严重污染，水质恶化到无法满足农业灌溉、工业生产甚至居民生活用水的基本要求，从而极大地浪费了宝贵的水资源，同时也对流域内居民的饮用水安全和生态环境构成了严重威胁。

（三）城市面源污染

在城市化进程中，城市地面的硬化程度不断提高，这一变化虽然给城市建设和交通带来了便利，但也使得降雨形成的地表径流成为黄河流域水资源污染的又一重要因素，即城市面源污染。城市面源污染主要涵盖了雨水冲刷道路、屋顶、停车场等表面所携带的各类污染物，其中包括油污、垃圾、重金属、农药残留等。在城市的交通干道上，汽车尾气中的重金属颗粒以及车辆泄漏的油污会附着在道路表面，随着降雨的冲刷，这些污染物会随着地表径流流入附近的下水道或直接进入黄河流域的河流、湖泊等水体。例如，研究表明，城市道路径流中的铅、锌等重金属含量在降雨初期往往较高，这些重金属进入水体后，会在底泥中积累，长期影响水生生物的生长和繁殖，甚至可能通过食物链传递进入人体，对人体健康造成慢性毒害作用。城市中的屋顶表面也会积累灰尘、鸟类粪便等污染物，在降雨时被冲刷进入雨水管道。此外，城市中的一些绿化区域可能会使用农药和化肥，这些物质在降雨过程中也会被冲刷进入水体，导致水体中的氮、磷等营养物质含量增加，进一步加剧了水体的富营养化风险。在降雨初期，由于地表污染物的积累，地表径流中的污染物浓度通常较高，这部分"初雨径流"如果未经有效处理就直接排放，会对黄河流域的水资源造成严重的污染负荷，破坏水生态环境的平衡与稳定，影响水资源的质量和可利用性。

三、水资源调配与管理难度加大

（一）供需矛盾突出

城市化进程在黄河流域的推进使得不同区域、不同行业对水资源的需求呈现出显著的差异，这种差异导致了水资源调配的难度急剧增大。在城市中心区，由于人口高度密集、经济活动频繁且集中，其用水需求呈现出旺盛的态势。这里高楼林立，居住着大量的居民，居民的日常生活用水需求如饮用、烹饪、洗涤、卫生清洁等持续不断。同时，众多的商业中心、写字楼、酒店等场所也消耗着大量的水资源，用于商业运营、办公环境维护以及顾客服务等方面。此外，城市中心区还聚集了大量的工业企业，这些企业的生产过程离不开水的参与，从原料清洗、加工制造到设备冷却等环节都需要大量的水资源供应。而在城市周边的郊区或农村地区，其用水需求则主要以农业灌溉用水为主。农业作为国民经济的基础产业，在黄河流域占据着重要的地位，广袤的农田需要大量的水来灌溉农作物，以保证其生长和丰收。不同季节的用水需求也存在着严重的不均衡性。在夏季，城市居民用水和工业用水需求同时迎来高峰。居民为了消暑降温，空调使用频率大幅增加，这导致了大量的冷凝水消耗以及空调设备的冷却用水需求；同时，居民的日常洗澡、洗衣等用水量也明显上升。工业企业在夏季为了保证生产设备的正常运行，冷却用水的需求量也会增大。而此时正值农作物生长的关键时期，如小麦的灌浆期、玉米的抽穗期等，农业灌溉用水需求极为迫切，需要大量的水来满足农作物对水分的需求。这种不同区域、不同行业以及不同季节的用水需求重叠和冲突，使得黄河流域有限的水资源难以在各方之间进行合理的分配和平衡，导致了严重的供需矛盾，需要精心制定精细的水资源调配方案，并借助先进的技术手段和管理机制来协调各方利益，确保水资源的高效利用和可持续发展。

（二）管理体制复杂

城市化的发展涉及多个行政区域和众多部门的协同合作，这使得黄河流域水资源管理体制变得极为复杂。在行政区域方面，不同城市、不同地区之间由于各自的发展目标和利益诉求存在差异，在水资源的分配、利用和保护方面往往容易产生利益冲突。例如，位于黄河流域上游的城市可能为了自身的工业发展和城市建设，过度开发利用当地的水资源，修建大量的水库、引水工程等，从而导致下游城市可用水资源的减少。下游城市可能会因此面临水资源短缺的困境，影响其居民生活、农业生产和工业发展。在部门职责划分上，水利、环保、城建等多个部门都与水资源管理有着密切的关系。水利部门主要负责水资源的开发、调配和水利工程的建设与管理；环保部门侧重于水资源的污染防治和生态环境保护；城建部门则关注城市供水、排水等基础设施的建设与运营。然而，在实际工作中，这些部门之间的职责划分有时不够清晰明确，容易出现职能交叉和空白的现象。例如，在城市污水处理方面，水利部门可能关注污水的排放对河道水量和水质的影响，环保部门重点监管污水中的污染物达标排放情况，而城建部门则负责污水处理厂的建设和运营管理，在一些具体问题上，如污水处理厂的提标改造资金来源、污水管网的维护责任等方面，可能会出现部门之间相互推诿或重复管理的情况。这种复杂的管理体制使得对黄河流域水资源的统一规划、合理调配和有效管理难以有效实施，降低了水资源管理的效率和效果，进一步加剧了水资源的压力，迫切需要建立更加科学合理、协调高效的水资源综合管理体制，加强部门之间的沟通与协作，以实现对黄河流域水资源的有效管理和可持续利用。

（三）基础设施建设滞后

尽管城市化在黄河流域呈现出快速发展的态势，但水资源调配与管理的基础设施建设却在一定程度上相对滞后，这给水资源的合理调配和高效利用带来了诸多困难。在城市的供水管道网络方面，许多城市存在着老化、漏水等问题。一些老旧城区的供水管道由于使用年限较长，材质老化，加上长期受到地下水位波动、土壤腐蚀等因素的影响，管道的密封性和耐压性下降，导致大量的水资源在输送过程中泄漏流失。据统计，一些城市的供水管道漏损率高达20%以上，这意味着大量宝贵的水资源在未被有效利用之前就白白浪费掉了。同时，城市的污水处理设施建设也存在不足。随着城市人口的增加和生活水平的提高，生活污水的排放量不断增长，但部分城市的污水处理厂处理能力有限，无法满足日益增长的污水排放需求。一些污水处理厂由于设备老化、技术落后，处理效率低下，导致部分污水未经达标处理就直接排放到黄河流域的水体中，对水资源造成了严重污染。在水资源调配方面，一些跨区域的调水工程、蓄水设施等虽然已经规划或部分建成，但存在建设进度缓慢、运行管理不善等情况。例如，一些跨流域调水工程由于受到资金、技术、征地拆迁等多种因素的影响，工程建设周期延长，无法按时发挥其水资源调配的作用。而一些已建成的蓄水设施，由于缺乏科学合理的运行管理机制，在蓄水、放水过程中未能充分考虑到流域内的用水需求和生态环境要求，导致水资源的浪费和调配不合理，无法有效缓解城市化带来的水资源压力，因此需要加大对水资源调配与管理基础设施建设的投入，提高基础设施的建设质量和运行管理水平，以保障黄河流域水资源的可持续利用。

第四节 人类活动与水文变化的调控实践

一、水利工程建设

（一）修建水库

在黄河流域的水资源调控与管理中，修建水库是一项极为关键的举措。以小浪底水库为研究对象，在防洪减灾领域，小浪底水库拥有强大的洪水拦蓄能力。黄河流域降水时空分布极为不均，汛期常常面临洪水的严峻考验。当暴雨倾盆，上游洪水汹涌而下时，小浪底水库如同一道坚固的屏障，利用其巨大的库容将洪水暂时收纳。例如在某次强降雨过程中，黄河上游多条支流同时涨水，大量洪水汇聚，若没有小浪底水库的有效拦蓄，下游河道将会面临远超其承载能力的洪峰冲击。小浪底水库通过科学调度，逐步削减洪峰流量，使得原本可能对下游城市如郑州、济南等造成毁灭性破坏的洪水，以相对温和的态势通过，极大地减轻了黄河下游地区的防洪压力，保障了沿岸数千万居民的生命财产安全以及众多农田、基础设施的完好无损。

枯水季节，黄河径流量锐减，工农业生产以及居民生活用水面临短缺困境。此时，小浪底水库便发挥"水源宝库"的作用，根据预先制定的科学放水计划，适时、适量地向下游放水。以农业灌溉为例，在春季小麦返青、拔节等需水关键期，水库释放的水流沿着河道奔腾而下，润泽了黄河中下游广袤的农田，确保了农作物能够得到充足的水分滋养，为粮食丰收奠定了坚实基础。对于工业生产而言，稳定的水源供应保障了各类工厂的正常运转，如化工、电力等行业，避免因缺水而导致的生产停滞或限产，促进了区域经济的稳定发展。此外，水库放水还维持了黄河下游的生态基流，为水生生物营造了适宜的生存环境，使得黄河的生态系统在枯水期也能保持一定的活力，避免了因断流而引发的生态灾难。黄河泥沙含量高，长期以来导致下游河道淤积严重，"地上悬河"现象日益加剧。小浪底水库通过"蓄清排浑"的运行方式，在非汛期蓄水时，让泥沙在库内沉淀，降低出库水流的含沙量；而在汛期，利用较大的水流动力，将部分泥沙排出库外，输送至下游河道或海洋，从而在一定程度上减缓了下游河道的淤积速度，延长了河道的使用寿命，为黄河的长治久安提供了有力保障[①]。

（二）跨流域调水

南水北调东线和中线工程的实施，为黄河流域带来了极为宝贵的新增水资源量。黄河流域虽然地域辽阔，但水资源总量相对有限，且时空分布严重不均，部分地区长期饱受干旱缺水之苦。南水北调工程将长江流域丰富的水资源远距离输送至黄河流域，有效缓解了黄河流域的水资源短缺状况。例如在华北地区的一些城市，原本因过度开采地下水导致地下水位急剧下降，引发了地面沉降等一系列地质灾害，同时工业生产因缺水受限，居民生活用水也时常面临紧张局面。南水北调工程通水后，大量清澈的长江水注入黄河流域，这些城市的供水水源得到了极大补充，工业企业得以满负荷生产，居民用水也变得更加充足和稳定，生活品质得到显著提升。

充足的水资源补给使得黄河河道的生态基流得到有效保障，尤其是在枯水期，以往因流量过小而面临干涸危险的河段如今能够维持一定的水位和水量，为水生生物提供了更为广阔和稳定的生存空间。许多珍稀鱼类和水生植物的种群数量逐渐恢复，河流的生物多样性得到显著提升。同时，黄河河口地区由于淡水补给增加，湿地面积有所扩大，生态系统得到修复和改善。曾经因缺水而萎缩的湿地重新焕发生机，众多候鸟在此停歇、栖息和繁殖，形成了一幅幅人与自然和谐共生的美丽画卷。

从区域经济协调发展的角度来看，南水北调工程有力地促进了黄河流域经济结构的优化和升级。水资源的增加为农业的可持续发展提供了坚实保障，使得一些原本因缺水而只能种植耐旱作物的地区，如今可以尝试种植更多高附加值的农作物，推动了农业现代化进程。稳定可靠的水源供应吸引了更多高新技术产业和水资源密集型产业落户黄河流域，促进了产业的集聚和升级，带动了相关产业链的协同发展，为区域经济的高质量发展注入了强大动力，进一步缩小了黄河流域与水资源丰富地区在经济发展水平上的差距，实现了区域间更为均衡的发展态势。

二、水土保持措施

（一）植树造林

黄土高原地区土质疏松，地形起伏较大，在过去长期遭受严重的水土流失问题，大量泥沙冲入黄河，是黄河泥沙的主要来源地。而树木作为大自然的"绿色卫士"，其根系深入土壤，能够像无数只强有力的"抓手"一样，防止土壤被雨水冲刷和风力侵蚀。随着植树造林工程的大规模推进，越来越多的荒山秃岭披上了绿装，植被覆盖率显著提高。例

---

① 牛存稳，党素珍，孙响铃，等．黄河流域水资源超载地区和短缺地区的判定与动态管理［J］．中国水利，2024（09）：39-44．

如，在某一典型小流域治理项目中，经过多年持续不断的植树造林努力，该流域的土壤侵蚀模数大幅降低，原本每年每平方公里数万吨的泥沙流失量减少到了数千吨，有效地减少了流入黄河的泥沙量，从而减轻了黄河下游河道的淤积压力，对维持黄河的河道形态和行洪能力产生了积极的影响。

茂密的森林植被就如同一个巨大的天然"海绵"，能够有效地截留一部分雨水，减缓雨水直接形成地表径流的速度和强度。树叶、树枝以及林下的枯枝落叶层等都可以承接雨水，让雨水有更多的时间渗透到土壤中。以一场中等强度的降雨为例，在植树造林后的区域，大部分雨水能够被植被截留并逐渐下渗，只有少部分形成地表径流，而且径流的流速相对缓慢，峰值流量较低。这不仅减少了洪水发生的频率和强度，降低了洪水对下游地区的威胁，同时在枯水期，由于地下水得到了更多的补充，能够持续为河流提供基流，使得黄河的径流量在时间上的分布更加均匀，水文过程更加平稳，有利于水资源的合理利用和生态系统的稳定。

此外，植树造林对改善局部小气候也有着积极贡献，进而间接影响黄河流域的水文变化。森林具有调节气温、增加空气湿度等功能。大面积的森林通过蒸腾作用向空气中释放大量水汽，增加了区域的空气湿度，促进了降水的形成。在一些植树造林成效显著的地区，降水分布更加均匀，降水量也有所增加，这在一定程度上有利于缓解黄河流域的干旱状况，为河流提供了更多的水源补给，同时也有助于改善整个流域的生态环境，形成良性循环，进一步巩固和提升了水土保持的效果，为黄河流域的可持续发展奠定了坚实的生态基础。

（二）梯田建设

黄土高原的坡地在未修建梯田之前，每逢降雨，雨水在重力作用下迅速沿坡面汇聚形成强大的地表径流，其流速快、流量大，具有极强的侵蚀力，能够携带大量泥沙冲入黄河。而梯田通过将坡地改造成层层叠叠的台阶状农田，改变了坡面的地形地貌和水流路径。当雨水降落在梯田上时，由于梯田田埂的阻挡，径流被分散成多个小股水流，流速大幅降低，延长了雨水在坡面的停留时间，使得更多的雨水能够有机会渗入土壤。例如，在一处典型的梯田区域进行的实地观测显示，雨水的入渗时间较之前延长了数倍，入渗量也显著增加，原本可能直接流入黄河的大量雨水，如今大部分被土壤吸收储存起来，成为地下水的补给源，减少了地表径流对土壤的侵蚀和对黄河的泥沙输送，从源头上减轻了黄河的泥沙负担，有利于改善黄河的水质和河道淤积状况。

梯田的存在还极大地提高了土壤的保水保肥能力，对黄河流域的农业生产和水文变化产生了双重积极影响。梯田的田埂和台阶结构能够有效地拦截坡面流失的土壤和养分，防止其随水流流失。梯田内的土壤厚度逐渐增加，土壤肥力得到提升，这为农作物生长提供了更有利的条件。农作物根系发达，在生长过程中能够进一步固定土壤，增加土壤的团聚性和孔隙度，提高土壤的蓄水能力。梯田土壤中储存的水分能够持续供给农作物生长所需，减少了灌溉用水需求，间接节约了黄河水资源。同时，由于土壤保水保肥能力的增强，农业生产的稳定性提高，减少了因水土流失和干旱等自然灾害导致的农业减产，保障了农民的收入和农村经济的稳定发展，促进了黄河流域农业与生态环境的协调共进。

从宏观角度来看，大规模的梯田建设在黄河流域形成了一道道独特的生态景观和水土保持防线。众多梯田相互连接，构成了一个庞大而有序的水土保持系统，不仅有效地控制了局部地区的水土流失，而且对整个流域的生态平衡和水文稳定起到了积极的支撑作用。它改变了黄河流域的生态格局，使得原本脆弱的生态环境逐渐向良性循环方向发展，为黄河的长治久安和可持续利用创造了有利条件，是人类智慧与自然环境和谐共生的生动实践。

三、水资源管理与调配

（一）实行取水许可制度

黄河水资源总量有限，而流域内人口众多、经济活动频繁，用水需求复杂多样，涉及农业灌溉、工业生产、居民生活以及生态环境等多个领域。通过实施取水许可制度，相关部门能够依据黄河流域的水资源综合规划以及各地区、各行业的实际用水需求和水资源承载能力，科学合理地确定取水总量指标，并将其分配到各个具体的取水户。例如，在农业用水方面，根据不同地区的耕地面积、作物种植结构以及灌溉方式等因素，精确核算出每个灌区或农户的合理取水量；依据企业的生产规模、生产工艺以及用水效率等，确定其允许的取水限额。这种精细化的管理方式确保了黄河流域的用水总量不超过其可承载范围，避免了水资源的过度开发和无序利用，维持了黄河水资源的供需平衡，从源头上稳定了黄河的水文循环，保障了流域的生态安全和经济社会的可持续发展。

在申请取水许可的过程中，取水户需要详细说明其取水用途、取水方式、节水措施以及退水水质要求等信息。相关部门则会对这些信息进行严格审查，并依据相关标准和规定提出具体的要求和改进建议。这促使取水户积极采用先进的节水技术和设备，优化用水工艺。例如，工业企业为了获得取水许可，可能会投资引进高效的循环水系统，将生产过程中的冷却水进行回收处理后再次利用，从而大幅减少了新鲜水的取用量；农民可能会采用滴灌、喷灌等节水灌溉技术代替传统的大水漫灌方式，提高了灌溉水的利用效率，减少了无效蒸发和渗漏损失。这种全社会范围内的节水行动，不仅减少了黄河的取水量，缓解了水资源压力，同时也使得黄河流域有限的水资源能够发挥出更大的经济和社会效益，促进了水资源的优化配置和高效利用，对黄河水文变化产生了积极的调控作用，使得黄河在不同季节和年份的径流量波动相对减小，水文过程更加稳定有序。

通过对各取水户的详细信息登记和取水量监测，相关部门能够实时掌握黄河流域的用水动态和水资源分布情况，及时发现用水过程中存在的问题和潜在风险，并据此制定更加合理的水资源调配方案。例如，在枯水期，根据各地区的用水需求紧迫程度和用水效率，优先保障居民生活用水和重要工业生产用水，适当限制高耗水低效益行业的用水，通过合理调配有限的水资源，确保黄河流域的社会稳定和经济平稳运行；在丰水期，则可以根据水库蓄水情况和河道行洪要求，科学安排蓄水、泄洪以及生态补水等工作，充分利用水资源的同时保障黄河的防洪安全和生态健康。这种基于取水许可制度的水资源动态调配机制，使得黄河流域的水资源管理能够更加灵活、精准地应对各种复杂多变的情况，有效调控黄河的水文变化，实现水资源与经济社会、生态环境的协调发展。

（二）建立水权交易市场

水权交易市场的建立首先打破了传统水资源分配的固定模式，实现了水资源在不同主体之间的灵活流转和优化配置。不同地区、不同行业以及不同用户对水资源的需求和利用效率存在着显著差异。例如，一些农业灌溉区在非灌溉季节可能存在水资源闲置，而部分工业企业或城市供水部门在用水高峰期则面临水资源短缺的困境。水权交易市场为这些不同主体提供了一个公开、公平、公正的交易平台，使得拥有多余水资源使用权（水权）的一方可以将其出售或转让给有需求且愿意出价的另一方。通过这种市场化的交易机制，水资源能够从利用效率较低的地区或行业流向利用效率更高的地区或行业，实现了"物尽其用"，提高了黄河流域整体的水资源利用效益。例如，某农业灌区通过水权交易将其在冬闲季节的部分水权转让给了附近的一家工业企业，工业企业获得了稳定的水源保障，得以扩大生产规模，提高经济效益；而农业灌区则利用交易所得资金改善灌溉设施，推广节水技术，进一步提高了自身的用水效率和农业生产效益，实现了双方的互利共赢，同时也促进了黄河流域水资源在不同经济部门之间的合理分配和高效利用，对黄河水文变化产生了积极的间接调控作用，使得水资源的利用更加符合流域经济社会发展的整体需求和资源优化配置的原则。

水权交易市场的运行还能够有效激励用水主体积极采取节水措施，提高水资源的节约和保护意识。在水权交易市场环境下，水权成为一种具有经济价值的商品，其价格会随着市场供求关系的变化而波动。对于用水户来说，拥有更多的水权意味着在用水方面具有更大的灵活性和保障，但同时也需要付出相应的经济成本。因此，为了降低用水成本或通过出售多余水权获取经济收益，用水户会主动寻求各种节水方法和技术，减少不必要的水资源浪费。例如，工业企业会加大对节水设备研发和改造的投入，提高生产工艺的节水水平，降低单位产品的耗水量；城市居民也会更加注重日常生活中的节水行为，如安装节水器具、合理利用中水等。这种全社会范围内的节水行动不仅减少了黄河流域的总用水量，减轻了水资源压力，而且有助于改善黄河的水质和生态环境。随着用水量的减少，黄河的径流量在一定程度上能够得到更好的维持，水文过程更加稳定，同时由于污水排放量的降低，黄河的水污染状况也会得到相应的缓解，有利于实现黄河流域水资源的可持续利用和生态系统的健康稳定发展。

水权交易市场的建立还有助于促进黄河流域水资源管理的市场化、规范化和科学化，为了保障水权交易的顺利进行，需要建立一系列完善的法律法规、政策制度和交易规则，明确水权的界定、分配、交易程序以及监督管理机制等。这些制度建设和规范管理措施不仅为水权交易提供了坚实的制度保障，也推动了黄河流域水资源管理体制的改革和创新，提高了水资源管理的效率和透明度。通过水权交易市场的信息公开和价格信号传递功能，相关部门能够更加及时、准确地掌握流域内水资源的供求状况和利用效率，为制定更加科学合理的水资源规划、政策和调配方案提供有力依据。例如，根据水权交易市场反映出的水资源稀缺程度和价格变化趋势，政府可以适时调整水资源费征收标准、出台鼓励节水和水资源保护的政策措施，引导社会资本投向水资源开发利用和保护领域，促进黄河流域水资源管理与市场经济的深度融合，实现水资源管理从传统的行政主导模式向市场与行政相结合的综合管理模式转变，进一步提升黄河流域水资源管理的现代化水平，更好地调控黄河的水文变化，保障流域的生态安全和经济社会的可持续发展。

四、生态修复与保护

(一) 湿地恢复

湿地具有卓越的蓄水滞洪能力。黄河流域降水分布不均，汛期易出现洪水灾害。湿地如同巨大的天然水库，洪水期间，其广袤的水域、茂密的植被以及特殊的土壤结构能够有效拦蓄洪水。例如，黄河三角洲湿地内的芦苇荡、碱蓬滩等植被群落，像一道道绿色屏障，减缓了洪水的行进速度，增加了洪水在湿地内的停留时间。大量洪水被湿地吸纳后，洪峰流量得以显著削减，降低了下游河道遭受洪水侵袭的强度，为沿岸居民生命财产安全和基础设施提供了有力保障。据研究，经过湿地恢复工程后的部分区域，在同等降水条件下，洪峰流量可降低20%~30%，极大地减轻了黄河下游的防洪压力。

湿地恢复对黄河径流量的调节作用贯穿全年，在枯水期，湿地储存的水源会缓慢释放，补给黄河干流，维持一定的基流。这种稳定的基流对于保障黄河在枯水季节的生态功能和用水需求至关重要。它不仅能保证河流的连续性，防止河道干涸，还为水生生物提供了基本的生存环境，促进了生物多样性的维持和发展。例如，一些依赖黄河水生存的鱼类在枯水期能够在湿地与河流相连通的水域中找到适宜的栖息和繁殖场所，湿地释放的水源维持了这些区域的水位和水温稳定，使得鱼类种群得以繁衍。

湿地中的水生植物、微生物等生物群落相互协作，形成了一个天然的水质净化系统。水生植物通过吸收氮、磷等营养物质以及重金属离子等污染物，降低了水中的污染物浓度。微生物则参与分解有机物质，进一步净化水质。随着湿地的恢复，其水质净化功能不断增强，流入黄河的水质得到明显改善。这不仅有利于黄河水的直接利用，如农业灌溉、城市供水等，减少了水处理成本，还为水生生物创造了更清洁、健康的生存环境，促进了河流生态系统的良性循环。例如，在湿地恢复较好的区域，黄河水中的化学需氧量（COD）和氨氮含量明显降低，水质达到或优于Ⅲ类水标准，提高了水资源的可利用性和生态价值。

从生态系统服务功能的角度来看，湿地恢复促进了生物多样性的提升，而丰富的生物多样性又反过来对黄河水文变化产生积极影响。湿地为众多野生动植物提供了栖息地、繁殖地和迁徙中转站。鸟类在湿地觅食、筑巢，鱼类在湿地水域产卵、育幼，各种植物在湿地生长繁衍。随着湿地生态环境的改善，物种数量不断增加，生态系统的稳定性和抗干扰能力也相应增强。例如，黄河三角洲湿地是许多候鸟的重要越冬地和迁徙停歇地，每年有数百万只候鸟在此栖息，它们的活动促进了湿地生态系统的物质循环和能量流动，有利于湿地植被的生长和土壤的改良，进一步增强了湿地对黄河水文变化的调节作用。

(二) 河道整治

黄河由于泥沙含量高，长期以来河道淤积问题严重，导致行洪能力下降。通过河道疏浚工程，采用机械或水力等方法清理河道内的淤泥、沙石等沉积物，能够增加河道的过水断面面积，提高河道的行洪能力。例如，在黄河下游的一些重点河段，定期开展大规模的河道疏浚作业，将淤积的泥沙挖出并合理处置，使得河道的水深增加，流速加快，在洪水来临时能够更顺畅地排泄洪水，有效降低了洪水水位，减少了漫堤决口的风险。同时，河道疏浚还能改善河道的水流形态，减少水流的紊动和漩涡，降低水流对河岸的冲刷作用，有利于河岸的稳定和防护。

　　黄河堤防是抵御洪水的重要防线，加固堤防能够提高黄河的防洪标准。采用先进的筑堤技术和材料，如土工织物、混凝土护坡等，对现有堤防进行加高、加宽和加固处理，增强堤防的抗冲刷、抗渗流和抗震能力。在一些险工段，还建设了控导工程，如丁坝、顺坝等，用以引导水流，改变水流方向，减轻水流对堤防的直接冲击。例如，在黄河某段堤防加固工程实施后，堤防的高度增加了 1-2 米，堤身的稳定性和抗渗性得到显著提升，能够抵御更大流量的洪水。这不仅保障了沿岸地区人民生命财产安全，而且在洪水期间能够有效控制洪水走向，使洪水按照预定的河道行洪，减少了洪水泛滥对周边地区的破坏范围和程度，维持了黄河水文过程的相对稳定。

　　河道整治还注重生态护坡和景观建设，以实现水利工程与生态环境的和谐统一。传统的河道护坡多采用硬质材料，如混凝土、浆砌石等，虽然具有较好的防护效果，但不利于河岸带生态系统的恢复和生物多样性的发展。如今，生态护坡技术逐渐得到广泛应用，如采用植被护坡、石笼护坡等形式。植被护坡利用草皮、灌木等植物根系的固土作用，既能防止河岸崩塌，又能为河岸带生物提供栖息地和食物来源。石笼护坡则在保证一定防护强度的同时，具有良好的透水性和透气性，有利于水生生物与河岸带生物之间的物质交换和能量流动。此外，在河道整治过程中，还结合景观建设，打造了一些滨水公园、生态廊道等，美化了河道周边环境，提高了居民的生活质量。例如，某城市在黄河岸边建设了生态湿地公园，公园内种植了大量的水生植物和陆生植被，设置了休闲步道和观景平台，不仅改善了当地的生态环境，吸引了众多游客前来观光游览，还促进了当地旅游业的发展，同时也为黄河生态系统的保护和修复起到了积极的示范作用。

　　河道整治对于黄河流域的经济社会发展和生态保护具有深远的战略意义。它能够保障黄河的防洪安全、供水安全和生态安全，为流域内的农业生产、工业发展、城市建设以及生态旅游等提供坚实的基础支撑。通过合理规划和科学实施河道整治工程，实现黄河河道的长治久安和生态系统的可持续发展，促进人与自然的和谐共生，使黄河真正成为造福流域人民的幸福河。

第十三章 黄河流域的水资源管理与调配

第一节 水资源管理的原则与方法

一、水资源管理的原则

(一) 国家所有原则

水,作为生命之源与经济社会发展的重要支撑,其管理至关重要,水资源管理需遵循归国家所有原则,也就是全民所有,乃是实施水资源管理的核心基石。国家,从概念层面而言较为抽象,而代表国家利益的中央政府则成为行使水资源所有权的主体。中央政府肩负着统筹规划、宏观调控水资源的重任,以确保水资源在全国范围内得到合理的调配与利用,保障不同地区、不同行业以及全体公民对于水资源的基本需求与长远利益。在这一框架下,国务院水行政主管部门承担起了水资源分配即使用权的管理职能。国务院水行政主管部门凭借其专业能力与广泛的管理网络,深入开展水资源的分配工作。它需要综合考量多方面因素,如各地区的人口数量、经济发展水平、产业结构特点、生态环境状况以及水资源的时空分布不均等情况。在人口密集且工业发达的地区,需保障充足的水资源供应以维持城市运转、工业生产与居民生活;而在生态脆弱区域,则要预留足够水量用于维持生态系统的稳定与平衡,像干旱地区的河流、湿地等生态系统对水资源的依赖极为关键,必须给予恰当的水量分配以防止生态退化。

从行业角度来看,农业作为用水大户,其灌溉用水的分配需兼顾不同农作物的生长周期与需水特性,同时结合节水技术推广与农业现代化发展要求,实现精准配水。工业领域则要根据不同产业的用水效率、污染排放程度等,鼓励高附加值、低耗水、低污染的产业优先发展,对用水进行合理分配与严格监管,促使企业积极采用节水工艺与循环用水技术。在水资源使用权管理过程中,还需建立健全一系列配套制度与机制。例如,水权交易制度的探索与完善,当某些地区或用户通过节水措施有了多余的水资源使用权时,可在合理合法合规的框架内进行交易,从而激励各方积极节约用水。同时,水资源的监测与评估体系也必不可少,通过先进的技术手段对水资源的数量、质量、使用情况等进行实时监测与动态评估,为科学合理的分配决策提供准确依据。

水资源归国家所有并由中央政府及相关部门进行有效管理与分配,是从国家战略高度出发,为实现水资源的可持续利用、保障经济社会与生态环境协调发展而确立的基本原则。只有严格遵循这一原则,才能在有限的水资源条件下,实现水资源的优化配置,,为中华民族的永续发展奠定坚实的水资源基础,让生命之水长流不息,润泽大地,惠泽万民,在世代传承中永葆生机与活力。

(二)综合规划与多元利用原则

水资源管理在现代社会发展进程中占据着举足轻重的地位,其基本原则的遵循与否直接关系到水资源的可持续利用以及整个生态环境与社会经济的稳定协调发展。全面规划是水资源管理的首要环节,这要求相关部门站在宏观的、长远的视角,对水资源的分布、储量、流动规律以及区域内的用水需求、水害风险等进行详尽的勘查与分析。不仅要考虑当下的水资源利用现状,更要对未来人口增长、城市化进程加速、工业农业进一步发展等因素所带来的水资源供需变化进行科学预测。例如,在制定大型水利工程建设规划时,需要对流域内数十年甚至上百年的水资源数据进行梳理整合,结合地理信息系统等先进技术手段,绘制出详细的水资源时空分布图谱,为后续的开发利用与防治水害工作提供精准的蓝图。

不同地区之间、城市与农村之间、工业与农业之间对于水资源的需求存在差异且相互关联。以我国北方地区为例,一方面城市居民生活用水需求持续增长,另一方面农业灌溉用水在干旱季节也面临巨大压力,同时工业生产对水质和水量也有特定要求。水资源管理部门就需要统筹协调,通过修建跨区域调水工程、推广农业节水灌溉技术、提高工业用水循环利用率等多种措施,确保各方面用水得到合理满足,避免出现顾此失彼的局面。

水资源具有饮用、灌溉、航运、发电、生态维持等多种功能。在开发利用时,应打破单一功能利用的局限。比如修建水利枢纽工程,不能仅仅着眼于发电效益,还应考虑其对周边农田灌溉的改善作用、对河流通航能力的提升作用以及对湿地生态系统的保护与修复作用。通过合理的工程设计与运营管理,实现水资源多种功能的协同发挥,让每一滴水都能在不同领域创造出最大价值。从经济效益来看,无论是水利基础设施建设投资还是水资源的市场化运营,都需要进行成本效益分析,确保资源投入产出比合理。社会效益方面,保障居民用水安全、减少水旱灾害对人民生命财产的威胁等是水资源管理的重要使命。而生态效益绝不可忽视,维持河流、湖泊、湿地等水生态系统的健康稳定,对于生物多样性保护、气候调节等有着深远意义。例如,一些地区在湿地修复过程中,通过引入生态补水机制,既改善了湿地生态环境,又带动了周边地区旅游业的发展,实现了多效益共赢。

国家对开发利用水资源与防治水害各项事业的鼓励和支持则为这些工作的推进提供了坚实的政策保障与资源投入动力。政府通过财政补贴、税收优惠等政策手段,激励企业和科研机构加大对节水技术研发、高效水利设施建设等方面的投入。同时,在水害防治方面,积极组织人力物力进行抗洪抗旱工程建设与应急管理体系完善,全方位提升水资源管理水平,为国家的可持续发展筑牢水资源根基。

(三)统分结合原则

的资源管理涉及水资源的权属界定,这是一切水资源开发利用与保护工作的根基。由国务院水行政主管部门及其授权的地方水行政主管部门及流域机构实施水资源的权属管理,能够确保水资源所有权的权威性与唯一性得到彰显。国务院水行政主管部门凭借其宏观视野与全面统筹能力,制定全国性的水资源权属战略框架与政策法规。例如,在确定各流域、各地区的水资源总量分配方案时，综合考量各地的地理、气候、人口、经济发展等多方面因素，以实现水资源在全国范围内的均衡布局与合理配置。而地方水行政主管部门及流域机构则在这一框架下，深入基层与流域一线，将国家的权属管理政策具体落实。他们负责对本地区、本流域内的水资源进行详细的勘查登记，明确每一处水源的归属与使用权限范围，监督水资源的使用情况，防止非法侵占与滥用水资源现象的发生。

在水资源开发利用的管理方面，虽然涉及不同部门，但必须以水行政主管部门的许可为前提。水资源开发利用涵盖众多领域与行业，如农业灌溉、工业生产用水、城市供水、水力发电等。不同部门在各自的职能范围内对相关的开发利用活动进行管理。农业部门可能侧重于推广节水农业技术与管理农田灌溉用水的合理性；工业部门则关注企业的用水效率提升与污水达标排放；城市建设部门负责城市供水系统的规划与建设维护等。然而，无论哪个部门主导的开发利用项目，都不能逾越水行政主管部门的许可红线。这是因为水行政主管部门能够从水资源整体平衡与可持续利用的高度出发，对开发利用项目进行全面评估。他们会审查项目的用水需求是否符合当地水资源的承载能力，是否采用了先进的节水技术与措施，是否对周边生态环境可能造成不良影响等。只有在获得许可后，开发利用项目才能依法依规推进，从而避免了盲目开发、过度开发导致的水资源浪费与生态破坏。

这种统一管理和分级管理相结合的制度，还能够充分调动各级政府与部门的积极性与主动性。地方政府与部门在分级管理的职责范围内，可以根据本地区的特色与实际需求，制定具有针对性的水资源管理细则与措施。比如，在水资源丰富的南方地区，地方可以在遵循国家统一权属管理的基础上，进一步探索水资源开发利用与生态旅游相结合的创新模式，既促进了地方经济发展，又实现了水资源的多元价值挖掘。而在干旱缺水的北方地区，地方则更侧重于水资源的节约集约利用与跨区域调水工程的协调配合管理。

（四）有偿使用制度原则

在水资源管理的复杂体系中，实行水资源的有偿使用制度，这一制度规定，依法取得水资源使用权的单位和个人，必须按使用水量的多少向国家缴纳一定的费用，其内涵丰富且深远影响着水资源的合理调配与可持续利用。水资源有偿使用制度首先是一种基于经济杠杆原理的资源管理手段，当单位和个人需要使用水资源时，他们不再能够无偿地随意取用，而是要依据实际用水量承担相应费用。这就如同在市场交易中为商品付费一样，使水资源有了明确的经济价值体现。对于企业而言，特别是那些用水量大的工业企业，如造纸厂、印染厂等，水资源费用成为其生产成本的重要组成部分。这将促使企业积极寻求节水技术和工艺的创新与应用，例如采用先进的水循环处理系统，减少新鲜水的取用，从而在降低生产成本的同时，也减轻了对水资源的压力。

在过去无偿使用水资源的情况下，一些用水主体可能存在浪费现象，而其他急需用水的主体却可能面临水资源短缺的困境。实行有偿使用后，按照使用水量缴费，多用水多付费，使得每一个使用者都更加珍惜所获取的水资源使用权，避免了对水资源的不合理垄断与滥用，保障了不同地区、不同行业以及不同规模用水者之间的公平竞争环境。无论是大型城市的市政供水，还是偏远农村的农业灌溉用水，都在相同的有偿使用规则下，合理规划和使用水资源。

对于国家而言，水资源有偿使用所收取的费用可以成为专项基金，用于水资源的保护、开发与管理工作。一部分资金可以投入水源地的生态保护工程中，如在江河源头建立自然保护区，植树造林，涵养水源，确保水源地的水质优良和水量稳定。另外，还可以用于水利基础设施的建设与维护，如修建水库、水坝、灌溉渠道等，提高水资源的调配能力和利用效率。同时，也能支持水资源监测网络的完善，通过先进的技术手段实时掌握水资源的动态变化，为科学决策提供精准的数据依据。水资源有偿使用制度需要一套完善的法律法规体系作为支撑。相关部门要明确规定水资源使用权的获取流程、缴费标准的制定依据、费用的征收管理方式以及对违规行为的处罚措施等。只有这样，才能确保制度的权威性和有效性，避免出现缴费标准不明确、征收过程不规范、处罚力度不足等问题，防止制度在执行过程中流于形式。

水资源有偿使用制度也并非孤立存在，它需要与其他水资源管理原则和制度相互配合。例如，与水资源的统一管理和分级管理相结合，在统一的权属管理框架下，各级水行政主管部门协同做好水资源有偿使用的监督与执行工作；与水资源开发利用的综合规划相呼应，确保有偿使用制度能够促进水资源在多领域的合理开发与综合利用，实现经济效益、社会效益和生态效益的最大化。

二、水资源管理的方法

（一）水资源管理的行政方法

1. 行政方法的内容和作用

在水资源管理的多元手段中，行政方法占据着极为关键的地位。行政方法，亦称为行政手段，其核心依托于行政组织或行政机构所具备的权威性，通过诸如决定、命令、指令、规定、指示、条例等一系列行政措施的运用，构建起一种鲜明的权威与服从关系架构，进而达成直接指挥下属工作的目的。这种行政管理方法与生俱来地带有强制性特征，因为管理活动若缺乏一定程度的权威性，其管理功能将难以有效施展与实现。水资源本身又是一种极为有限的自然资源，其总量在一定时期内相对固定。一旦出现过度且无序的开发状况，将会引发一系列严峻的问题。例如，水资源总量会逐步减少，水质的各项功能也会随之下降，这对于人类社会的可持续发展无疑是一种巨大的威胁，并且极有可能导致地区之间、部门之间产生复杂的水事矛盾与纠纷。

鉴于此，对各项围绕水资源展开的开发利用活动进行全面的管理、精准的指导、有效的协调以及合理的控制就显得尤为必要。我国《水法》明确规定，水资源归属于国家所有，这就从法律层面确立了国家对水资源的所有权主体地位，而政府则相应地承担起对水资源进行分配与使用管理及控制的重要职责。为了实现水资源的高效、合理开发利用，妥善协调不同地区、不同部门以及各用水户之间错综复杂的关系，并促使经济社会发展进程与水资源承载能力相互适配，政府必须充分发挥其行政机构所蕴含的权威性，积极采取强有力的行政管理手段。

具体而言，政府需要精心制订全面且细致的水资源开发利用计划，确定科学合理的控制指标与任务目标，并适时发布具有明确强制性的命令、条例以及管理办法等规范性文件。这些行政举措的核心目的在于规范各类涉及水资源的行为，有力地保证水资源管理目标得以顺利实现。例如，在水资源短缺地区，政府可通过下达严格的用水指标，限制高耗水产业的过度扩张，鼓励企业采用节水技术与工艺，从而提高水资源的利用效率；在水污染较为严重的区域，政府能够颁布强制性的污水排放标准与治理条例，责令相关企业限期整改，对违规排放行为予以严厉处罚，以此保障水资源的质量安全。

然而，需要着重强调的是，水资源的行政管理绝不能脱离水资源的客观规律而肆意妄为。在开展行政管理工作过程中，必须紧密结合本地区水资源的实际条件、开发利用的现状以及未来的供求形势变化趋势进行深入细致的分析研究，进而做出正确无误的行政决议、决定、命令、指令、规定、指示等行政行为。要坚决杜绝主观主义思想的侵蚀以及个人专断式的盲目瞎指挥现象，因为一旦违背水资源的客观规律，行政决策不仅无法实现预期的管理效果，反而可能导致水资源管理的混乱局面进一步加剧，对水资源的可持续利用以及经济社会的稳定发展造成更为严重的负面影响。例如，在规划大型水利工程建设时，如果仅仅凭借主观臆断而忽视当地的地质条件、水文特征以及生态环境的承载能力，可能会引发工程建设过程中的安全隐患、水资源调配失衡以及生态系统破坏等诸多问题。只有在尊重客观规律的基础上，充分发挥行政方法的优势，才能实现水资源管理的科学化、规范化与高效化，为人类社会的可持续发展提供坚实可靠的水资源保障。

2. 行政方法在水资源管理中的运用

（1）行政方法在水资源管理中的运用现状与成效。行政方法在我国水资源管理领域占据着极为重要的地位，是目前最为常用的管理手段。自新中国成立以来，在水的行政管理方面成果斐然。国务院、水利部以及地方人大、政府积极履行职能，颁布了数量众多且涵盖广泛的有关水资源管理的规章、命令和决定。这些行政性文件犹如精密仪器中的各个齿轮，相互配合，在水资源管理的宏大体系中发挥着统一目标、统一行动的关键作用。从国家层面的宏观战略规划到地方具体的水资源调配细则，行政手段无处不在。例如，在大型水利工程建设决策与推进过程中，国务院及相关部门通过行政指令统筹各方资源，协调不同地区与部门间的利益关系，确保工程顺利开展。在日常水资源监管方面，地方政府依据上级指示与本地实际情况，制定详细的水资源取用规范，对各类用水主体进行监督管理，有效遏制了水资源的无序开发与浪费现象。

长期的水资源管理实践充分彰显了行政方法的独特优势与不可或缺性。诸多复杂的水事问题，由于涉及多方利益主体、跨越不同行政区域，往往需要依靠行政权威进行果断处置。如地区间的水事纠纷，这类纠纷可能源于水资源分配不均、跨界水污染等多种因素，其矛盾的复杂性与敏感性决定了需要县级以上人民政府凭借其权威性与公信力介入处理。《水法》明确规定地区间的水事纠纷由县级以上人民政府处理，这不仅是行政手段在法律框架内的有力运用，更是维护地区间和谐稳定、保障水资源合理分配的重要制度安排。

同样，在水量分配这一核心环节，行政方法的运用也体现得淋漓尽致。各级水行政主管部门依据本地区水资源总量、用水需求预测等多方面因素，精心制订水量分配方案，并报同级政府批准和执行。这一过程中，各用水主体以服从为前提，按照既定方案合理取用水资源，确保了水资源在不同行业、不同区域间的有序分配，有效避免了因争抢水资源而引发的混乱局面，为整个社会经济的平稳运行提供了坚实的水资源保障。

（2）行政方法在水资源管理中的局限性。尽管行政方法在水资源管理中有着不可替代的作用，但也不可避免地存在一些不足之处。其一，行政方法往往强调管理对象的无条件服从。这种特性在一定程度上虽有利于提高管理效率、迅速贯彻执行决策，但如果运用不当，就极易产生脱离实际的主观主义和简单的命令主义。由于行政决策的制定者可能因信息掌握不全面、对基层实际情况了解不足等原因，导致决策与实际需求脱节。例如，在某些地区推行节水政策时，如果仅仅依靠行政命令，强制要求所有用水户统一按照某个标准进行节水，而不考虑不同用水户的用水特点、经济承受能力以及节水技术的可行性，可能会导致部分用水户无法正常生产生活，甚至引发抵触情绪，最终使政策难以有效实施。

其二，行政方法建立的是一种无偿的行政统辖关系。在水资源管理中，单一运用行政方法会助长水资源的无偿调拨现象。当水资源被视为一种可无偿调配的资源时，用水主体往往缺乏节约意识和成本意识，容易造成水资源的浪费。例如，一些国有企业或大型公共事业单位，在过去单纯依靠行政指令获取水资源时，可能因为无需承担水资源的经济成本，而忽视对节水设施的投入与节水技术的研发应用，导致水资源利用效率低下。同时，这种无偿调拨关系也不利于水资源市场机制的建立与完善，阻碍了水资源在不同地区、不同行业间的优化配置，限制了水资源价值的充分体现与合理回报，从长远角度来看，不利于水资源的可持续开发与利用。

（二）水资源管理的经济方法

水资源管理的经济方法，其核心要旨在于巧妙运用各类经济手段，遵循经济原则与规律的指引，将经济效益奉为圭臬，以经济手段为强力杠杆，对管理对象在水资源领域的活动实施全方位的组织、精准的调节、有力的控制以及深刻的影响。通过在经济维度上对人们行为的规范与约束，促使水资源开发、利用与保护等一系列活动逐步迈向更为科学合理的轨道，以一种间接却极具实效的方式，驱动人们为达成水资源管理的既定目标而不懈奋进。这一经济方法的落地生根，主要依托于一系列精心设计的经济政策得以实现。

回顾我国水资源管理的历史长河，长期奉行的水资源无偿使用和低水价政策，犹如一把双刃剑，在特定历史时期虽有其存在的合理性，但随着时代发展，其弊端日益凸显。彼时，水资源使用权的获取近乎零成本，国家以无偿划拨的方式将这一珍贵资源分配至用水户手中，水价标准更是长期低于供水成本，供水工程运行与维护所需资金的缺口则由国家财政补贴填平。这种政策导向的直接后果是，用水需求如同脱缰之马，呈现出迅猛增长的态势。由于用水成本低廉，无论是工业企业在生产过程中的用水环节，还是农业灌溉领域或是城市居民日常生活用水，都普遍缺乏对水资源的珍视与节约意识，浪费现象触目惊心。

行政手段固然能够在规范管理秩序、明确责任目标等方面发挥重要作用，但其强制力往往难以从根本上触动用水主体的内在利益驱动机制，无法充分激发他们主动节约用水、提升水资源利用效率的热情与自觉性。而经济手段则恰似及时雨，能够有效弥补行政手段的这一短板。其作用原理在于巧妙提高用水的机会成本，当用水户意识到多用水将意味着更高的费用支出时，他们必然会在用水决策过程中精打细算，积极探寻各种节水策略与方法，力求在满足自身用水需求的同时，尽可能减少用水量，进而降低用水费用的支付额度。如此一来，用水需求的增长速度便能得到有效遏制，节约用水的理念也将逐渐深入人心，转化为全社会的自觉行动。

水资源管理的经济方法涵盖多个维度的具体举措。制定合理的水价、水资源费（或税）等各类水资源价格标准是重中之重。合理的水价体系应当精准反映水资源的稀缺程度以及供水成本的实际状况。在水资源相对匮乏的地区，适当提高水价，能够促使居民和企业深刻认识到水资源的珍贵性，从而在日常生活和生产经营中自觉减少不必要的用水浪费。水资源费（或税）的征收，则从宏观层面为水资源的开发利用设置了一道经济门槛，引导开发者在项目规划与实施过程中，充分考量水资源的价值与成本，避免盲目开发与过度开采。

制定水利工程投资政策意义非凡。明确资金渠道，依据工程类型以及受益范围、受益程度等因素，科学合理地分摊工程投资，是确保水利工程建设顺利推进的关键所在。大型水利枢纽工程往往涉及多个地区、多个部门的利益，通过合理分摊投资，既能有效减轻单一地区或部门的财政负担，又能充分调动各利益相关方参与工程建设与管理的积极性与主动性。例如，南水北调工程这一宏伟壮举，沿线各省市依据自身受益程度分担相应投资份额，携手打造了这一跨流域的水资源调配大动脉，为北方地区的水资源保障和经济社会可持续发展注入了强劲动力。

在工业化与城市化加速推进的时代背景下，水质污染和水环境破坏问题犹如阴霾笼罩着水资源的可持续利用前景。任何主体，一旦因其行为导致水质污染或水环境破坏，都应当依法缴纳一定数额的补偿费用，这些费用将专项用于污染治理与生态环境修复工作。例如，某些化工企业因违规排放污水，致使周边水体遭受严重污染，按照经济补偿机制的要求，该企业必须缴纳足额的补偿费用，用于购置污水处理设备、开展水体净化工作以及恢复水生态系统的生物多样性等，从而以经济手段约束企业的污染行为，倒逼其积极改进生产工艺，加强环保管理，减少污水排放。

采用必要的经济奖惩制度能够有效激发全社会保护水资源的积极性与主动性。对于那些在保护水资源、计划用水、节约用水等方面表现卓越、贡献突出的个人、企业或社会组织，给予实实在在的经济奖励，如税收优惠、财政补贴、奖金等，能够树立榜样，形成示范效应，鼓励更多的主体投身于水资源保护与节约利用的伟大事业中来。相反，对于那些肆意破坏水资源、不按计划用水、任意浪费水资源以及超标准排放污水等违法违规行为，则必须施以严厉的经济处罚，如高额罚款、加收滞纳金、责令停产整顿等，以起到强有力的警示与威慑作用，防止类似行为的再次发生。

培育水市场，允许水资源使用权的有偿转让，是水资源管理经济方法的创新之举与时代亮点。在市场经济的浪潮中，水市场的培育为水资源的优化配置开辟了新的广阔空间。通过建立健全水资源使用权交易制度与平台，用水户之间能够依据自身用水需求与资源禀赋，在合法合规的框架内进行水资源使用权的有偿转让。例如，农业用水大户在成功采用高效节水灌溉技术后，节约下来的水资源使用权可以转让给工业企业或城市供水部门，实现水资源在不同行业、不同区域之间的灵活流动与优化配置，从而最大限度地提高水资源的整体利用效率与综合效益。

2. 经济方法的局限性

水资源管理的经济方法在推动水资源合理利用与保护方面展现出诸多优势，然而，如同任何管理手段一样，它并非完美无缺，自身存在着一定的局限性，需要我们全面而深入地认识与理解，以便更好地将其与其他管理方法有机结合，实现水资源管理的最优效能。

经济方法以价值规律为基石，在市场机制的作用下运行，价值规律的核心在于商品的价值由生产该商品的社会必要劳动时间决定，商品交换以价值量为基础实行等价交换。这种基于价值规律的经济方法在水资源管理应用中，一方面确实能够通过价格信号、成本效益考量等方式引导用水主体调整自身行为，促进水资源的节约与合理配置。例如，提高水价会让用水户在成本压力下寻求节水措施，企业会为降低生产成本而投资节水技术研发与应用，从而提高水资源利用效率。另一方面，价值规律的自发性和盲目性也给水资源管理带来了挑战。市场主体往往以追求自身利益最大化为首要目标，在水资源开发利用过程中，可能会出现过度开发或不合理利用的情况。比如一些地区的企业为了获取高额利润，在水资源丰富且价格低廉时，可能会无节制地取用水资源，忽视对水资源的长远保护和可持续利用，甚至可能导致地下水位下降、河流干涸等严重生态问题。而且，由于市场信息的不完全性和不对称性，不同用水主体对水资源价值和市场信号的反应存在差异，这使得经济方法在实施过程中充满了"弹性"，难以精准地实现水资源管理的预期目标。

由于水资源管理涉及众多的利益相关者，包括不同地区、不同行业、不同规模的用水户，以及水利工程建设与运营主体、水资源保护与监管部门等。要使经济方法有效地发挥作用，就必须有统一的方针、政策和计划进行统筹指导。例如，在制定水价政策时，如果缺乏全国性或区域性的统一规划，各地区自行其是，可能会导致水价差异过大，引发水资源的不合理流动和分配不均。一些地区可能为了吸引投资而故意压低水价，造成水资源浪费和环境压力增大；而另一些地区则可能因水价过高，影响居民生活和企业生产的正常用水需求。此外，在实施水资源费（或税）征收、经济补偿机制、水市场培育等经济手段时，需要协调各方利益关系，明确各主体的权利和义务，建立公平合理的交易规则和监管机制。这需要耗费大量的人力、物力和财力，进行复杂的组织协调工作，以确保各级、各层、各方面的积极性能够相互衔接、协同发力，而不是相互冲突、彼此抵消。例如，在水市场交易中，如果没有完善的监管体系和协调机制，可能会出现市场垄断、恶意炒作、交易纠纷等问题，破坏水市场的正常秩序，影响水资源的优化配置。

鉴于经济方法的这些局限性，在水资源管理实践中，必须将其与行政方法和法律手段紧密配合。行政方法凭借其权威性和强制性，可以为经济方法的实施提供明确的方向和框架。政府部门通过制定水资源管理的战略规划、下达行政指令、设定行政许可等方式，引导和规范经济手段的运用。例如，在确定水利工程投资政策时，行政部门可以根据国家水资源战略和区域发展需求，明确工程建设的重点和优先顺序，协调各方投资主体的行为，确保投资政策符合水资源管理的整体目标。同时，行政手段还可以在经济方法实施过程中进行监督和调控，及时纠正市场失灵和经济手段运用不当的情况。法律手段则为水资源管理提供了坚实的制度保障和规范依据。通过立法，明确水资源的所有权、使用权、开发利用规则、保护责任等，使经济方法的运用有法可依。例如，在水价制定、水资源费征收、经济补偿机制实施等方面，法律可以规定具体的标准、程序和监督机制，防止权力滥用和不公平竞争。在出现违反水资源管理规定的行为时，法律手段可以依法进行惩处，维护经济方法的严肃性和权威性。

（三）水资源管理的法律方法

1. 水资源管理法律方法的内涵和特点

在水资源管理的多元手段体系中，法律方法占据着核心与基础的重要地位，它以其独特的内涵和鲜明的特点，为水资源的合理开发、有效利用、妥善保护以及水害的科学防治提供了坚实的制度框架与规范指引。

（1）水资源管理法律方法的内涵深刻而丰富。在社会主义制度下，法律作为统治阶级意志的体现，实质是人民利益和意志的集中表达。水资源管理的法律方法，便是借助制定并切实贯彻执行一系列水法规，来全面调整人们在水资源开发利用、保护以及防治水害进程中所衍生出的纷繁复杂的社会关系与各类活动。其中，《中华人民共和国水法》的颁布实施无疑是我国水资源依法管理征程中的一座重要里程碑。水法存在广义与狭义之分，狭义的水法特指《中华人民共和国水法》这部核心法典，而广义的水法则是涵盖了在水的全方位管理、保护、开发、利用以及防治水害等全流程中所涉及的所有法律规范的统称。这包括由国家最高权力机关制定的法律、国务院颁布的行政法规、国家水行政主管机关出台的规章以及省、自治区、直辖市等地方权力机关制定的地方性法规等多层次、多类型的法律规范。自中华人民共和国成立以来，尤其是《中华人民共和国水法》正式颁布之后，我国在水法规建设方面成果丰硕，已逐步构建起一套相对完整的水法规体系。这一体系呈现出清晰的五个层次结构：全国人大以其至高无上的立法权制定的具有普遍约束力的法律，如《中华人民共和国水法》《中华人民共和国水污染防治法》等，这些法律从宏观层面确立了水资源管理的基本原则、制度框架与核心规范；国务院依据宪法与法律授权制定的行政法规，例如《取水许可制度实施办法》等，进一步细化与补充了水资源管理的相关政策与实施细则；国务院有关部委结合自身职能与管理需求制定的规章，像《水利工程核计、计收和管理办法》等，对水资源管理中的具体技术规范、操作流程与行业标准等进行了明确规定；省、自治区、直辖市地方权力机关制定的地方性法规，则充分考虑了地方特色与区域水资源实际情况，使水资源管理法规更具针对性与适应性；有权的地方政府制定的规章则在基层层面为水资源管理的具体执行提供了更为细致、可操作的依据。

（2）水资源管理的法律方法具备诸多显著特点。其一为权威性和强制性。水法规由国家权力机关精心制定并正式颁布，背后依托着国家机器强大的强制力作为坚实后盾，这赋予了水法规极高的严肃性与不可侵犯性。无论是何种组织或是任何个人，在水法规面前都毫无特权可言，均必须无条件地严格遵守，绝不容许对水法规的执行有丝毫的阻挠与抵抗行为。例如，若有企业违反取水许可规定，超量取水，相关部门即可依据水法规对其进行查处，责令其限期整改，并依法处以相应罚款，若企业拒不执行，执法部门可借助国家强制力强制执行，包括冻结企业银行账户、查封相关取水设施等，以确保水法规的权威性得以维护。其二是规范性和稳定性。水法规在文字表述上极为严格准确，其解释权明确归属于相应的立法、司法和行政机构，严禁任何随意性的解释与曲解，这有效避免了法规执行过程中的歧义与混乱。同时，水法规一经颁布施行，便在特定的历史时期内持续有效并得以稳定执行，不会因个别事件或短期因素而随意变动。这种稳定性为水资源管理活动提供了可预见的制度环境，使各类用水主体能够依据法规合理规划自身的水资源开发利用行为，也为水资源管理部门的执法监管提供了恒定的依据与标准。例如，《中华人民共和国水污染防治法》在较长时期内为我国水污染防治工作提供了稳定的法律规范，无论是对工业污水排放的监管，还是对城市污水处理设施建设与运营的规范，都始终遵循该法的相关规定，有力地推动了我国水污染防治工作的持续开展与逐步深入。

除了上述专门的水法规外,还有许多与水资源管理密切相关的其他法律也在水资源管理的整体法治框架中发挥着重要作用。如《中华人民共和国环境保护法》从宏观的环境保护视角对水资源保护提出了总体要求与基本原则;《中华人民共和国行政处罚法》为水资源管理中的行政处罚行为提供了程序规范与法律依据,确保行政处罚的合法性与公正性;《中华人民共和国行政复议法》则为水资源管理活动中可能出现的行政争议提供了复议救济途径,保障了行政相对人的合法权益。这些相关法律与专门的水法规相互补充、相互配合,共同编织成一张严密的水资源管理法治网络,全方位保障我国水资源的可持续管理与合理利用。

2. 法律方法的作用

在我国水资源管理的历程中,行政管理方法曾长期占据主导地位,并在一定程度上推动了水资源管理工作的开展,取得了某些阶段性的成效。然而,随着时代的发展和水资源形势的日益复杂,行政管理方法自身的局限性逐渐暴露无遗,难以有效应对当下在水资源开发利用以及管理、保护过程中所涌现出的诸多棘手问题。行政管理方法往往依存于行政组织的权威与行政指令的传达,在执行过程中可能因缺乏明确且具有普遍强制力的规范依据,而遭遇重重阻碍。例如,用水规划和江河分水方案的制定,虽然凝聚了大量的专业研究与综合考量,但在实际执行环节,却常常面临困境。由于缺乏法律层面的有力支撑,一些地区或部门可能出于自身利益考量,对既定的用水规划和分水方案阳奉阴违,导致方案难以落地生根,水资源的分配与利用无法按照科学合理的设计有序推进。这种现象不仅使得水资源的整体利用效率大打折扣,还进一步加剧了地区间、部门间的用水矛盾。不同地区为了争夺有限的水资源,各自为政,互不相让,部门之间也因职责划分不够清晰、缺乏法律约束,在水资源开发利用过程中出现职能交叉与冲突,导致管理混乱无序。

在缺乏统一且强制的法律规范框架下,当出现水资源侵权、污染排放超标、水利设施破坏等问题时,受害方往往难以通过有效的法律途径及时获得公正的裁决与合理的赔偿。各方在处理水事矛盾时,更多地依赖于行政协调与协商,但这种方式往往缺乏稳定性和权威性,容易受到各种因素的干扰,难以从根本上解决问题。一些水事纠纷甚至可能长期悬而未决,逐渐积累并激化矛盾,严重影响地区间的和谐稳定以及水资源管理工作的正常秩序。

究其根源,这些问题的产生关键在于缺乏对各方均具有强制作用的法律规范。法律方法在水资源管理中的缺失,使得整个水资源管理体系犹如一座缺乏坚固基石的大厦,摇摇欲坠。法律作为一种具有普遍约束力的社会规范,其权威性、稳定性和强制性是其他管理方法所难以企及的。一旦确立了完善的水资源管理法律体系,用水规划和江河分水方案将获得法律的强力保障,成为具有法律效力的刚性约束,任何违反方案的行为都将受到法律的制裁,从而确保方案能够得到切实有效的执行。对于地区间和部门间的用水矛盾,法律可以明确各方的权利义务边界,规定水资源的分配原则、使用范围以及纠纷解决机制,使各方在法律的框架内进行沟通与协调,避免因利益冲突而导致的无序竞争和资源浪费。

在水事纠纷和水事案件处理方面,法律方法能够提供清晰的裁决依据和公正的司法程序。通过明确的法律条文,界定各种水事违法行为的构成要件、责任形式以及处罚标准,法院和相关执法机构能够依法对水事案件进行公正审理和严格执法,及时制止违法行为,保护受害方的合法权益，维护水资源管理的法治秩序。同时，法律的威慑作用也能够有效预防水事违法行为的发生，促使各方自觉遵守水资源管理的法律法规，积极履行保护水资源的责任与义务。例如，在一些水资源紧张且法律制度较为完善的地区，由于法律明确规定了水资源的分配规则和违法责任，各方都能严格按照法律要求取用水资源，一旦出现纠纷，也能迅速通过法律途径解决，地区间的用水关系相对和谐稳定，水资源管理工作也能够有条不紊地开展。由此可见，法律方法在水资源管理中具有不可或缺的重要作用，它能够弥补行政管理方法的不足，为解决当前水资源开发利用和管理、保护中出现的种种问题提供坚实的制度保障，推动水资源管理工作朝着法治化、规范化、科学化的方向迈进，实现水资源的可持续开发与合理利用，造福当代及子孙后代。

第二节 流域水资源的综合调配方案

一、水资源配置的概念

水资源配置作为水资源管理领域的核心概念，自20世纪60年代在我国提出以来，经历了漫长的发展与演变历程，其内涵也在不断丰富与深化，在应对我国复杂水资源形势和保障水资源可持续利用方面发挥着极为关键的作用。我国于1960年左右提出水资源配置概念，当时的初期研究主要聚焦于水库的优化调度。这一时期，我国面临着部分地区水资源短缺以及用水竞争日益凸显的严峻挑战，水库作为重要的水资源调控工程设施，其优化调度成为解决问题的关键切入点。通过合理安排水库的蓄水、放水时间与水量，试图在有限的水资源条件下，最大程度地满足不同用水需求，缓解用水紧张局面。例如，通过科学调控水库的水资源分配，优先保障居民生活用水和重要农业灌溉用水，尽可能减少因水资源短缺导致的生产生活困境以及社会经济发展的阻碍。

随着时代的推进，可持续发展观念逐渐深入人心，水资源配置制度也迎来了更为广阔的发展空间，其应用范围不再局限于水资源短缺地区，而是在多元化区域得到长远发展与践行。水资源自身具有独特的属性，它既是基础性的自然资源，关乎生态系统的稳定与平衡，又是战略性的经济资源，与社会经济发展紧密相连。这种双重属性决定了水资源配置自诞生起便呈现出阶段层次复杂、手段目标多样的特征，成为一个综合性极强的概念体系。

国内学者基于不同的研究视角与侧重点，对水资源配置的概念提出了丰富多样的理解。王浩等学者认为，水资源配置是依据高效、公平和可持续的原则，在水资源生态经济系统内遵循自然规律和经济规律，借助工程与非工程措施，在宏观调控下对多种能够持续利用的水资源进行分配。这一观点强调了水资源配置过程中多原则的平衡与协同，不仅要追求高效利用水资源以满足社会经济发展需求，还要保障公平性，避免不同地区、不同群体之间因水资源分配不均产生矛盾冲突，同时要着眼于水资源的可持续性，确保子孙后代也能享有充足的水资源。例如，在跨流域调水工程规划中，就需要充分考虑调出区与调入区的利益平衡，遵循水资源的自然循环规律与经济成本效益规律，通过工程设施建设与政策法规等非工程措施，实现多区域的共同发展与水资源的长期稳定供应。

广义上讲，水资源配置是指在水资源开发利用过程中，统筹解决有关洪涝灾害、水量不均、水环境恶化等问题，协调上下游、左右岸、干支流、城镇与乡村、流域与区域、开发与保护、建设与管理以及近期与远期等各项之间的关系。此概念从更为宏观和系统的角度出发，将水资源配置视为一个全面协调水资源开发利用过程中各种复杂关系的综合性活动。在应对洪涝灾害时，通过合理规划水库、堤坝等水利工程设施的布局与运行，在洪水期有效蓄洪削峰，枯水期合理补水，调节水量不均；在区域发展中，平衡城镇与乡村的用水需求差异，保障流域整体生态环境不受破坏，兼顾近期发展的用水需求与远期水资源储备和生态保护目标，实现水资源开发利用与保护管理的全方位统筹与协调。

邱林则认为，水资源配置是指在一个特定流域或区域内，工程措施与非工程措施并举，对有限的不同形式的水资源进行科学、合理地分配，最终目的在于实现水资源的可持续利用，保证社会经济、资源、生态环境的协调发展。其实质在于提高水资源的配置效率，合理解决各部门和各用水行业（包括环境和生态用水）之间的竞争性用水问题。例如，在工业聚集区，通过推广节水技术与循环用水工艺（非工程措施）以及建设中水回用设施（工程措施），减少对新鲜水资源的依赖，从而在满足工业生产发展需求的同时，释放更多水资源用于农业灌溉、生态环境保护等其他用水行业，缓解各部门之间的用水竞争矛盾，促进整个区域社会经济、资源与生态环境的和谐共生。

根据《全国水资源综合规划技术大纲》对水资源配置的定义，水资源配置是指在流域或特定的区域范围内，遵循公平、高效和可持续利用的原则，通过各种工程与非工程措施，考虑市场经济的规律和资源配置准则，通过合理抑制需求、有效增加供水、积极保护生态环境等手段和措施，对多种可利用水源在区域间和各用水部门间进行调配。这一定义进一步明确了水资源配置在实践操作中的具体要求与方法路径。在市场经济背景下，水价机制等市场手段可作为调节水资源需求与分配的重要杠杆，引导用水户合理用水，抑制过度需求；同时，加大水利基础设施建设投入，提高供水能力，如新建水库、引水工程等，并且高度重视生态环境用水需求，通过划定生态保护红线、建立生态补偿机制等措施，确保生态环境在水资源配置过程中得到有效保护与修复，实现水资源在不同区域、不同部门以及不同用途之间的科学调配与优化配置，以支撑整个社会经济的可持续发展与生态系统的稳定平衡。

二、水资源综合调配的内涵

（一）水资源综合调配的范围

水资源综合调配在现代水资源管理体系中占据着极为关键的地位，其按照范围可清晰地划分为流域水资源综合调配、区域水资源综合调配以及跨流域水资源综合调配，每一种调配范围均具有独特的内涵与系统特征，共同构成了水资源综合调配的复杂网络。流域作为水资源综合调配的重要范围，具有诸多根本特征。流域本身所蕴含的自然价值与生态价值呈现出紧密的双重统一性。从自然价值来看，流域内的水资源在地形地貌塑造、气候调节等方面发挥着不可或缺的作用；而其生态价值则体现在为众多生物提供栖息地、维持生物多样性以及保障生态系统的稳定平衡。同时，流域内资源数量是有限的，这就决定了必须对其进行合理调配与高效利用。再者，流域内的自然资源具有明确的有用性，无论是水资源对于人类生产生活的支撑，还是其他矿产资源、生物资源等在经济发展与生态维护中的作用，都彰显了其作为资源的重要意义。流域更是一个以水资源为核心，紧密联结资源、环境、经济等诸多要素的巨系统。其结构极为复杂，涵盖了河流、湖泊、湿地、森林等多种生态系统类型，以及农业、工业、居民生活等不同的经济社会活动领域。众多因素相互交织、相互影响，作用方式复杂多变。例如黄河，它不仅仅是黄河的干流、支流这些水系本身，更是指代黄河流域这一庞大的地理生态区域，其横跨青海、四川、甘肃等九省（区），在这片广袤的区域内，水资源的流动与分配深刻影响着区域内的生态环境、农业灌溉、城市供水以及工业生产等各个方面。在黄河流域水资源综合调配过程中，就需要充分考虑到流域内不同地区的用水需求差异、生态系统的需水特点以及水资源与其他资源的相互关系，通过科学规划水利工程、制定合理的用水政策等措施，实现水资源在流域内的优化配置，保障黄河流域的生态安全与社会经济的可持续发展。

区域水资源综合调配通常在省、市等特定行政区域内开展，由于在行政区域框架内进行调配工作，其更强调可操作性原则。区域水资源综合调配需要充分考虑本行政区域内的水资源分布状况、用水需求结构以及现有的水利基础设施条件等因素。例如在一个省内，可能存在山区和平原地区的差异，山区水资源较为丰富但开发利用难度较大，平原地区用水需求集中但水资源相对紧张。区域水资源综合调配就需要因地制宜，通过修建山区蓄水工程、平原地区节水灌溉设施等，满足区域内城市居民生活用水、农业灌溉用水、工业生产用水等不同需求，并兼顾生态环境用水。同时，区域内的水资源管理政策、水价机制等也需要根据实际情况进行制定与调整，以提高水资源综合调配的效率与效果，促进区域内水资源的可持续利用与社会经济的协调发展。

跨流域水资源综合调配则依托于调水工程的规划与建设，以流域为基本单元，具有突破行政区域壁垒的显著特点。以整体系统思维为指导，实现水资源的优化综合调配，促进区域间的共同发展。如我国的南水北调工程，跨越多个流域和众多行政区域，将南方相对丰富的水资源调往北方缺水地区。需要充分考虑调出流域和调入流域的水资源承载能力、生态环境影响以及区域间的利益协调等多方面因素。通过科学论证、精心规划与严格施工管理，确保调水工程的顺利实施，实现水资源在更大范围内的合理分配，缓解北方地区水资源短缺压力，促进南北区域间的经济交流与协同发展，提高整个国家水资源的总体利用效率与保障水平，为实现国家的可持续发展战略目标奠定坚实的水资源基础。

（二）水资源综合调配的目标与原则

1. 目标

水，作为人类生存与发展不可或缺的基础性和战略性资源，对整个生态环境的稳定与繁荣起着决定性作用。黄河流域，这片承载着悠久历史与灿烂文明的广袤土地，如今却面临着极为严峻的水资源挑战。其生态环境脆弱不堪，水污染问题犹如顽疾缠身，而水资源短缺更是成为制约黄河流域持续健康发展的最大瓶颈与矛盾焦点。在黄河流域有限的水资源条件下，农业生产对水的依赖根深蒂固，生活用水关乎民生福祉，生产用水支撑着各类产业的运转，而维护和改善生态环境用水则是保障流域生态系统稳定的关键所在。这些不同的用水需求在现实中形成了激烈的竞争格局，各项目标之间仿佛陷入了"零和博弈"的困境。在过去的水资源分配模式中，往往顾此失彼，难以实现全面的平衡与协调，导致农业灌溉不足影响粮食产量，城市供水紧张影响居民生活质量，生态环境因缺水而持续恶化，工业发展也因水资源瓶颈而受限。

新时期，黄河流域水资源综合调配被赋予了全新的使命与内涵。其核心在于借助工程技术的创新力量以及制度设计的精巧架构，将珍贵的水资源在多维度空间内进行合理分配，力求使水资源的供给与社会、经济、生态等各方面的用水需求达成基本平衡状态。通过这种科学合理的调配，提高水资源的综合效益，全方位促进黄河流域的高质量发展，为推进黄河流域生态保护和高质量发展战略注入强劲动力。

2. 原则

为了实现黄河流域整体的高质量发展这一宏伟目标，水资源综合调配必须遵循一系列基本原则，这些原则犹如灯塔，照亮着水资源调配的前行之路。

（1）公平性原则。黄河流域上下游、左右岸的各个用水部门，无论是繁华都市中的工业企业，还是偏远乡村的农田灌溉或是维持生态平衡的湿地与森林，都拥有共同享有水资源的平等权利。这种公平并非简单的平均分配，而是充分考虑各地区的自然地理条件、人口密度、经济发展水平以及生态系统需求等多方面因素后的合理均衡。例如，在确定用水配额时，要兼顾上游地区生态保护对水资源的特殊需求，保障其有足够的水量维持水源地的生态稳定；同时也要满足下游地区人口密集、经济发达区域的生活生产用水，避免因水资源分配不公而引发地区间的矛盾与冲突，从而确保整个流域在公平和谐的氛围中实现水资源的共享与可持续发展。

（2）效率原则。通过技术创新、经济激励、行政监管以及法律约束等多种手段的协同发力，提高水资源的利用效益成为关键所在。在技术层面，大力推广节水灌溉技术、工业水循环利用技术以及污水处理与回用技术等，减少水资源在各个环节的浪费与损耗；在经济领域，利用水价杠杆、水资源税等经济手段，引导用水主体自觉提高用水效率，激励企业加大对节水技术研发与应用的投入；行政部门则通过制定严格的用水定额标准、加强水资源管理的行政执行力，确保水资源的使用符合高效利用的要求；法律的威严则为水资源高效利用提供了坚实的制度保障，对浪费水资源、违规取水等行为进行严厉制裁。通过这些手段的综合运用，最大化地实现经济效益、社会效益与生态效益的有机统一。例如，工业企业通过采用先进的节水工艺，在降低生产成本、提高经济效益的同时，减少了对水资源的占用，释放出更多水资源用于生态环境改善或其他社会民生领域，从而实现了多赢的局面。

（3）协调性原则。协调性原则堪称水资源综合调配的核心灵魂，首先是生活、生产、生态用水之间的精妙平衡。生活用水是人类生存的基本保障，必须优先满足且确保水质安全；生产用水要在满足经济发展需求的同时，注重与生活用水和生态用水的协调，避免过度挤占其他用水份额；生态用水则是维持流域生态系统健康稳定的关键，要保障河流、湖泊、湿地等生态系统有足够的水量维持生物多样性和生态功能。其次，近期用水与远期用水之间的协调不可或缺。在制定水资源调配方案时，既要着眼于当下的用水需求与问题解决，也要充分考虑到流域未来的发展趋势、人口增长预测、经济结构调整以及气候变化影响等因素，预留足够的水资源弹性空间，确保远期用水的可持续性。再者，流域内区域间的协调至关重要。不同区域在资源禀赋、经济发展水平、用水结构等方面存在差异，要通过合理的水资源调配机制，促进区域间的优势互补与协同发展，避免因水资源分配不均导致区域发展失衡。最后，各种水源开发利用程度的协调也是关键环节。黄河流域的水源包括地表水、地下水、雨水、再生水等多种形式，要根据不同水源的特点、储量、开发难度以及环境影响等因素，制定科学合理的开发利用计划，实现多种水源的优化组合与协同利用，提高整个流域水资源的综合保障能力。

三、黄河流域水资源综合调配协同保障的必要性

（一）流域气候变暖，水资源总量不足

黄河虽为我国第二大长河，但其水资源总量和人均占有量都处于偏低水平。与长江相比，其水资源总量不及长江的7%，这一悬殊的差距直观地反映出黄河水资源的匮乏程度。从人均占有量来看，区域人均占有量仅为905m^3，仅仅是全国人均占有量的30%左右，如此低的人均水资源量，严重制约了流域内居民的生活质量提升以及经济社会的可持续发展。

依据《2020年中国水资源公报》，当年全国平均年降水量达到706.5mm，全国水资源总量高达31605.2亿m^3。而同期的《2020年黄河流域水资源公报》显示，黄河流域平均降水量仅为506.9mm，水资源总量不过796.2亿m^3，在全国水资源总量中的占比仅为2.5%。回顾历史，黄河流域多年（1919—1975年）平均径流量曾保持在580亿m^3，但随着时间推移，情况不断恶化。根据《全国水资源综合规划》完成的第二次水资源评价结果，多年（1956—2000年）平均径流量已降至535亿m^3，而《黄河流域水文设计成果修订报告》中的统计数据更是表明，黄河流域多年径流量进一步减少至482亿m^3，与《黄河可供水量分配方案》所采用的580亿m^3相比，水资源量锐减了16.8%。这一系列数据犹如敲响的警钟，明确地揭示出黄河流域水资源总量减少的趋势已十分显著。

黄河流域独特的地理特征也是导致其水资源分布不均和总量不足的重要因素。其横跨多个气候区，大部分区域属于干旱、半干旱地区，气候差异极为悬殊。这种地理和气候的复杂性直接造成了流域内水资源空间分布的严重不均匀。在空间上，不同地区的水资源量差异巨大，部分地区水资源极度匮乏，而另一些地区相对稍好，但整体仍处于紧张状态。时间分布上，汛期与非汛期径流量分配极为悬殊。汛期时，大量降水短时间内汇聚，可能引发洪水灾害，而这些水资源却难以有效储存和调配利用；非汛期时，又面临着径流量稀少，供水不足的困境。并且，从长远角度来看，河川径流量还有进一步减少的趋势，这无疑给黄河流域的水资源保障工作雪上加霜。

从1979年到2019年，黄河流域气温整体呈上升趋势。在黄河流域上游源区，气候变暖导致冰川消融，表面上看径流量呈现出增加的态势。然而，由于蒸发量也主要集中在上游源区且蒸发量的增加幅度可能抵消甚至超过冰川消融带来的径流量增加，使得水资源总量实际上处于不变甚至减少的趋势。这种复杂的变化形势可能引发一系列连锁反应，最为突出的便是下游供水量保障不足。黄河下游地区人口密集、经济发达。一旦供水量得不到保障，将直接影响到居民的日常生活用水、农业灌溉用水以及工业生产用水等各个方面，进而对黄河下中游的自然生态系统恢复及保护产生极为不利的影响。事实上，20世纪80

年代至 21 世纪初，黄河从上游到下游河流生态盈余为 0，生态赤字程度从上游到下游逐级加重，流域河道生态需水处于极度缺乏状态。这充分表明，"人河矛盾"在黄河流域已十分尖锐，不仅严重制约了流域内经济社会的稳定发展，也对生态系统的平衡与修复构成了巨大威胁。

（二）水资源开发利用强度大，用水效率低

黄河流域目前的水资源开发利用强度已高达 80%，部分地区甚至达到 82%，这一数据远远超出了水资源的承载能力。这种高强度的开发利用，是在水资源短缺以及各类用水竞争极为突出的矛盾背景下产生的。由于水资源的稀缺性，各用水部门为了满足自身需求，不断加大开发力度，然而过度的索取却带来了严重的生态环境损害。以流域部分地区长期过量开采地下水为例，其负面影响已逐步显现且危害深远。在 2020 年，黄河流域浅层地下水动态监测主要聚焦于甘肃、宁夏、内蒙古、陕西、山西、河南和山东等省（区）的平原区，总监测面积约 9.6 万平方公里。尽管地下水位下降区面积较 2019 年减少了 0.9 万平方公里，但整体形势依然不容乐观。宁夏、内蒙古、陕西和河南 4 省（区）存在共计 24 个地下水超采区，超采总面积达 3293 平方公里，山西省也出现了 3 个浅层地下水降落漏斗。地下水作为水资源的关键组成部分，在调节水资源循环、维持生态系统健康以及保障良好水质等方面发挥着不可替代的重要作用。其具有水量稳定、水质优良等显著特点，因此备受农业灌溉、工矿企业和城市生活用水等各类用水需求的青睐。然而，地下水的过量开采以及由此导致的降落漏斗区域扩大，却如同多米诺骨牌一般，严重削弱了整个水资源系统的生态和地质功能。例如，地下水位下降可能导致地表植被因缺水而枯萎死亡，引发土地沙化、地面沉降等地质灾害，进而影响整个生态系统的平衡与稳定，对农业生产、城市建设以及居民生活造成全方位的负面影响。

与此同时，随着黄河流域内工业化与城镇化进程的加速推进，流域的用水结构也发生了深刻且显著的变化。从相关数据可以清晰地看出这一趋势，以 2020 年取水量为例，农业取水量为 286.84 亿 m^3，占总取水量的 67.3%，依然占据主导地位，但相对来说，在 2018 年至 2020 年期间呈现出下降趋势。工业取水量为 41.52 亿 m^3，占比 9.7%，生活取水量 45.93 亿 m^3，占 10.8%，而生态环境取水量达到 51.88 亿 m^3，占 12.2%。其中，生态用水规模的大幅增长成为黄河流域用水最为突出的特征之一，其占比从 2015 年的 3.9% 迅速提升至 12.2%。这一变化反映了流域在生态保护意识上的觉醒与强化，随着对生态系统重要性认识的不断深入，更多的水资源被分配用于维持和改善生态环境，如河流生态基流保障、湿地补水、生态修复工程用水等。同时，流域生活用水比例也从 20 世纪 80 年代的 11.7% 稳步提升至如今的 20.5%，取水量近乎翻了一倍。这主要归因于城镇化进程中城市人口的快速增长、居民生活水平的提高以及生活方式的改变，对水资源的需求在数量和质量上都有了更高的要求。城市居民用水不仅用于日常生活的基本需求，如饮用、烹饪、清洁等，还包括城市景观用水、公共设施用水等方面。

依据《黄河流域综合规划（2012-2030）》和《黄河流域生态保护与高质量发展规划纲要》的要求，未来黄河流域将致力于推动沿岸城市群经济高质量发展、能源化工基地建设以及生态环境保护等多项目标。在这一发展进程中，工业用水、生活用水和生态用水的比例势必会进一步增加。工业方面，随着能源化工基地建设的推进以及工业产业结构的升级优化，工业生产规模将不断扩大，对水资源的需求也将相应增长，尤其是一些高耗水产业在发展过程中需要大量的水资源用于生产工艺、设备冷却、产品清洗等环节。而在生活用水方面，随着城市化水平的持续提高、人口的进一步聚集以及居民对生活品质追求的不断提升，生活用水需求将继续保持上升态势。生态用水方面，为了实现黄河流域生态系统的全面修复与可持续发展，构建人与自然和谐共生的生态格局，更多的水资源将被投入生态保护与建设中，如黄河三角洲湿地的生态补水、河道生态廊道的构建与维护等。

面对如此复杂多变的用水结构变化以及水资源开发利用现状，黄河流域若缺乏有效的水资源综合调配协同保障机制，各用水部门之间的竞争将愈发激烈，水资源的供需矛盾将进一步加剧，生态环境也将面临更为严峻的挑战。因此，必须建立起全面、科学、高效的水资源综合调配协同保障体系，通过合理规划、统筹安排、精准调控，平衡各方面用水需求，实现黄河流域水资源的可持续利用，为流域的经济发展、社会稳定和生态保护提供坚实的水资源保障基础，确保黄河流域在新时代的发展浪潮中能够实现生态保护与高质量发展的双赢目标，续写黄河流域的辉煌篇章。

（三）水环境状况较差，生态流量保障不足

黄河部分水体水质较差，这在很大程度上限制了其为流域高质量发展提供优良水体支持的能力。当前，黄河流域水质呈现出干流优于支流、上下游优于中游的显著特征。在2018年，黄河主要支流评价河长17579.5km，其中劣Ⅴ类水质河长占比高达16.1%，在全国各大流域中污染程度仅次于辽河（25%）和海河（19.5%），且主要集中在汾河及其支流文峪河和渭河等重要支流，汾河支流更是常年饱受污染困扰。到2019年，流域劣Ⅴ类水质占比降至6.2%，而2022年进一步减少到2.4%，干流劣Ⅴ类水质断面已全面消除，从整体数据来看，黄河流域水质总体呈逐年好转趋势，这无疑是流域水环境治理取得的积极进展。然而，我们绝不能因此而掉以轻心，因为流域内仍存在诸多不稳定因素。例如，省（区）内高强度施用农药化肥，导致大量化学物质残留于土壤并随雨水冲刷流入水体；农膜使用量巨大，白色污染严重，不仅破坏土壤结构，还可能分解产生有害物质污染水源；部分地区环境基础设施建设存在短板，污水收集与处理能力不足，使得未经有效处理的污水直接排入河道；水生态破坏以及河湖断流干涸现象普遍，许多河流的生态系统遭到严重破坏，自净能力大幅下降；农业农村面源污染防治瓶颈问题突出，难以从根本上有效遏制污染源头。水环境改善态势并不稳固，重要支流汾河、窟野河、石川河水生态环境保护形势依然严峻，任务极为艰巨。河流生态系统作为流域生态系统的关键组成部分，其生态流量是维系江河湖泊生态系统稳定的基本要素。但目前，黄河流域生态流量补给明显不足，这已成为河湖生态长期失衡发展的主要因素。在上游源区，生态系统退化现象严重，水源涵养功能不断降低，部分支流甚至干涸断流。如位于青海省的湟水流域，作为黄河流域湿地的集中分布区之一，承担着重要的水源涵养和生物多样性保护等功能，湟水水系分布有土著鱼类17种，其中濒危鱼类2种，地方保护鱼类6种。然而，湟水干流民和断面（4-6月）多年平均关键期生态缺水量达1.05亿m^3，这导致其水环境承载力显著减弱，难以充分发挥国家生态屏障功能。在下游，生态流量偏低，一些地方河口湿地出现萎缩现象，湿地面积不断减少，许多珍稀动植物的生存面临威胁，严重影响了生物多样性的维持和生态系统的平衡稳定。

黄河水沙关系不协调的问题也极为突出，这对沿岸安全构成了严重威胁。"九曲黄河万里沙"，黄河水少沙多的特性以及水沙关系的不协调，一直是其复杂难治的症结所在。近年来，尽管黄河径流量和泥沙量均有所减少，但水沙时空减幅不同步，给黄河水沙调控带来了新的难题。据统计，黄河潼关水文站2020年输沙量2.40亿吨，虽高于2019年的1.68亿吨，但相较于多年（1956-2020）均值9.21亿吨已大幅减少。黄河50%以上的径流量源自黄河源区，唐乃亥以上河源区近两年平均径流量达250亿 m^3 以上；而90%以上的泥沙却源于黄河中游，主要集中在头道拐和潼关段。这种水沙异源、水沙时空不匹配的空间格局是由气候条件和黄土高原自然地形地貌因素所决定的，且将长期存在，使得水沙调控面临诸多挑战。在下游，滩区淤积形成"二级悬河"，洪水风险依然是确保黄河沿岸安全的最大威胁。黄河的"地上河"段主要集中在下游河南和山东地区，目前下游"地上河"长达800km，河南、山东的悬空河长299km，河床平均比下游水面高4-6米，并且每年还以10cm左右的速度增高。例如郑州以下河床高于两岸地面10m以上，新乡市河段更是高于地面20m。"二级悬河"的特殊河道形态使得在洪水漫滩后极易直冲大堤，极大地增加了堤防冲决和溃堤的可能性，严重威胁防洪安全。随着黄河下游滩区人口的不断增加，"二级悬河"不仅对当前黄河下游堤防安全产生重大影响，还将在未来长期影响滩区治理与保护、人民生产生活保障及长远发展之间的关系，加剧了人河矛盾的复杂性和尖锐性。在上游，河道淤积萎缩局部演变成为"新悬河"。黄河上游宁蒙河段全长990km，主要由河谷河段和平原河段构成，其中内蒙古河段是典型的平原冲击性河段，也是宁蒙河段淤积的主体河段。从1987-2018年的淤积数据来看，淤积量分别为0.184亿吨和0.525亿吨，分别占宁蒙河段淤积量的93.7%和87.3%。由于清水河和十大孔兑等重要支流来沙量大，干流汛期水量和最大过程水量减少，再加上上游刘家峡、龙羊峡水库建成使用导致水流输沙动力减弱，持续的淤积使得河床高出地面。黄河的最大支流渭河下游及其南山支流、上游宁蒙河段局部演变成为新悬河，长达200多公里。宁蒙河段两岸是我国西北地区社会经济发展规模较大、灌溉农业发展较好的区域之一，涉及耕地78.33万公顷、养育人口356万，宁夏平原和河套平原75%以上的粮食和90%以上的工业产值均来源于黄河左岸的引黄灌区。因此，黄河宁蒙段的整体安全直接关系到该区域社会经济的可持续发展和国家粮食安全，一旦发生溃堤等灾害，后果不堪设想。

四、黄河流域水资源综合调配方案

（一）完善黄河流域水资源综合调配之立法保障机制

1. 建立适时调整黄河流域水量分配方案制度

"八七"分水方案作为我国首个全流域的水量分配方案，在过往岁月中，为保障黄河流域供水安全、维持生态稳定等诸多方面立下了汗马功劳。然而，时代在发展，黄河流域的情况也发生了显著变化。沿黄地区正处于经济结构转型的关键阶段，用水结构随之出现了较大改变，同时流域生态环境愈发脆弱，这些现状都对原有的水量分配方案提出了新的挑战。倘若依旧以过去的历史用水规模，作为新发展阶段下用水分配的基准，那必然会产生诸多问题。从公平性角度来看，不同地区的发展需求各异，生态状况也不尽相同，继续沿用旧标准难以确保整个流域水资源分配的公平合理，容易造成部分地区用水紧张，而部分地区水资源闲置浪费的不均衡局面。从经济效益角度而言，不能契合当下实际情况的分配方式，也不利于充分挖掘水资源利用的潜在价值，无法使水资源在推动区域经济发展中发挥最大效能。

所以，在积极推动黄河流域生态保护和高质量发展的进程中，我们必须精准把握新时期流域发展对水资源需求呈现出的新特征，同时紧密围绕国家发展战略需求，对现有的分水方案做出适时且合理的调整。《黄河保护法》的出台，为这一调整提供了重要的法律依据。其中第四十六条明确规定了调整水量分配方案的制定机构和批准部门，紧接着第四十七条第一款规定"国家对黄河流域水资源实行统一调度，遵循总量控制、断面流量控制、分级管理、分级负责的原则，根据水情变化进行动态调整。"这一系列规定初步构建起了黄河流域初始水权分配动态调整机制。而要真正落实这一机制，黄河流域水量分配方案的调整无疑是关键所在。

2021年，发展改革委、水利部、住房城乡建设部、工业和信息化部、农业农村部五部门印发《黄河流域水资源节约集约利用实施方案的通知》，更是为调整工作指明了清晰的思路，明确要求"以坚持生态优先，大稳定、小调整的思路调整《黄河可供水量分配方案》"，旨在优化水资源综合调配格局。在此发展战略下，首要任务便是确保黄河生态用水规模，而且要将其进一步细化到干支流的不同河段以及不同时段。水权置换作为"大稳定、小调整"的核心思路，有着重要的实践意义。比如，原本由黄河供水的下游地区，如今可借助南水北调工程来满足用水需求，由此腾出的水量就能用于调剂黄河生态流量，进而保障中上游省份的基本用水需求，实现水资源在更大范围内的合理调配与高效利用。

要加快调整水资源分配的方法，这需要综合考量沿黄各地区众多因素，像生态环境条件，有的地区生态脆弱，对水资源的生态涵养功能需求更大；经济发展差异也不容忽视，发达地区与欠发达地区用水的侧重点和规模有所不同；科技创新能力同样关键，科技水平高的地区或许能通过节水技术等手段提高水资源利用效率，减少对水量的依赖。进一步明确沿黄主要地区在国家战略空间布局中的主体功能，如有的是水资源涵养区，其主要职责就是涵养水源，保障水资源的源头供应；有的是水土保持区，需要充足且合理的水量维持水土稳定；还有的是城市化承载区，要满足城市生活、生产等多样化的用水需求。同时，充分考虑各省区实际用水效率，像青海作为三江源最重要的水源涵养区和重点生态功能区，承担着黄河流域"源头责任"和"干流担当"，为了更好地守护生态，理应增加水量用于生态保护；而山西由于地势等原因，水资源利用存在诸多困难，用水量长期未达到分水方案分配的水量，在优化调整分水方案时，可以适当减少水量分配，让水资源分配更贴合各地区实际情况，促进黄河流域水资源综合调配更加科学合理，助力流域生态与经济的协同发展。

2. 细化《黄河保护法》相关规定

（1）完善黄河流域调度管理机制。第一，合理扩大黄河流域水资源统一调度的实施范围。当下，黄河流域面临着支流水体污染严重以及地下水超采现象频发的严峻挑战。在这种形势下，一方面必须强化水资源管理，严格把控用水许可审批环节，从源头上规范水资源的使用。另一方面，依据2021年水利部《关于印发水资源调度管理办法的通知》，适当拓展黄河流域水资源统一调度的范围势在必行。鉴于《黄河保护法》已颁布并即将施行，我们可进一步细化《黄河水量调度条例》的规则内容，从而实现对黄河流域水资源统一调度范围的有效扩展。例如，在统筹地表水和地下水联合综合调配方面，应将那些对水资源综合调配有着较大影响的水库、水电站、引提水工程、调水工程等控制性水工程，以及重要的取用水户，全部纳入水资源统一调度管理的对象范畴。同时，明确水工程管理单位及相关责任人员，确保每一个环节、每一个主体都能在统一调度管理体系中有明确的职责与任务，使水资源调度工作有序、高效开展。

第二，明确水量调度管理规则。水量分配方案的最终落实，离不开年度水量调度计划的精心制定与有效实施，而水量调度规则则是连接两者的关键桥梁。《黄河水量调度条例》虽规定各省（区）应依据黄河水量分配方案和年度预测来水量，按照同比例丰增枯减的原则制定年度实际调配量，但这种过于原则性的规定难以满足复杂多变的实际水量调度需求。比如，由于各地蓄水能力差异较大，在丰水年即便按照同比例增加配水，个别蓄水能力不足的地方也可能因无法有效储存水资源而导致其浪费。在枯水年，所有区域同比例缩减配水时，不同用水户的需求特性又被忽视。工业和生活用水户对水的需求表现为高保证率、长期且稳定的流量，因为其生产生活的连续性依赖于此；农业用水户则更需要相对低保证率、具有季节性且变化的流量过程，以契合农作物的生长周期和灌溉需求。所以，水量调度原则必须充分考虑区域内不同用水户的这些需求特性，根据用水部门的重要性明确不同的优先级，实行差别对待，从而使水量调度更加科学合理。

第三，完善水资源调度实施的配套措施。水资源调度涉及众多复杂的利益关系，既要平衡调出区和调入区的利益诉求，又要协调供水、发电、航运等多个目标的实现。因此，依据《水资源调度管理办法》规定，在涉及黄河流域重大调水、重要利益协调时，流域管理机构与地方政府应根据实际需要建立利益相关方参与的水资源调度协商机制，并将协商结果报上级水行政机关主管部门备案。让各方利益主体能够充分表达意见，促进决策的公平公正与科学合理。同时，建立水资源调度预警机制，一旦省级或者重要控制断面流量降至预警流量，应立即发布调度预警，并及时采取如控制取用水规模、实施重要水库调库等有效措施，防止水资源调度出现危机。此外，构建信息共享机制也不可或缺，流域管理机构和地方行政水行政主管部门应实现雨情、水情、取用水、重要断面调度控制要素等监测信息的共享，为黄河流域精准化的水资源调度决策提供有力的数据支撑，确保水资源调度能够根据实际情况及时调整优化。

（2）加强黄河流域生态用水监督管理。生态流量，即维系河流、湖泊等水生态系统结构和功能所必需的、符合水质要求的流量（水量、水位）及其过程，它对于维持河流健康和生物多样性起着不可替代的关键作用。加强黄河流域生态流量保障的法律制度供给，不仅是黄河流域生态保护和高质量发展战略中"坚持生态优先、绿色发展""统筹推进、协同治理"理念的具体践行，也是实施黄河流域生态环境保护规划、推进水资源节约集约、强化水资源统一管理内容的实际要求。《黄河保护法》在第三十七条、第四十五条、第四十九条分别从黄河流域生态用水调度、基本生态用水保障、县级以上行政区域和地下水水位管控指标等方面提出了生态流量保障的要求，并在第一百一十条规定了未履行生态用水调度的法律责任。《黄河保护法》作为大型综合性流域立法，在全国性法律和地方立法之间起着承上启下的重要衔接作用，是整个立法体系中的关键环节。它对生态流量的法律规定,有效弥补了《水法》《水污染防治法》等水事基本法在顶层法律制度设计上存在的制度空壳化缺陷,实现了生态流量保障从理念倡导到制度规范的实质性升华,为黄河流域生态用水监督管理提供了更为坚实的法律依据与保障。

(二) 健全流域水资源确权登记制度

水权明晰在水资源管理体系中占据着极为关键的地位。它意味着将水权精准地分配至具体的权利人,并构建起完善的水权保障机制,清晰界定其权利与义务范围,以此切实保障权利人能够依法享有水权所带来的收益。在新时期,明晰初始水权分配已然成为水资源管理对水权制度建设的一项基本要求,更是完善黄河流域水权交易机制的核心要点所在。而实现水权明晰的关键途径便是大力开展水资源确权登记工作,借助制定并持续完善相应的制度体系,针对不同类型的水权使用者,对其使用的水量、拥有的年限等关键权利和义务要素予以明确确认,从而为后续顺利开展水权交易以及实施有效监管筑牢坚实基础。

宁夏作为黄河流域首批水权确权登记试点区域,在全国范围内率先积极探索创新,精心打造出了独具特色的用水权确权理论方案。这一成功实践为黄河流域其他省(区)提供了极为宝贵的经验借鉴。其他省(区)可充分结合自身实际情况,因地制宜地制定出契合本地发展需求的水权确权方案,进一步深入开展初始水权明晰的确权登记工作。

在具体实施过程中,针对不同类型的水权,需采取差异化的确权策略。首先,在引黄取用水量总量控制这一刚性框架下,将用水指标层层分解,使其成为各级区域必须严格遵循的刚性约束条件。在省(区)、市、县等不同层级,逐步确认区域取用水总量以及所能享有的部分所有权人利益,如此一来,便能够为在更大范围内开展区域间水权交易提供科学合理且具有法律效力的依据。例如,某省可依据自身在黄河流域的水资源分配份额,结合省内各地区的用水需求、产业布局以及生态保护要求等因素,将引黄用水总量指标细化分解至各个市、县,明确各级区域的用水上限,同时确定其在水权交易中的权益范围,为区域间的水资源优化配置创造条件。

对于取用水户的取水权,应当秉持严谨的态度进行核定,严格依据相关标准和实际需求,精确核定许可水量,并通过发放取水许可证这一规范形式明晰取水权。取水许可证作为取水权的法定凭证,详细记录了取水户的取水地点、取水量、取水期限等关键信息,确保取水权的明确性与合法性。比如,某工业企业在黄河岸边申请取水,水行政主管部门经过严格审查其生产规模、用水工艺、节水措施等多方面情况后,确定其许可取水量,并为其颁发取水许可证,该企业便依据此证享有合法的取水权,同时也需承担相应的水资源保护、计量缴费等义务。

在灌区层面,自治区水利厅应深入调研灌区的用水实际状况,进一步根据灌区用水需求,将水权确权到农村集体经济组织、农民用水者协会或用水户等具体主体。通过发放用水权属凭证的方式,使水权清晰化、具体化。这些用水权属凭证明确了各主体在灌区用水中的权利与责任,例如规定了用水户的灌溉面积、用水时段、用水定额等内容。倘若上述权利人在实际用水过程中,其用水行为与用水权证书中规定的内容出现不一致的情况,水行政主管部门应当依法及时介入,将其用水管理方式转变为取水许可管理,以确保水资源的使用严格符合规定,维护水权制度的严肃性与权威性。

在市场经济的大环境下,只有将产权明确无误地赋予真正的权利人,才能充分释放资源的内在价值。当水权清晰明确，水权交易市场的活力便能够被有效激发。用水主体基于自身利益考量，会更加积极主动地优化用水方式、提高用水效率，从而促进水资源在流域内的高效综合调配。例如，一些用水效率高的企业或地区，可通过水权交易将多余的水权转让给用水紧张但具有发展潜力的地区或项目，提高整个流域水资源的利用效益，推动黄河流域水资源管理朝着更加科学、合理、高效的方向发展。

（三）完善黄河流域管理与区域管理协调制度

流域所具有的系统性与整体性这一根本特征，从根本上决定了水资源综合调配和管理的思维模式与行动策略都必须紧紧围绕流域这一基础单元展开，并且要妥善协调好流域管理与区域管理职能之间的关系。我国《水法》虽已规定国家对水资源实行流域管理与区域行政管理相结合的管理体制，然而这仅仅只是作出了原则性的规定，对于流域管理机构的法律定位以及流域管理机构与区域行政管理机构之间的职责划分，均未给出具体明确的规定。这种模糊性致使流域管理机构在具体实践过程中，由于其规定的笼统性而导致具体事权被架空，难以有效发挥其应有的管理效能。

为解决这一问题，亟需进一步提高流域管理机构的法律地位，大力提升其法律权威。当前黄河流域存在着体制性障碍，深入剖析其根源，主要在于流域管理机构作为水利部的派出机构，自身的独立性与权威性严重不足。在我国"条块结合，以块为主"的区域管理模式主导下，流域管理机构难以深入到地方层级对水资源开发利用实施全面有效的监督与管理。对此，学界提出了多种富有建设性的主张。部分学者建议，在我国现行行政区域与流域派出机构管理并行的体制框架内，可借鉴生态环境部的流域生态环境监督管理局作为派出机关的模式，对当前黄河水利委员会作为水利部派出机构的现状进行变革，进一步明确其为水利部的行政机构，即规定黄河水利委员会作为黄河流域的专门管理机构，全面负责涉水事务的指导、审批以及执法监督等工作。还有部分学者主张，应当对现行国务院涉水部门的职能进行整合，重新设立直接隶属于国务院的流域管理机构；或者通过立法明确黄河水利委员会作为黄河流域管理机构，并将其直接隶属于国务院，以此提升流域管理机构的层级，增强其在流域水资源综合调配与管理中的话语权与执行力。

还需进一步协调好国家统筹协调机制、流域管理机构和部门、地方区域管理之间的关系，明确其具体职能分工以及具体的协调和协同工作方式，以确保形成流域统一管理体制机制的创新格局。《黄河保护法》已经构建起国家级统筹协调-省级省内协调-地方协调的多重流域协调机制。在国家黄河流域统筹协调机制的设计层面，应进一步细化规定协调机制的启动条件、运行流程以及协调权责等具体运行细则。当涉及黄河流域水资源综合调配实施时，流域管理机构应当积极组织并深度参与黄河流域生态保护、水资源分配、水资源污染防治等重要事项的规划和制定工作。例如，在制定黄河流域水资源分配方案时，流域管理机构要综合考量流域内各地区的水资源需求、生态环境承载能力、经济发展水平等多方面因素，制定出科学合理、公平公正且具有可操作性的分配方案。同时，要强化流域水资源统一综合调配、统一调度、统一管理的职责，确保水资源在流域内能够得到高效合理配置与利用。此外，流域管理机构还应负责对黄河流域水质、水量、水文等进行统一监测，及时准确地掌握流域水资源的动态变化情况，为中央及地方水资源管理提供全面可靠的信息支持，并监督检查地方政府对流域规划、水量分配、水资源管理等工作的落实情况，确保各项政策法规与管理措施能够在地方层面得到有效执行。

为了使地方行政区域规划与流域整体规划在目标上保持高度契合，在涉及流域功能区规划、水资源调度及水量分配等宏观事务领域，地方行政区域的管理必须服从于整体流域管理，将工作重点聚焦于"属地落实"。省级层面要充分发挥统筹协调作用，合理分配流域管理任务，将水量分配方案进一步细化分解，妥善协调好不同辖区之间的用水利益关系。例如，在省内不同市、县之间，根据各地的产业结构、人口规模、农业灌溉需求等因素，精准分配水资源，避免因用水利益分配不均而引发区域间的矛盾与冲突。同时，省级政府还要对外作为本行政区域的利益代表者，积极就跨省水资源相关事务与其他省份展开协商与合作，共同推动黄河流域水资源的协同管理与优化配置。市县一级行政区域则应当依据上级要求，进一步细化涉水事务管理方案，全力配合执行上级决策。在流域水资源规划论证、流域水事监督管理及执法等微观事务领域，各级行政区域应当予以全力配合。例如，在流域水事监督管理及执法过程中，地方行政区域要积极协助流域管理机构开展工作，提供必要的人力、物力支持，共同打击违法违规取水、排污等行为。只有涉及流域管理规划、水量分配方案、跨省水事纠纷等重大事项，才由国家出面予以协调，其他涉水管理事务应根据实际情况，给予地方流域管理机构一定的自主管理权限，或者交由省级协调机构予以协调，从而形成层级互动、协同高效的良性管理结构，实现黄河流域水资源管理的科学化、规范化与高效化。

（四）完善流域初始水权分配的省级民主协商机制

确认流域初始水权本质上是对黄河流域内各省（区）的流域利益进行重新划分与界定的关键过程，这一过程无疑会对那些已然在水权方面拥有既得利益的主体产生极为重大的影响。尽管黄河流域在初始水权分配过程中已然引入了民主协商机制，然而，当前这种以地方各级政府为主要代表的协商机制却存在明显缺陷，即缺少了众多利益相关者的广泛参与，从而未能真正将广泛的民主性充分体现出来。在当下，要求对黄河流域水量分配方案进行动态调整的呼声正变得日益强烈，黄河水利委员会也已经在各个省市积极地开展相关前期调研工作。鉴于此，在黄河流域内各省（区）内部的各个地区之间，以及用水户等众多利益相关者之间建立起一套完善且行之有效的初始水权分配民主协商机制显得尤为必要。

我国《水法》第四十五条明确规定：跨省（区）的水量分配方案由流域管理机构协商有关省（区）人民政府制定，报国务院或者其授权的部门批准执行。其他跨行政区域的水量分配方案由共同的上一级人民政府水行政主管部门协商有关地方人民政府制定……《黄河保护法》也作出了类似的规定。这些法律条文无疑为黄河流域初始水权分配民主协商机制的构建提供了坚实的法律制度基础。

在具体的机制设计层面，可以考虑在黄河流域管理机构之下设立专门的黄河流域初始水权分配民主协商委员会（或者称之为民主协商议事机构），其核心职能便是针对流域初始分配方案展开深入的民主协商工作。该委员会的组成人员应当涵盖多个重要方面，包括水利部的相关专业人士，他们能够从宏观政策与行业规范等层面提供专业指导；流域管理委员会的成员，他们对流域整体情况有着较为全面深入的了解与把握；各省政府及水利厅的相关利益部门，这些部门代表着地方政府在水资源管理与分配方面的利益诉求与行政职能；以及流域内重要的用水大户，这里不仅包括那些对区域经济有着重大影响力的用水单位，例如大型工业企业、农业灌溉集中区等，还涵盖具有重要生态环境效益的湿地保护部门等。这些不同类型的用水大户能够从自身实际用水需求与生态保护需求等角度出发，为水权分配方案提供多元且实际的意见与建议。

协商的主要内容应当聚焦于保障跨省（区）的水资源能够实现合理分配，并且要明确水量分配方案中的一系列程序性问题。例如，关于方案的启动机制，需要确定在何种条件下、由谁来启动水量分配方案的调整或制定工作；明确方案的有效期限，以便在规定时间内对方案的执行效果进行评估与适时调整；同时还要清晰界定后续的调整程序，包括调整的触发条件、调整的流程步骤以及参与调整的主体等。

在协商过程中，如果各方能够达成一致意见，那么便可以将协商结果报主管单位进行批准，使其具备正式的法律效力并得以实施。然而，倘若协商过程中出现意见不一致的情况，则需要由专门的仲裁机构介入。仲裁机构应当咨询相关领域的专家学者，借助他们的专业知识与研究成果对新的水权分配方案予以深入论证，在此基础上作出最终的裁决。这样的设计能够在一定程度上确保即使在协商出现分歧时，也能够通过科学合理的途径得出相对公正客观的水权分配方案。

为了确保初始水权分配方案能够得到有效实施与监督，还应当明确与之配套的监测与报告制度。具体而言，要明确规定监测的地点，这些地点应当涵盖流域内的关键水源地、主要用水区域以及重要的水生态敏感区域等；确定监测的指标，包括水量、水质、水位等多方面的关键指标；同时明确负责机构的职责，确保监测工作能够有序、准确地开展，并且能够及时将监测结果进行汇总分析并形成报告，以便为水权分配方案的后续调整与优化提供有力的数据支持与决策依据。通过这样一套完善的流域初始水权分配省级民主协商机制的构建与运行，有望实现黄河流域水资源在初始水权分配环节的公平性、合理性与科学性，为整个流域水资源的综合管理与可持续利用奠定坚实基础。

（五）严格落实全流域水资源刚性约束制度

实行水资源用水总量和强度双控，已然成为新时期我国推行最严格水资源管理制度的核心内容。2021年，习近平总书记在深入推动黄河流域生态保护和高质量发展座谈会上着重强调，务必坚决落实"以水定城、以水定地、以水定人、以水定产"的水资源发展"四水四定"原则，这一理念的提出重新诠释了"水-人-城"和谐发展的深刻内涵，为黄河流域水资源管理指明了方向。2022年，水利部、国家发展改革委印发《关于"十四五"用水总量和强度双控目标的通知》，对全国各省、自治区、直辖市的用水总量、万元国内生产总值以及农田灌溉水有效利用系数等均作出了明确且细致的规定。在此基础之上，黄河流域各省肩负着将双控目标迅速转化为实际行动的重要使命。

1. 严格落实水资源刚性约束

黄河流域各省（区）应当紧密结合国家所设定的目标要求，对具体指标进行深入细化与合理分解，精心制定省市县三级行政区域用水总量管控指标体系。在整个过程中，需将用水总量控制指标精准落实到地表水和地下水源层面，切实加强黄河流域地下水的管理与保护工作。例如，通过建立地下水水位监测网络，实时掌握地下水水位变化情况，对超采区域实行严格的取水限制，逐步恢复地下水水位，保障地下水生态系统的稳定。同时，推动相关产业项目在进行规划编制的同时，同步开展水资源论证工作。这要求企业在项目筹备初期，深入评估项目的用水需求、用水效率以及对周边水资源环境的潜在影响，确保项目的用水规划符合流域水资源管理的总体要求。此外，还需健全用水定额体系和水效果标准，在高耗水行业（如火电行业）以及重要用水行业大力推行强制性用水定额制度，加强对超定额用水行为的监督检查力度。例如，对于火电企业，依据其装机容量、发电效率等因素，制定科学合理的单位发电量用水定额，通过定期检查企业的用水计量数据，对超定额用水的企业依法依规进行处罚，并责令其限期整改，从而促使企业积极采取节水措施，提高用水效率。

2. 坚持节水优先，全力推进黄河流域各行业水资源节约集约利用

将推动农业用水水资源节约集约作为黄河流域农业发展的主导方向，以甘肃黄河高抽灌区、宁蒙灌区、汾渭平原、下游引黄灌区等为重点区域，大规模实施节水改造工程。例如，推广滴灌、喷灌等高效节水灌溉技术，替代传统的大水漫灌方式。按照相关规划，有序开展高标准农田建设，在改善农田基础设施的同时，注重融入节水元素，如建设雨水收集设施、优化灌溉渠道布局等，从多方面推进节水灌溉的深入实施。调整钢铁、煤炭等高耗水能源行业布局，引导这些行业向水资源相对丰富或水资源利用效率较高的地区转移，同时大力发展战略性新兴产业。这些新兴产业往往具有低能耗、低水耗的特点，如新能源、新材料、高端装备制造等产业，通过产业结构的优化升级，降低流域整体工业用水强度。充分发挥国家节水型城市的示范带动作用，积极推进黄河流域节水型城市建设。省级人民政府应切实担负起责任，负责制定节水型城市建设实施方案，明确建设目标、任务和时间表。例如，增加雨水花园、下沉式绿地等海绵城市设施的建设比例，提高城市对雨水的收集和利用能力；推广使用节水器具，在新建建筑中强制安装节水型水龙头、马桶等设备。同时，加快推进县域节水型社会达标建设，通过开展节水宣传教育活动；建立居民用水阶梯水价制度，利用价格杠杆引导居民节约用水；加强对公共用水设施的管理和维护，减少水资源浪费现象，逐步实现黄河流域水资源的节约集约利用，促进流域生态保护与高质量发展的协同共进。

第三节　水资源分配的公平性与效率分析

一、黄河水资源分配的公平性分析

（一）公平性的体现

1. 地区间基本用水保障

黄河流域水资源的分配方案在保障各地区基本用水需求方面起到了至关重要的作用。该方案的设计不仅考虑到了不同地区的人口密度、经济发展水平，还结合了农业灌溉面积等关键因素，为各地分配了相应的水资源配额，确保了居民生活用水、工业生产用水和农业灌溉的基本需求得到保障。这样的分配策略，从根本上体现了公平性，兼顾了各地区的实际情况和发展需求。作为中国的主要粮食生产区，黄河中下游地区，特别是河南、山东

等农业大省，水资源的分配充分考虑到其巨大的粮食生产需求。这些地区的农业灌溉用水量较大，分配方案确保了足够的水资源供给，使得这些地区能够维持稳定的粮食生产。对于河南来说，黄河水资源的合理利用支持了其在粮食生产中的重要地位，并且有效保障了该区域的农业持续发展，尤其是在气候变化和水资源紧张的背景下，能够稳定供应粮食生产所需的灌溉水源，从而保障了国家粮食安全。在工业生产方面，黄河流域的水资源分配也做了相应的安排，确保了工业用水的基本需求。例如，黄河下游地区的重工业基地，像山西、陕西等地的煤炭、电力及化工行业，对水资源有较大的需求。合理的水资源分配保障了这些地区在工业发展过程中的用水安全，同时避免了因过度开采水资源而导致的生态环境压力。

黄河流域的水资源分配方案还注重了生态用水的保障，特别是在生态脆弱的地区，如黄河上游的青海、甘肃部分地区。该方案为这些地区分配了一定量的生态用水，确保了流域生态系统的稳定性。在水资源分配中，生态水量的保障是关键一环，尤其是在上游地区，这些地方由于自然条件恶劣，生态环境脆弱，对水资源的需求主要集中在生态维持上。合理的水资源分配能够防止过度开发水资源，造成生态失衡，进一步影响整个流域的生态安全。黄河流域水资源分配的公平性体现在其兼顾了区域间经济发展与生态保护的平衡。在制定分配方案时，不仅考虑到各地区的用水需求，还充分考虑到生态环境的承载力。例如，在下游地区大量用于农业灌溉的水量未影响到上游的生态需求，反之，上游地区的生态用水也未对下游的生产生活造成过度约束。这种水资源的合理配置，不仅为不同地区的人民提供了基本的生产生活用水保障，还确保了各地在水资源使用上的公平性，避免了资源争夺和生态退化。

在一些干旱和半干旱地区，水资源相对匮乏的现实要求流域水资源分配要更加科学和合理。例如，黄河流域的水资源主要来源于上游的降水和雪融水，而下游地区则常面临水资源供给不足的问题。为了有效解决这一问题，流域内的水资源分配方案通过调度黄河水量的时空差异，采取了上游节水、下游合理用水的方式，在保持流域内整体水量平衡的同时，保证了各区域的基本用水需求。因此，黄河流域水资源分配方案不仅在保障人类生活、生产的基本水需求方面起到了积极作用，也为区域间的生态公平提供了保障。通过合理规划和调度水资源，黄河流域的水资源管理能够在满足发展需求的同时，最大程度地避免水资源的过度开发和环境的恶化。这一方案的实施，为黄河流域的可持续发展提供了保障，为水资源合理利用、生态保护和经济发展之间的协调提供了一个有效的模型[①]。

2. 行业间用水协调

在黄河流域水资源管理中，行业间的用水协调尤为关键，特别是在工业、农业和生活用水之间的平衡。随着水资源日益紧张，如何在有限的水量下合理分配给各个行业，保障每个行业的基本需求，并尽可能提高水资源的利用效率，成为流域管理中的重要课题。黄河流域的工业用水量大，其中重工业企业尤为突出，尤其是煤炭、电力等高耗水行业。然而，这些行业在水资源的使用过程中，面临着节水压力。为了解决这一问题，许多沿黄地区的大型工业企业开始投资建设中水回用系统，实现水资源的循环利用。通过将水处理后

---

① 郑志军. 黄河流域水权交易制度的问题与解决对策 [J]. 公民与法（综合版），2023（11）：38-42.

再次用于生产过程中的非饮用水环节，减少了对原水的需求。这种方式不仅有效地节约了水资源，也缓解了下游用水压力，使得更多水资源能够分配到农业和生活用水中，从而达到了各行业之间的公平用水分配。

黄河流域的农业用水主要用于灌溉，尤其是在黄河中下游地区，农业生产依赖水资源保障粮食生产的稳定性。近年来，随着水资源短缺问题的加剧，黄河流域的农业用水也面临着巨大的压力。在这种背景下，农业用水的效率提升显得尤为重要。通过采用现代化的节水灌溉技术，如滴灌、喷灌等节水灌溉方式，可以显著减少水资源的浪费。此外，农田水利设施的建设与改造，优化了水资源的调度与使用，既保障了农业生产的用水需求，又减少了水资源的过度消耗，为工业和生活用水腾出了更多的空间。生活用水的保障同样不可忽视，特别是在黄河流域人口较为集中的地区。随着流域内经济的不断发展和人口的不断增长，生活用水需求呈现出稳步增长的趋势。在这种情况下，如何确保城市居民的生活用水需求得到满足，而不影响工业和农业的水资源分配，是水资源管理的一个难题。为了实现这一目标，各地积极推进节水型社会建设，倡导居民和企业合理用水。通过推广水效高的设施和节水器具，加强用水管理和宣传，提高水资源的使用效率，生活用水的需求得到了有效满足。

除了工业、农业和生活用水的合理分配，黄河流域近年来还将生态用水需求纳入了水资源管理的考量之中。生态用水的需求包括河道生态基流的保障、水库蓄水与生态调度、湿地补水等生态修复工程。这些用水的增加，意味着在原有的水资源使用结构上，需要进行适当的调整。为了保障生态环境的健康，特别是在黄河上游和黄河三角洲等生态脆弱地区，生态用水的需求被纳入了水资源分配的重点之一。例如，水资源管理部门通过科学调度，将部分水量用于保持河道流量，确保生态基流的稳定，以及湿地和自然保护区的水量需求，避免生态系统的退化和水质的恶化。生态用水的增加不仅有助于修复和保护流域的自然生态系统，还间接惠及农业、工业和居民用水，因为健康的生态系统能够有效调节水资源的供给，增强水文过程的稳定性。在所有这些调整中，黄河流域的水资源分配一直遵循着公平原则，不仅要保证各个行业的基本需求，还要兼顾生态保护的需求，确保各方的利益得到平衡。随着气候变化和水资源紧张局面的加剧，未来的水资源管理将更加注重行业间用水的动态平衡和高效利用。通过科技创新和管理创新，推动水资源的节约型和集约型使用，将在保障经济社会发展的同时，确保生态环境的可持续性。因此，黄河流域行业间的用水协调，不仅体现在合理分配水资源，还需要通过提高水的利用效率、加大科技投入和管理优化来实现水资源的最大化利用。通过合理调配和精细化管理，黄河流域能够在保障各行业用水需求的同时，实现水资源的可持续利用和生态环境的保护，为未来的经济发展和社会繁荣奠定坚实的基础。

（二）黄河水资源分配公平性实施存在的问题

1. 地区发展差异导致的矛盾

黄河流域的地区发展差异，尤其是在经济发展水平、产业结构和水资源使用需求等方面，导致了水资源分配中的显著矛盾。流域内东部和西部地区在水资源的需求和利用上存在着显著差异，这种差异不仅体现在水资源的需求总量上，还反映在用水效率、用水方式以及对水质的要求上。东部沿海地区，特别是黄河流域的经济发达区域，通常依赖于高端制造业、服务业等产业，这些行业对水资源的需求呈现出高度精细化和多样化的特点。例如，高科技产业和一些大规模工业企业对水的需求不仅量大，而且对水质要求也较高。这些地区由于经济发达，拥有较为完善的水利基础设施和水资源管理体系，因此在水资源的利用效率上相对较高。然而，由于其水资源需求的复杂性和精细化，这些地区对水资源的占有量和分配优先性提出了较高的要求，可能会对流域内其他地区的水资源分配产生压力，尤其是那些经济较为落后、以农业为主的地区。

相比之下，黄河流域的西部地区大多以农业为主，尤其是一些偏远山区和干旱地区，农业用水占据了流域内用水的主要份额。农业灌溉对水资源的依赖较为直接，且水利用效率相对较低。特别是在一些贫困地区，水资源的利用受到技术和资金的制约，农田灌溉过程中水的浪费问题较为严重。这种农业用水效率的差距使得水资源的分配更加复杂。当东部发达地区的工业和服务业用水效率较高且需求逐渐增加时，西部农业用水的低效性和大规模需求之间的矛盾不可避免地加剧，造成了水资源分配上的公平性问题。此外，水资源的开发利用成本在流域内的不同地区也存在显著差异。东部沿海地区的水利基础设施较为完善，水资源的取水成本较低，水资源的开发和利用效率较高。而西部一些偏远地区，由于地理条件限制和基础设施薄弱，供水成本较高。这些地区的水资源开发面临更大的经济压力，例如需要大规模建设水利设施，进行跨流域调水等，导致实际用水成本的增加。为了平衡这种差异，水资源的分配方案必须考虑到地区之间的经济承受能力，避免在统一标准下出现一些地区因高成本而无法合理获取所需水量的情况。这种成本差异加剧了不同地区水资源分配中的矛盾，可能导致实际水资源权益的不公平。

由于黄河流域不同地区的经济发展水平、产业结构和用水需求不同，水资源的优先分配问题也变得尤为复杂。在水资源紧缺的情况下，如何在保障各地区基本需求的同时，满足不同地区对水资源的多样化需求，尤其是如何平衡生态、农业、工业和生活用水之间的关系，成为一个巨大的挑战。部分地区可能会主张更多的水资源用于工业发展或生态保护，而其他地区则会强调农业生产的重要性。水资源的供需矛盾和各方利益冲突，导致了在实际水资源分配过程中，各地区之间常常产生争议和冲突，影响了分配的公平性和合理性。为了应对这些矛盾，水资源的分配和管理方案必须考虑到各地区的具体需求、发展阶段和用水效率。通过更加科学、合理的水资源调度和分配机制，提升低效用水地区的水利用效率，促进全流域水资源的优化配置，才能实现地区间公平的水资源共享。这不仅需要在水资源管理政策上进行调整和创新，还需要加强各地区之间的协调与合作，通过技术支持和资金投入帮助经济较为落后的地区提高水资源利用效率，从而减轻经济差异带来的水资源争议，推动黄河流域实现可持续的水资源管理目标。

2. 生态与经济用水竞争加剧

随着社会对生态环境保护的意识不断增强，生态用水的需求逐渐成为水资源管理中的重要组成部分。然而，生态用水与经济用水之间的竞争愈加激烈，特别是在黄河流域这种水资源本就紧张的区域，二者的矛盾尤为突出。这种冲突不仅影响了各地对水资源的公平分配，也对流域的长期可持续发展构成了挑战。在黄河流域，经济用水需求主要来自于农业、工业和城市生活等领域。农业灌溉是黄河流域水资源消耗的最大领域，特别是在流域内一些干旱、半干旱地区，农田灌溉对水的依赖度极高。然而，随着流域经济的快速发展，工业和城市用水的需求也日益增加，这使得黄河流域的水资源逐渐趋向紧张。在这种背景下，经济发展与生态保护的矛盾变得愈加突出。在枯水期，由于水资源供应有限，各地区往往需要在农业灌溉、工业用水和生态用水之间进行艰难的平衡。例如，为了保障下游的农业灌溉和城市供水需求，流域上游和中游的水量可能会优先用于经济用水，生态用水则可能被削减或延后。这种情况在干旱年份尤为严重，导致生态系统的补水不足，进一步加剧了生态环境的退化。尤其是湿地、河口等生态敏感区域，由于缺乏足够的水量支持，其生态功能会受到直接影响，甚至导致生态灾难的发生。

黄河流域的水资源利用过程中，生态用水往往难以得到足够的保障。尽管近年来各地已经开始加强生态环境保护，并通过生态补水、湿地修复等措施来保护水生态系统，但在水资源极度紧张的情况下，生态用水的需求与经济用水的需求经常发生冲突。在经济利益的驱动下，一些地方为了追求短期的经济增长，可能会过度开发水资源，忽视生态用水的合理需求。这种行为不仅会导致生态环境的恶化，甚至可能通过污染、土壤盐碱化等方式，影响流域的可持续发展。生态破坏的代价并非局限于受到影响的地区或行业。水生态系统的退化具有外部性，即它不仅会影响局部生态，还可能波及整个流域的生态平衡和经济发展。例如，湿地的退化不仅影响水质净化、洪水调节等生态功能，还可能对依赖湿地生态资源的渔业、农业等产业造成损害。此外，生态破坏所带来的水资源减少，也可能导致流域内的水资源分配问题更加复杂化，从而进一步加剧各地区之间的竞争与冲突。

从公平性的角度来看，生态用水与经济用水的竞争加剧，破坏了水资源分配的公平性。在一些地区，由于水资源优先保障了经济用水，导致生态环境日益恶化，这不仅影响了生态系统的稳定性，也损害了依赖生态服务的群体和产业的利益。而这种生态代价最终会由整个流域的居民和社会共同承担。为了平衡生态保护与经济发展的需求，水资源管理需要更好地考虑生态用水的优先级，采取更加科学和可持续的水资源分配方案。解决这一矛盾，首先需要对水资源进行更加精细化和科学的管理。水资源分配应该根据不同地区的水资源禀赋、生态需求和经济发展状况进行合理调配，而不仅仅考虑经济利益的最大化。其次，应该加大对生态水利工程的投资，提高水资源的利用效率。例如，推广节水型农业技术和水资源再利用技术，减少经济用水对水资源的过度消耗，从而为生态用水腾出更多的空间。同时，应加大对水生态修复和保护的力度，确保生态用水不被忽视。

3. 水权制度不完善

水权制度的完善是水资源管理的核心，而黄河流域目前存在的水权界定不清、交易机制不健全等问题，直接影响了水资源的公平分配和有效利用。在水资源日益紧张的背景下，水权制度的不完善不仅加剧了地区间、行业间的用水争议，还可能导致水资源的浪费和生态环境的恶化。尤其在一些农村和农业为主的地区，集体水权和个体用水权的关系复杂，水资源的使用权、经营权和所有权往往不明确。在水资源流转过程中，个体和集体利益的平衡未能有效解决，导致农民的水资源权益得不到应有的保障。例如，部分地区的集体水权在流转过程中缺乏透明的规则和机制，农民个人可能无法通过合理途径获取应得的水量或遭遇不公平的水资源分配。这种现象不仅使水资源的公平性受到损害，也影响了农民的生产积极性和社会对水资源制度的信任感，进而影响流域水资源的可持续利用。

在黄河流域，部分地区由于水权的模糊性，水资源的实际使用权并没有得到合理保障。尤其是工业、农业和城市用水等多个需求方之间，往往因水权界定不清而出现纠纷。例如，一些地方的农业用水量和使用方式可能受到工业用水需求的挤压，造成农业灌溉水源的短缺，影响粮食生产的稳定供应。此类问题的出现，反映了水资源管理中的水权划分不清、市场调节机制不健全等制度性障碍，进一步加剧了流域内用水的矛盾和不公平现象。水权交易是优化水资源配置、提高水资源利用效率的一种有效方式，然而，在黄河流域的实际操作中，水权交易市场尚未完全建立或运行不畅。在一些地方，水权交易价格形成机制缺乏透明性，导致市场上存在价格垄断现象，影响了水资源在不同用水主体之间的公平交易。例如，一些水权需求量大、经济实力较强的用户可能通过资本手段控制水权交易市场的价格，使得水资源的交易变得不透明和不公平。对于中小型农业生产者或者缺乏交易渠道的农村用户来说，他们在水权交易中的议价能力较弱，往往无法获得足够的水资源，或在交易过程中遭受不合理的价格压迫。

在现有的水权交易市场中，监管体系的缺失使得交易双方的权益得不到充分保障。例如，水权交易过程中的违法行为和违规操作往往得不到及时制止或惩罚，导致部分水权交易失去了公平性，进一步加剧了资源配置的不合理。没有健全的市场机制和监管体系，水权交易无法实现合理定价和公平配置，反而可能使水资源的流转过程更为混乱，甚至出现市场失灵的现象。水权制度的不完善，直接影响了水资源的可持续利用和社会公平。在黄河流域，水资源管理亟需通过完善水权界定和优化水权交易机制来解决当前的问题。首先，应该加强对水权的界定和法律保护，明确不同地区、行业和群体的水资源使用权，特别是保障农民在集体水权流转中的权益。其次，应该推动水权交易市场的建设，建立透明、公平的价格形成机制，并加强对市场的监管，以确保水权交易的公平性和合理性。通过完善水权制度，可以实现水资源的合理分配，促进水资源的高效利用，提升流域整体的水资源保障水平。

（三）提升公平性的建议

1. 动态调整分配方案

动态调整水资源分配方案是确保水资源公平分配和高效利用的重要手段，尤其在面对地区发展变化、生态需求波动以及气候变化带来的不确定性时，定期评估和调整水资源分配方案显得尤为关键。黄河流域作为我国重要的水资源承载区，水资源的合理调配关系到整个流域的经济发展、生态保护和社会稳定。因此，构建灵活而高效的动态调整机制，不仅能有效应对各种突发情况，还能够在长期发展中保障公平性。随着地区经济、社会发展以及生态需求的变化，黄河流域的水资源状况不断发生变化，因此，必须定期对水资源进行全面评估，评估结果作为调整分配方案的依据。这一评估可以每5至10年进行一次，涵盖水资源的总量、各地区用水需求、各行业的用水结构以及生态水需求等多个方面。通过科学的评估，能够准确了解不同地区、不同产业的水资源需求，识别出水资源配置中的潜在不合理之处，从而为下一阶段的水资源分配提供数据支持和决策依据。例如，某些地区随着经济的快速发展，可能对工业用水需求增加，而其他地区可能因农业灌溉需求减少或生态用水需求增加而需要调整水量。这种动态评估和调整，可以有效避免因为水资源分配不合理而造成的不平衡和不公平现象。

针对黄河流域水资源的变化，建立基于水资源承载能力的预警机制至关重要。当流域内某些地区的水资源状况发生重大变化或用水压力过大时，预警机制能够及时发出警示，提醒相关部门启动分配方案调整程序。在干旱年份或突发气候事件发生时，水资源短缺问题尤为突出，流域内可能出现局部地区的用水压力过大，进而影响到水资源的公平分配。在这种情况下，调整水资源分配方案的优先级至关重要，应该首先保障居民生活用水和生态基本用水，避免因用水优先级设置不合理，导致社会不稳定或生态系统遭到破坏。此外，合理协调农业和工业用水的分配，可以通过调节农业灌溉方式、推动工业节水技术等措施，达到水资源的最大化利用和公平分配。此外，动态调整水资源分配方案还需要充分考虑到长期变化对公平性的影响。例如，气候变化带来的降水模式变化、气温升高等因素可能使得某些地区的水资源承载能力发生变化，可能会使某些地区的水资源相对富余，而其他地区则可能面临缺水压力。应对气候变化的不确定性，除了定期评估水资源状况外，还应通过提前制定适应性策略，灵活调整水资源分配。例如，在水源丰富的地区，可以考虑适当增加生态用水的配额，以保障生态系统的健康；而在水资源短缺的地区，则可以通过推广节水技术、优化农业灌溉等方式，减少水资源的浪费。同时，随着社会经济的不断变化，流域内的水资源分配方案也应及时进行调整，确保在新的经济发展和社会需求背景下，水资源分配更加公平和高效。

2. 完善水权制度与市场机制

完善水权制度与市场机制是保障水资源公平合理分配的重要措施，也是实现水资源可持续利用的基础。随着经济社会的发展和水资源的日益紧张，水权的界定、管理与交易成为解决水资源短缺和不均衡问题的关键。进一步明晰水权，通过立法和政策规定明确不同类型水权的内涵、范围和权利义务关系，有助于规范水资源的使用，提升分配公平性。水资源的使用权不仅涉及到农业、工业和生活用水，还包括生态用水、环保用水等多种形式。为了减少水权争议，首先应通过立法和政策框架，规定清晰的水权类型，并确保每种水权的拥有者、使用者及其权利义务关系明确。例如，可以将农业灌溉水权细化到具体的农户或农业合作社，以便精准管理和高效分配。工业用水权则应明确到具体企业，确保企业用水的合理性，并促进工业节水与高效用水技术的应用。同时，生态用水权应确定到具体的生态保护区域或项目，确保生态系统的稳定和可持续性。通过清晰的水权界定，可以有效避免因权利模糊而产生的纠纷，从而提高水资源分配的公平性和效率。

在实际分配中，水资源的使用效率存在地区和行业之间的差异。某些地区或行业可能存在用水过剩的情况，而其他地区或行业则面临用水紧张的压力。在这种情况下，通过市场机制进行水权的流转与交易，可以有效优化水资源配置。例如，用水效率高的地区或企业可以将多余的水权转让给水资源紧张的地区或行业。这不仅能帮助用水紧张地区获得所需的水资源，还能促进用水高效区域的水资源再次利用，提高水资源的整体利用效率。为此，建立公开透明的水权交易平台显得尤为重要。这个平台不仅要为买卖双方提供公平交易的机会，还需确保水权交易的价格透明合理，避免价格的垄断和不公正交易。为了使水权交易市场更加规范化和健康发展，需要建立合理的价格指导机制和监管制度。水权交易的价格应当充分反映水资源的稀缺性和经济价值，同时，市场价格的波动也要考虑到流域内不同地区的水资源状况和需求变化。因此，制定科学的水权价格指导机制，确保交易价格公正、透明，避免人为干扰和市场失灵。此外，监管制度的建立对于保障水权交易的顺利进行也至关重要。监管机构应及时监督交易平台的运作，确保交易行为的合法性与公平性，防止水权市场出现不规范交易、价格操控等现象。通过市场化手段提升水资源的配置效率，能够有效促进水资源在流域内的动态优化配置。流域内的水资源分配不仅仅是行政管理问题，更需要灵活的市场机制加以调整和优化。随着经济、技术和社会结构的不断变化，水资源的使用需求和供给模式也在不断变化。通过市场交易，水资源可以从用水效率低的领域流向高效用水领域，增强水资源配置的灵活性与公平性。例如，农业用水的减少与工业、城市用水的增长，可以通过市场化方式进行调节，从而保证水资源的最大效益和公平分配。

3. 加强区域合作与补偿机制

在黄河流域水资源管理中，随着区域间发展差异的加大，建立跨区域的合作与补偿机制已成为实现公平和可持续水资源分配的关键。流域内不同地区的经济发展水平、用水需求和生态保护要求存在较大差异，这使得水资源分配和生态保护面临着复杂的协调问题。因此，加强区域合作与补偿机制，不仅有助于缓解地区间的水资源竞争，还能确保各地区在共同发展中实现利益平衡和公平共享。黄河流域内的各地区由于水资源的时空分布不均，导致了不同地区在水资源利用上的需求差异。为了实现区域间的协调发展，必须通过合作机制加强信息共享、技术交流和资源互助。例如，发达地区可以为欠发达地区提供水资源管理技术支持，帮助其提高水资源的使用效率。现代水资源管理技术如精准灌溉、水资源回收再利用技术等，不仅可以有效提升水资源利用率，还能减少水资源的浪费，进而缓解水资源短缺问题。此外，发达地区也可以通过资金支持，帮助欠发达地区建设水利基础设施，提升其抗旱防洪能力，从而促进区域间的共同发展。通过这样的合作，流域内的水资源管理将更加科学、合理，实现各地区之间的互利共赢。

同时，区域间的合作不仅仅局限于技术和资金支持，还应包括生态保护方面的协作。在黄河流域，生态用水需求逐年增加，尤其是上游地区的水源保护和生态恢复工作，需要较大的水资源投入。然而，由于上游地区的经济水平相对较低，承担过多的生态保护压力可能导致其经济发展受到制约。因此，建立合理的生态补偿机制，平衡各地区因生态保护和水资源分配产生的利益关系显得尤为重要。具体来说，可以通过财政转移支付、生态补偿基金等方式，确保受生态保护影响较大的上游地区能够得到适当的补偿。例如，在上游地区通过限制水资源的开发利用来保护水源地生态时，可能会导致当地的经济收入减少，此时可以通过下游受益地区的财政转移支付进行补偿。这种补偿机制不仅能够平衡各地区的利益，还能鼓励更多的地区参与到生态保护工作中，确保生态保护与经济发展的双赢局面。具体实施时，可以根据不同地区的生态功能、经济贡献以及水资源保护的程度，科学制定补偿标准，确保受保护地区能够公平获得补偿。例如，对于上游地区因保护水源地、湿地生态等生态服务功能而减少的水资源利用量，应根据其生态保护的实际贡献来计算补偿额度，而不是简单地依赖于水资源的分配量。此外，补偿机制还应与流域整体水资源管理规划紧密结合，确保资金和资源的合理调配。

跨区域合作与补偿机制的实施，不仅能有效缓解水资源分配不均所带来的矛盾，还能推动黄河流域的可持续发展。水资源不仅是生产和生活的必需品，也是生态系统服务的重要组成部分，因而水资源的公平分配与合理利用，关乎每个地区的经济和生态安全。通过建立有效的合作与补偿机制，各地区能够在共享水资源的基础上，协调各自的发展需求和生态保护责任，实现黄河流域整体利益的最大化。跨区域合作与补偿机制的加强，将为黄河流域的水资源管理提供新的思路和模式，不仅增强了水资源管理的灵活性和公平性，也为实现流域内不同地区之间的共同发展、社会稳定和生态安全提供了有力保障。通过这一机制的不断优化，黄河流域的水资源管理将在更加公平和高效的基础上推动区域经济的可持续发展，同时实现生态环境的长期保护与改善。

4. 提高公众参与度

在黄河水资源分配方案的制定和调整过程中，公众参与度的提升至关重要。随着社会的发展，水资源作为稀缺且重要的自然资源，其分配不仅涉及到水域内的生态环境保护，也直接关系到流域内居民和企业的生存与发展。因此，如何在决策过程中广泛征求社会各界的意见，确保各方利益的平衡，是提升水资源分配公平性和透明度的关键。制定水资源分配方案时，应该通过多种渠道广泛征求公众意见。传统的行政决策方式往往忽视了群众声音，而公众参与则能为决策提供更多的视角和建议。比如，可以定期召开听证会，邀请流域内的居民、企业代表、环保组织以及学术机构等不同社会群体参与。这不仅能够增加决策的透明度，还能够让政策制定者了解不同群体的实际需求与利益诉求，从而制定出更加平衡和具有普适性的水资源分配方案。此外，随着互联网的发展，网络平台的使用成为了一个便捷而有效的工具，政府可以通过开设专门的意见征集网站或社交媒体平台，让公众在线提出建议。这种线上线下相结合的方式，有助于覆盖更广泛的人群，尤其是那些可能因为地理位置、时间限制而难以参与现场活动的人。

加强水资源管理的信息公开，是增强公众对水资源分配信任的另一重要举措。水资源管理的透明度直接影响公众对政策的认同和支持。政府可以定期向社会公布有关流域水资源的基本情况，如水资源的储量、需求状况以及水资源的分配和使用情况。除此之外，水资源分配方案的执行情况也应公开透明。通过定期发布分配方案的实施进展报告，公开每个阶段的执行效果以及可能出现的问题，公众可以实时掌握水资源分配的动态，了解分配过程中是否存在偏差或不公平现象。如果发现问题，政府应及时采取纠正措施，这不仅能增强公众的信任，还能在一定程度上避免因信息不对称而导致的不满情绪。水权交易作为一种市场化的手段，能够更灵活地调配水资源，促进其合理流动。然而，水权交易的过程往往较为复杂，涉及的利益方众多，因此必须确保信息的透明与公开。政府可以建立公开的水权交易平台，定期发布交易信息、价格趋势和交易统计数据。通过信息的公开，公众不仅能够更好地理解市场机制的运作，还可以在交易过程中充当监督者的角色，确保水权交易的公平性与公正性。这样一来，公众对水资源分配的理解和支持将大大增强。通过加强信息公开，公众不仅能够参与到决策过程中，还能在方案执行后进行持续监督。政府应当鼓励公众对水资源分配方案的实施效果提出反馈，并设立专门的投诉和建议渠道。如果在执行过程中出现不公平的现象或滥用水资源的行为，公众可以及时举报或表达不满，政府应当对此作出回应。与此同时，政府还应加强对相关机构的监管，确保分配方案得到公平、公正的实施。

二、黄河水资源分配的效率分析

（一）农业用水效率分析

1. 灌溉技术与设施影响

传统漫灌方式在黄河流域部分农业区域仍广泛应用，这种灌溉方式水的有效利用率较低，大量水资源在灌溉过程中因蒸发、渗漏和地表径流而损失。例如，在一些黄河灌区，漫灌导致水分利用系数仅在 0.4-0.5 之间，意味着近一半的水未能被农作物有效吸收利用。相比之下，滴灌、喷灌等先进节水灌溉技术的应用范围相对有限。虽然一些现代农业示范园区采用了这些高效节水灌溉技术，水分利用系数可提高到 0.8-0.9，但由于成本较高、农民对新技术的认知和接受程度有限以及配套设施不完善等原因，未能在整个流域大规模推广，限制了农业整体用水效率的提升。

2. 种植结构与农业管理

黄河流域部分地区种植结构不够合理，高耗水作物种植比例较大。例如，在某些地区，水稻种植面积较大，而水稻生长需水量大，且在灌溉管理过程中，缺乏精准的需水监测和调控，进一步加剧了农业用水的浪费。农业用水管理粗放，缺乏科学的用水计划和计量设施。许多农户在灌溉时仅凭经验操作，难以做到精准灌溉，无法根据农作物不同生长阶段的需水特点进行适时适量供水。

（二）工业用水效率分析

1. 产业结构差异

黄河流域工业结构中，传统高耗水产业如化工、造纸、钢铁等仍占有一定比例。这些产业生产工艺相对落后，单位产品耗水量较大。例如，一些小型造纸厂，其吨纸耗水量高达 200-300 立方米，远高于国际先进水平（50-100 立方米），严重影响了工业用水的整体效率。新兴低耗水、高附加值产业发展相对滞后，未能充分发挥其在优化工业用水结构、提高用水效率方面的引领作用。与东部沿海发达地区相比，黄河流域在电子信息、生物医药等低耗水产业的布局和发展规模上存在较大差距，工业用水效率提升缺乏有力的产业支撑。

2. 节水技术与管理水平

部分工业企业节水意识淡薄，对节水技术研发和应用投入不足。一些企业仍在使用老旧的用水设备和工艺，缺乏水循环利用系统，工业废水未经深度处理直接排放，不仅浪费了水资源，还对环境造成污染。工业用水管理缺乏统一规划和有效监管。不同地区、不同行业的工业用水定额标准执行不严格，存在超定额用水现象，且对企业用水计量不准确，难以对工业用水效率进行精准评估和有效调控。

（三）生活用水效率分析

1. 供水设施与管网漏损

黄河流域部分城市供水设施老化，管网漏损率较高。一些老旧城区的供水管网由于使用年限较长，材质老化，缺乏定期维护和更新，导致大量水资源在输送过程中泄漏。据统计，部分城市的管网漏损率可达 15%-20%，个别城市甚至更高，这意味着大量的生活用水在未到达用户之前就白白流失。城市供水系统智能化程度较低，缺乏实时监测和预警机制，难以及时发现和修复管网漏损点，进一步加剧了生活用水的浪费。

２．居民节水意识与用水习惯

居民节水意识参差不齐，部分居民在日常生活中存在浪费用水现象。例如，一些家庭在洗漱、洗菜、洗衣服等过程中，未养成节约用水的良好习惯。缺乏有效的节水宣传教育和激励措施，未能充分调动居民参与节水行动的积极性。虽然一些城市开展了节水宣传活动，但形式较为单一，效果不够明显，且在水价政策等经济激励方面，未能充分发挥价格杠杆对居民用水行为的调节作用。

（四）提升水资源分配效率的建议

１．农业方面

加大对节水灌溉技术研发和推广的资金投入，通过财政补贴、低息贷款等方式，降低农民采用滴灌、喷灌等高效节水灌溉技术的成本，鼓励农民逐步淘汰漫灌方式，提高农业灌溉水的有效利用率。优化种植结构，根据当地水资源状况和气候条件，引导农民种植耐旱、节水作物，并加强农业用水管理培训，推广精准灌溉技术，建立农业用水监测和调控体系，实现农业用水的科学化、精细化管理。

２．工业方面

加快工业结构调整，推动传统高耗水产业转型升级，通过技术改造、工艺创新等手段，降低单位产品耗水量。同时，加大对新兴低耗水、高附加值产业的扶持力度，吸引更多此类产业在黄河流域落户，优化工业用水结构，提高工业用水整体效率。强化工业企业节水监管，制定严格的工业用水定额标准，并加强对企业用水计量和考核，对超定额用水企业实行累进加价收费等惩罚性措施。鼓励企业开展节水技术研发和应用，对采用节水新技术、新工艺的企业给予税收优惠、财政奖励等支持，提高企业节水的积极性和主动性。

３．生活方面

加大对城市供水设施更新改造的投入，采用新型管材和先进的施工技术。建立城市供水智能化管理系统，实现对管网运行状态的实时监测和预警，及时发现和修复漏损点，减少生活用水在输送过程中的浪费。加强居民节水宣传教育，通过多种媒体渠道开展形式多样、内容丰富的节水宣传活动，提高居民节水意识。同时，完善水价政策，合理调整水价结构，实行阶梯水价制度，对居民用水实行分档计价，通过经济手段引导居民养成节约用水的良好习惯。

第四节　跨区域水资源协调机制

一、国家层面的统筹协调机制

国家在黄河流域跨区域水资源协调中扮演着极为关键的角色，通过构建完善的统筹协调机制，确保整个流域水资源管理的整体性和有效性。

（一）统筹协调机构

建立一个具有权威性和综合性的统筹协调机构是基础。例如，黄河流域生态保护和高质量发展领导小组的设立,其成员涵盖了国务院相关部门的领导以及沿黄各省级行政区的主要负责人。该小组负责全面统筹黄河流域在水资源利用、生态保护、经济发展等多方面的战略规划与政策制定。在水资源协调方面,其职责包括定期召开全体会议,对流域内重大水资源调配项目、长期水资源规划进行审议决策。如在大型跨区域调水工程规划阶段,领导小组需要综合考量工程的水源地、受益区域、生态影响、经济可行性等多方面因素,通过多轮的专家论证与成员讨论,确定工程的总体布局与实施步骤。同时,对于涉及多个省份的水资源分配方案调整,领导小组也需要进行权衡与决策,以保障整体流域利益的最大化与区域间的相对公平。

(二) 明确国务院各部门的职责分工

水利部在其中承担着核心的水资源管理技术职能,包括对黄河流域水资源量的监测与评估,制定水资源开发利用的技术标准与规范,如确定不同用水类型的合理用水定额等。生态环境部则聚焦于黄河流域水资源的生态保护监管,对流域内的水污染排放进行严格管控,制定水环境质量标准,监督各地区污水处理设施的建设与运行,确保排入黄河的污水达标。自然资源部负责对流域内与水资源相关的土地、矿产等资源进行综合管理,例如在湿地保护与开发利用中,协调水资源与土地资源的合理配置,防止因土地开发导致湿地水源涵养功能受损。国家发展改革委则从宏观经济层面出发,对黄河流域水资源相关的重大项目进行投资规划与审批,确保水资源开发利用项目与国家整体经济战略相契合,同时也在协调不同地区经济发展用水需求方面发挥重要作用,如在产业布局规划中充分考虑区域水资源承载能力,避免因过度布局高耗水产业而导致区域水资源紧张。

(三) 统一的标准体系建设

在水资源节约集约利用方面,国家制定详细的用水效率标准,根据不同行业、不同地区的实际情况,规定单位产值或单位产品的用水上限。例如,对于黄河流域的农业灌溉,依据不同农作物的需水特性、不同灌区的土壤与气候条件,制定精准的灌溉定额标准,推广节水灌溉技术,提高农业用水的有效利用率。在水沙调控标准方面,通过长期的水文观测与科学研究,确定黄河不同河段的合理含沙量范围、水沙流量比等关键指标,为水利枢纽工程的运行调度提供科学依据,保障黄河河道的稳定与行洪安全。防汛抗旱标准则明确了不同洪水等级下的应对措施、各地区的防洪责任以及干旱时期的应急供水预案等,确保在极端气候条件下流域内居民生命财产安全与基本用水需求得到保障。水环境质量和污染物排放标准则对流域内各类污染源的排放进行严格限制,根据黄河流域的水体功能区划,对不同区域的水质要求进行细化,如饮用水源地的水质标准要远高于一般农业灌溉用水区域,通过严格的排放标准倒逼企业进行污水处理与升级改造,减少对黄河水资源的污染。

二、流域层面的管理协调机制

流域层面的管理协调机制是黄河流域跨区域水资源协调的核心环节,其重点在于发挥流域管理机构的专业优势与协调作用,实现水资源在流域内的科学调配与高效利用。黄河水利委员会作为流域管理的核心机构,承担着众多关键职能,在涉水事务指导方面,它为沿黄各地区提供水资源开发利用、水利工程建设与管理等方面的专业技术指导。例如,针对一些地方在小型水利工程规划建设中缺乏经验与技术规范的情况,黄河水利委员会组织专家团队深入实地，为其提供从工程选址、设计方案优化到施工建设质量把控等全流程的指导服务，确保地方水利工程建设既符合当地水资源管理需求，又遵循流域整体规划与生态保护要求。在审批工作上，对于流域内各类重大涉水项目，如大型水库建设、跨区域调水工程支线项目等，黄河水利委员会依据国家相关法律法规与流域水资源规划，进行严格的项目审批。在审批过程中，全面评估项目对流域水资源量、水质、水生态以及区域间水资源分配格局的影响，只有在确保项目符合流域整体利益与可持续发展要求的前提下，才予以批准。执法监督工作则是保障流域水资源管理法规得以有效实施的关键。黄河水利委员会及其所属管理机构定期开展流域内水资源执法检查专项行动，对非法取水、超许可取水、违规排污等违法行为进行严厉打击。例如，在对工业企业的执法检查中，检查其取水许可证的合规性、用水计量设施的准确性以及污水处理设施的运行情况，对于发现的违法行为，确保流域内水资源管理秩序的规范有序。

当面临重大调水工程实施或水资源分配调整等涉及多地区利益的情况时，黄河水利委员会牵头组织相关地区政府、用水企业、社会组织等利益相关方参与水资源调度协商会议。各方充分表达自身利益诉求与关切点。如上游地区可能强调其生态保护的压力与水源涵养的成本，中游地区关注工业用水保障与农业灌溉需求，下游地区则注重生活用水安全与河口生态环境维护。黄河水利委员会在其中扮演着公正的协调者角色，依据科学数据与流域整体规划，引导各方在平等、自愿的基础上进行沟通与协商，寻求各方利益的平衡点，最终达成具有可行性与约束力的协商结果，并报上级水行政机关主管部门备案，作为后续水资源调度与管理的重要依据。

通过建立覆盖全流域的水文、水质、水生态监测网络，实时掌握流域内水资源的动态变化情况。例如，在黄河干流与主要支流设置多个水文监测站，对水位、流量、含沙量等水文参数进行连续监测，为水资源调度提供准确的数据支持。在水质监测方面，对流域内不同河段的水体进行定期采样分析，监测指标涵盖化学需氧量、氨氮、重金属等多种污染物，及时发现水质异常变化情况。当监测到省级或者重要控制断面流量降至预警流量时，如在枯水期部分关键河段流量接近或低于生态基流保障标准时，立即发布调度预警信息。同时，迅速启动应急预案，采取如调整水库泄水流量、限制部分地区取用水规模、实施重要水库调库等措施，保障流域内重要生态区域、城市供水以及关键产业用水需求，避免因水资源短缺引发的生态危机与社会经济动荡。流域层面的管理协调机制通过黄河水利委员会的专业管理与协调作用，以及完善的监测、协商与预警机制，实现了流域内水资源调配与管理的精细化与科学化，有效提升了流域水资源的综合效益。

三、省级层面的协调合作机制

省级层面在黄河流域跨区域水资源协调机制中起着承上启下的关键作用，既是国家政策与流域规划的执行者，又是本行政区域内水资源协调管理的主导者，通过建立有效的协调合作机制，促进区域内水资源的合理利用与区域间的协同发展。各省级行政区根据自身实际情况建立省级协调机制，通常由省级政府主要领导挂帅，相关部门如水利厅、生态环境厅、发展改革委等参与其中。这一机制负责组织、协调推进本行政区域黄河流域生态保护和高质量发展工作。例如，某省根据省内不同地区的产业结构、人口分布、农业灌溉面积等因素，将省级水量分配指标进一步分解到各个市、县。对于工业发达地区，在保障其基本生产用水需求的基础上，通过制定严格的用水定额标准与节水激励政策，鼓励企业提高用水效率，如对采用节水新技术的企业给予税收优惠或财政补贴，对超定额用水企业实行累进加价收费制度，促使工业企业优化用水结构。结合各地农业种植结构调整与节水灌溉推广计划，合理分配农业灌溉用水，优先保障高效节水农业区域的用水需求，逐步引导传统漫灌农业向滴灌、喷灌等节水灌溉方式转变。

省级层面在跨区域水资源协调合作中的另一个重要角色是作为本行政区域的利益代表者，积极开展省际水资源相关事务的协商与合作。例如，建立省际河湖长联席会议制度，各级河湖长负责本省境内河道、湖泊管理和保护相关工作的同时，通过联席会议平台与相邻省份的河湖长进行沟通协作。在水资源污染防治方面，当发现本省境内河流污染可能对下游省份造成影响时，及时与下游省份进行通报，并共同商讨污染治理方案。如上游省份某工业集中区发生污水泄漏事故，威胁到下游省份的饮用水源安全，上游省份立即启动应急预案进行抢险救援，并及时将事故情况、已采取的措施及可能的影响告知下游省份，双方通过联席会议迅速组建联合应急处置小组，共同制定拦截、处理污染水体的方案，确保下游省份饮用水源安全。在水资源分配与利用方面，省际之间也存在诸多合作空间。例如，在枯水期，通过协商建立临时的水资源互济机制，水资源相对丰富的省份在保障自身基本用水需求的前提下，向水资源紧张的省份提供一定量的应急用水支持，以缓解区域间水资源供需矛盾，实现流域内水资源的协同共享。

通过整合水利、生态环境、农业农村等多部门资源，推动水资源与其他相关资源的协同管理。例如，在生态修复与水资源保护协同方面，省级政府协调林业部门开展河岸带植被恢复工程，通过植树造林提高河岸带的水土保持能力与水源涵养功能，同时水利部门负责保障植被恢复工程的用水需求，生态环境部门对工程实施过程中的生态环境影响进行监测与评估，形成多部门联动、协同推进的工作格局，提高区域内水资源与生态环境的综合管理水平。省级层面的协调合作机制通过细化水量分配、开展省际协商合作以及区域内综合管理，有效提升了黄河流域省级行政区在水资源协调管理中的自主性与协同性，为流域水资源的合理利用与可持续发展奠定了坚实基础。

四、信息共享与公众参与机制

信息共享与公众参与机制是黄河流域跨区域水资源协调机制的重要补充，它通过促进信息流通与公众参与，提高水资源管理决策的科学性、民主性与透明度，保障流域水资源协调工作得到更广泛的社会支持与监督。在信息共享方面，国家及流域层面积极构建黄河流域信息共享系统，打造智慧黄河信息共享平台。这一平台整合了多源数据，包括生态环境部门的水质监测数据、水利部门的水文水资源数据、自然资源部门的土地利用与湿地资源数据等。通过建立统一的数据标准与接口，实现了国务院有关部门和黄河流域省级人民政府及其有关部门之间的数据共享。例如，水利部门的实时水文监测数据可以及时传输给生态环境部门，为其评估水污染扩散风险提供数据支持；生态环境部门的水质监测结果也能反馈给水利部门，帮助其优化水资源调度方案，确保优质水资源优先供应生活与生态用水需求。同时，省级政府之间也通过这一平台共享区域内水资源开发利用情况、水利工程建设进度、水资源保护措施等信息,便于区域间相互了解与监督。例如,下游省份可以通过平台及时获取上游省份水库蓄水与放水信息,提前做好应对洪水或枯水期水资源短缺的准备;上游省份也能了解下游省份的用水需求与污水处理情况,更好地调整自身水资源管理策略,实现流域内水资源信息的互联互通与高效利用。

公众参与机制的建立旨在提高公众对黄河流域水资源保护与协调利用的认识和参与度。一方面,通过多种渠道加强宣传教育,如利用电视、广播、网络新媒体等开展黄河流域水资源保护专题节目与公益广告宣传,举办水资源保护知识讲座与科普展览等活动,向公众普及黄河水资源的重要性、面临的挑战以及水资源协调管理的相关政策与措施,提高公众的水资源保护意识与科学素养。另一方面,积极拓宽公众参与渠道,保障公众对水资源调配决策的知情权、参与权和监督权。例如,在重大水资源项目规划与决策过程中,通过召开公众听证会、网络问卷调查等方式,广泛征求公众意见与建议。如在某大型跨区域调水工程规划阶段,项目建设单位通过在沿线地区召开公众听证会,向公众详细介绍工程的目的、意义、建设方案与可能的环境影响等内容,听取公众对工程建设的看法与担忧,并将公众意见作为项目决策的重要参考依据。此外,建立公众举报监督机制,鼓励公众对非法取水、污染排放等破坏黄河流域水资源的行为进行举报,相关部门对举报信息进行及时处理与反馈,形成全社会共同参与、共同监督的良好氛围。

第十四章 黄河流域的水文模型与模拟研究

第一节 水文模型的构建与应用现状

一、分布式水文模型的构建

（一）DEM 的预处理

在分布式水文模型的构建过程中，数字高程模型（DEM）的预处理是极为关键的基础环节。本研究选用的栅格型 DEM 数据源于美国国家地球物理数据中心所提供的全球陆地 1km 基础高程 GLOBE（Global Land One-kilometer Base Elevation）数据。该数据具有特定的空间分辨率，而研究区域在数据呈现上共 101 行 151 列。DEM 预处理主要致力于达成一个重要目标，即将 DEM 中的洼地和平地进行改造，使其转化为斜坡地。这一处理的必要性在于，唯有让 DEM 数据所反映的地形特征全然由斜坡构成，才能确保水流能够依据地表径流漫流模型顺利地流出流域边界。同时，这也是保障流域信息提取后续步骤得以正确开展的重要前提。J&D 算法在处理洼地方面具有独特的优势与精准性。在实际的地形地貌中，洼地的存在会干扰水流的正常流动路径模拟。这些洼地可能是由于自然地形的局部凹陷或者数据采集过程中的误差等因素所导致。通过 J&D 算法，能够系统地识别出 DEM 数据中的洼地，并依据特定的数学模型与地形逻辑，对洼地进行填充，使得原本存在凹陷的区域在高程数据上得以修正，从而使水流在经过这些区域时不会出现不合理的汇聚或停滞现象，能够按照预期的地表径流漫流模型所设定的规则流动。

在完成填洼处理之后，紧接着采用平地起伏算法对小平地进行抬高处理。小平地在原始的 DEM 数据中可能表现为较为平坦的区域，其高程变化极为微小，几乎处于同一水平高度。然而，在水文模型中，这样的小平地会阻碍水流的自然漫流过程，因为水流在过于平坦的区域难以形成有效的径流方向与速度。因此，利用在小平地上附加高程值的方法，人为地将小平地改造成斜坡。在实施过程中，需要依据周边地形的高程变化趋势以及水文模型对于水流运动的基本要求，合理地确定附加高程值的大小与分布方式。例如，在靠近山区或者高地的小平地，其附加的高程值可能会相对较大，以形成较为明显的斜坡坡度，引导水流快速地向周边地势较低的区域流动；而在相对较为平缓的区域内部的小平地，则附加相对较小的高程值，形成较为缓和的斜坡，使得水流能够在遵循地形自然趋势的基础上有序地漫流。通过这样的方式，经过预处理后的 DEM 数据能够更加精准地反映地形对于水流运动的影响，为后续的流域信息提取以及整个分布式水文模型的构建奠定坚实可靠的基础，确保模型在模拟水文过程时能够更加符合实际的自然规律与地理特征。

(二) 流域信息的提取及资料的栅格化输入

1. 流域信息的提取

在确定黄河流域研究区域的边界以及获取子流域相关信息时，Arcview 软件发挥着不可或缺的作用。通过其强大的地理信息处理功能，能够在海量的数据中精确勾勒出黄河流域研究部分的边界轮廓，这一边界的确定并非简单的线条描绘，而是综合考虑了黄河流域的地形地貌特征、水系分布情况以及周边地理环境等多方面因素。例如，在黄河流经山区与平原交界地带时，边界的确定需要准确识别山脉的山脊线、河流的主河道以及平原地区的地势变化转折点等地理要素，从而确保研究流域边界的科学性与合理性。在确定边界的同时，Arcview 还能够为每个子流域赋予独一无二的 ID（编号），这些编号如同子流域的身份标识，方便后续对各个子流域进行单独的分析与处理。随后将这些 ID 导出，借助 VB 编程进一步深入挖掘数据价值。VB 编程能够在研究流域范围内遍历提取高程值，这一过程涉及对大量地理数据的筛选与处理。黄河流域地形复杂多变，从上游的青藏高原到下游的华北平原，高程值跨度极大。通过编程提取的高程值能够详细反映出黄河流域不同地段的海拔高度差异，为准确计算水流方向提供了基础数据保障。例如，在黄河上游的峡谷地带，高程值的急剧变化将深刻影响水流的流速与流向，是构建水文模型时必须重点考虑的因素。

采用 D8 法（最陡坡度法）判定黄河流域水流方向是基于水流运动的基本物理原理。在重力作用下，水流总是倾向于沿着最陡坡度方向流动。黄河流域其广袤的地域内包含了各种各样的地形地貌，如高山、丘陵、平原、河谷等。D8 法通过对比每个栅格单元与其周边相邻栅格单元的高程数据，精准确定最陡坡度方向，进而构建起流向矩阵。在黄河的支流与干流交汇处，水流方向的判定尤为复杂，需要综合考虑多条河流的来水方向、交汇处的地形特征以及水位差等因素。流向矩阵的建立则为全面展示黄河流域内水流的流动路径提供了直观的可视化数据，犹如一张精细的水流交通图，无论是黄河主干道的水流走向，还是众多支流的汇入路径，都能清晰呈现。例如，由于地形破碎，沟壑纵横，流向矩阵能够细致地描绘出雨水在众多沟壑间的汇聚与流动方向，为深入分析该区域的水土流失与水文循环过程提供了关键依据。

利用精确识别到的黄河流域图计算集水面积是深入了解流域水文特性的重要手段。对于黄河流域内的任何一个栅格单元，计算其上游集水面积有助于掌握水资源在流域内的汇聚规模与趋势。黄河流域面积辽阔，不同区域的集水条件差异巨大。在干旱的西北部地区，集水面积往往较大才能形成有效的河网，而在降水相对丰富的东南部地区，较小的集水面积可能就足以孕育出河流。只有当集水面积达到某一阈值时，才具备形成河网的条件，这一阈值的确定需要综合考量黄河流域的气候类型、降水分布、土壤质地以及植被覆盖等多种因素。例如，由于地势平坦，集水面积的微小变化都可能对河网的形成与演变产生显著影响。通过精确计算集水面积，可以深入探究黄河流域内水资源的分布格局与流动规律，为水资源的合理调配与管理提供科学依据。

2. 雨量资料的栅格化输入

雨量资料的栅格化输入是黄河分布式水文模型构建中的关键环节，它旨在将分散的雨量站点数据转化为以栅格为单元的连续数据场，以便于在模型中进行精确的产汇流计算。资料栅格化的核心是依据资料站点和各栅格中心点之间的距离，运用插值的方法，结合实际雨量观测资料求出每个栅格中心点的时间序列。黄河流域面积广袤，雨量站点分布相对稀疏且不均匀，这就给雨量资料的栅格化带来了挑战。插值方法的选择需要综合考虑多种因素，如数据的分布特征、地形地貌对降水的影响等。例如，在黄河上游的高海拔山区，由于地形抬升作用，降水分布呈现出明显的垂直地带性，在进行插值计算时，需要对这种地形因素导致的降水差异进行特殊处理。通过合理的插值方法，能够根据有限的雨量站点数据，推算出每个栅格中心点的雨量时间序列，从而构建起黄河流域的雨量栅格数据场。

依据分布于黄河流域不同位置的雨量站的地理位置信息，借助 Arcview 软件并运用泰森多边形（Thiessen）的方法将流域划分成 11 块。泰森多边形的划分原理是基于空间距离的最近邻原则，即每个多边形区域内的任意一点到该区域内雨量站的距离都比到其他雨量站的距离更近。这种划分方法在一定程度上考虑了雨量站的空间影响力范围，使得每块区域的雨量可以根据其附近雨量站的雨量确定，相应栅格单元的雨量即采用该雨量站的观测值。然而，黄河流域的地形地貌复杂，这种简单的划分方法也存在一定的局限性。例如，在黄河穿越山脉的地段，山脉可能会阻挡降水的分布，导致位于山脉两侧的雨量站数据不能准确反映中间区域的降水情况。因此，在实际应用中，还需要结合地形因素对泰森多边形划分的结果进行适当调整。

依据子流域边界将研究区域进一步划分为 8 个自然子流域，然后将泰森多边形划分的流域与自然流域叠加。这一叠加操作实现了雨量资料与流域地形、水系等地理信息的有机结合。在黄河的不同自然子流域内，由于地形、气候和植被等因素的差异，产汇流过程表现出明显的区域特征。例如，在黄河上游的草原生态子流域，植被覆盖度较高，土壤的蓄水保水能力较强，降水的入渗率相对较大，产流过程相对缓慢；而在黄河中游的黄土高原子流域，由于土壤疏松，降水容易形成地表径流，汇流速度较快。通过将泰森多边形划分的流域与自然流域叠加，可以针对不同自然子流域内的各个栅格单元进行精准的产汇流计算，从而提高水文模型对黄河流域复杂水文过程的模拟精度。

3. 参数初值的输入

每个单元的参数输入是黄河分布式水文模型构建中极为精细且关键的步骤，它直接影响到模型模拟结果的准确性与可靠性。本研究参照基于自然子流域的模型参数率定的成果进行参数初值设定，但由于计算单元尺度从自然子流域缩小到栅格单元，部分与尺度有关的参数值必须进行相应的调整。以张力水蓄水容量曲线指数 B 为例，该参数深刻反映了流域包气带蓄水容量分布的不均匀性。在黄河流域这样一个地理环境复杂多样的区域，B 值的变化对水文模拟结果有着显著影响。B 值越大，表明流域内包气带蓄水容量分布越不均匀。当 B=0 时，意味着流域内包气带蓄水容量完全一致，在半湿润地区的黄河流域部分地段，B 值对水文模拟结果较为敏感。B 值与流域面积存在密切关联，一般随流域面积的增大而增大。然而，在本研究中，由于栅格作为较小的计算单元，其面积相对自然子流域大幅减小，若沿用自然子流域的 B 值参数，会导致模型模拟结果出现较大偏差。例如，在黄河流域的一些小支流流域，以栅格为计算单元时，如果 B 值过大，会高估包气带蓄水容量的不均匀性，从而影响产流计算的准确性。经过大量的实验模拟与数据分析，综合考虑栅格单元的面积、地形以及周边环境等因素，最终确定取 B 值为 0.2。这一取值是在权衡多种因素后的优化选择。在黄河下游的平原地区，地形较为平坦，栅格单元内的包气带蓄水容量分布相对均匀，较小的 B 值能够更合理地反映其实际情况；而在黄河中游的丘陵地区，虽然地形有起伏，但栅格单元面积较小，B 值为 0.2 也能在一定程度上体现其蓄水容量分布特征，使得模型在模拟该栅格单元的产流过程时能够更加贴近实际情况。通过对 B 值以及其他相关参数的合理调整与输入，能够确保黄河分布式水文模型在栅格单元尺度上的准确性与可靠性，为整个黄河流域的水文模拟提供精确的参数支持，进而为黄河流域的水资源管理、洪水预警与防治等提供科学依据。

（三）汇流计算

流域汇流作为黄河分布式水文模型构建中的关键环节，其计算过程涵盖坡地和河网两个重要阶段，这两个阶段相互衔接、协同作用，共同刻画了黄河流域水流从坡面到河槽最终汇聚至出口的复杂动态过程。坡地汇流阶段在整个流域汇流体系中起着承上启下的过渡作用，它主要描述的是经过水源划分得到的栅格径流在坡面上的逐步汇集历程。在黄河流域上，地形起伏多变，坡地广泛分布。当降水发生后，雨水在坡面上会经历复杂的产流过程，一部分雨水下渗补充土壤水分，一部分形成地表径流。这些在不同栅格单元内产生的地表径流，由于重力的作用，开始在坡面上缓慢流动并逐渐汇集。坡地就如同一个个小型的蓄水库，对径流起到了一定的调蓄作用。例如，在黄河上游的黄土高原地区，坡地地形破碎，地表植被相对较少，土壤的入渗能力有限，降水形成的地表径流相对较多且流速较快。但由于坡地的微小起伏和局部低洼处的存在，径流在坡面上并非直线式地快速汇聚，而是在流动过程中不断地被这些微小地形所阻挡、调蓄，形成了复杂的坡面水流运动路径。这种调蓄作用不仅改变了径流的流速和流量过程，还对泥沙的搬运和沉积产生了重要影响。随着坡面径流的不断汇集和调蓄，当达到一定的水量和能量条件时，径流便会突破坡地的限制，进入河网系统，开启河网汇流阶段。

河网汇流阶段则聚焦于栅格水流进入河槽后汇至栅格单元出口的过程，在本研究中采用滞后演算法进行计算。黄河流域拥有庞大而复杂的河网体系，从上游的涓涓细流到下游的滔滔大河，各级河槽相互交织。当坡地径流汇入河网后，水流在河槽中的运动受到多种因素的综合影响。河槽的形状、糙率、坡度以及上下游水位差等因素都会对水流的流速、流量和传播时间产生显著影响。滞后演算法正是基于对这些因素的考虑，通过建立数学模型来模拟河网汇流过程。例如，在黄河中游的峡谷河段，河槽狭窄，水流湍急，糙率较小，水流在河槽中的传播速度相对较快，但由于峡谷的限制，河槽的调蓄能力有限；而在黄河下游的平原河段，河槽宽阔，水流相对平缓，糙率较大，河槽的调蓄能力较强，水流的传播速度则相对较慢。滞后演算法通过对这些不同河段特性的参数化处理，计算出水流从各个栅格单元入口进入河槽后，在河网中传播并汇聚至栅格单元出口的时间和流量过程。这一过程能够准确地反映出黄河流域河网系统对水流的汇集、传输和调节作用，为进一步分析流域出口的径流过程、洪水演进规律以及水资源调配提供了关键的技术支撑。

二、黄河分布式水文模型的应用

(一) 水资源管理与规划

1. 流域水资源评价

通过构建黄河分布式水文模型，整合地形、土壤、植被、气象等多源数据，对黄河流域的水资源量进行精确评估，包括地表水资源量、地下水资源量以及水资源的时空分布特征等，为流域水资源的合理开发利用提供科学依据。例如，WEP-L模型以"子流域内等高带"为计算单元，采用"马赛克"法考虑土地覆被多样性，利用45年的水文气象系列数据及相应下垫面条件，对全黄河流域进行模拟计算，为黄河流域水资源评价和演化规律分析服务。

2. 水资源调配方案制定

借助分布式水文模型预测不同情景下黄河流域的水资源供需状况，如不同气候变化条件、不同用水需求增长情景等，从而制定科学合理的水资源调配方案，实现流域内水资源在不同地区、不同行业之间的优化分配，保障流域经济社会的可持续发展。

(二) 洪水灾害防治

1. 洪水模拟与预警

基于分布式水文模型，结合实时的气象数据和流域下垫面信息，能够对黄河流域的洪水过程进行准确模拟和预测，包括洪峰流量、峰现时间、洪水演进路径等，提前发布洪水预警信息，为防洪减灾争取宝贵时间。如 HEC-HMS 模型在黄河中游大理河流域的应用，通过划分流域单元、提取流域信息，采用多种方法进行流域产汇流计算和河道洪水演进模拟，其对13场实测雨洪资料的模拟结果显示，洪峰流量模拟误差均小于20%、峰现时刻误差均小于3h，预报精度达到乙级，可有效应用于该流域的洪水模拟。

2. 防洪工程规划与评估

利用分布式水文模型评估黄河流域现有防洪工程的防洪效果，如水库、堤防、分洪区等工程设施在不同洪水条件下的作用，为防洪工程的规划、建设和优化提供技术支持，提高流域防洪减灾能力。

(三) 水土流失与生态保护

1. 水土流失监测与评估

分布式水文模型可以模拟黄河流域不同区域的水土流失状况，分析土壤侵蚀的时空分布规律及其与地形、植被、土地利用等因素的关系，为水土流失的监测和评估提供重要手段。例如，通过模型模拟发现黄河中游地区由于地形起伏较大、植被覆盖度较低等原因，水土流失较为严重，从而为该地区的水土保持工作提供了重点治理区域的参考。

2. 生态需水计算与生态保护规划

考虑到生态系统对水资源的需求，黄河分布式水文模型可用于计算流域内不同生态系统的生态需水量，如河流生态基流、湿地需水量等，为黄河流域的生态保护规划和生态修复工程提供科学依据，保障流域生态系统的健康稳定。

第二节 流域水文过程的数值模拟

一、常用的数值模拟方法

(一) 基于物理机制的模型

基于物理机制的模型依据经典的物理定律构建，旨在精确描述水文过程中的物质与能量传输。以圣维南方程组为例，它是基于质量守恒定律、能量守恒定律和动量守恒定律推导而来，是描述一维明渠非恒定流的核心方程。在黄河流域的应用中，其能够对黄河河道内的水流演进细致刻画。对于黄河这样一个具有复杂河道形态和多变水流条件的流域，圣维南方程组通过考虑河道的坡度、糙率、横断面形状等参数，将水流的连续性方程与动量方程相结合。在连续性方程中，描述了单位时间内流入和流出某一河道断面的水量关系，确保了水量的守恒；动量方程则考虑了水流的惯性力、重力、压力以及河道阻力等因素对水流速度变化的影响。例如，在黄河上游的峡谷河段，河道狭窄，坡度较大，水流湍急，通过圣维南方程组可以准确计算出水流在这种特殊地形条件下的水位快速变化、流速的急剧增减以及流量的动态波动。在求解过程中，通常采用有限差分法、有限元法等离散化手段，将连续的方程转化为可在计算机上求解的代数方程。通过输入黄河流域特定河段的地形数据、初始水位流量条件以及边界条件（如上游来水流量过程、下游水位控制等），能够得到不同时间步长和空间位置上的水位、流量、流速等详细的水流信息。这对于黄河的防洪减灾工作意义重大，能够提前预测洪水在河道内的演进路径、洪峰的传播速度和到达时间，为防洪决策提供精确的数据支持，如确定堤防加固的重点地段、水库的泄洪时机和流量控制等。同时，也有助于水资源的合理调配，了解不同河段在不同时期的水资源可利用量，优化水利工程的运行调度方案。

(二) 分布式水文模型

分布式水文模型是模拟黄河流域水文过程的有效工具，它将整个黄河流域划分为众多小的单元，如栅格或子流域。这种划分方式充分考虑了流域内下垫面条件的空间异质性，即不同区域的地形、土壤、植被、气象等因素存在显著差异。以 SWAT (Soil and Water Assessment Tool) 模型为例，在黄河流域应用中，它首先对流域进行细致的划分，每个子流域都被视为一个独立的水文响应单元。对于地形数据，SWAT 模型利用数字高程模型 (DEM) 来确定子流域的边界、河网的分布以及水流的流向等。在土壤参数方面，考虑不同土壤类型的质地、孔隙度、持水能力等特性，这些特性直接影响降水在土壤中的入渗过程和土壤水的储存与运动。植被信息也被纳入其中，包括植被覆盖度、植被类型以及不同植被的蒸散发特性等。例如，在黄河流域的黄土高原地区，植被覆盖度相对较低，土壤侵蚀较为严重，SWAT 模型能够根据当地的实际植被状况，准确模拟出植被对降水截留、蒸散发以及土壤侵蚀的影响。在气象数据驱动下，模型对每个子流域内的降水、蒸发、产流、汇流等水文过程进行分布式模拟。在产流计算中，综合考虑了不同土地利用类型和土壤条件下的产流机制，如在山区林地可能以蓄满产流为主，而在平原农田则可能存在超渗产流的情况。汇流过程则考虑了坡面汇流和河网汇流，坡面汇流根据地形坡度和地表糙率计算径流的汇集速度和路径，河网汇流则依据河槽的特性模拟水流在河道中的演进。通过对各个子流域水文过程的模拟，最终汇总得到整个黄河流域的水文响应，这有助于全面了解黄河流域水资源的形成与转化过程，为流域水资源管理、水土保持规划等提供科学依据。例如，可以根据不同子流域的产流和水土流失情况，制定针对性的水土保持措施，在水土流失严重的子流域加大植被恢复和梯田建设力度；在水资源相对丰富的子流域合理规划水利设施建设。

（三）水动力模型

水动力模型专注于模拟黄河流域水流的运动和相互作用，尤其在复杂的河道、河口等区域发挥着关键作用。以求解纳维－斯托克斯方程或其简化形式（如雷诺平均方程）为基础，这类模型能够深入剖析水流的速度场、压力场等详细信息。在黄河流域应用中，比如黄河三角洲地区，水动力模型展现出强大的功能。黄河三角洲是黄河与海洋相互作用的复杂区域，存在河口水域的咸淡水混合、泥沙淤积与冲刷、潮流与径流的相互影响等诸多复杂现象。水动力模型通过考虑该区域的地形地貌、边界条件（如海洋潮汐的周期性变化、黄河上游来水来沙情况）以及流体的物理特性（如水体的黏性、密度等），构建起描述水流运动的数学模型。在模拟咸淡水混合过程时，模型根据不同水体的密度差异以及水流的运动速度，计算出咸淡水在河口区域的混合区域范围、混合程度以及随时间的变化规律。对于泥沙运动，结合水流的速度场和泥沙的颗粒特性（如粒径、沉降速度等），模拟泥沙在水流作用下的悬浮、搬运和沉积过程，预测黄河三角洲的海岸线演变趋势。在求解中，常采用数值计算方法，如有限差分法、有限体积法等，将连续的水动力方程离散化，通过计算机迭代求解得到不同时间和空间位置上的水流状态。这对于黄河三角洲的生态保护、港口建设与运营、滩涂资源开发等具有重要意义。例如，在港口建设规划中，水动力模型可以预测港口建设后对周边水流场的改变，评估是否会出现泥沙淤积影响港口航道水深的情况，从而为港口的选址、布局和防淤措施制定提供科学依据；在生态保护过程中，了解咸淡水混合区域的变化有助于保护河口湿地的生态系统，维持生物多样性。

二、数据准备

（一）地形数据

地形数据是黄河流域水文过程数值模拟的基石。高精度的数字高程模型（DEM）数据对于准确模拟至关重要。黄河流域来源广泛，其中卫星遥感技术是获取大面积地形数据的重要手段。例如，通过高分辨率的卫星影像，能够精确测量黄河流域不同位置的海拔高度，生成详细的 DEM 数据。航空摄影测量则可以在局部区域提供更为精细的地形信息，尤其是在一些重点水利工程建设区域或地形复杂的山区。这些地形数据在水文模拟中有多方面的应用。首先，在确定流域水系网络方面，DEM 数据能够依据地形的高低起伏识别出河流的源头、支流的分布以及河网的走向。在黄河上游的河源区，通过对 DEM 数据的分析，可以清晰地追溯黄河的发源地以及众多细小支流的汇聚过程。其次，地形数据对于计算水流的坡度和坡向不可或缺，水流在重力作用下的运动方向和速度与地形坡度密切相关。在黄河中游的丘陵沟壑区，复杂的地形坡度变化决定了降水形成的径流在坡面上的汇集速度和流向,进而影响到整个流域的产汇流过程。再者,在洪水模拟中,地形数据可以确定洪水的淹没范围和深度。当黄河发生洪水时,根据不同区域的地形高度,结合水位流量关系,可以预测洪水在平原地区的淹没区域,为防洪抢险和居民疏散提供重要依据。同时,地形数据还在水利工程规划设计中发挥作用,如确定水库坝址时,需要考虑周边地形的稳定性、集水面积以及库容等因素,这些都离不开高精度的地形数据支持。

(二)气象数据

气象数据在黄河流域水文过程数值模拟中犹如驱动引擎,涵盖了降水、气温、蒸发、风速、风向等多个要素。这些数据来源丰富多样,地面气象站长期积累了大量的观测数据,分布在黄河流域的各个角落,为局部地区的气象状况提供了准确记录。气象卫星则能够从宏观角度监测整个黄河流域的气象变化,提供大面积的气象信息,如降水云团的移动路径、范围以及强度等。雷达观测在降水监测方面具有高时空分辨率的优势,能够实时跟踪降水的变化过程。在水文模拟中,降水数据是关键的输入参数之一。黄河流域上游地区降水相对较少且集中在夏季,中游地区降水变率较大,下游地区受季风影响明显。准确的降水数据能够驱动水文模型中的产流计算,不同的降水强度和历时会导致不同的产流机制和产流量。例如,在暴雨情况下,黄河流域部分地区可能出现超渗产流,大量降水迅速形成地表径流;而在小雨持续时间较长时,可能以蓄满产流为主。气温数据影响着蒸发过程,气温升高会加速水体的蒸发和土壤水分的汽化。在黄河流域的干旱半干旱地区,气温的微小变化都可能对蒸发量产生显著影响,进而改变流域的水量平衡关系。蒸发数据本身也是水文模型中的重要组成部分,它与降水、径流等要素相互关联,共同决定了流域内水资源的动态变化。风速和风向数据则在考虑水体蒸发的水汽传输、沙尘天气对降水的影响以及河口地区的风浪对水流泥沙运动的作用等方面具有重要意义。例如,海风的吹拂会影响河口的水流形态和泥沙扩散方向,对湿地生态系统的物质交换和地貌演变产生作用。

(三)水文数据

水文数据是黄河流域水文过程数值模拟的核心验证与校准依据,包括水位、流量、含沙量、水质等方面的观测数据。黄河流域拥有众多历史悠久且分布广泛的水文监测站点,这些站点长期以来持续记录着黄河的水文信息,形成了宝贵的水文数据集。水位数据反映了黄河不同河段在不同时间的水面高度,它与流量密切相关,通过水位流量关系曲线,可以将水位转换为流量数据,进而了解黄河水资源的动态变化情况。水位的急剧上升是洪水预警的重要信号,同时也是评估洪水规模和危险程度的关键指标。流量数据则直接体现了黄河水流的大小和强度,是水资源调配、水利工程运行调度的重要依据。例如,在黄河干支流的交汇处,流量的变化会影响到水流的混合、泥沙的淤积与冲刷等过程。含沙量数据是黄河水文的特色之一,由于黄河流经黄土高原地区,携带大量泥沙,含沙量的高低不仅影响河道冲淤变化,还与河口三角洲的形成和演变密切相关。在数值模拟中,含沙量数据可以用于验证泥沙输移模型的准确性,通过对比模拟结果与实测含沙量,调整模型参数,提高模型对泥沙运动过程的模拟精度。水质数据包括化学需氧量、氨氮、重金属含量等多种指标,反映了黄河水体的污染状况和生态健康程度。随着黄河流域经济的发展和人口的增长,水质问题日益受到关注。水文数据在模型率定过程中发挥着关键作用,通过将模拟结果与实测水文数据进行对比分析,如对比模拟的水位过程线与实测水位过程线、模拟的流量峰值与实测流量峰值等,不断优化模型的参数和结构,使模型能够更准确地反映黄河流域的实际水文过程,从而为水资源管理、防洪减灾、生态保护等提供可靠的决策支持。

(四) 土壤和植被数据

土壤和植被数据在黄河流域水文过程数值模拟中深刻影响着流域内的产流、入渗、蒸散发等关键水文过程。土壤类型在黄河流域丰富多样,包括黄土、砂土、壤土等不同质地类型。黄土在黄河中游地区广泛分布,其质地疏松,孔隙度较大,虽然有利于降水的入渗,但在植被覆盖不足时,容易发生水土流失。不同土壤的持水能力差异显著,砂土持水能力较弱,水分容易下渗和流失;壤土则具有较好的持水保肥能力,能够在一定程度上调节土壤水分的储存和释放。土壤的这些特性在水文模拟中是重要的参数。例如,土壤的入渗能力决定了降水有多少能够渗入地下,多少会形成地表径流。如果土壤前期含水量较低,降水初期可能大部分渗入土壤,但随着降水的持续,土壤入渗能力逐渐饱和,后续降水就会形成地表径流,引发水土流失。植被数据同样不可或缺,植被覆盖度在黄河流域不同区域差异较大,上游河源区植被相对较好,中游部分地区植被破坏严重,下游平原地区有农田植被和人工林等。植被类型如森林、草地、农田等具有不同的蒸散发特性,森林植被茂密,蒸散发量相对较大,能够有效地调节局部气候和水文循环。植被的存在还可以减少雨滴对土壤表面的直接冲击,降低土壤侵蚀的风险。植被覆盖度和类型数据用于计算植被截留降水的量、植被蒸散发量以及植被对土壤侵蚀的抑制作用。例如,在黄河流域的水土保持工作中,通过数值模拟可以评估不同植被恢复方案对流域水文过程的影响,如增加森林植被覆盖面积可以减少地表径流、增加土壤入渗、降低河流含沙量,从而为制定科学合理的植被恢复和生态建设策略提供依据。

第三节 模型验证与优化方法

一、模型验证

(一) 流量验证

流量验证是黄河流域水文模型验证中的关键环节。流量数据直观反映了黄河流域内水资源的动态变化情况,其准确性对于评估水文模型的可靠性至关重要。在进行流量验证时,首先需要收集大量的实测流量数据,这些数据通常来源于黄河流域沿线分布的众多水文监测站。这些监测站长期、持续地对黄河不同河段的流量进行观测记录,形成了宝贵的流量数据集。例如,在黄河上游的唐乃亥水文站、中游的花园口水文站以及下游的利津水文站等,它们所记录的流量数据涵盖了不同季节、不同年份以及不同水文条件下的流量信息。

将水文模型模拟得到的流量过程线与实测流量过程线进行对比分析。常用的评估指标包括纳什效率系数(NSE)、相关系数(R)、均方根误差(RMSE)等。纳什效率系数是衡量模型模拟值与实测值拟合程度的重要指标,其计算公式为:其中,是模型模拟的流量值,是实测流量值,是实测流量的平均值,是数据点的数量。当值越接近时,表示模型模拟的流量过程与实测流量过程越吻合，说明模型在流量模拟方面具有较高的准确性。例如，若某一水文模型在黄河某一河段的流量模拟中，值达到了以上，这意味着该模型能够较好地捕捉到流量的变化趋势、洪峰流量的大小以及流量的消退过程等。

相关系数则反映了模拟流量与实测流量之间的线性相关程度，其值介于到之间。当值接近时，表明两者之间存在较强的正相关关系，即模型模拟的流量变化与实测流量变化基本一致。均方根误差衡量的是模拟流量与实测流量之间的平均偏差程度，计算公式为：RMSE值越小，说明模型的误差越小，模拟结果越接近实测值。通过这些指标的综合评估，可以全面了解水文模型在流量模拟方面的性能优劣，进而对模型进行调整和优化，以提高其在黄河流域流量预测和水资源管理中的应用价值。

（二）水位验证

水位验证对于黄河流域水文模型同样具有重要意义。黄河的水位变化不仅影响着河流的生态环境，还与沿岸的防洪、航运、水利工程运行等密切相关。在水位验证过程中，需要将水文模型计算得出的水位数据与实测水位数据进行细致对比。实测水位数据由沿黄河分布的水位监测站点提供，这些站点能够精确测量不同时刻黄河水面相对于某一基准面的高度。

在评估水位模拟的准确性时，同样可以采用上述提到的纳什效率系数、相关系数和均方根误差等指标。以黄河下游为研究对象，由于黄河下游地势平坦，水位受多种因素如上游来水、支流汇入、河道淤积以及潮汐等影响较大。洪水期间，水位的变化尤为复杂，水文模型需要准确模拟出水位的快速上升、峰值以及缓慢消退的过程。如果模型模拟的水位与实测水位偏差较大，可能会导致对防洪形势的误判，影响防洪决策的制定。例如，若模型高估了水位，可能会造成不必要的防洪资源浪费；若低估了水位，则可能使沿岸地区面临洪水淹没的危险。

通过对不同河段、不同时期水位的验证，可以发现模型在哪些区域、哪些水文条件下存在水位模拟不准确的问题。例如，在黄河河口地区，由于受到海洋潮汐的影响，水位呈现出周期性的涨落变化，且与河流径流相互作用。水文模型需要考虑这些复杂的因素，才能准确模拟出河口地区的水位变化。通过水位验证结果，可以对模型中的河道糙率参数、流量与水位关系参数等进行调整优化，使模型能够更好地反映黄河流域实际的水位变化情况，为黄河的综合治理和开发利用提供可靠的技术支持。

（三）泥沙含量验证

黄河泥沙含量验证是黄河流域水文模型验证不可或缺的部分。泥沙在黄河流域的水文过程中扮演着重要角色，它影响着河道冲淤变化、河床演变以及河口三角洲的形成与发展。在进行泥沙含量验证时，首先要获取大量准确的实测泥沙含量数据，这些数据通常是在水文监测站通过专门的泥沙采样和分析设备得到的。

将水文模型模拟的泥沙含量与实测泥沙含量进行对比分析，常用的评估指标有相对误差、绝对误差等。相对误差计算公式为：其中，是模型模拟的泥沙含量，是实测泥沙含量。相对误差能够直观地反映出模拟值相对于实测值的偏离程度，以百分比的形式表示。绝对误差则是直接计算模拟值与实测值的差值，即。水文模型需要准确模拟出这一区域泥沙的产生、输移和沉积过程。例如，在暴雨期间，泥沙含量急剧增加，模型需要考虑降雨强度、土壤类型、植被覆盖等多种因素对泥沙含量的影响，才能准确模拟出泥沙含量的变化。如果模型在泥沙含量模拟方面存在较大误差，可能会导致对黄河河道冲淤变化的错误预测，影响水利工程的规划和运行。例如，对于水库而言，泥沙的淤积会减少水库的库容，影响水库的蓄水和防洪功能。通过泥沙含量验证，可以发现模型在泥沙模拟过程中的不足之处，对模型中的土壤侵蚀模型参数、泥沙输移系数等进行调整优化，提高模型对黄河流域泥沙含量的模拟精度，从而为黄河的泥沙治理和水资源可持续利用提供科学依据。

二、优化方法

（一）优化数据质量和输入参数

1. 数据收集与整理的优化

多源数据融合：黄河流域的水文模型依赖于多种数据来源，为了提高数据质量，多源数据融合是一种有效的方法。除了传统的地面气象站和水文站的数据外，卫星遥感数据在黄河流域水文研究中发挥着越来越重要的作用。例如，卫星降水产品能够提供大面积的降水分布信息，其覆盖范围远远超过地面气象站。然而，卫星降水数据在局部地区可能存在误差，尤其是在地形复杂的山区或降水强度较大的区域。将卫星降水数据与地面气象站的实测降水数据进行融合，可以取长补短。采用基于数据同化的方法，如卡尔曼滤波或变分同化方法，根据地面观测数据对卫星降水数据进行校正，从而得到更准确的降水数据用于水文模型。例如，在黄河上游的一些山区，通过将地面雨量站数据与卫星降水数据融合，可以更精确地确定降水的时空分布，为上游地区的径流模拟提供更可靠的输入数据。

数据质量控制：在数据收集过程中，不可避免地会存在一些异常值和错误数据。黄河流域环境复杂，数据受到多种因素干扰。在数据质量控制方面，首先要对数据进行筛选和清洗。对于明显超出正常范围的数据点，采用统计检验方法进行识别和剔除。例如，对于降水数据，如果某一时刻的降水值远高于该地区历史同期的最大降水值且与周边站点数据差异巨大，可能是由于传感器故障或数据传输错误导致的异常值，可采用 3σ 准则进行判断和剔除。对于数据缺失的情况，采用合适的插值方法进行填补。在黄河流域的一些偏远地区，水文站数据可能存在间断性缺失，可采用空间插值方法，如克里金插值法，根据周边站点的数据来估计缺失站点的数据。同时，对于长时间序列的数据，要进行一致性检验，确保数据在不同时期的测量标准和方法的一致性，避免因数据不一致导致模型模拟结果的偏差。

2. 参数率定的改进

（1）敏感性分析：黄河流域水文模型包含众多参数，不同参数对模型输出的影响程度不同。敏感性分析有助于确定关键参数，提高参数率定的效率。采用全局敏感性分析方法，如 Sobol 指数法，可以全面评估参数对模型输出的影响。以分布式水文模型中的土壤参数为例，土壤的饱和导水率、田间持水量等参数对产流和汇流过程有着重要影响。通过 Sobol 指数法计算这些参数的一阶灵敏度和总灵敏度指标，确定哪些参数对模型模拟的流量、水位等结果影响较大。例如，在黄河中游黄土高原地区，土壤的饱和导水率对径流的产生影响显著，通过敏感性分析确定其为关键参数后，在参数率定时就可以重点关注该参数的取值范围和优化方向。这样可以避免对所有参数进行盲目率定，减少计算量和时间成本，同时提高率定结果的准确性。

（2）多目标参数率定：黄河流域的水文过程涉及多个方面的目标，如流量模拟的准确性、泥沙输移模拟的合理性以及生态需水保障等。单目标参数率定往往只能满足某一个方面的要求，而多目标参数率定则可以综合考虑多个目标。采用多目标进化算法，如NSGA-II，将流量的纳什效率系数、泥沙含量的相对误差、生态需水满足程度等多个评价指标作为目标函数。例如，在黄河流域的水资源管理中，既要保证河流有足够的流量满足生态系统的需求，又要准确模拟洪水期的流量过程以保障防洪安全，同时还要考虑泥沙输移对河道和水利工程的影响。通过NSGA-II算法对模型参数进行优化，得到一组非劣解，即满足多个目标相对较优的参数组合。决策者可以根据实际需求从这些非劣解中选择合适的参数集，使水文模型在多个方面都能达到较好的模拟效果，为黄河流域的综合管理提供更科学的依据。

（二）改进模型结构

1. 模型耦合与嵌套

物理过程耦合：黄河流域的水文过程是一个复杂的系统，涉及多个相互关联的物理过程。将不同的物理过程模型进行耦合，可以更全面、准确地模拟流域水文情况。例如，将水动力模型与水质模型耦合，可以同时模拟水流运动和污染物的输移扩散过程。在黄河河口，水流运动、泥沙输移与水质变化相互影响。水动力模型可以描述水流的速度、水位等变化，为水质模型提供水流场信息；水质模型则可以模拟污染物在水流中的扩散、降解等过程，同时水质的变化又会影响水生态系统，进而对水动力过程产生反馈作用。通过这种耦合模型，可以更好地研究河口地区的生态环境问题，如咸淡水混合区的水质变化、污染物对河口生物的影响等，为黄河河口的生态保护和污染治理提供有力的工具。

不同尺度模型嵌套：黄河流域面积广阔，不同区域的水文特征存在较大差异，具有不同的空间和时间尺度。采用不同尺度的模型嵌套可以更好地适应这种情况。在流域整体尺度上，可以使用概念性水文模型进行宏观模拟，这类模型计算效率较高，能够快速得到流域整体的水文响应特征，如年径流量、多年平均水位等。而在局部重点区域，如重要的水利工程区域或生态敏感区域，采用分布式水文模型进行精细模拟。分布式水文模型能够考虑下垫面的空间异质性，如地形、土壤、植被等因素的变化，对水文过程进行详细的描述。例如，在黄河小浪底水利工程区域，采用分布式水文模型可以精确模拟水库蓄水、放水过程对周边区域的水流、泥沙、生态等方面的影响，而流域整体尺度的概念性水文模型则可以为小浪底工程的宏观调度提供参考依据。通过这种不同尺度模型的嵌套，可以在保证计算效率的同时，提高对重点区域水文过程的模拟精度，满足黄河流域综合管理的不同需求。

2. 引入新的物理过程和概念

考虑人类活动影响：黄河流域人类活动频繁，对水文过程产生了深远的影响。在水文模型中引入人类活动因素是改进模型结构的重要方向。例如，农业灌溉是黄河流域的重要用水方式，在模型中加入农业灌溉模块，可以模拟灌溉用水的提取、输水过程中的损失以及回归水对河流的影响。在黄河下游的一些农业灌区，大量的灌溉用水改变了当地的水文循环过程，通过该模块可以更准确地模拟这一区域的径流变化。对于水库建设，建立水库调度模块，考虑水库的蓄水、放水规则以及对下游水文过程的调控作用。在洪水期，水库的蓄洪削峰作用对下游的防洪安全至关重要；在枯水期，水库的放水可以保障下游的生态需水和工农业用水。此外，城市化进程在黄河流域也在不断推进，城市中的不透水面增加、排水系统改变等因素影响着产流过程。通过引入城市雨洪模型中的相关概念和参数，如地表径流系数、雨水管网排水能力等，可以更好地模拟城市化区域的水文过程，使水文模型能够更真实地反映人类活动影响下的黄河流域水文过程，为流域的水资源管理和可持续发展提供更合理的决策支持。

考虑生态水文过程：黄河流域的生态系统与水文过程相互依存，在水文模型中引入生态水文概念可以使模型更符合实际情况。例如，植被与土壤水分之间存在着复杂的反馈机制。植被的生长状况影响着土壤的入渗、蒸发等过程，而土壤水分又反过来制约着植被的生长。在模型中建立这种反馈关系，可以更准确地模拟植被覆盖变化对水文过程的影响。植被恢复是重要的措施，通过模拟植被与土壤水分的相互作用，可以评估植被恢复对径流减少、土壤侵蚀控制等方面的效果。同时，考虑河流生态基流的维持也是生态水文过程的重要内容。河流生态基流是维持河流生态系统健康的最低流量要求，在水文模型中设定最小生态流量阈值，当模拟的河流流量低于该阈值时，模型可以发出预警或调整水资源调配方案，使水文模型在模拟水资源调配时能够兼顾生态系统的健康，为黄河流域的生态保护和水资源合理利用提供科学依据。

（三）利用先进技术手段

1. 人工智能与机器学习技术的应用

模型参数优化：人工智能算法为黄河流域水文模型的参数优化提供了新的途径。例如，利用神经网络来建立输入数据与模型参数之间的非线性关系。神经网络具有强大的自学习和拟合能力，可以根据大量的历史数据自动调整模型参数。以黄河流域的降水、地形、土壤等数据作为神经网络的输入，以水文模型的参数作为输出，通过训练神经网络，使其能够根据输入数据的变化准确地预测模型参数的最优取值。同时，机器学习中的遗传算法可以用于全局搜索最优参数组合。遗传算法模拟生物进化过程，将模型参数编码为染色体，通过选择、交叉、变异等操作不断进化参数组合，以适应度函数（如模型的纳什效率系数、均方根误差等评价指标）来评估参数组合的优劣。在黄河流域的水文模型中，通过遗传算法可以在复杂的参数空间中快速找到满足一定精度要求的参数组合，提高模型的适应性和准确性，减少人工率定参数的工作量和主观性。

数据驱动的模型改进：机器学习算法还可以直接用于建立黄河流域水文过程的预测模型。例如，支持向量机（SVM）可以用于建立流量预测模型。SVM通过构建最优超平面将不同类别的数据分开，在流量预测中，可以将历史的气象数据、前期流量数据等作为输入特征，未来的流量作为预测目标。与传统水文模型相比，这种数据驱动的模型能够更好地挖掘数据中的潜在规律，并且在处理非线性问题上具有优势。在黄河的一些支流，由于水文站点较少，数据相对匮乏，传统基于物理机制的水文模型可能难以准确模拟其水文过程，而SVM等数据驱动模型可以利用有限的数据建立相对准确的预测模型。将数据驱动模型与传统物理机制模型相结合，可以进一步提高水文模型对黄河流域水文过程的模拟精度。例如，在传统模型的基础上，利用数据驱动模型对残差进行修正，即先利用传统模型进行初步模拟，然后用数据驱动模型对传统模型的模拟误差进行预测和修正，从而得到更精确的水文过程模拟结果。

2. 高性能计算与云计算技术的应用

提高计算效率：黄河流域水文模型的模拟计算量巨大，尤其是在进行高分辨率的分布式模拟或长时间序列的模拟时。高性能计算技术，如并行计算和分布式计算，可以显著提高计算效率。在并行计算中，将水文模型的计算任务分解为多个子任务，分配到多个处理器或计算节点上同时进行计算。例如，在分布式水文模型中，每个子流域的水文计算可以作为一个独立的子任务，在不同的计算单元上并行执行，缩短了模拟时间。分布式计算则可以利用网络连接的多台计算机资源，协同完成计算任务。云计算技术为水文模型计算提供了可扩展的计算资源。通过云计算平台，可以根据模拟任务的需求动态分配计算资源，避免了本地计算资源不足的问题。例如，在进行黄河全流域的高分辨率水文模拟时，可以利用云计算平台快速获取大量的计算资源，实现高效的模拟计算，及时为黄河流域的水资源管理、防洪减灾等提供决策支持。

数据存储与管理：黄河流域水文数据量庞大，包括长期的气象、水文、地形等数据。云计算技术可以提供高效的数据存储和管理服务。在云计算平台上，可以采用分布式存储系统，将数据存储在多个节点上，提高数据的安全性和可靠性。同时，通过云计算平台的数据处理工具。

第四节 水文模拟在管理中的应用

一、防汛减灾

黄河防汛减灾工作一直是流域管理的重中之重。水文模拟在这一领域发挥着极为关键的作用，犹如防汛战场上的"侦察兵"和"参谋官"，为保障黄河流域人民生命财产安全提供了坚实的技术支撑。现代水文模拟技术借助先进的计算机模型，能够整合海量的气象、地形、土壤等数据，对黄河流域的降水径流过程进行精准模拟。例如，分布式水文模型以其对流域下垫面空间异质性的细致考量，将黄河流域划分为众多微小的计算单元，每个单元内的地形起伏、土壤质地、植被覆盖等因素都被纳入模型计算之中。当气象部门预测到黄河流域即将迎来降雨过程时，水文模拟模型便会依据降雨的强度、范围以及前期流域的土壤含水量等信息，迅速预测出不同河段可能产生的径流量以及洪峰流量的大小与出现时间。这种精确到小时甚至分钟级别的洪水预报，能够为防汛部门提前敲响警钟，使其有充足的时间组织人员疏散、调配防汛物资、加固堤防等工作。例如在黄河下游的一些人口密集、经济发达的地区，如郑州、济南等城市，提前数小时的洪水预警可以让居民有序撤离危险区域，避免因洪水突然来袭而造成的重大人员伤亡和财产损失。

通过复杂的数值模拟算法，能够重现历史上黄河洪水的演进轨迹，并依据当前黄河流域的实际地形地貌、水利工程设施分布等条件，对不同量级的洪水在流域内的传播路径、淹没范围、水深变化以及洪水历时等进行详细模拟。以黄河某一特定河段为例，利用高精度的数字高程模型（DEM）数据，水文模拟可以精确地描绘出洪水在河道内的流动方向，当洪水漫溢至河岸两侧平原地区时，模型能够根据地形的高低起伏计算出不同地点的淹没水深和淹没时间。通过这些模拟结果，可以绘制出详细的洪水风险图，清晰地标识出高风险的漫滩区域、可能被淹没的城镇乡村、重要基础设施以及农田等。这不仅为防汛部门制定针对性的防洪策略提供了直观的依据，如确定重点防护区域、合理安排抢险救援力量等，还能够帮助当地政府和居民提前了解洪水可能带来的危害，从而制定相应的应急预案和自救措施。例如在黄河三角洲地区，通过洪水演进模拟，可以预测洪水对油田设施、沿海湿地生态系统以及沿海居民点的影响，提前采取措施保护这些重要区域和设施，减少洪水造成的经济损失和生态破坏。

黄河流域建有众多的水库、堤防、分洪区等防洪工程，水文模拟能够模拟在不同洪水条件下这些工程设施的运行情况，分析其对洪水的拦蓄、削减和分洪作用。例如，对于黄河上的大型水库，如小浪底水库，水文模拟可以预测在洪水期间水库的蓄水过程、泄洪时机和泄洪流量对下游河道水位和流量的影响，从而优化水库的调度方案，使其在保障防洪安全的前提下，最大限度地发挥综合效益，如在汛末为下游储备足够的水资源以满足灌溉、生态等需求。同时，通过模拟还可以评估堤防的防洪能力，发现堤防存在的薄弱环节，及时进行加固和修缮，提高堤防的抗洪能力，确保黄河安澜。

二、水资源调度与管理

在水资源量评估与预测方面，水文模拟技术通过构建复杂的流域水循环模型，全面考虑黄河流域内降水、蒸发、径流、下渗等各个水文过程及其相互关系，能够对流域内不同时间尺度（短期、中期、长期）和空间尺度（不同河段、子流域）的水资源量进行精确评估和预测。例如，基于长期的气象观测数据和流域下垫面信息，模型可以预测黄河流域未来一个月、一个季度甚至一年的水资源总量变化趋势，分析不同季节、不同区域的水资源丰枯情况。由于其独特的气候和地理条件，降水主要集中在夏季，且多以冰雪融水补给为主，水文模拟能够准确地模拟出冰雪消融过程对河川径流的贡献，预测不同年份春季融雪期的径流量大小，为上游地区的水库蓄水、水电开发以及生态保护提供科学依据。通过模拟降水径流关系，可以提前预估雨季和旱季的水资源量，为城市供水、农业灌溉等制定合理的用水计划，避免因水资源短缺或过剩而引发的一系列问题，如干旱时期的用水紧张和洪涝时期的水资源浪费。

黄河流域的水库在水资源调控中起着关键的枢纽作用，水文模拟结合水库的运行特性和流域的用水需求，能够为水库制定科学合理的调度方案。通过模拟不同的来水情况（丰水年、平水年、枯水年）和用水需求场景（农业灌溉高峰期、城市夏季用水高峰、生态需水敏感期等），可以确定水库在不同时期的最佳蓄泄策略。例如在丰水期，水文模拟可以根据流域内的降水预测和水库的蓄水能力，制定合理的蓄水计划，在确保水库安全的前提下，尽可能多地拦蓄洪水，增加水库的蓄水量，为枯水期的用水提供储备。在枯水期，根据下游的用水需求（包括生活用水、农业灌溉用水、生态基流需求等），模拟计算出水库的最优泄水流量和时间，保障各方面用水的均衡供应。以小浪底水库为研究对象，通过水文模拟优化其调度方案，可以在保障黄河下游防洪安全的同时，实现水资源的高效利用，提高灌溉保证率，改善下游河道的生态环境，如通过人造洪峰冲刷河道，维持河口湿地生态系统的稳定等。

通过对整个流域水资源系统的模拟分析，可以评估不同地区、不同行业之间的水资源供需平衡状况，制定跨区域、跨部门的水资源调配方案。例如，在黄河流域的水资源规划中，考虑到流域内不同省份的经济发展水平、人口分布、产业结构以及生态环境特点，利用水文模拟结果确定合理的省际分水方案，确保水资源在流域内的公平分配和高效利用。同时，对于一些高耗水行业，如农业灌溉、工业生产等，可以通过模拟分析其用水效率和节水潜力，制定针对性的节水政策和措施，促进水资源的可持续利用，实现经济发展与水资源保护的协调共进。

三、水利工程规划与设计

黄河流域的水利工程建设对于流域的水资源利用、防洪减灾、生态保护等方面具有极为重要的意义，水文模拟在水利工程的规划与设计阶段发挥着不可或缺的指导作用，犹如工程建设的"指南针"，确保工程的科学性、合理性和安全性。

在水利工程选址方面，水文模拟能够为工程的最佳位置确定提供关键依据，通过对黄河流域不同区域的水文条件进行详细模拟分析，包括河流水文情势（流量、水位、流速、含沙量等）、地下水文特征以及区域水资源供需状况等因素，综合评估不同选址方案的可行性和优劣性。例如，在规划一座新的水电站时，水文模拟可以分析不同河段的水能资源蕴藏量、水流稳定性以及洪水风险等因素。水文模拟可以确定哪些区域具有较高的水头落差和稳定的径流，同时考虑洪水对电站设施的影响较小，从而筛选出最适宜建设水电站的坝址。此外，对于灌溉工程而言，水文模拟可以根据不同地区的土壤墒情、降水分布以及农作物需水规律，选择能够有效引取黄河水且灌溉效益最大的区域进行工程建设，确保灌溉工程能够满足当地农业生产的用水需求。

根据水文模拟对流域水资源量、洪水流量等的预测结果，结合工程的功能需求和安全标准，确定水利工程的合理规模。以黄河上的水库工程为例，通过模拟分析流域内不同频率的洪水过程以及多年平均径流量，确定水库的防洪库容、兴利库容以及总库容大小。在确定防洪库容时，水文模拟需要考虑水库所在河段的防洪要求，如保护下游城市、农田的安全标准，计算出能够有效拦蓄设计洪水的库容规模，确保在洪水来临时水库能够发挥其削峰、滞洪的作用，保障下游地区的防洪安全。而兴利库容的确定则需要依据流域内的用水需求预测，包括农业灌溉需水量、城市供水需水量、工业用水需水量以及生态需水量等，确保水库在非洪水期能够提供足够的水资源满足各方面的需求，实现水资源的综合利用。例如，在黄河下游的引黄灌区，根据水文模拟确定的灌溉需水量和黄河的可供水量，合理规划灌区的灌溉面积和渠道规模，避免因工程规模过大造成水资源浪费或过小无法满足灌溉需求的情况。

通过模拟工程建成前后流域水文要素的变化情况，分析工程对河流水文情势、水资源利用、生态环境等方面的影响，为工程的优化设计提供依据。例如，在黄河干流上建设一座大型水利枢纽后，水文模拟可以预测其对下游河道水流速度、水位变化、泥沙淤积与冲刷等方面的影响。如果模拟结果显示工程可能导致下游河道泥沙淤积加剧，影响河道行洪能力和生态环境,那么在工程设计阶段就可以考虑采取相应的措施,如优化枢纽的泄流设施,设置排沙孔等,以减少工程对下游的不利影响。同时,对于跨流域调水工程,水文模拟可以评估调水对调出区和调入区的水资源平衡、生态环境以及社会经济发展的影响,确保调水工程能够实现预期的综合效益,促进区域间的协调发展。

四、水环境监测与治理

在水质模拟与污染溯源方面,水文模拟结合水质模型能够深入剖析污染物在黄河流域水体中的迁移转化过程,预测水质的时空变化趋势,为水环境监测和污染治理提供精准的技术支持。例如,基于水动力模型和水质扩散模型,水文模拟可以根据黄河的水流速度、流量、水深等水动力条件,以及污染物的种类、浓度、排放位置等信息,模拟污染物在河道内的扩散路径和浓度变化。在黄河的某一工业污染排放口下游,通过水文模拟可以预测污染物在不同水流条件下的扩散范围和稀释程度,确定可能受到污染影响的区域和水体敏感目标,如饮用水源地、湿地保护区等。同时,通过污染溯源分析,利用反向追踪算法,根据水质监测数据和水文模拟结果,确定污染物的来源,是来自某一特定的工业企业排放、城市污水管网泄漏还是农业面源污染等,为制定针对性的污染控制措施提供依据。例如,在黄河某一河段出现水质超标事件时,水文模拟可以帮助环保部门快速锁定污染源头,及时采取措施制止污染排放,防止污染进一步扩散,有效保护黄河的水质安全。

黄河流域的生态系统与水文过程密切相关,维持一定的生态需水量是保障河流生态健康的关键。水文模拟通过深入分析黄河流域生态系统的结构和功能,以及水文要素与生态环境之间的关系,能够准确计算出不同河段、不同季节的生态需水量。例如,对于黄河河口湿地生态系统,水文模拟需要考虑湿地植被的生长需求、鸟类栖息地的维持、河口咸淡水混合区的生态平衡等因素,计算出维持湿地生态系统正常运转所需的最小水量和适宜水量范围。生态需水量计算要考虑到珍稀鱼类的繁殖、高山草甸的生态保护等因素,确定不同时期的河流生态基流要求。根据这些生态需水量计算结果,在水资源调度管理中可以合理安排黄河的水资源分配,确保在满足经济社会用水需求的同时,为生态系统预留足够的水量,实现水资源开发利用与生态环境保护的平衡。例如,在黄河枯水期,可以通过优化水库调度,适当增加下游河口湿地的生态补水,维持湿地的生态功能,促进生物多样性的保护;保障足够的生态基流,为珍稀物种提供适宜的生存环境,推动黄河流域生态保护与修复工作的顺利开展。

通过分析黄河流域的水文特征、污染源分布以及生态敏感区域分布等因素,确定水环境监测站点的最佳位置和监测频率,提高水环境监测的效率和准确性。例如,在河流交汇处、工业集中区下游、重要饮用水源地等关键位置,通过水文模拟确定加强监测的必要性和监测指标,及时掌握水质变化动态,为流域水环境管理和决策提供及时、可靠的数据支持,保障黄河流域的水环境质量不断改善,实现黄河流域的可持续发展。

参 考 文 献

[1] 姜思羽, 周帅, 吴辉明. 气候变化下多重不确定性对流域水文模拟的影响 [J]. 长江科学院院报, 2024, 41 (11): 7-14.

[2] 王帅, 张秋芬, 吕锡芝, 等. 黄河流域水沙变化的文献计量分析 [J]. 中国水土保持, 2024 (05): 29-34.

[3] 崔建国, 高广磊. 黄河流域生态保护与修复科学问题的思考和建议 [J]. 中国水土保持, 2024 (06): 5-7+75.

[4] 白巧霞, 梁启龙. 黄河流域水文地质勘查现状分析 [J]. 水上安全, 2024 (04): 166-168.

[5] 陈令仪, 朱秀芳, 唐谊娟, 等. 黄河流域气象水文干旱时滞效应与影响因素分析 [J]. 地理科学, 2023, 43 (10): 1861-1868.

[6] 范俊健. 黄河流域水文情势变化及其驱动因素 [D]. 中国科学院大学 (中国科学院教育部水土保持与生态环境研究中心), 2023.

[7] 黄星怡, 张佳乐, 杨肖丽, 等. 黄河流域水文干旱时空特征研究 [J]. 华北水利水电大学学报 (自然科学版), 2023, 44 (03): 25-34.

[8] 李小雨, 张国栋, 尹昌燕, 等. 未来气候模式下黄河流域极端降水指数时空分布特征 [J]. 人民黄河, 2024, 46 (11): 37-42.

[9] 张宏伟, 别强, 石莹, 等. 黄河流域上游植被覆盖变化特征及其影响因素 [J]. 干旱区研究, 2024, 41 (08): 1385-1394.

[10] 袁征, 张志高, 闫瑾, 等. 1960—2020 年黄河流域不同等级降水时空特征 [J]. 干旱区研究, 2024, 41 (08): 1259-1271.

[11] 刘迪. 黄河流域径流量变化特征分析 [J]. 吉林水利, 2024 (08): 33-38.

[12] 彭俊, 赵宇杰, 潘志成, 等. 1961-2020 年黄河中游径流量变化特征及影响因素分析 [J]. 河南大学学报 (自然科学版), 2024, 54 (04): 419-428.

[13] 张悦. 基于黄河干流径流量数据的函数型数据分析方法研究 [D]. 兰州财经大学, 2024.

[14] 赵梓琨, 孙文义, 穆兴民, 等. 黄河流域水文站和气象站蒸发皿蒸发量时空变化及其差异 [J]. 人民黄河, 2023, 45 (06): 24-31.

[15] 卓莹莹, 赵慧霞, 魏敏, 等. 近59a黄河流域蒸发量变化规律及影响因素 [J]. 人民黄河, 2021, 43 (07): 28-34+77.

[16] 王煜, 郑小康, 彭少明, 等. 黄河流域水资源配置研究与展望 [J]. 人民黄河, 2024, 46 (09): 18-24.

[17] 邹宗华, 赵斌, 陈洁, 等. 黄河沿线九省区水资源承载力评价及时空变化特征 [J]. 地球科学与环境学报, 2024, 46 (03): 351-363.

[18] 陈仕豪, 门宝辉, 庞金凤, 等. 黄河流域非平稳气象干旱特征的重构及时空演变规律 [J]. 水力发电学报, 2024, 43 (07): 1-13.

[19] 尹作堂. 黄河流域土壤水蚀时空分异特征及驱动因素分析 [D]. 山东师范大学, 2024.
[20] 张金良, 李达. 黄河流域泥沙系统治理科学研究与工程实践 [J]. 中国水利, 2024 (05): 11-16+23.
[21] 刘慧, 柴朵雄, 李长明, 等. 黄河泥沙物化特性与改性利用研究进展 [J]. 人民黄河, 2023, 45 (05): 41-45+50.
[22] 汤秋鸿, 徐锡蒙, 贺莉, 等. 黄河中游生态水文模型及洪旱灾害风险评估 [J]. 地理学报, 2023, 78 (07): 1666-1676.
[23] 王艳芬, 陈怡平, 王厚杰, 等. 黄河流域生态系统变化及其生态水文效应 [J]. 中国科学基金, 2021, 35 (04): 520-528.
[24] 谢京凯. 气候变异和人类活动对黄河流域水储量变化的影响 [D]. 浙江大学, 2020.
[25] 王煜, 郑小康, 彭少明, 等. 黄河流域水资源配置研究与展望 [J]. 人民黄河, 2024, 46 (09): 18-24.
[26] 牛存稳, 党素珍, 孙响铃, 等. 黄河流域水资源超载地区和短缺地区的判定与动态管理 [J]. 中国水利, 2024 (09): 39-44.
[27] 郑志军. 黄河流域水权交易制度的问题与解决对策 [J]. 公民与法 (综合版), 2023 (11): 38-42.